国家"十二五"规划重点图书

中国地质调查局
青藏高原1:25万区域地质调查成果系列

中华人民共和国
区域地质调查报告

比例尺　1:250 000

定结县幅　　　陈塘区幅

（H45C004003）（G45C001003）

项目名称： 1:25万定结县幅、陈塘区幅区域地质调查

项目编号： 20001300009231

项目负责： 李德威

图幅负责： 李德威

报告编写： 李德威　张雄华　廖群安　袁晏明　刘德民

　　　　　　谢德凡　曹树钊　易顺华　隋志龙　等

编写单位： 中国地质大学（武汉）地质调查研究院

单位负责： 周爱国（院长）

　　　　　　张克信（总工程师）

内 容 提 要

工作区位于喜马拉雅造山带的中段,地貌反差巨大,地层出露齐全,岩石类型丰富,构造极为复杂,地壳活动性强,是研究青藏高原大陆动力学最理想的窗口之一。

本项研究取得的主要进展有建立了工作区的岩石地层系统;以动态观点从大陆动力学角度划分了大地构造单元;厘定了拉轨岗日变质核杂岩;发现了多层次、多类型的韧性剪切带,特别是以麻粒岩固态流变为特征的下地壳韧性剪切带;理顺了近东西向伸展构造与近南北向伸展构造的叠加关系;发现了许多新化石和新沉积相类型;将聂拉木群解体为古元古代马卡鲁杂岩和中—新元古代扎西惹嘎岩组;在高喜马拉雅基底变质岩系中发现中新世高压基性—中性麻粒岩、尖晶石橄榄方辉岩、尖晶石橄榄二辉岩、玻基辉橄岩、苦橄玄武岩;将拉轨岗日群解体为与高喜马拉雅结晶岩系可以对比的拉轨岗日杂岩和抗青大岩组;获得一批重要岩石的高精度年龄;分析了高喜马拉雅结晶基底形成阶段、特提斯开合演化阶段和喜马拉雅造山带隆升阶段的构造-建造组合及演化机理;新发现矿(化)点10处、温泉1处。

本书内容丰富,资料翔实,思路新颖,语言简洁,文字流畅,具有多项重要发现和系列创新认识,可供地质类专业师生及相关部门科研人员在工作和研究中参考使用。

图书在版编目(CIP)数据

中华人民共和国区域地质调查报告・定结县幅(H45C004003)、陈塘区幅(G45C001003):比例尺1:250 000/李德威,张雄华,廖群安等著.—武汉:中国地质大学出版社,2014.12

ISBN 978-7-5625-3535-5

Ⅰ.①中…
Ⅱ.①李…②张…③廖…
Ⅲ.①区域地质调查-调查报告-中国②区域地质调查-调查报告-西藏
Ⅳ.①P562

中国版本图书馆CIP数据核字(2014)第265731号

中华人民共和国区域地质调查报告
定结县幅(H45C004003)、陈塘区幅(G45C001003) 比例尺1:250 000

李德威 张雄华 廖群安 等著

责任编辑:李 晶 刘桂涛	责任校对:张咏梅
出版发行:中国地质大学出版社(武汉市洪山区鲁磨路388号)	邮政编码:430074
电 话:(027)67883511 传 真:67883580	E-mail:cbb@cug.edu.cn
经 销:全国新华书店	http://www.cugp.cug.edu.cn
开本:880mm×1 230mm 1/16	字数:535千字 印张:16.5 附图:2
版次:2014年12月第1版	印次:2014年12月第1次印刷
印刷:武汉市籍缘印刷厂	印数:1—1 500册
ISBN 978-7-5625-3535-5	定价:495.00元

如有印装质量问题请与印刷厂联系调换

前 言

青藏高原包括西藏自治区、青海省及新疆维吾尔自治区南部、甘肃省南部、四川省西部和云南省西北部，面积达 260 万 km^2，是我国藏民族聚居地区，平均海拔 4500m 以上，被誉为"地球第三极"。青藏高原是全球最年轻的高原，记录着地球演化最新历史，是研究岩石圈形成演化过程和动力学的理想区域，是"打开地球动力学大门的金钥匙"。

青藏高原蕴藏着丰富的矿产资源，是我国重要的资源后备基地。青藏高原是地球表面的一道天然屏障，影响着中国乃至全球的气候变化。青藏高原也是我国主要大江大河和一些重要国际河流的发源地，孕育着中华民族的繁生和发展。开展青藏高原地质调查与研究，对于推动地球科学研究、保障我国资源战略储备、促进边疆经济发展、维护民族团结、巩固国防建设具有非常重要的现实意义和深远的历史意义。

1999 年国家启动了"新一轮国土资源大调查"专项，按照温家宝总理"新一轮国土资源大调查要围绕填补和更新一批基础地质图件"的指示精神。中国地质调查局组织开展了青藏高原空白区 1:25 万区域地质调查攻坚战，历时 6 年多，投入 3 亿多元，调集 25 个来自全国省（自治区）地质调查院、研究所、大专院校等单位组成的精干区域地质调查队伍，每年近千名地质工作者，奋战在世界屋脊，徒步遍及雪域高原，完成了全部空白区 158 万 km^2 共 112 个图幅的区域地质调查工作，实现了我国陆域中比例尺区域地质调查的全面覆盖，在中国地质工作历史上树立了新的丰碑。

西藏 1:25 万定结县幅（H45C004003）、陈塘区幅（G45C001003）区域地质调查项目，由中国地质大学（武汉）地质调查研究院承担，工作区位于喜马拉雅造山带中段。目的是对本区不同地质单元采用不同的填图方法进行全面的区域地质调查，对藏南拆离系及变质核杂岩进行详细的野外地质、地层学、岩石学、构造学研究，查明其构造格架、变形变质期次及与喜马拉雅隆升的关系，重塑其运动学和动力学过程，研究和比较测区北喜马拉雅地层分区与拉轨岗日地层分区的地层序列、沉积建造、古生物组合及变质变形的差异，从活动论和大陆动力学角度出发，恢复测区古地理和大地构造面貌及演化过程。

定结县幅（H45C004003）、陈塘区幅（G45C001003）地质调查工作时间为 2000—2002 年，累计完成地质填图面积为 18 343km^2；设计地质路线长度为 3500km，实际完成 3960km；设计实测剖面长度为 155km，实际完成 164km；SHRIMP 定年、岩矿分析、电子探针、磁性地层等测试工作大幅度地超出设计工作量。除了重新厘定了本区的地层系统外，取得的创新性成果主要有①在原三叠系朗杰学群中发现早白垩世的箭石化石，拉弄拉组中发现硅化木等；②对高喜马拉雅基底变质岩系进行解体，厘定了作为结晶基底的马卡鲁杂岩和作为褶皱基底的扎西惹嘎岩组，并与拉轨岗日隆起带重新厘定的基底进行类比；③在高喜马拉雅基底中发现中新世基性麻粒岩和超镁铁质岩-橄榄辉石岩组合；④厘定了喜马拉雅造山带中段近东西向和近南北向伸展构造，厘定了拉轨岗日变质核杂岩，研究了喜马拉雅中新世构造隆升、伸展作用与岩浆活动的关系；⑤提出了动态大地构造单元划分思想并应用于本区，系统调查和研究了不同构造单元、不同构造层次的构造形迹，对新发现的地幔、下地壳、中地壳韧性剪切带和上地壳脆韧性剪切带进行了成因分析；⑥从结晶基底到第四系获得了大量高精度测年数据，总结了喜马拉雅中段的构造演化规律；⑦发现 10 个铜、铁、铅锌等矿（化）点，非金属矿点和 1 个温泉。

2003年4月,中国地质调查局成都地质调查中心组织专家对项目进行最终成果验收,评审认为,项目完成了任务书和设计的各项工作任务,经评审委员会认真评议,一致建议项目报告通过评审,该成果报告被评为优秀级(93.6分)。

参加报告编写人员有李德威、张雄华、廖群安、袁晏明、谢德凡、刘德民、隋志龙、张金阳、曹树钊、易顺华等,由李德威编纂、定稿。

先后参加本图幅野外和室内工作的还有张宏飞、肖楠斌、巴桑次仁、杨宝忠、董月华、肖骑兵、李体上、杨书正等。在整个项目实施和报告编写过程中,得益于许多单位和领导的大力协助、支持,尤其要感谢中国地质调查局成都地质调查中心、西藏自治区地质调查院、西藏野外工作站;本书孢粉处理和鉴定由中国地质大学(武汉)俞建新老师完成;吴顺宝教授帮助进行了古生物大化石的鉴定;锆石 U-Pb SHRIMP 年龄测定在中国地质科学研究院北京离子探针中心完成;常规化学全分析、稀土元素分析和微量元素分析由湖北省地质矿产勘查开发局试验测试中心完成;光释光年龄由中国科学院寒区旱区环境与工程研究所沙漠与沙漠化国家重点实验室和国家地震局地质研究所新年代学国家重点实验室完成,^{14}C 和 ESR 年龄由青岛海洋地质研究所海洋地质测试中心测试;裂变径迹年龄分析在国家地震局地质研究所新年代学国家重点实验室完成;TEM 由中国地质大学(武汉)地质过程与矿产资源国家重点实验室完成;遥感图像的处理由北京航空遥感中心完成;地质图计算机制图和空间数据库建库由甘肃省第三地质矿产勘查院源鑫图形图像公司完成。在此一并表示诚挚的谢意。

为了充分发挥青藏高原1:25万区域地质调查成果的作用,全面向社会提供使用,中国地质调查局组织开展了青藏高原1:25万地质图的公开出版工作,由中国地质调查局成都地调中心与项目完成单位共同组织实施。出版编辑工作得到了国家测绘局孔金辉、翟义青及陈克强、王保良等一批专家的指导和帮助,在此表示诚挚的谢意。

鉴于本次区调成果出版工作时间紧、参加单位较多、项目组织协调任务重以及工作经验和水平所限,成果出版中可能存在不足与疏漏之处,敬请读者批评指正。

"青藏高原1:25万区调成果总结"项目组

2010年9月

目 录

第一章 绪 言 ·· (1)
    一、目的和任务 ·· (1)
    二、交通位置及自然地理概况 ··· (1)
    三、地质调查研究概况 ··· (2)

第二章 地 层 ·· (7)
    第一节 北喜马拉雅地层分区 ·· (8)
        一、前震旦系马卡鲁杂岩及扎西惹嘎岩组 ··· (8)
        二、震旦系—寒武系肉切村群（$Z\in R$） ······································· (13)
        三、奥陶系 ·· (14)
        四、志留系 ·· (19)
        五、泥盆系—石炭系 ··· (24)
        六、二叠系 ·· (33)
        七、三叠系 ·· (39)
        八、侏罗系 ·· (47)
        九、白垩系 ·· (58)
        十、古近系 ·· (62)
    第二节 拉轨岗日地层分区 ·· (66)
        一、拉轨岗日杂岩（AnZL）及抗青大岩组（AnZk） ························· (66)
        二、少岗群（$C_{1-2}S$） ·· (66)
        三、二叠系 ·· (66)
        四、三叠系 ·· (69)
        五、侏罗系 ·· (72)
        六、白垩系加不拉组（$K_{1-2}j$） ·· (81)
    第三节 雅鲁藏布江地层分区 ·· (85)
        一、剖面描述 ··· (85)
        二、岩石地层、生物地层及沉积相分析 ·· (86)
    第四节 第四系 ·· (87)
        一、下更新统（Qp_1） ·· (89)
        二、中更新统（Qp_2） ·· (91)
        三、上更新统（Qp_3） ·· (97)
        四、全新统（Qh） ·· (104)

第三章 岩浆岩 ··· (107)
    第一节 侵入岩的分布 ·· (107)
    第二节 晋宁期花岗岩 ·· (108)
        一、岩体地质特征 ··· (108)
        二、岩相学特征 ·· (108)
        三、岩石化学及地球化学 ··· (109)
        四、岩石成因及构造环境分析 ··· (110)
    第三节 喜马拉雅期花岗岩 ·· (111)

一、岩体地质特征 ··· (111)
　　二、岩相学特征 ··· (114)
　　三、岩石化学特征 ·· (114)
　　四、地球化学 ·· (115)
　　五、喜马拉雅期花岗岩的成因及形成构造环境 ·· (119)
　　六、喜马拉雅期花岗岩与喜马拉雅隆升速率 ·· (121)
 第四节　火山岩 ··· (126)
　　一、玄武岩 ··· (126)
　　二、席状玄武玢岩、辉绿岩 ··· (127)
　　三、安山岩 ··· (127)
　　四、苦橄玄武岩、科马提岩 ··· (127)
　　五、讨论 ·· (128)

第四章　变质岩 ··· (129)
 第一节　概述 ·· (129)
 第二节　区域变质岩 ·· (130)
　　一、高喜马拉雅区域变质岩 ··· (130)
　　二、拉轨岗日区域变质岩 ·· (154)
 第三节　动力变质岩 ·· (159)
　　一、动力变质岩的类型与特征 ·· (159)
　　二、动力变质岩的分布 ··· (160)
 第四节　混合岩 ··· (161)
 第五节　接触变质岩 ·· (163)
　　一、拉轨岗日穹隆周边的接触变质证据 ··· (163)
　　二、接触变质带 ··· (163)
 第六节　高喜马拉雅与拉轨岗日基底变质岩变质演化 ··· (169)
　　一、五台旋回 ·· (169)
　　二、晋宁旋回 ·· (169)
　　三、喜马拉雅旋回 ·· (170)

第五章　地质构造及构造演化史 ··· (172)
 第一节　构造背景 ·· (172)
　　一、区域构造背景 ·· (172)
　　二、深部构造背景 ·· (173)
 第二节　构造单元 ·· (179)
　　一、构造单元划分原则与基本方案 ·· (179)
　　二、测区构造单元划分方案 ··· (181)
　　三、构造单元的基本特征 ·· (182)
 第三节　构造边界 ·· (183)
　　一、测区一级构造边界 ··· (184)
　　二、测区二级构造边界——藏南拆离系主干断层 ··· (186)
 第四节　构造样式 ·· (187)
　　一、基底构造样式 ·· (188)
　　二、盖层构造样式 ·· (197)
 第五节　构造演化史 ··· (204)
　　一、基底形成阶段 ·· (205)

二、古大陆边缘及特提斯演化阶段 ……………………………………………………（210）
　　三、喜马拉雅隆升阶段 ……………………………………………………………（211）
第六节　新构造运动 …………………………………………………………………（222）
　　一、新生代新构造运动的分期 ………………………………………………………（222）
　　二、主要活动断层 …………………………………………………………………（223）
第七节　高原隆升与地貌变迁 …………………………………………………………（224）
　　一、现代地貌格架 …………………………………………………………………（224）
　　二、隆升与盆地变迁 ………………………………………………………………（224）
　　三、隆升与水系的演化 ………………………………………………………………（225）
　　四、隆升与冰川、冰川地貌 …………………………………………………………（227）

第六章　经济地质与资源 …………………………………………………………（228）
第一节　矿产资源 ……………………………………………………………………（228）
　　一、固体矿产 ……………………………………………………………………（228）
　　二、液体矿产 ……………………………………………………………………（233）
第二节　旅游资源 ……………………………………………………………………（236）
　　一、自然景观旅游资源 ………………………………………………………………（237）
　　二、人文景观旅游资源 ………………………………………………………………（241）
第三节　灾害地质 ……………………………………………………………………（242）
　　一、地震 …………………………………………………………………………（242）
　　二、荒漠化 ………………………………………………………………………（242）
　　三、山崩、滑坡、泥石流 ……………………………………………………………（242）
第四节　高原隆升与环境演化 …………………………………………………………（243）
　　一、早更新世环境 …………………………………………………………………（243）
　　二、中更新世早期环境 ………………………………………………………………（243）
　　三、中更新世晚期到晚更新世环境 ……………………………………………………（244）
　　四、全新世环境 ……………………………………………………………………（244）
第五节　现代生态环境 …………………………………………………………………（244）
　　一、生态环境分区 …………………………………………………………………（244）
　　二、生物环境特征 …………………………………………………………………（244）
　　三、动物资源 ……………………………………………………………………（245）

第七章　结　论 …………………………………………………………………（246）
第一节　主要地质成果及结论 …………………………………………………………（246）
　　一、地层方面 ……………………………………………………………………（246）
　　二、第四系 ………………………………………………………………………（247）
　　三、变质岩及岩浆岩 ………………………………………………………………（247）
　　四、构造方面 ……………………………………………………………………（248）
　　五、年代学方面 …………………………………………………………………（248）
　　六、其他方面 ……………………………………………………………………（249）
第二节　存在的主要问题 ………………………………………………………………（249）

主要参考文献 ……………………………………………………………………（250）

附图　1∶25万定结县幅(H45C004003)、陈塘区幅(G45C001003)地质图及说明书

第一章 绪　　言

一、目的和任务

根据国土资源部国土发(1999)509号关于2000年国土资源大调查计划的文件,中国地质调查局下达了由中国地质大学(武汉)承担的区域地质调查项目任务书(任务书编号:0100209089)。项目名称为1:25万定结县幅(H45C004003)、陈塘区幅(G45C001003)区域地质调查(项目编号:20001300009231),工作性质属基础地质调查,填图面积为18 583km^2。工作年限为2000年1月—2002年12月,要求2000年7月31日前提交项目设计书,2002年7月进行野外验收,2002年12月提交最终验收成果。

本项目的目标任务是按照《1:25万区域地质调查技术要求(暂行)》及其他相关的规范、指南,参照沉积岩、变质岩区及造山带填图的新方法,应用"3S"等新技术手段,以区域构造调查和研究为先导,对测区不同地质单元采用不同的填图方法进行全面的区域地质调查。同时本着图幅带专题的原则,对测区藏南拆离系及变质核杂岩进行详细的野外地质、地层学、岩石学、构造学研究,查明其构造格架、变形变质期次及与喜马拉雅隆升的关系,重塑其运动学和动力学过程;研究和比较测区北喜马拉雅地层分区与拉轨岗日地层分区的地层序列、沉积建造、古生物组合及变质变形的差异,从活动论和大陆动力学角度出发,恢复测区古地理和大地构造面貌及演化过程。

二、交通位置及自然地理概况

测区位于西藏自治区西南部,行政区划属日喀则地区萨迦县、定结县、定日县、岗巴县管辖。地理坐标为东经88°00′—89°00′,北纬27°50′—29°00′,面积为18 583km^2。

测区属喜马拉雅山脉和拉轨岗日山系,地形起伏较大,逾越条件差。最高点马卡鲁山为8463m,最低点海拔为2100m,平均海拔4500m以上。地势以南北两侧较高,中间较低。区内河流较多,主干河流以东西向为主,主要有扎嘎曲、叶如藏布、金龙曲和朋曲,其支流主要为南北向,发源于测区南北两侧的高山冰雪区。测区河流大部分为内流型,流向测区湖泊。发育在测区南部的部分河流流向印度洋。面积大于20km^{2}的湖泊有4个,其中最大的错母折林面积为240km^2,均为咸水湖。此外,在靠近现代冰川的高山附近发育小型湖泊。测区南部及拉轨岗日一带强烈隆升剥蚀,无植被,发育现代冰川。

测区属高原大陆型气候,以低温干燥、空气稀薄、日照充足、昼夜温差大为特点,属高寒缺氧山区。四季不分,一年仅有冷暖两季,每年10月—翌年4月为冷季。5—9月为暖季,日照时间长且强烈,是野外工作的最佳时段。平均气温为7~8℃。降雨量集中在7—8月,风季集中在2—4月。

测区以农牧业为主,其土地类型主要为一等至二等宜牧型,以错母折林附近最好,为一等宜牧的滨湖滩地蒿草草甸沼泽草地。一般为二等宜牧的高山草甸土蒿草草地和平地亚高山草原土针茅草地。少数地区如定结错附近为宜农耕地,属平原草原土水浇地和平地潮土水浇地等。此外,测区尚有1/3的地区属极高山冰缘寒冻土、冰川与永久性积雪层及砂地与戈壁,为不宜农牧区。

测区交通相对西藏偏远地区较为方便。中尼友谊公路通过测区西部,并有直通萨迦县、定日县、岗巴县和定结县的铺石公路。此外,区内还有数条季节性便道可行汽车,交通位置见图1-1。

总的来说,测区由于自然条件恶劣,经济比较落后,开发自然资源、发展经济应为该区的一个重要任务,也是这次区调工作中要予以关注的重要问题。

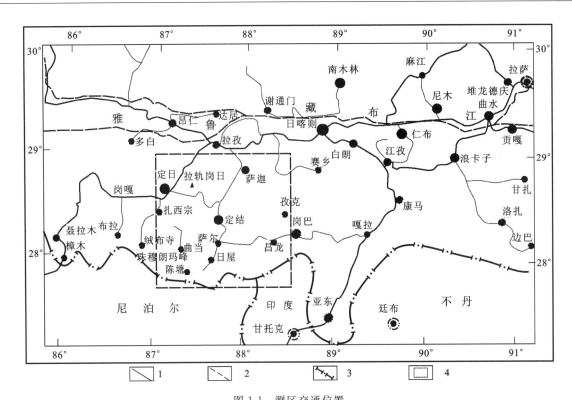

图 1-1 测区交通位置
1.公路；2.河流；3.国界；4.填图范围

三、地质调查研究概况

（一）测区地质调查研究历史

测区由于地理环境恶劣，地质研究程度较低，在区域地质调查方面只有 1∶100 万日喀则幅覆盖全区，尚未进行过其他正规的区域地质填图。近 30 年来，随着全球岩石圈计划的开展，特别是近十年来大陆动力学的兴起，地学界对作为"世界第三极"的青藏高原极为重视，将其作为大陆动力学的世界级最佳野外实验室。测区位于青藏高原南部著名的喜马拉雅造山带的中段，因而一些重要的地学研究不同程度地涉及测区及其周边地区，但是直接在测区进行的地质调查研究极少。测区及邻区的地质调查研究历史可划分为如下四个阶段。

1. 20 世纪 50 年代以前以科学考察和探险为主的初步调查阶段

20 世纪 50 年代以前在测区开展的地质工作极少，一些学者对喜马拉雅造山带的考察、探险和对特提斯的论述不同程度地间接涉及测区，主要有①19 世纪初叶，英国的 Everest G(1829)在喜马拉雅地区开展三角大地测量，在此基础上美国的 Dutlon(1889)提出了"均衡说"；②德国地层学家 Neumayr(1885)通过喜马拉雅与阿尔卑斯的地质对比研究，认为存在一个控制侏罗系海相地层分布的狭长的中生代海域，其后奥地利著名地质学家 Suess(1893)将其称为"特提斯"，并指出由于特提斯海盆的收缩和消失，形成了阿尔卑斯-喜马拉雅山链；③Argand(1924)首次提出印度大陆向亚洲大陆远距离俯冲形成喜马拉雅山脉，产生双层地壳结构，这一认识至今在地学界仍有重大影响；④瑞士地质学家 Gansser 等(1936)通过对中喜马拉雅的调查与观测，发现了数条向北倾斜的叠瓦状逆冲断层，划分出"喜马拉雅相"和"西藏相"，认为"西藏相"是外来体；⑤黄汲清(1945)在《On Major Tectonic Forms of China》一书中论述了喜马拉雅的构造特点和喜马拉雅运动，将喜马拉雅运动分为中渐新世、中中新世和早更新世 3 个构造幕。

2. 20世纪50—70年代以区域地质调查为主的基础研究阶段

这个阶段的地质调查研究基本上是由中国地质工作者完成的,开展了含测区的小比例尺区域地质调查,此外还进行了多学科综合地质考察和固体矿产勘查。主要工作有①西藏地质矿产局区域地质调查大队于1977—1981年开展了1:100万日喀则幅区域地质和矿产调查,其范围覆盖测区(图1-2),为后续的各项地质工作打下了基础;②中国科学院西藏科学考察队于1960—1961年、1963年和1966—1968年3次在珠穆朗玛峰及相邻地区进行了科学考察,并在测区西部进行过路线地质调查,编写了《珠穆朗玛地区科学考察报告》,初步建立了喜马拉雅地区的构造格架和地层系统,此后又进行了更大规模和更大范围的青藏高原综合考察(1973—1976),编写了《1975年青藏高原综合考察报告》,少量路线涉及测区;③西藏自治区地质局综合普查大队于1975—1976年在日喀则南部开展了找磷路线地质调查,部分工作涉及测区。

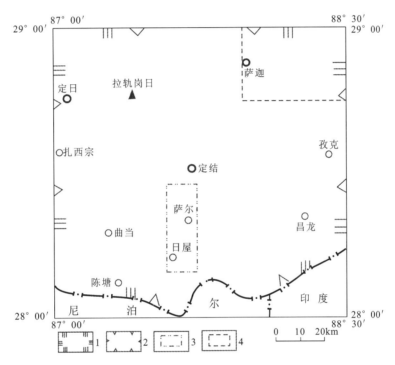

图1-2 测区地质调查研究程度略图

1.1:100万日喀则幅地质填图;2.1:50万地球化学填图;3.1:50万"一江两河"地质矿产图;4.中美伸展构造研究区

3. 20世纪80年代以板块构造及岩石圈动力学为中心的综合研究阶段

这一阶段以青藏高原岩石圈结构、构造及其动力学为主题,开展了地质、地球物理和地球化学的综合研究,一些研究课题不同程度地涉及测区,主要有①1980年由中国科学院高原研究所主编的《1:150万青藏高原地质图》和1986年由中国地质科学院成都地质矿产研究所主编的《1:150万青藏高原及邻区地质图》,其范围均覆盖本区;②1980—1985年由李廷栋作为中方首席代表的中法"喜马拉雅地质构造与地壳上地幔的形成演化"合作地质与地球物理综合研究项目,对喜马拉雅花岗岩和变质岩、雅鲁藏布江蛇绿岩带及南侧高压变质带、藏南地层古生物、喜马拉雅及邻区地壳和上地幔结构进行了系统的研究,并在定日—日喀则一带开展了重力测量,编制了莫霍面等深图,为测区的后续工作奠定了基础,此外,原地质矿产部"六五"重点科研项目"青藏高原地质构造、形成演化与主要矿产分布规律"也涉及测区;③江西省地质矿产局物化探大队于1989—1991年开展了1:50万日喀则幅区域化探扫面工作,并编制了1:50万日喀则幅地球化学图。

4. 20世纪90年代以来以喜马拉雅隆升及大陆动力学为中心的深入研究阶段

近十年来,青藏高原被公认为大陆动力学最理想的野外实验室,地学界加大力度研究青藏高原隆升和喜马拉雅形成及其相关的动力学机制,涉及到测区的主要研究成果为①1990—1992年陈智梁等与Burchfiel B C合作研究了喜马拉雅造山带伸展构造及藏南拆离系,在测区南部定结至德古、日屋一带进行了详细的路线地质调查和关键地区构造地质填图,研究了藏南拆离系的几何结构、变形特征和构造样式,分析了拆离断层的活动时间和形成机制;②"八五"期间由肖序常主持的原地矿部重大基础研究项目"青藏高原岩石圈结构、隆升机制及其大陆变形效应"涉及测区,对喜马拉雅及青藏高原隆升过程这一重大科学问题做了深入的研究;③1989—1995年李德威在藏南开展地质构造和控矿构造研究,划分出高喜马拉雅变质核杂岩、普兰-亚东剥离断层带、萨迦-康马链状隆(起)伸(展)带,并探讨了北喜马拉雅成矿带和高喜马拉雅成矿带的控矿因素、成矿条件和找矿远景;④西藏地质矿产局于1993年完成了《西藏自治区区域地质志》,对西藏地质作了系统全面的总结;⑤"九五"期间由李廷栋领导开展的原地质矿产部重大基础研究项目"青藏高原隆升的地质记录及机制"的一些专题与测区密切相关;⑥由西藏地质矿产局组织完成的西藏岩石地层清理工作,是对包括测区在内的西藏岩石地层的重要总结;⑦王成善、夏代祥、周详等进行的"雅鲁藏布江缝合带—喜马拉雅山地质路线考察》,沿中尼公路通过测区;⑧由郑笃、莫宣学领导的新一轮国家"973"攀登项目"青藏高原形成演化及其环境、资源效应"(1999—2004)的一些专题直接或间接涉及测区;⑨1992—1996年由赵文津、Nelson领导的INDEPTH项目在测区东侧邻幅,获得重要的深部构造信息;⑩国土资源部航空物探遥感中心于1998—2000年开展青藏高原中西部1∶100万航磁概查,覆盖测区大部分地区。此外,由中国科学院孙鸿烈领导的国家攀登项目青藏高原专项,叶叔华、马宗晋领导的国家攀登项目"现代地壳运动与地球动力学研究",以及一些国际合作项目和少数国家自然科学基金项目、成都地质矿产研究所藏南区域矿产地质调查项目和西藏地质矿产局自选项目等不同程度地涉及测区或邻区。

总之,前人将测区作为喜马拉雅一个重要组成部分而开展的地质调查研究较多(表1-1),但是直接在测区所进行的地质调查和科学研究数量少、时间短、程度低(图1-2)。

表1-1 测区主要地质调查与研究历史简表

调查时间(年)	成果名称	作者单位或姓名	出版时间(年)	出版单位
1960—1961、1963、1966—1968	《珠穆朗玛峰地区科学考察(报告)》	中国科学院西藏科学考察队	1974	科学出版社
1973—1975	《珠穆朗玛科学考察报告》	中国科学院青藏高原综合考察队	1975	科学出版社
1975—1976	日喀则地区找磷路线地质调查	西藏地质矿产局综合普查大队	1976	内部资料
70—80年代	雅鲁藏布江蛇绿带基性、超基性岩和铬铁矿调查	西藏地质矿产局第二地质大队		内部资料
1977—1981	1∶100万日喀则幅区域地质调查报告、地质图、矿产图	西藏地质矿产局区域地质调查队		内部资料
1980	《1∶150万青藏高原地质图》	中国科学院高原地质研究所	1980	地图出版社
1981	《西藏岩浆活动和变质作用》	中国科学院青藏高原综合考察队	1981	科学出版社
1981	《喜马拉雅地质——中法合作喜马拉雅地质考察》	常承法等	1984	地质出版社
1980—1985	《喜马拉雅岩石圈构造演化总论》	肖序常、李廷栋等	1988	地质出版社
1986	《1∶150万青藏高原及邻区地质图》及说明书	成都地质矿产研究所	1988	地质出版社
1989—1990	1∶50万日喀则幅区域化探扫面	江西省地质矿产局物化探大队	1990	内部资料

续表1-1

调查时间(年)	成果名称	作者单位或姓名	出版时间(年)	出版单位
1985—1988	《西藏侏罗纪、白垩纪和第三纪的生物地层》	徐玉林、万晓樵等	1989	中国地质大学出版社
1985—1990	《青藏高原新生代构造演化》	潘桂棠等	1990	地质出版社
1989—1992	《The South Tibetan Detachment System, Himalayan Orogen》	陈智梁、Burchfiel 等	1992	Geological Society of America
1993	《西藏自治区区域地质志》	西藏地质矿产局	1993	地质出版社
1990—1995	《青藏高原岩石圈结构、构造演化及隆升》	肖序常、李廷栋、陈炳蔚等	1998	广州科技出版社
1995—1997	《西藏自治区岩石地层》	西藏地质矿产局	1997	中国地质大学出版社
1996—1999	《雅鲁藏布江缝合带—喜马拉雅山地质》	王成善、夏代祥、周详、陈建平	1999	地质出版社
1992—1998	《喜马拉雅山及雅鲁藏布江缝合带深部结构与构造研究》	赵文津等	2001	地质出版社
1998—2000	《青藏高原中西部航磁调查》	航空物探遥感中心	2001	地质出版社

(二)测区存在的科学问题

1. 前期地质制图方面

测区的区调工作仅由西藏地质矿产局区域地质调查大队于1977—1981年进行过1∶100万日喀则幅区域地质调查,为新一轮区域地质调查和研究工作奠定了重要的基础。但是受自然地理、工作年代和填图比例尺等条件的限制,存在如下问题:①精度较低,如只有几条地质调查路线通过测区,测区内大面积分布的第四系和前寒武系没有做进一步的划分,盖层地层划分也较粗略等;②某些部分图面结构不合理,例如一些近EW走向的断层上盘地层新、下盘地层老,却定为逆断层;③对一些重要的地质界线认识不够。如喜马拉雅核部杂岩北侧基底与盖层之间是大规模的剥离断层,而不是角度不整合;拉轨岗日构造带基底与盖层之间及一系列地层之间大部分也是断层或拆离断层接触,而不是当时所确定的整合或不整合接触等。

2. 测区构造格架和大地构造属性方面

前人对测区大地构造性质有不同的认识。在20世纪80年代以前,主要存在两种认识:一是按槽台学说观点划为复式褶皱体系,二是从地质力学观点出发,认为是帕米尔—喜马拉雅"歹"字型构造尾部的一部分。进入80年代,在板块构造学说的影响下,绝大多数学者将测区作为印度板块或冈瓦纳古陆的组成部分,是典型的碰撞造山带。然而对板块边界位置的认识存在很大的分歧,不同学者分别将雅鲁藏布江缝合带、班公湖-怒江缝合带、金沙江缝合带等作为板块分界线。周详等(1988,1993)则将测区划归为喜马拉雅板片,并进一步划分为大喜马拉雅陆棚壳片及拉轨岗日陆隆壳片。近年来,随着大陆动力学计划的开展,一些学者逐步认识到喜马拉雅造山带内部不存在碰撞结构(如缝合带),而是发育地壳尺度的伸展构造,其隆升时间(20Ma以后)与北侧的新特提斯闭合及两侧板块碰撞时间(40Ma左右)之间存在时差,可能是板(陆)内构造作用形成的板(陆)内造山带。

3. 测区地层单位和地层系列方面

测区地层序列及地层系统主要是以1∶100万日喀则幅的资料为基础,以地层清理后的《西藏自治区岩石地层》(1997)为依据建立的。除北喜马拉雅地层分区前震旦系聂拉木群、奥陶系甲村组、沟陇日组、侏罗系及拉轨岗日地层分区石炭系的少岗群、二叠系的破林浦组和比聋组之外，其余所有岩石地层单位均同于清理后的地层划分方案，并且所有地层单位均有层型剖面。但这些层型剖面除志留系普鲁组在测区内外，大多分布在测区西侧的聂拉木县和东侧的康马县。由于与层型剖面所在地有一定的距离，测区部分岩石地层单位的岩性、古生物组合与层型剖面有一定的差别。现将差异较大的地层单位分述如下。

(1) 聂拉木群：层型剖面为聂拉木县城南友谊桥-肉切村剖面。《西藏自治区岩石地层》(1997)中将该群分为曲乡组($AnZq$)和江东组($AnZj$)。其中下部曲乡组($AnZq$)主要由原岩为富铝硅酸盐岩岩石（杂砂岩，泥页岩）变质而来的各种片岩（石英片岩、云母片岩、蓝晶石片岩、十字石片岩）、片麻岩组成，厚度大于2400m。上部江东组($AnZj$)整合覆于曲乡组之上，主要由一套富铝富钙硅酸盐岩（原岩为杂砂岩、泥页岩、碳酸盐岩）变质而来的各种片岩、片麻岩、变粒岩、混合岩、大理岩及混合片麻岩组成，以大理岩层的出现作为本组和曲乡组的分界，厚度大于5000m。根据野外踏勘、实测剖面和路线地质调查，测区聂拉木群岩层序列与上述划分差异极大，很难与曲乡组和江东组对比，其中下部主要为一套正片麻岩、表壳岩系和透镜体状基性变质岩组合。上部为一套大理岩、石英岩、黑云石英片岩和黑云母片岩组合。两套岩石组合的构造变形样式也差异显著。故应该按新思路重新认识。

(2) 奥陶系甲村组、沟陇日组：层型为测区西侧聂拉木县甲村-亚里剖面。汪啸风等(1980)将其进一步划分为肉切村群上组、甲村组、沟陇日组。陈挺恩(1984)及西藏地质矿产局(1993)曾将本组划为下部珠穆朗玛组、中部甲村组、上部阿来组、顶部沟陇日组。《西藏自治区岩石地层》将其各组合并为甲村群。由于这套地层厚度较大，且地质年代跨度长，应将其分组。考虑到本组和典型的肉切村群有明显的区别，采用肉切村群上组不太合适，又根据岩石地层命名优先原则，采用汪啸风等(1980)的划分而用甲村组、沟陇日组，其内部的岩性变化分段表示。

(3) 侏罗系普普嘎组(J_1p)，聂聂雄拉组(J_2n)，拉弄拉组(J_2l)。层型剖面分别位于聂拉木县北德日荣、定日-聂拉木公路第十一道班至五道班剖面及聂聂雄拉北的拉弄拉。测区侏罗系的地层序列及岩性特征与层型剖面相似，其划分方案与《西藏自治区区域地质志》(1993)及罗建宁(1999)的相同，而《西藏自治区岩石地层》(1997)则将侏罗系上述3个组合并为聂聂雄拉群后不再分组。考虑到作为一个地层单位厚度巨大，同时内部岩性变化大且具明显的变化规律，故将侏罗系下部3个组分开。

(4) 石炭系少岗群($C_{1-2}S$)、二叠系破林浦组(P_1p)、比聋组(P_1b)。层型位于康马县破林浦剖面。《西藏自治区区域地质志》(1993)将拉轨岗日地层分区石炭系及下二叠统分为上述3个岩石地层单位。《西藏自治区岩石地层》(1997)则将其与喜马拉雅地层分区对比，将其定为亚里组和基龙组。但测区少岗群($C_{1-2}S$)、破林浦组(P_1p)、比聋组(P_1b)与亚里组、基龙组无论变质程度还是岩性组合特征均有一定的差别，故沿用《西藏自治区区域地质志》(1993)的划分方案。

(5) 在先期地质图中第四系没有做进一步划分，而测区第四系十分发育，具有冰川及冰水沉积、湖积物、洪积物、冲积物、风积物和冻土等多种成因类型，与喜马拉雅造山带快速强烈隆升密切相关。

第二章 地 层

测区地层除南部有雅鲁藏布地层区的少量地层之外,总体属喜马拉雅地层区。以定日-岗巴断裂为界,喜马拉雅地层区明显分为南部的北喜马拉雅地层分区及北部的拉轨岗日地层分区,两分区地层除变质程度有差异之外,其岩性组合及古生物组合也有一定的差异,其地层序列见表2-1。

表2-1 测区地层序列表

年代地层单位			岩石地层单位			
界	系	统	北喜马拉雅地层分区			拉轨岗日地层分区
新生界	第四系(Q)	全新统(Qh)	河流沉积(Qh^{al})、冰碛(Qh^{gl})、湖积(Qh^{l})			
		上更新统(Qp_3)	冰碛(Qp_3^{gl})、冰水沉积(Qp_3^{gfl})			
		中更新统(Qp_2)	冰水沉积(Qp_2^{gfl})			
		下更新统(Qp_1)	冰水沉积(Qp_1^{gfl})			
	新近系(N)	上新统(N_2)				
		中新统(N_1)				
	古近系(E)	渐新统(E_3)	未出露			
		始新统(E_2)	宗浦组($E_{1-2}z$)			
		古新统(E_1)	基堵拉组(Ej)			
中生界	白垩系(K)	上统(K_2)	宗山组(K_2z)			未出露
			岗巴群($K_{1-2}G$)	岗巴村口组(K_2g)		
				察且拉组($K_{1-2}c$)		加不拉组($K_{1-2}j$)
		下统(K_1)		岗巴东山组(K_1g)		
	侏罗系(J)	上统(J_3)	古错村组(J_3g)			维美组(J_3w)
		中统(J_2)	门卡墩组($J_{2-3}m$)		田巴群($J_{1-3}T$)	遮拉组($J_{2-3}\hat{z}$)
			拉弄拉组(J_2l)			陆热组(J_2lu)
			聂聂雄拉组(J_2n)			
		下统(J_1)	普普嘎组(J_1p)			日当组($J_{1-2}r$)
	三叠系(T)	上统(T_3)	德日荣组(T_3d)			涅如组(J_3n)
		中统(T_2)	曲龙共巴组($T_{2-3}q$)			
		下统(T_1)	土隆群($T_{1-2}T$)			吕村组($T_{1-2}l$)
上古生界	二叠系(P)	上统(P_3)	色龙群(PS)	曲布日嘎组(Pqb)		
		中统(P_2)		曲布组(P_2q)		白定浦组(P_2b)
						康马组(P_2k)
		下统(P_1)	基龙组(P_1j)	查雅段(P_1j^a)		比聋组(P_1b)
				扎达日段(P_1j^z)		破林浦组(P_1p)
	石炭系(C)	下统(C_2)	纳兴组(C_2n)			少岗群($C_{1-2}S$)
		下统(C_1)				
	泥盆系(D)	上统(D_3)	亚里组(D_3C_1y)			
		中统(D_2)	波曲组($D_{2-3}b$)			
		下统(D_1)	凉泉组(D_1l)			
下古生界	志留系(S)	上统(S_3)	普鲁组($S_{2-3}p$)			
		中统(S_2)				
		下统(S_1)	石器坡组(S_1s)			
	奥陶系(O)	上统(O_3)	红山头组(O_3h)			断层或不整合缺失
		中统(O_2)	沟陇日组(O_2g)			
		下统(O_1)	甲村组(O_1j)	上段(O_1j^3)		
				中段(O_1j^2)		
				下段(O_1j^1)		
	寒武系(∈)		肉切村群(Z∈R)			
元古字	震旦系(Z)		扎西惹嘎岩组	上段($AnZz^2$)		抗青大岩组(AnZk)
				下段($AnZz^1$)		
			马卡鲁杂岩(AnZM)			拉轨岗日杂岩(AnZL)

第一节 北喜马拉雅地层分区

本区地层自下而上有前寒武系、下古生界、上古生界、中生界及新生界。自下而上分述如下。

一、前震旦系马卡鲁杂岩及扎西惹嘎岩组

马卡鲁杂岩及扎西惹嘎岩组分布在图幅南部，为一套中深变质岩系。

（一）马卡鲁杂岩岩石组合和岩石单位

前震旦系在测区分布较广，构成有两个中高级变质岩带。第一岩带在图幅南部的卡达—萨尔一带，呈东西向展布，南缘跨越中尼边境，向东西分别进入1∶25万康马幅和聂拉木幅，常称为喜马拉雅"中央结晶岩系"或高喜马拉雅结晶岩系（HHC）。《西藏自治区岩石地层》将其划归聂拉木群，层型剖面为聂拉木县城南友谊桥-肉切村剖面。第二个岩带位于图幅中部，沿东西走向的拉轨岗日山脊分布，位于拉轨岗日穹隆构造的核部，《西藏自治区区域地质志》将其划归为前石炭系拉轨岗日群。本次研究发现，测区的这两个变质岩带在岩性组合及变质程度等特征上不能与前人定义的聂拉木群和拉轨岗日群对比，存在明显的变质杂岩特征，因而对其杂岩的岩石组合及岩石单位重新进行了厘定，将测区南部的聂拉木群重新分解为下部的马卡鲁杂岩（AnZM）和上部的古褶皱盖层扎西惹嘎岩组（AnZz），其形成时代可能分别为新太古代和中新元古代。通过对二者的变形特征的差异和接触界面的研究，初步认为二者之间存在一个角度不整合界面，从而认为喜马拉雅地区可能存在双重结晶基底。测区中部的拉轨岗日群在岩石组合特征上基本上可与"聂拉木群"对比，因此分别相对应下部的拉轨岗日杂岩（AnZL）和上部的抗青大岩组（AnZk），并对其岩石单位进行了拟定。

马卡鲁杂岩由于多期变质变形事件的改造，原始面理已完全被后期的构造面理置换，具典型的非史密斯地层的特点，加上普遍发育的混合岩化变质作用，致使正负片麻岩在野外很难区分，针对这一特征，本次调查的重心放在表壳岩系和花岗质片麻岩组合的识别方面。除进行了大量的剖面研究和路线调查外，在室内做了大量的鉴定和测试研究工作，从中识别出变质表壳岩系、镁铁质—超镁铁质变质岩组合和花岗质片麻岩（变质花岗岩类）组合，从中进一步划分出7个岩石填图单位（表2-2）。马卡鲁杂岩的岩石组合及构造样式由南北向穿越图区内杂岩的1条实测剖面和2条草测剖面控制（图2-1、图2-2），剖面全长41km。

1. 变质表壳岩系

变质表壳岩系为一套强烈变形并被混合岩化改造了的变质沉积岩系，分布局限，约占马卡鲁杂岩分布面积的15%，在花岗质片麻岩中呈被侵蚀的残块产出，最大出露宽度达6000m，由于变形强烈，原始层序已无法恢复，顶底不详。可分为两种岩石组合。

（1）石英岩、大理岩组合（AnZMqm）

石英岩、大理岩组合分布于图幅东南部，岩性主要为粗晶石英岩、黑云石英岩、含透辉石大理岩，夹石榴黑云石英片岩、石榴黑云斜长片麻岩。石英岩所占比例较大，单层厚度达1m以上，原始层理保存完好。大理岩常被糜棱岩化变形，变形更强时可显示出条带状灰岩的外貌，片岩及片麻岩夹层多伴有较强的混合岩化变质，并发育不同规模的顶厚流变褶皱。石英岩及大理岩组合最大露头宽度达3km，厚度大于1400m，与片岩＋片麻岩组合为整合接触，多被古元古代的花岗质片麻岩和晋宁期片麻状二长花岗岩侵入，成不连续的顶垂体或捕虏体产出。据岩石组合特征及化学成分分析，原岩为一套石英砂岩和灰岩。

表 2-2 马卡鲁杂岩的岩石组合和岩石单位

岩石组合	岩石单位	代号
花岗质片麻岩组合	奥长花岗质片麻岩	AnZMtg
	花岗闪长质-英云闪长质片麻岩	AnZMgg
	二长花岗质片麻岩	AnZMag
镁铁质—超镁铁质变质岩组合	镁铁质岩:斜长角闪岩-榴闪岩-石榴二辉麻粒岩-石榴辉石岩	
	超镁铁质岩:角闪岩化橄榄辉石岩	
变质表壳岩系	石英岩、大理岩	AnZMqm
	片岩、片麻岩	AnZMpg

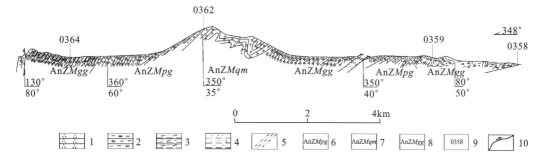

图 2-1 定结县马且珍-陈塘马卡鲁杂岩概测剖面图

1.石英岩;2.云母片岩;3.条带状混合片麻岩;4.条带状花岗质片麻岩;5.糜棱岩;6.马卡鲁杂岩——负片麻岩、片岩;7.马卡鲁杂岩——石英岩、大理岩;8.马卡鲁杂岩——花岗闪长质片麻岩;9.测点号;10.断层

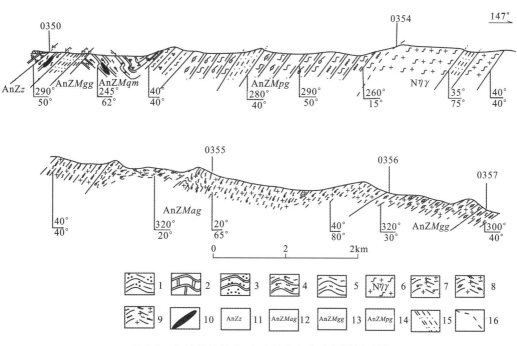

图 2-2 定结县马且珍-卡达马卡鲁杂岩概测剖面图

1.黑云石英岩、石英片岩;2.大理岩;3.石英岩;4.条带状混合片麻岩;5.混合岩化黑云片岩;6.喜马拉雅期淡色花岗岩;7.条带状花岗质片麻岩;8.眼球状花岗质片麻岩;9.条痕状花岗质片麻岩;10.榴闪岩、斜长角闪岩;11.扎西慈嘎岩组;12.马卡鲁二长花岗质片麻岩;13.马卡鲁花岗闪长质片麻岩;14.马卡鲁表壳岩系负片麻岩;15.糜棱岩;16.推测断层

(2) 片岩、片麻岩组合(AnZMpg)

该岩石组合多遭到了较强的混合岩化改造,岩性组合为条带状、眼球状混合岩化石榴黑云斜长片麻

岩、黑云二长片麻岩、硅线石榴黑云斜长片麻岩、紫苏黑云斜长片麻粒岩（麻粒岩）及硅线石黑云片岩、黑云石英片岩。混合岩化程度强时，可渐变为混合片麻岩。最大露头宽度达4000m，厚度大于2000m，与石英岩＋大理岩组合为整合接触，亦多被古元古代的花岗质片麻岩和晋宁期片麻状二长花岗岩侵入，成不连续的顶垂体或捕虏体产出。据岩石组合特征及化学成分分析，原岩为一套泥质岩和泥质砂岩，其层位应在石英岩＋大理岩组合之上。

2. 镁铁质—超镁铁质变质岩组合

该岩石组合分布局限，不足马卡鲁杂岩的1%，成分大小不等的透镜体产出，一般直径为几十厘米到几米，少数可长达100m，宽达50m，在变质表壳岩和花岗质片麻岩中均有产出。产于表壳岩中者，透镜体常呈带状分布，表明为脉状侵入的镁铁质—超镁铁质岩体。在花岗质片麻岩中者亦多呈透镜状，但也有不规则形态者，常见被花岗质片麻岩侵入切割的现象，应为被花岗质片麻岩捕虏的岩块。

（1）镁铁质变质岩：一套具有明显由高压麻粒岩相到角闪岩相退变质特征的岩石组合，由石榴辉石岩、石榴二辉麻粒岩、榴闪岩和斜长角闪岩组成。在变质表壳岩中者，石榴辉石岩和石榴二辉麻粒岩常构成透镜体的核部，边缘为具眼球状（由石榴石核和斜长石冠状边组成）石榴石斑晶的榴闪岩和具石榴石斑晶假象（被斜长石＋辉石/角闪石后成合晶取代）的斜长角闪岩。在花岗质片麻岩中者，退变质较完全，为辉石榴闪岩和斜长角闪岩，但仍具由透镜体中心到边缘的分带现象。

（2）超镁铁质变质岩：目前仅在定结县扎乡附近和扎日日等地有发现，在扎乡附近，超镁铁质变质岩呈似层状透镜体产于表壳变质岩石英岩内，最大者长达50m，厚达20m以上。在扎日日一带，产于花岗闪长质片麻岩内，呈脉状产出，脉宽5~20m不等，可切割围岩片麻理。目前对其侵位机制（构造侵位还是岩浆侵位？）尚不很清楚。岩石组合为角闪石化的尖晶石橄榄二辉岩、尖晶石橄榄方辉岩，前者因强烈的应力变形而发育页理，所有矿物均具明显的长轴定向，橄榄石发育扭折带构造，后者斜方辉石结晶粗大（粗径＞1cm），粒间充填细粒的橄榄石和角闪石化的单斜辉石，具堆晶结构特征。矿物成分及化学成分研究表明，应为一套超镁铁质（含超基性）的堆晶岩。

3. 花岗质片麻岩组合

花岗质片麻岩组合在马卡鲁杂岩中广泛分布，约占该杂岩分布面积的85%，为一套由早期花岗岩质侵入岩变质形成的正片麻岩。由于强烈的变形和后期的混合岩化改造，在野外已很难识别单元岩石之间的边界，本次研究结合室内的岩石薄片分析和岩石地球化学研究，对其岩石单元进行了划分，查明其主要成分为花岗闪长质片麻岩和二长花岗质片麻岩，含少量分布的奥长花岗岩和英云闪长岩组成，并在地质图上初步圈定了各单元岩石的边界。

（1）花岗闪长质—英云闪长质片麻岩

花岗闪长质者为主体岩性，英云闪长质者在其中分布，二者具相似的外貌特征，在露头上很难区分，加上没有足够的化学分析资料，图面上未对其进行划分。岩石混合岩化改造明显，具条带状-条痕状构造，野外多定名为条带状、条痕状混合片麻岩。常含有镁铁质片麻岩捕虏体。

（2）奥长花岗质片麻岩

该岩体规模较小，目前仅在陈塘附近圈定了一个小型岩体，分布面积约16km²，岩石结构均一。围岩为花岗闪长质片麻岩，其侵入时间较花岗闪长质片麻岩晚。除已圈定的岩体外，在二长花岗质及花岗闪长质岩体内部有的样品也具奥长花岗岩的化学组成，但因填图精度的限制，尚难进行边界圈定。

（3）二长花岗质片麻岩

该岩体分布较广，规模较大，达上百平方千米，岩体内部成分均一，野外多定名为混合花岗岩，与花岗闪长质片麻岩之间的接触界面因混合岩化改造而不清，推测其形成时间晚于花岗闪长质片麻岩。

（二）扎西慈嘎岩组

扎西慈嘎岩组分布于马卡鲁杂岩的北部边缘，上部以著名的藏南拆离系与肉切村群（$Z\in R$）构造接触,下部与马卡鲁杂岩之间的接触关系尚不完全清楚。

扎西惹嘎岩组由于变质程度的差异,其岩性组合和变质变形特征在测区横向上存在一定的差别。在测区东部的萨尔、日屋一带,岩石变质变形程度较低,变质程度相当于角闪绿片岩相-角闪岩相,岩石未受混合岩化作用改造,地层层序保存完好。测区西部的卡达—扎乡一带变质程度较深,达高角闪岩相,并含有早期麻粒岩相的残余体,混合岩化改造强烈,变形亦较强,地层层序已难恢复。扎西惹嘎岩组的岩石组合及构造样式由定结县日屋乡扎西惹嘎剖面和定结县扎乡-贡巴索剖面控制。

1. 定结县日屋扎西惹嘎剖面

该剖面位于图区内近南北走向的日屋-定结正断层的东侧的下降盘,由于早期埋深较浅,岩石的变质变形程度较低,原始地层层序保存较好,可作为扎西惹嘎岩组的层型剖面,不足之处是底部被晋宁期眼球状二长花岗岩侵入,未见底(图 2-3)。

肉切村群($Z\in R$)

13. 深灰色粗粒二云片岩、黑云片岩夹薄层黑云石英片岩	96.09m

============ 拆离断层 ============

扎西惹嘎岩组(AnZz)

12. 灰—深灰色细粒石榴二云石英片岩、石榴黑云石英片岩互层,夹薄层石榴黑云片岩、石榴二云片岩	574.4m
11. 浅灰色二云石英片岩与薄层黑云石英片岩互层夹薄层细粒黑云石英岩	293.5m
10. 厚层状粗晶十字石二云片岩,夹薄层细粒黑云石英片岩,偶夹薄层细粒石英岩	219.0m
9. 薄层状灰色细粒黑云石英片岩与粗粒石榴二云石英片岩互层,含细粒斜长角闪岩夹层	104.0m
8. 灰白色厚层状中细粒石英岩,岩石中石英含量达95%,含少量的白云母、黑云母,单层厚度大于60cm	71.6m
7. 下部为深灰色厚层状黑云石英片岩夹二云片岩,上部为灰色二云片岩夹细粒黑云石英岩	82.9m
6. 厚层状(块状)灰白色中粒石英岩与浅灰色纹带状细粒石英岩互层,夹薄层粗粒二云片岩	8.4m
5. 灰白色厚层状角闪石英岩夹薄层深灰色二云片岩、细粒二云石英片岩,含花岗岩和花岗伟晶岩脉	84.0m
4. 浅灰色厚层状、条带状二云石英岩夹深灰色薄层二云母片岩,在石英岩中含富云母的暗色条带,该层中含多条伟晶花岗岩脉	128.1m
3. 厚层状灰白色粗晶石英岩夹薄层深灰色黑云石英片岩,见变质石英砾岩转石	155.0m
2. 厚层状黑云石英岩、黑云石英片岩互层,夹石榴二云片岩,含花岗质岩脉	34.85m
1. 深灰色厚层状黑云石英片岩夹薄层粗粒石榴黑云片岩	62.59m

———— 侵入 ————

0. 晋宁期眼球状、片麻状黑云母二长花岗岩

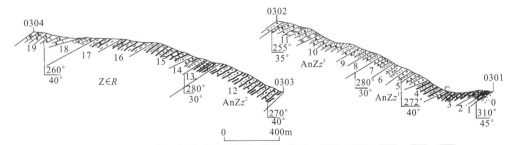

图 2-3 定结县日屋扎西惹嘎前震旦系扎西惹嘎岩组(AnZz)和震旦系—寒武系肉切村群($Z\in R$)实测剖面图

1.二长花岗岩;2.结晶灰岩;3.二云片岩;4.黑云片岩;5.石榴石黑云片岩;6.石英岩;7.黑云石英片岩、黑云石英岩;8.角闪岩;9.十字石二云片岩;10.石榴石二云片岩;11.钙质板岩;12.变质钙质砂岩;13.砂质千枚岩;14.粉砂质板岩;15.大理岩

该剖面上扎西惹嘎岩组未见底,但在剖面经过的冲沟中见到变质石英砾岩转石,在相邻的路线上见到了扎西惹嘎岩组底部的变质石英砾岩露头,其与黑云石英片岩互层,单层厚30～100cm,砾石砾径一般为2～3cm。砾石具明显的变形,呈透镜状形态,长短轴比为4∶8～2∶5,砾石成分为纯石英岩,基质为

细粒的黑云石英岩。下伏岩性为深灰色混合岩化的黑云角闪斜长片麻岩，推测应是马卡鲁杂岩表壳岩系，二者接触边界处含大量的花岗岩、细晶岩和伟晶岩脉，分析应为古不整合界面。

由该剖面可以看出，扎西惹嘎岩组可分为上、下两个岩性段，下部为一套以石英岩为主，夹黑云石英片岩和黑云片岩的组合，底部具变质石英砾岩，原岩主要为一套粗粒的碎屑岩沉积岩，厚度大于 840m。上部为云母片岩和黑云石英片岩组合，原岩为一套细屑沉积岩，厚度大于 1300m。

2. 定结县贡巴索-扎乡剖面

该剖面位于图区内近南北走向的日屋-定结正断层的西侧的上升盘，剖面上的扎西惹嘎岩组的峰期变质程度达高角闪岩相-麻粒岩相，岩石变形强烈，层序关系已不清楚，但两个岩性段的划分仍很清楚：下部为厚层状的粗晶石英岩夹砂线石榴黑云石英片岩，含基性麻粒岩透镜体，底部含少量的透辉石大理岩和石墨片岩，除底部的大理岩和石墨片岩在扎西惹嘎剖面未出现外，岩性和原岩基本上可与扎西惹嘎剖面上的对比。在 0311 点可见其与马卡鲁杂岩的花岗质片麻岩呈角度不整合接触（图 2-4）。上部为一套含矽线石的石榴黑云斜长片麻岩、石榴黑云二长片麻岩和石榴黑云石英片岩，具不同程度的混合岩化叠加，含大量的淡色花岗岩脉。原岩为一套细—粉砂岩和泥质岩，可与扎西惹嘎剖面上部的岩性对比，与上覆的震旦系肉切村群以拆离断层接触。

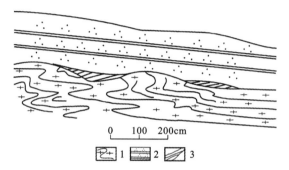

图 2-4　0311 点扎西惹嘎岩组与马卡鲁杂岩花岗质片麻岩的接触关系

1. 马卡鲁杂岩中的花岗质片麻岩；2. 扎西惹嘎岩组石英岩；3. 接触界面断续分布的铝质岩透镜体

根据两条实测剖面的对比，本书将测区的扎西惹嘎岩组分为下部的石英岩及石英片岩段（AnZz^1）和上部的片岩＋片麻岩段（AnZz^2）两个岩性段。

1）石英岩及石英片岩段（AnZz^1）

该岩段层序上位于扎西惹嘎岩组的下部，据定结县日屋乡扎西惹嘎岩组实测剖面，其厚度大于 1500m。岩性组合为厚层状石英岩、黑云石英片岩夹石榴黑云片岩及少量的石榴黑云斜长片麻岩，并存在由下向上黑云母含量增加的变化，中上部见少量的斜长角闪岩。该剖面未见底，但在相邻路线上，见其底部含变质石英砾岩其厚度大于 30m，与马卡鲁杂岩中的表壳变质岩片麻岩-片岩组合直接接触，但接触关系不清。

在测区西部的贡巴索-扎乡剖面上（图 2-5），该段的岩性基本上可以对比，但岩石受混合岩化改造强烈，其中的片岩及片麻岩夹层多被改造为条带状混合岩，局部变为混合片麻岩。另一个不同的方面是，中上部的基性变质岩夹层为石榴辉石岩或由其降压退变质形成的二辉麻粒岩和榴闪岩，底部未见变质石英砾岩而夹有两层含石墨的透辉石大理岩（厚 10m 左右）和断续分布的薄层石墨片岩。在该剖面上，底部的石英岩与马卡鲁杂岩中的片麻岩接触，二者的变形样式存在明显的差异，可能为角度不整合接触关系。

2）片岩＋片麻岩段（AnZz^2）

该岩段层序上位于该岩组的上部，与上覆的肉切村群以拆离断层接触，与下伏的石英岩段为渐变过渡关系，厚约 1200m。在东侧的日屋一带，其岩性组合为黑云片岩、黑云石英片岩呈薄层状互层，夹二云片岩、黑云斜长片麻岩和薄层石英岩。在西侧的贡巴索-扎乡剖面上，岩石变质程度较深，并叠加了混合岩化变质，岩性组合为条带状混合岩、混合岩化矽线石榴黑云片岩、黑云石英片岩和矽线石榴黑云斜长片麻岩，基本上可与东侧对比。

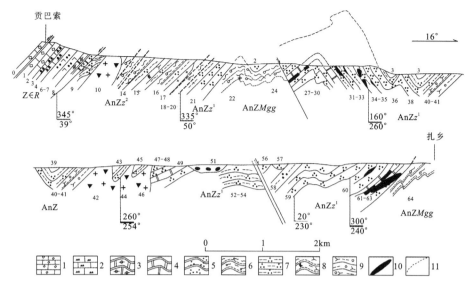

图 2-5　定结县贡巴索—扎乡前震旦系扎西惹岩组（AnZz）实测剖面图

1.结晶灰岩；2.串珠状灰岩；3.绿帘石大理岩；4.大理岩；5.石英岩；6.条带状混合片麻岩；
7.黑云石英砂岩；8.分枝状绿泥钾长片麻岩；9.分枝状黑云片岩；10.榴闪岩、斜长角闪岩；11.推测褶皱

二、震旦系—寒武系肉切村群（Z∈R）

肉切村群（Z∈R）由穆恩之（1973）命名，层型剖面位于聂拉木县的肉切村。测区分布在南部基底变质核杂岩周围，总体上为一套板岩、钙质板岩夹大理岩的岩石组合，以定结县扎西惹嘎剖面出露最好。

西藏定结县扎西惹嘎肉切村群（Z∈R）剖面，描述如图 2-3。

奥陶系甲村组（O_1j）

20. 灰黄色纹层状结晶灰岩

================ 断层 ================

肉切村群（Z∈R）

19. 灰黄色片理化结晶灰岩与深灰色纹层状灰岩互层	107.8m
18. 深灰色薄层灰岩夹千枚状板岩	82.3m
17. 灰黑色钙质板岩夹灰色薄层微晶灰岩	136.1m
16. 深灰色钙质板岩、粉砂质板岩夹灰色纹层状灰岩	104.4m
15. 灰白色条带状钙质板岩夹灰色薄层大理岩	301.5m
14. 深灰色粗粒二云母片岩、黑云母片岩夹灰色黑云石英岩	96.0m
13. 深灰色粗粒二云片岩、黑云片岩夹薄层黑云石英片岩	96.09m

================ 拆离断层 ================

扎西惹嘎岩组（AnZz）

12. 灰—深灰色细粒石榴二云石英片岩、石榴黑云石英片岩互层，夹薄层石榴黑云片岩、石榴二云片岩

扎西惹嘎剖面上本群厚 810.4m，与下伏地层为拆离断层接触。底部为灰色条带状钙质板岩、粉砂质千枚状板岩夹灰色薄层大理岩及薄层变质细砂岩；下部为灰色条带状钙质板岩夹灰色薄层大理岩，局部为深灰色粗粒二云母片岩、黑云母片岩夹灰色黑云母石英片岩；中部为灰色、深灰色钙质板岩、粉砂质板岩夹灰色纹带状灰岩及粉砂质千枚岩；上部为灰色、深灰色钙质板岩、千枚状板岩夹深灰色片理化灰岩。

由于受拆离断层附近岩体侵入和韧性剪切的影响，测区肉切村群内韧性剪切构造发育，片理化明显，部分地段岩性已变质为黑云母片岩、石英片岩或石英黑云母片岩及混合岩化片岩，但变质程度明显低于下伏基底岩系。

区域上肉切村群上部见一套灰色大理岩(或灰岩)夹钙质板岩(或互层),局部在顶部见有发育刀砍纹的白云质大理岩。由于拆离断层的作用,其变质程度与上覆甲村组有较大的差别。

三、奥陶系

奥陶系分布在图幅中部,以帕卓扎西岗和萨尔一带出露较好。西藏科学考察队(1973)和林宝玉等(1989)均在测区做过相关工作,对藏南奥陶系做过系统的划分。但考虑到地质填图的需要和地层单位定名的优先原则,并参考《西藏自治区岩石地层》,自下而上将测区奥陶系分为甲村组(O_1j)、沟陇日组(O_2g)、红山头组(O_3h)。

(一) 剖面描述

测区奥陶系共测制了3条剖面:定结县萨尔达尔阿剖面、定日县帕卓可德剖面及定结县萨尔共巴强剖面,分述各剖面如下。

1. 西藏定结县萨尔达尔阿奥陶系实测剖面(图 2-6)

上覆地层:甲村组中段(O_1j^2)

24. 灰色中—厚层纹层状泥质灰岩,含海百合茎化石

——————— 整合 ———————

甲村组下段(O_1j^1)

23. 灰色、灰黄色薄层纹层状泥质灰岩	71.1m
22. 灰黄色薄层纹层状泥质灰岩夹灰黄色薄层微晶灰岩,局部夹有灰黄色薄—中层砂质灰岩及灰褐色钙质泥岩	74.7m
21、20. 灰色、灰黄色纹层状泥质灰岩	31.1m
19. 灰黄色微薄层灰岩	23.9m
18. 第四系坡积物覆盖	87.0m
17、16. 灰色、灰黄色纹层状泥质灰岩夹少量灰褐色钙质泥岩	70.5m
15. 灰褐色钙质泥岩夹灰黄色纹层状泥质灰岩	32.2m
14、13. 灰黄色纹层状泥质灰岩与灰色薄—中层微晶灰岩互层	48.0m
12. 灰褐色钙质泥岩夹灰黄色薄层微晶灰岩	81.7m
11. 灰黄色薄—中层微晶灰岩	8.6m
10. 灰褐色钙质泥岩夹灰黄色中层泥质灰岩	77.2m
8、9. 下部为灰褐色钙质泥岩夹灰黄色薄层泥质灰岩。上部为灰黄色纹层状泥质灰岩与灰褐色钙质泥岩互层	5.9m
6、7. 灰黄色薄层微晶灰岩夹灰色中层微晶灰岩	13.3m
5. 灰黄色纹层状泥质灰岩	32.1m
4. 灰色纹层状泥质条带灰岩	82.4m
2、3. 下部为灰色纹层状泥质条带灰岩。上部为灰黄色薄层灰岩夹灰黄色纹层状泥质灰岩	22.4m
1. 灰黄色纹层状泥质灰岩	72.3m

══════════ 断层 ══════════

肉切村群($Z \in R$)

0. 灰色、灰绿色钙质板岩夹灰黄色纹层状大理岩

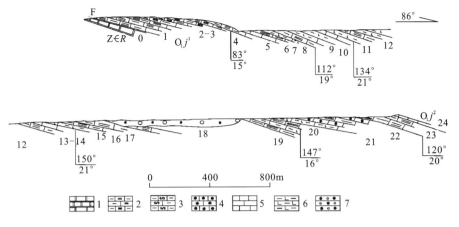

图 2-6　西藏定结县萨尔达尔阿奥陶系实测剖面图

1.大理岩;2.纹层状泥质灰岩;3.条带状泥质灰岩;4.砂质灰岩;5.微晶灰岩;6.钙质页岩;7.第四系堆积物

2. 西藏定日县帕卓可德奥陶系实测剖面(图 2-7)

志留系石器坡组(S_1s)　灰色中层细粒石英砂岩

========= 断层 =========

上奥陶统红山头组(O_3h)

25. 灰色、黄绿色中层钙质泥岩与灰黄色薄层泥质灰岩互层	29.6m
24. 灰色、灰黄色薄层钙质泥岩与灰黄色薄层泥质灰岩互层	11.0m

========= 整合 =========

中奥陶统沟陇日组(O_2g)

23. 灰色条带状灰岩	84.9m
22. 灰色、灰黄色网纹状灰岩	38.6m

========= 整合 =========

下奥陶统甲村组上段(O_1j^3)

21. 灰色条带状灰岩	17.1m
20. 灰色中—厚层灰岩夹灰白色细粒石英砂岩透镜体	18.9m

========= 整合 =========

下奥陶统甲村组中段(O_1j^2)

19. 灰色中—厚层中晶灰岩	135.4m
18. 第四系坡积物覆盖	559.0m
17. 灰色、深灰色中—厚层中晶灰岩,含极少量灰黄色泥质条带灰岩	65.7m
16. 灰色、灰黄色条带状或纹层状灰岩	9.0m
15. 灰色中—厚层中晶灰岩	92.5m
14. 灰色条带状灰岩	44.3m
13. 灰色、深灰色中—厚层中晶灰岩与灰色条带状灰岩互层	25.5m
12. 灰色、深灰色中—厚层中晶灰岩,含极少量灰黄色泥质条带灰岩	11.2m
11—9. 灰色条带状灰岩夹灰色、深灰色中—厚层中晶灰岩	117.4 m
8. 灰色、深灰色中—厚层含生物碎屑细晶灰岩	10.4m
7. 灰色、深灰色中—厚层中晶灰岩	45.6m
6—4. 灰色条带状灰岩夹灰色薄层中晶灰岩及浅灰色钙质板岩	142.5 m
3. 灰色薄—中层中晶灰岩	25.6m
2. 灰色片理化灰岩夹少量灰黄色泥质纹层灰岩	137.4m
1. 灰色含泥质纹层灰岩	108.5m

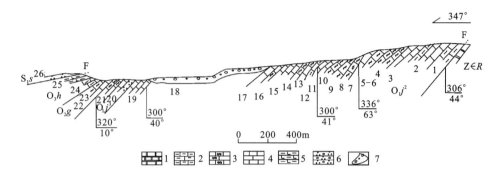

图 2-7 西藏定日县帕卓可德奥陶系实测剖面图
1.大理岩;2.泥质灰岩;3.条带状灰岩;4.灰岩;5.钙质泥岩;6.石英砂岩;7.第四系堆积物

3. 西藏定结县萨尔共巴强奥陶系—泥盆系地层实测剖面（图 2-8）

泥盆系凉泉组（D_1l）

25. 灰黄色薄—中层泥灰岩,含较多的竹节石化石 *Nowakia* sp.

══════ 断层 ══════

奥陶系沟陇日组（O_2g）

24、23. 灰色薄—中层微晶灰岩夹浅灰色钙质页岩	13.1m
22. 灰色、浅灰色中层网纹状泥质灰岩,含较多的角石化石 *Michelinoceras paraelongatum* Chang, *M. xuanxianense* Chang	4.5m
21. 灰色中层含生物碎屑灰岩,含大量海百合及少量角石化石 *Eosomichelinoceras huananense* Chen	35.41m
20、19. 浅肉红色块状巨厚层含生物碎屑灰岩及块状网纹状含生物碎屑灰岩,含大量海百合茎及少量腕足类化石	50.32m
18. 灰黄色、浅肉红色中—厚层生物碎屑灰岩,含大量海百合茎化石	7.96m
17. 灰黄色、肉红色厚—巨厚层网纹状泥质灰岩。含大量海百合茎 *Pentagonopentagonalis fragilis* Yeltyschewa 及少量角石化石	80.3m
16. 灰黄色、肉红色厚—巨厚层含砂质微晶灰岩,含大量海百合茎及少量角石化石	16.2m

══════ 整合 ══════

甲村组上段（O_1j^3）

15. 底部为灰黄色、浅肉红色中—巨厚层细粒石英砂岩,其上为灰白色厚—巨厚层细粒钙质石英砂岩和浅肉红色厚层砂质灰岩,含大量海百合及少量腕足类化石	18.4m
14. 灰色中—巨厚层含生物碎屑泥质灰岩,含大量海百合茎 *Pentagonopentagonalis fragilis* Yeltyschewa 及少量腕足类化石	9.2m
13. 灰色、灰黄色中—厚层砂质灰岩,局部夹灰黄色钙质细砂岩,含大量海百合茎及少量腕足类化石	19.8m
12. 由 6 个旋回层组成,旋回层下部为灰黄色中—厚层砂质灰岩,局部夹砾屑灰岩,上部为灰黄色中—厚层钙质砂岩	36.7m
11. 灰色、灰黄色厚层钙质砂岩	7.34m
10. 灰黄色厚层砂质灰岩	7.34m
9. 灰黄色厚—巨厚层细粒钙质砂岩	17.45m
8. 第四系坡积物覆盖	29.59m
7. 灰黄色厚层含钙质细粒石英砂岩	30.5m

6. 下部为灰黄色薄层微晶灰岩夹灰黄色泥质纹带,上部为灰黄色、浅肉红色中层生物碎屑灰岩,
   含大量海百合茎 *Pentagonopentagonalis fragilis* Yeltyschewa 和角石化石　　　　　　　　　　27.1m
5. 灰色、灰黄色薄—厚层微晶灰岩,含大量海百合茎和角石化石　　　　　　　　　　　　　　21.2m
4. 灰黄色、浅肉红色厚层微晶灰岩夹灰黄色中层生物碎屑灰岩,含大量海百合茎
   Pentagonopentagonalis fragilis Yeltyschewa 和角石化石　　　　　　　　　　　　　　　　16.1m
3. 灰黄色、浅肉红色薄—厚层含生物碎屑微晶灰岩,夹肉红色砂泥质条带,含大量海百合茎
   Pentagonopentagonalis sp. 和角石化石　　　　　　　　　　　　　　　　　　　　　　　　11.0m
2. 灰黄色薄—中层钙质砂岩　　　　　　　　　　　　　　　　　　　　　　　　　　　　　　8.4m
1. 灰色中—厚层含生物碎屑微晶灰岩,含海百合茎和角石化石

（未见底）

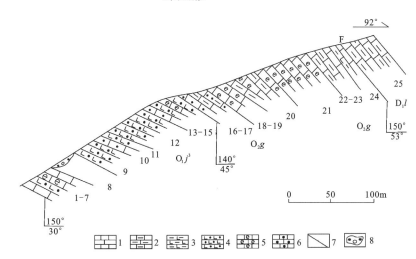

图 2-8　西藏定结县萨尔共巴强奥陶系—泥盆系实测剖面图
1.灰岩;2.泥质灰岩;3.钙质泥岩;4.钙质砂岩;5.生物碎屑灰岩;6.砂质灰岩;7.断层;8.第四纪

（二）岩石地层和生物地层

1. 甲村组（O_1j）

测区甲村组分布在基底变质岩周围,出露面积较大。本组和层型岩性基本一致,明显三分,下段以灰黄色、泥质含量较高、夹有钙质页岩为特征,代表泥质沉积较发育的一个时期；中段以灰色、且以碳酸盐岩沉积为主、不含或含极少量泥质岩为特点；上段则以出现石英砂岩、含大量生物为特征。

下段（O_1j^1）以定结县达日阿剖面出露较好,该段与下伏肉切村群（$Z\epsilon R$）为断层接触,厚811.4m。下段（O_1j^1）下部为灰黄色、灰色纹层状泥质条带灰岩；中上部为灰黄色纹层状泥质灰岩夹灰褐色泥岩、钙质泥岩、或互层,微薄层条带和毫米级纹层发育,具水平层理,部分泥岩已变质为绢云母板岩及钙质板岩。纹层状泥质灰岩中泥质、砂质含量较高,局部夹少量泥钙质粉砂岩和钙质砂岩。

中段（O_1j^2）以定日县帕卓可德剖面出露较好,厚度大于838m。下部为灰色片理化灰岩、纹层状灰岩夹灰黄色泥质灰岩条带,层间褶皱发育；中部为灰色薄—中层微晶灰岩、纹层状灰岩夹灰黄色钙质页岩,局部夹有少量灰色中—厚层生物碎屑灰岩,钙质页岩水平层理发育,部分变质为绢云母板岩；上部为灰色薄—厚层微晶灰岩、纹层状泥质灰岩,微薄层条带和毫米级纹层发育,具水平层理,含少量海百合茎化石。

应该指出的是,剖面中地层受拆离断层的影响,层间褶皱发育,致使地层厚度加大,具褶叠层性质,地层的真实厚度远小于用传统方法计算出的厚度。

上段（O_1j^3）以定结县萨尔共巴强剖面出露较好,厚度大于260.1m,该剖面中本段由一系列旋回层（相当于基本层序）组成（共有13个旋回层）。旋回层下部为灰白色、灰黄色厚—巨厚层钙质或含钙细粒砂岩,平行层理和板状交错层理发育；上部为灰黄色、浅肉红色厚—巨厚层含砂或砂质灰岩、生物碎屑灰岩。总的代表一种滨浅海高能的混积滩相,以砂岩的出现作为上段的底界。本段下部具一层厚40cm的浅肉红色古岩溶角砾岩,横向延续稳定,表明曾有过较长时间的暴露。本段上部局部夹有薄—中层的

砾屑灰岩,砾屑定向不明显,一般为长条状,伴生有递变层理,可能属风暴成因。含大量头足类、腕足类、海百合茎及牙形石化石,主要分子有 *Pentagonopentagonalis fragilis* Yeltyschewa, *P.* sp., *Michelinoceras* sp., 前者为早奥陶世晚期的代表性分子。

定日帕卓可德剖面上本段厚度大于 57.5m,下部为灰色中—厚层片理化粉—细晶灰岩夹灰白色细粒石英砂岩透镜体(为后期构造作用所致),灰岩内陆源碎屑(主要为石英)含量较高。上部为灰色含菱铁矿条带的粉晶灰岩,石英含量较小。

位于定日帕卓和定结县萨尔共巴强之间的地带本段为灰色中层含砂灰岩、含砂生物碎屑灰岩夹灰白色、灰黄色薄—中层钙质石英砂岩,或二者互层,总体上是一套混积岩。其岩性特征和陈挺恩(1984)所建的阿来组(O_2a)相似,但阿来组含时代属中奥陶世的头足类化石,二者时代不同。

2. 沟陇日组(O_2g)

沟陇日组在测区较发育,《西藏自治区岩石地层》将其归为甲村群,但其以特殊的岩石颜色、岩性及岩性组合与下伏甲村组有较大的区别,故将其分出作为一个地层单位。

本组以定结县萨尔共巴强剖面出露最好,厚 262.09m。下部为灰黄色、肉红色厚层—块状网纹状粉晶灰岩、含生物碎屑灰岩,含大量海百合茎和角石化石。见多个古岩溶面,岩溶角砾发育。上部为灰色中层微晶灰岩、网纹状灰岩,见水平层理,含大量角石化石。主要化石分子有:*Michelinoceras paraelogatum* Chang, *M. xuanxianense* Chang, *M.* sp., *Eosomichelinoceras huananense* Chang, *Pentagonopentagonalis* sp. 等,大部分为中奥陶统的常见分子。

定日县帕卓一带本组为灰色条带状灰岩及灰黄色网纹状灰岩,厚 123.5m,含少量角石化石,水平层理发育。

3. 红山头组(O_3h)

本组以紫红色的钙质、粉砂质页岩夹少量细砂岩为特征,在测区仅有零星出露。定结县萨尔共巴强一带本组厚度大于 52.8m,下部为灰色、浅紫红色粉砂质泥岩,生物扰动构造发育,但未见实体化石。上部为灰色粉砂质泥岩与灰色中层微晶灰岩互层,泥岩风化后呈紫红色。总的岩性特征以泥、灰岩为主,不含砂岩,与层型剖面有很大的区别。

定日县帕卓可德剖面本组为厚约 66.6m 的钙质泥岩和泥质灰岩,其下部(41.5m)为灰色薄—中层钙质泥岩、泥岩夹灰黄色薄层泥质灰岩,上部(25.1m)为灰色薄层泥质灰岩、钙质泥岩夹灰色薄层微晶灰岩,水平层理发育。本组上部产有时代属晚奥陶世及志留纪的牙形石化石:*Dapsilodus obliquicostatus* (Branson et Mehl), *Panderodus gracilis* (Branson et Mehl)。

上述两剖面本组岩性大体一致,颜色略有差别,但都与层型剖面上红山头组的岩性及岩性组合有较大差别。

(三)沉积相分析

1. 甲村组

根据沉积构造、基本层序及岩性组合可将甲村组分为 4 个沉积相。

a. 外陆棚泥、灰岩相:分布在甲村组下段下部,岩性主要为纹层状泥质灰岩、钙质板岩、条带状泥质灰岩及薄—中层泥质灰岩。特点是泥质成分较多,部分以泥质岩为主,部分具毫米级纹层,水平层理发育,代表一种水能量较低的沉积环境。

b. 中陆棚灰岩相:分布在甲村组下段及中段。岩性为灰色薄—中层微晶灰岩、泥质灰岩或含砂灰岩。与 a 相相比,灰岩单层厚度增大,未见极细的水平纹层,显示水能量增大。

c. 内陆棚灰岩相:分布在甲村组中段下部。岩性为灰色中—厚层含生物碎屑灰岩,主要特征为灰岩单层厚度增加。含有大量生物碎屑,且生物碎屑遭受水流破坏及改造,代表水能量较高的环境。

d. 滨岸混积滩相:分布在甲村组上段。以石英砂岩、含生物碎屑灰岩及混积岩交替出现为特征,其序列见图。砂岩内发育平行层理、板状交错层理。

本段砂岩粒度分析显示,标准偏差为 0.45~0.50,属分选好的类型。粒度概率累计曲线上主要为跳跃总体,且斜率较大,与水能量较高的海滩环境相似。灰岩内生物碎屑含量可达 5%~10%,主要为海百合茎、腹足类及藻屑,含部分鲕粒,且部分具泥晶套现象,都反映了浅水高能的滨岸环境。值得提出的是,石英砂岩和灰岩之间混积岩发育,成分含量与二者过渡,为石英沙滩和碳酸盐颗粒滩之间的边缘类型——混积滩相。

2. 沟陇日组

沟陇日组属极浅水的碳酸盐岩沉积,其主要证据如下:①岩石颜色为紫红色,属氧化类型,代表水较浅,甚至部分有短期暴露;②生物组合中以头足类、海百合茎为主,还含有腹足类和腕足类化石,属浅水生物组合;③生物碎屑的堆积方式显示经过了水流搬运,生物碎屑的破损程度也揭示沉积物水能量较强;④灰岩单层厚多为厚层—块状,未见水平纹层;⑤见较多的古岩溶面。总的来说,沟陇日组属较浅水的内陆棚沉积相,或碳酸盐岩台地沉积。但测区西部定日帕卓一带由于水平层理发育,化石较少,为中—外陆棚沉积,古水深要比东部定结萨日一带大。

3. 红山头组

测区晚奥陶世红山头组承袭了中奥陶世的古地理格局,东部萨尔一带岩性以紫红色为主,代表极浅水的环境。而西部帕卓可德一带岩石颜色以深色为主,水平层理较发育,属水能量较低的中—外陆棚环境。

四、志留系

测区志留系明显两分,下部以页岩为主,上部以灰岩为主。前人曾做过一些工作。林宝玉等(1989)根据测区帕卓可德剖面将志留系自下而上分为下志留统扎嘎曲组、强莎日组、可德组,上志留统嘎祥组、帕卓组,其中扎嘎曲组和强莎日组以页岩为主,与穆恩之(1984)划分的石器坡组类似、相当;而其上各组以灰岩为主,相当穆恩之(1984)创名的普鲁组。因此,根据地层命名的优先原则,将测区志留系自下而上划分为石器坡组(S_1s)和普鲁组($S_{2+3}p$)。

(一)剖面描述

测区志留系测制了 2 条剖面:定日县帕卓乡可德剖面和定结县萨尔普鲁村东山普鲁组剖面,分述如下。

1. 西藏定日县帕卓乡可德志留系实测剖面(图 2-9)

上覆地层:泥盆系凉泉组(D_1l)

17. 灰色中层泥灰岩与灰色钙质泥岩互层,产大量竹节石化石 *Nowakia acuaria*(Richter)

———— 整合 ————

志留系普鲁组($S_{2+3}p$)

16. 灰色中层微晶灰岩夹灰色薄层钙质泥岩	34.7m
15. 灰色中层微晶灰岩夹灰褐色网纹状泥质灰岩	16.9m
14. 灰色中薄层含生物碎屑微晶灰岩,含大量角石和海百合茎化石	8.5m
13. 灰黄色中薄层含少量泥质网纹微晶灰岩,含少量生物碎屑	8.5m
12. 灰色薄—中薄层微晶灰岩夹灰褐色泥质纹层,顶部为水平层理发育的钙质页岩	5.6m
11. 灰色中—厚层网纹状微晶灰岩,产大量角石和海百合茎化石 *Columonoceras priscum*, *Petagonopetagonolis* sp.	4.6m

———— 整合 ————

志留系石器坡组(S_1s)

10. 灰色、灰褐色薄—中层细砂岩夹灰色页岩、或互层,生物扰动构造发育,含大量遗迹化石:
    Palaeophycus sp., *Chondrites* sp., *Helminthoidichnites* sp.   9.3m

9. 灰色页岩夹灰褐色、灰黄色粉砂岩纹层,水平层理发育,含笔石化石 *Streptograptus lobiferis* (M'Coy), *S. xizangensis* Mu et Ni, *Rastrites* sp., *Oktavites* sp.   5.8m

8. 灰色粉砂质页岩夹少量灰黄色微薄层粉砂岩   9.7m

7. 灰色、深灰色页岩夹灰褐色、灰黄色粉砂岩纹层,水平层理发育,含笔石化石 *Climacograptus* sp., *Pristiograptus* sp., *Streptograptus* sp.   22.3m

6. 灰色粉砂质页岩夹灰褐色铁质粉砂岩纹层,水平层理发育   27.1m

5. 灰色中薄层细粒杂砂岩   2.9m

4. 灰色、深灰色泥岩夹灰褐色铁质条带或透镜体,局部夹少量灰白色、灰黄色薄层细—粉砂岩,含少量笔石化石 *Climacograptus* sp.   2.7m

3. 灰褐色中层铁质细粒杂砂岩夹灰色页岩   8.2m

——————整合——————

奥陶系红山头组(O_3h)

2. 灰色薄—中薄层钙质泥岩夹灰褐色薄层泥质灰岩,水平层理发育。产牙形石 *Dapsilodus obliquicostatus* (Branson et Mehl), *Panderodus gracilis* (Branson et Mehl)   41.5m

1. 灰色薄层泥质灰岩夹灰色薄层微晶灰岩   25.3m

——————整合——————

奥陶系沟陇日组(O_2g)

0. 灰褐色、浅肉红色块状含泥质纹带微晶灰岩,产角石 *Michelinoceras* sp. 和海百合茎化石

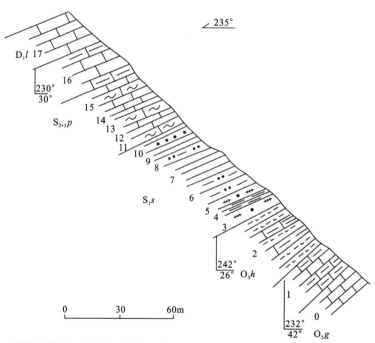

图 2-9 西藏定日县帕卓乡可德志留系实测剖面图

1.灰岩;2.网纹状灰岩;3.泥质灰岩;4.钙质泥岩;5.粉砂质页岩;6.泥岩;7.页岩;8.细砂岩;9.杂砂岩;10.粉砂岩

2. 西藏定结县萨尔普鲁村东山志留系普鲁组实测剖面(图 2-10)

上覆地层:下泥盆统凉泉组(D_1l)

8. 灰色中层泥质灰岩,含牙形石化石 *Spathognathodus* sp., *Ancoradella ploeckensis*, *Trichonodella* sp.

——————整合——————

中、上志留统普鲁组（$S_{2+3}p$）

7. 灰色、灰黄色中—厚层网纹状泥质条带灰岩，产角石 *Kopaninoceras* sp.，*Michelinoceras* sp. 和海百合茎化石 13.7m

6. 灰色、灰黄色中层含生物碎屑微晶灰岩，产角石 *Michelinoceras* sp. 和海百合茎化石 7.7m

5. 灰色、灰黄色中—厚层网纹状泥质灰岩，产角石和海百合茎化石 9.4m

4. 灰黄色中—厚层泥质灰岩 9.4m

3. 灰黄色厚—巨厚层泥质条带灰岩，含较多的角石 *Michelinoceras* sp. 33.2m

2. 灰色、灰黄色厚层含泥质条带灰岩。含较多的角石 *Michelinoceras mechelini*，*M. transiens*，*M. simiale*，牙形石 *Kockella varialla*，*Plectospathodus* sp. 18.4m

——————— 整合 ———————

下伏地层：志留系石器坡组（S_1s）

1. 灰褐色薄—中层纹层状泥灰岩，顶部见一层厚 20cm 的灰褐色钙质砂岩。含潜穴类遗迹化石 *Palaeophycus* sp. 15.9m

0. 灰色页岩。含笔石化石：*Streptograptus* sp.，*S. lobiferus*，*Climacograptus* sp.，*Diplograptus* cf. *tortithecatus*

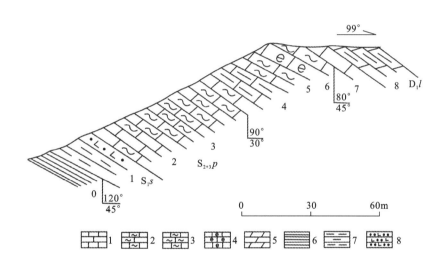

图 2-10　西藏定结县萨尔普鲁村东山志留系普鲁组实测剖面图

1.微晶灰岩；2.含泥质条带灰岩；3.泥质条带灰岩；4.生物碎屑灰岩；5.泥灰岩；6.页岩；7.泥岩；8.钙质砂岩

（二）岩石地层和生物地层

1. 石器坡组（S_1s）

测区石器坡组（S_1s）以定日县帕卓可德剖面出露最好，厚 88m。其下部为灰色中层细粒石英杂砂岩夹硅质页岩及粉砂质页岩，与下伏地层多为拆离断层接触；中上部由两个大的旋回组成，旋回下部为深灰色粉砂质页岩，夹极多的粉砂岩条带，发育水平层理和微波状层理，旋回上部为灰黑色页岩，含少量碳质，水平层理发育，产丰富的笔石化石。第一旋回笔石主要分子有 *Climacograptus* sp.，*Glyptograptus* sp.，*Pristiograptus* sp.，*Orthograptus* sp.，以 *Climacograptus* 分子繁盛为特色。第二旋回笔石主要分子为 *Pristiograptus* sp.，*Streptograptus lobiferus*（M'Coy），*S.* sp.，以 *Streptograptus* 分子繁盛为特色，与层型剖面特征相似，时代属早志留世，总的沉积环境为外陆架—盆地。顶部为灰色、灰褐色薄—中层细砂岩夹灰色粉砂质页岩、页岩或互层，具向上砂岩变厚的基本层序。产遗迹化石 *Palaeophycus* sp.，*Chondrites* sp.，*Helminthoidichnites* sp.，生物扰动构造发育。

石器坡组（S_1s）顶部砂岩在定结萨尔一带变少。定结县萨尔区普鲁村东山剖面上本组顶部为灰色钙质泥岩、泥岩（或页岩），产笔石化石：*Streptograptus lobiferus*，*S.* sp.，*Climacograptus* sp.，*Diplograptus* cf. *tortithecatus*。仅夹一层灰色薄层细砂岩，含遗迹化石 *Palaeophycus* sp.，*Chondrites* sp.。

2. 普鲁组（$S_{2+3}p$）

本组层型剖面位于测区定结县萨尔区普鲁村东山，由穆恩之（1984）命名。普鲁村东山剖面本组厚91.8m，其底面为一海侵面，与下伏石器坡组为突变接触。下部为灰黄色厚—巨厚层泥质条带灰岩夹少量含砂质泥灰岩，产大量角石化石，主要有 *Michelinoceras michelini*, *M. transiens*, *M. simiale*；牙形刺 *Kockelella variabilis*, *Plectospathodu* sp.。中部为灰黄色中—厚层网纹状泥质条带灰岩，具明显的沉积韵律。在每个韵律中，下中部泥质网纹不发育，上部泥质网纹极为发育。含角石 *Kopaninoceras capax*, *Michelinoceras michelini*；牙形刺 *Spathognathodus pennatus procerus*。上述分子大部分为中志留世的常见类型。上部为灰色、灰黄色中层含生物碎屑微晶灰岩，含大量角石和海百合茎化石，最大的角石长可达 30cm，主要分子有角石 *Kopaninoceras jucundum*, *K. capax*, *K.* sp.；牙形刺 *Protopanderodus* sp., *Ozarkodina* sp.。顶部为灰色、灰黄色中—厚层网纹状泥质条带灰岩，含少量角石和海百合茎化石，代表有 *Geisonoceras* sp.。顶部与上覆凉泉组之间具一层厚0.5m 的灰黄色古岩溶角砾岩，表明二者之间曾有一次短暂的暴露。

定日帕卓可德剖面本组厚78.8m，下部为灰色中层网纹状泥质灰岩，含大量角石和海百合茎化石；中部为灰色中—薄层含生物碎屑灰岩，含大量角石化石，主要分子有 *Columenoceras priscum* Chen, *Michelinoceras chiatsunse* Chen, *M. neolongta* Yang, 均为中志留统的常见分子。此外还产牙形石：*Ozarkodina excavata* (Branson et Mehl), *Panderodus gracilis* (Branson et Mehl), *Spathognathodus* sp., *Lonchodina* sp., *Paltodus* sp. 等，前二者为中志留统的代表分子。上部为灰色、灰黄色中层微晶灰岩夹灰色钙质泥岩，水平层理发育。与层型剖面有一定的差别。

应该指出的是，测区志留系牙形石均呈黑色，CAI指数为4~5，表明经历过较高的古地温。

（三）沉积相分析

1. 石器坡组

根据岩性组合、沉积构造及基本层序可将石器坡组自下而上分为3个沉积相。

（1）陆棚—斜坡杂砂岩相：奥陶纪末期为一全球冰期及大规模海退事件，自志留纪开始，全球发生大规模的海侵，海水快速加深。本沉积相正是在这一大背景下形成的。该相位于石器坡组下部，岩性为灰褐色细粒杂砂岩，杂基含量达20%，分选较差，标准偏差为1.24~1.27，属快速堆积类型，与浊积岩有些类似，代表较深水的外陆棚或更深的斜坡环境，与华南早志留世早期龙马溪组底部广泛发育的浊积岩相似，为全球快速海侵的结果。

（2）陆棚页岩相—盆地笔石页岩相：分布在本组中上部。具两种类型，一种为灰色粉砂质页岩，不含笔石或含极少的笔石化石，夹有粉砂质条带或透镜体，发育微波状层理，具一定的牵引流活动，属外陆架或更深环境下的低能沉积，故定为陆棚页岩相。另一种为灰黑色页岩，含大量笔石化石，水平层理发育，属典型的笔石页岩相，代表滞流缺氧的盆地环境。

（3）陆棚砂、页岩相：位于石器坡组顶部。岩性为灰色、灰褐色薄—中层细砂岩夹灰色粉砂质页岩、页岩或互层。具向上砂岩变厚的沉积序列。顶部砂岩中产大量遗迹化石，主要分子有 *Palaeophycus* sp., *Chondrites* sp., *Helminthoidichnites* sp. 等，全为潜穴（水平或斜交层面）和觅食迹，其面貌与 Pemberton(1980)的 *Cruziana* 遗迹相及龚一鸣（1994）划分的 *Teichichnus* 群落相似，代表一种潮下—潮间带环境，故将其定为陆棚砂、页岩相。本组上部至顶部显现了一次明显的快速海退过程，其与上覆地层的界面岩性突变，为新的海侵开始，属一个重要的层序界面。

2. 普鲁组

普鲁组在测区存在有明显的岩相变化（图2-11），西部的帕卓可德剖面上本组明显分为2个沉积相。

（1）中—内陆棚灰岩相：分布在普鲁组下部，岩性为含生物碎屑灰岩、网纹状泥质灰岩，灰岩多为中—厚层状，层理不明显。含大量的生物化石，主要有角石、海百合茎，其中海百合茎化石有搬运富集的现象,说明水能量较高,代表一种高能浅水环境。

（2）中—外陆棚灰岩、泥岩相：分布在普鲁组上部,岩性为中层微晶灰岩夹钙质泥岩(或页岩),灰岩层清楚,水平层理发育,具明显的灰岩—泥岩沉积韵律及旋回,生物化石贫乏,代表一种水能量较低的较深水环境。自下而上显现一种海水变深的演化倾向。东部定结萨尔一带,本组也具这种海水变深的演化倾向,但总体上属上述的中—内陆棚灰岩相,岩性为含生物碎屑灰岩、网纹状泥质灰岩及条带状灰岩,普遍含大量生物化石。这说明中晚志留世测区存在东高西低的古地理格局。

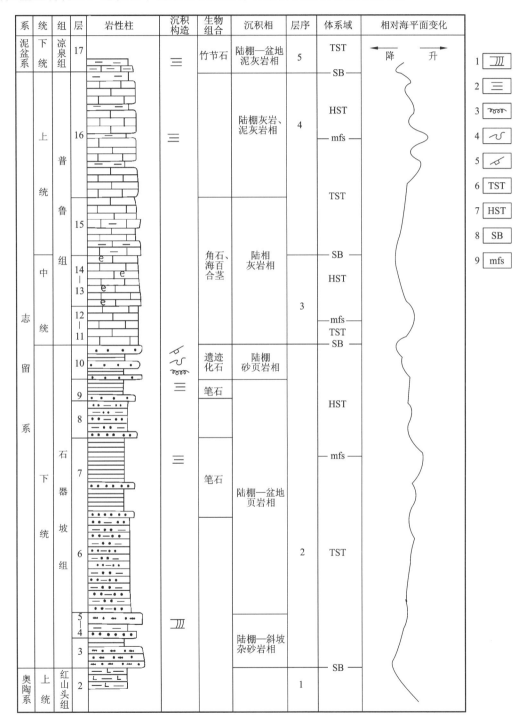

图 2-11　志留系及沉积序列

1.板状交错层理；2.水平层理；3.生物扰动构造；4.生物潜穴；
5.生物钻孔；6.海侵体系域；7.高水位体系域；8.层序界面；9.最大海泛面

五、泥盆系—石炭系

泥盆系—石炭系分布在测区中部,自下而上分为凉泉组(D_1l)、波曲组($D_{2-3}b$)、亚里组(D_3C_1y)、纳兴组(C_2n)。

(一)剖面描述

1. 西藏定日可德泥盆系—石炭系实测剖面(图 2-12)

上覆地层:二叠系基龙组(P_1j)

51. 灰白色厚—巨厚层中粒石英砂岩

·················· 平行不整合 ··················

石炭系纳兴组(C_2n)

50. 灰色页岩与灰黄色薄层细砂岩互层,生物扰动构造发育	10.3m
49. 灰色页岩夹少量灰黄色薄层泥灰岩或透镜体	48.7m
48. 灰黄色厚—巨厚层中粒石英砂岩夹灰白色薄层粉砂岩	12.5m
47. 下部为灰白色、灰褐色中—巨厚层细粒长石石英砂岩,上部为灰色页岩夹灰色薄层细砂岩	29.5m
46. 灰黄色薄—中薄层细粒石英砂岩夹灰色页岩	20.2m
45. 下部为灰色页岩,上部为灰色页岩夹灰黄色薄—中薄层粉砂岩	39.6m
44. 灰黄色薄层细砂岩与灰色页岩互层,生物扰动构造发育	25.3m
43. 底部为一层厚1.5m的灰黄色巨厚层细粒石英砂岩,其上为厚2m灰色页岩夹灰色薄层细砂岩,再其上为灰色页岩	47.0m
42. 下部为灰色页岩夹灰褐色薄—中层细砂岩,上部为灰色页岩	95.6m
41、40. 灰色页岩夹灰色薄层细砂岩	43.2m
39. 下部为灰色巨厚层含砾细粒杂砂岩,中上部为灰色页岩夹灰色薄—中层细砂岩	40.2m
38. 底部为厚2m的灰色细粒岩屑石英杂砂岩,其上为灰色页岩	13.0m
37. 底部为一层厚1.3m的灰色巨厚层含砾细粒杂砂岩,其上为灰色页岩	49.4m
36. 底部为灰色中层含砾杂砂岩,其上为灰色页岩	180.5m
35. 灰色页岩	23.1m
34. 为一旋回层,下部为灰色中—厚层含砾杂砂岩夹灰色页岩。上部为灰色、灰黄色薄—中层细粒石英砂岩夹页岩	23.1m
33. 为一旋回层,下部为灰白色巨厚层中粒石英砂岩,中部为灰色薄—中层含砾细粒杂砂岩夹含砾泥岩或互层,上部为灰色页岩	17.9m
32. 底部为厚1.5~2.5m的扇积岩,主要由大量不规则角砾组成,角砾大者30mm×20mm,形状不规则,主要为灰色含砾砂岩、灰黄色泥灰岩、灰色粉砂岩。其上为灰色薄—中薄细砂岩夹页岩	24.4m
31. 下部为灰色巨厚层细粒岩屑石英砂岩。上部为灰色页岩和灰色薄层细粒石英砂岩互层	20.3m
30、29. 灰色页岩夹灰褐色粉砂岩纹层或条带	62.2m
28. 灰色泥岩夹灰褐色泥灰岩条带	39.5m
27. 下部为灰色巨厚层—块状粉砂岩与灰色页岩互层,含极少量的泥灰岩透镜体,上部为灰色页岩	20.0m
26. 灰色页岩夹灰黄色泥灰岩透镜体	32.6m
25. 灰色中层细粒石英砂岩	4.7m

24. 由多个旋回层组成,旋回层下部为灰白色、灰色巨厚层中粒石英砂岩夹灰色页岩,上部为灰色页岩夹灰色薄层细粒石英砂岩　　　　　　　　　　　　　　　　　　　　　　　　　17.8m

——————— 整合 ———————

亚里组(D_3C_1y)

23、22. 灰黑色页岩,夹少量黑色薄层硅质泥岩　　　　　　　　　　　　　　　57.9m

21. 灰色页岩夹少量灰褐色薄—中薄层粉砂岩　　　　　　　　　　　　　　　36.6m

20. 灰褐色、灰黄色页岩夹青灰色页岩条带　　　　　　　　　　　　　　　　20.0m

19. 灰色薄—中层生物碎屑灰岩　　　　　　　　　　　　　　　　　　　　　5.8m

18. 灰色中—厚层生物碎屑灰岩,产珊瑚 *Lophophyllidium* sp., *Weiningophyllum* cf. *sinense* H. D. Wang, *Michelinia* sp.;牙形石 *Siphonodella sulcata* (Huddle), *Spathognathodus* sp., *Euprioniodina alternata* (Ulrich et Bassler), *Falcodus* sp.　　　　　　　　4.7m

——————— 整合 ———————

泥盆系波曲组($D_{2-3}b$)

17. 为一旋回层,下部为灰色巨厚层中粒石英砂岩夹灰色页岩,夹有较多的灰岩透镜体,上部为灰色页岩夹灰色薄层细砂岩　　　　　　　　　　　　　　　　　　　　　3.7m

16. 下部为灰色、灰白色巨厚层中粒石英砂岩夹灰色、深灰色页岩,上部为灰色薄—中层细粒石英砂岩夹页岩或互层　　　　　　　　　　　　　　　　　　　　　　5.0m

15. 灰色页岩夹灰色薄—中层细砂岩或互层　　　　　　　　　　　　　　　　6.8m

14. 灰色页岩夹极薄的灰黄色粉砂岩纹层　　　　　　　　　　　　　　　　　3.6m

13. 为一旋回层,下部为灰褐色巨厚层中粒石英砂岩,上部为灰色薄—中层细粒石英砂岩夹页岩　　8.3m

12. 底部为一层厚 250cm 灰黄色中粒石英砂岩,其上为灰色薄—中层细粒石英砂岩夹灰色页岩　　28.0m

11. 底部为灰色中层含泥砾石英砂岩,其上为灰色中层细粒石英砂岩与页岩互层,含古植物化石碎片　　27.4m

10. 底部为一层厚 150cm 的灰黄色中粒石英砂岩,其上为灰黄色中薄层细粒石英砂岩夹灰色粉砂岩　　5.4m

9. 灰色薄—中层细粒石英砂岩夹灰色页岩　　　　　　　　　　　　　　　　10.6m

8. 灰色中—巨厚层细粒石英砂岩、含砾石英砂岩夹灰黑色页岩　　　　　　　　　31.4m

——————— 整合 ———————

泥盆系凉泉组(D_1l)

7. 灰色薄—中层网纹状微晶灰岩,产大量菊石、角石化石 *Petenoceras alatum* (Barrande), *Anomaloceras* sp., *Michelinoceras* sp.　　　　　　　　　　　　　　　27.1m

6. 灰色薄—中层网纹状微晶灰岩,产大量竹节石化石 *Nowakia* sp.　　　　　　28.8m

5. 灰黄色薄—中层钙质泥岩夹灰色薄层生物碎屑灰岩,产大量竹节石化石 *Viriatellina exigua* Mu, *Nowakia* sp.　　　　　　　　　　　　　　　　　　　　　　　3.1m

4. 灰色中层泥灰岩,产大量竹节石化石　　　　　　　　　　　　　　　　　　5.1m

3. 灰黑色中层泥灰岩,产大量竹节石化石　　　　　　　　　　　　　　　　　1.5m

2. 灰黄色、灰褐色中—厚层泥灰岩,产少量竹节石化石　　　　　　　　　　　　3.1m

1. 灰色中层泥灰岩与灰色钙质泥岩互层,产大量竹节石化石 *Nowakia acuaria* (Richter), *N.* sp., *Metastyliolina nyalamensis* Mu, *M.* sp.　　　　　　　　　　　　　　7.7m

——————— 整合 ———————

下伏地层:志留系普鲁组($S_{2+3}p$)

0. 灰色中层微晶灰岩夹灰色薄层钙质泥岩

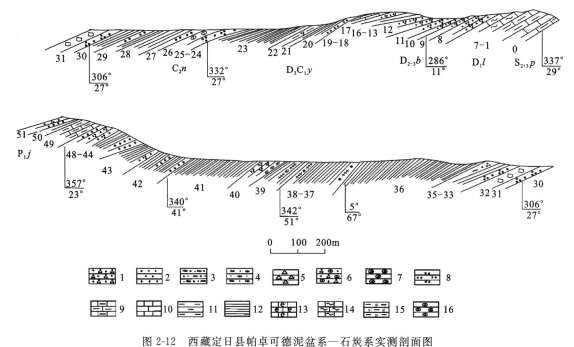

图 2-12 西藏定日县帕卓可德泥盆系—石炭系实测剖面图

1.石英砂岩；2.砂岩；3.含砾杂砂岩；4.杂砂岩；5.崩积岩；6.含砾泥石英砂岩；7.石英砂岩透镜体；8.粉砂岩；
9.泥质灰岩；10.灰岩；11.泥质灰岩；12.页岩；13.生物碎屑灰岩；14.纹状灰岩；15.硅质泥岩；16.灰岩透镜体

2. 西藏定结县萨尔乡共巴强石炭系—二叠系实测剖面(图 2-13)

上覆地层：二叠系曲布组(P_2q)

31. 灰色、灰白色厚—巨厚层中粒石英砂岩

——————— 整合 ———————

基龙组查雅段(P_1j^c)

30. 灰色粉砂质泥岩	27.9m
29. 灰色厚—块状杂砾岩与灰白色厚—巨厚层中粒石英砂岩互层	12.7m
28. 灰色、灰褐色薄—中层铁质细砂岩	14.7m
27. 灰色中—厚层细粒石英砂岩	7.4m
26. 第四系坡积物覆盖	71.4m
25. 灰白色中—厚层细粒石英砂岩	15.9m
24. 上部为灰褐色厚质铁质粉砂岩，下部为灰色中—厚层细粒石英砂岩	17.3m
23. 灰色—灰黄色中—厚层细粒石英砂岩	22.3m
22—19. 灰色页岩夹少量灰色薄层细砂岩，或互层	106.3m
18. 灰色、深灰色页岩夹灰色泥灰岩透镜体	19.3m
17. 灰色、深灰色页岩	80.0m

——————— 整合 ———————

基龙组扎达日段(P_1j^z)

16. 灰色块状含砾泥岩	40.3m

·············· 平行不整合 ··············

石炭系纳兴组(C_2n)

15. 灰色、深灰色页岩	93.3m
14. 第四系坡积物覆盖	78.8m

13. 上部为灰色、灰白色中—厚层细粒石英砂岩与灰色泥岩互层。下部为灰色、灰白色中—厚层
    细粒石英砂岩   36.3m
12、11. 灰色、深灰色页岩夹灰色、灰黄色泥灰岩透镜体   25.5m
10. 上部为灰色块状含砾砂质泥岩夹少量灰色粉砂质泥岩,下部为灰色中层含砾砂岩夹灰黄色
    粉砂质泥岩   14.9m
9—7. 灰色页岩、泥岩及粉砂质泥岩   455.5m
6. 灰白色厚层细粒石英砂岩   13.3m
5. 底部为一层灰白色块状细粒石英砂岩,其上为灰白色含砂质泥岩、粉砂质泥岩   20.3m
4. 灰色泥岩,局部夹灰紫色泥灰岩结核或透镜体   10.7m
3. 灰色块状砂质泥岩或含砂泥岩   52.2m
2. 灰白色中层泥质粉砂岩

============断层============

下伏地层:泥盆系波曲组($D_{2-3}b$)

1. 灰白色厚—巨厚层细粒石英砂岩

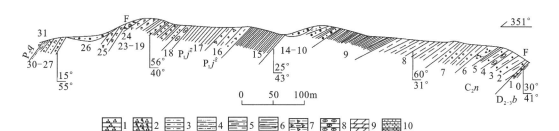

图 2-13 西藏定结县萨尔乡共巴强石炭系—二叠系实测剖面图

1.石英砂岩;2.石英岩屑砂岩;3.含沙泥岩;4.粉砂质泥岩;5.泥岩;6.页岩;7.含砾泥岩;8.泥灰岩透镜体;9.泥灰岩;10.砂岩

(二)岩石地层及生物地层

1. 凉泉组(D_1l)

测区定日县帕卓可德剖面凉泉组(D_1l)出露较好,与下伏普鲁组($S_{2+3}p$)为整合接触,厚76.4m。与层型剖面不一致,二分性明显,下部为灰色、灰黄色中层泥质灰岩与灰色页岩互层,水平层理发育,含大量竹节石化石,主要分子有 *Nowakia acuaria* (Richter), *N*. sp., *Metastyliolina nyalamensis* Mu, *M*. sp., *Viriatellina exigua* Mu,生物群面貌与西欧地区早泥盆世布拉格期竹节石动物群相似,其中的 *Nowakia acuaria* 为世界广布的早泥盆世标准化石。

上部为灰色薄—中层网纹状含生物碎屑微晶灰岩,含大量角石和鹦鹉螺化石,主要分子有 *Petenoceras alatum* (Barrande), *Anomaloceras* sp., *Michelinoceras* sp.,其中 *Petenoceras alatum* (Barrande)为早泥盆世的标准化石,因而本组应属下泥盆统。

定结县萨尔一带,本组多出露不全,共巴强剖面本组厚51.3m,下部为灰黄色薄—中层泥灰岩,含竹节石化石 *Nowakia* sp.,牙形石 *Spathognathodus* sp., *Ancoradella ploeckensis*, *Trichonodella* sp.,上部为灰黄色中薄层微晶灰岩,含少量竹节石化石。

与层型剖面上以泥质岩为主的特征相比,测区本组则以灰岩为主。但自下而上具有泥质岩减少的趋向,与层型剖面一致。凉泉组的碳、氧同位素与下伏普鲁组有一定的差别,^{14}C 由 1.79 变为 -2.65,这一变化说明凉泉组已由普鲁组陆棚或台地富含生物及有机质的环境变为较深水的生物及有机质较少的缺氧还原环境。

2. 波曲组（$D_{2-3}b$）

测区波曲组（$D_{2-3}b$）以定日帕卓可德剖面出露较好，厚 130.7m，岩性和岩性组合与层型剖面一致。由一系列旋回层组成，旋回层下部为浅灰色中—巨厚层中粗粒石英砂岩，砂岩多呈楔状体，发育平行层理和楔状交错层理，上部为灰黑色粉砂质页岩、页岩夹薄层细砂岩，生物扰动构造发育，局部含植物化石碎片。

与下伏凉泉组（D_1l）界面清楚，为突变接触，具明显的侵蚀面。凉泉组顶面起伏不平，具古喀斯特微地貌，波曲组底部具一层厚 30～50cm 的细砾质砂岩，含大量海百合茎化石。砾石主要为下伏凉泉组的灰岩砾及少量泥砾、泥片，砾石形状极不规则（图 2-14）。两组之间可能具一平行不整合面，但由于缺乏波曲组的化石依据，故仍然按整合处理。

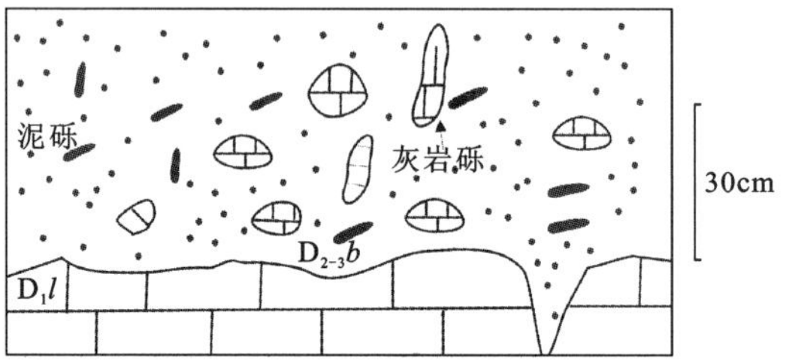

图 2-14 $D_{2-3}b / D_1l$ 平行不整合

3. 亚里组（D_3C_1y）

测区亚里组（D_3C_1y）以定日县帕卓可德剖面出露较好，厚 119m，和层型剖面岩性、岩性组合及化石组合有一定的差异。下部为灰色中—厚层含生物碎屑灰岩、生物碎屑灰岩，与下伏波曲组（$D_{2-3}b$）为突变整合接触，以灰岩的出现作为本组的底界。产大量海百合茎、牙形石及少量四射珊瑚化石，代表分子四射珊瑚 *Weiningophyllum* cf. *sinense* H. D. Wang, *Lophophyllidium* sp.；床板珊瑚 *Michelinia* sp.，前者为华南地区早石炭世的标准分子。牙形石 *Siphonodella sulcata* (Huddle), *Spathognathodus* sp., *Euprioniodina alternata* (Ulrich et Bassler), *Falcodus* sp.，均为早石炭世的标准分子，故其时代属早石炭世无疑。应该指出的是，这些化石均产在亚里组的下部，因而亚里组在测区可能没有包含晚泥盆世的沉积，区域上为一穿时的地层单位。考虑到该组在区域上为一跨泥盆纪和石炭纪的岩石单位，出于接图一致性的原因仍沿用原代号。

本组上部为深灰色页岩夹灰褐色薄—中薄层粉砂岩，水平层理发育，部分地段由于区域变质作用已变质为绢云母板岩。所采微古植物样品中均未分析出孢粉化石，与层型剖面上采获大量大孢子化石有很大的区别，说明测区早石炭世早期应为远离大陆的外陆架—盆地环境。

4. 纳兴组（C_2n）

测区纳兴组（C_2n）以定日县帕卓可德剖面出露较好，厚 1050.4m，和层型剖面岩性、岩性组合及化石组合有一定的差异。与下伏亚里组为突变整合接触，具明显的侵蚀面。

底部由一系列的旋回层组成，旋回层下部为灰白色厚—巨厚层中—粗粒石英砂岩，发育板状和楔状交错层理，部分砂岩横向上呈楔状体，旋回层上部为灰色、深灰色页岩夹灰色细粒石英砂岩。

下部主要为灰色、灰黄色粉砂质页岩夹灰白色巨厚层细粒石英砂岩，二者也构成明显的旋回层，旋回层底部为巨厚层石英砂岩，其上为页岩，总体上以页岩为主。

中部为灰色、深灰色页岩夹 6 层重力流沉积，底部具一层崩积岩，其特征见下述。其上重力流沉积主要为碎屑流和浊流，岩性主要为不等粒砂岩、含砾杂砂岩，部分杂基含量达 30%。所有含砾杂砂岩中的砾石均未见冰川沉积所特有的擦面、刻沟、压坑和擦痕，也未见冰筏海洋沉积中的"落石构造"，此外底部的崩积岩也难用冰川作用来解释，故用重力流成因来解释可能更合适。

纳兴组上部为灰色页岩夹灰色薄—中层粉砂岩及细砂岩，部分砂岩内具波状层理，生物扰动构造发育，含潜穴类遗迹化石，主要有 *Palaeophycus* sp., *Chondrites* sp.，其面貌与 Pemberton（1980）划分的 *Cruziana* 遗迹相类似，代表生物活动频繁的中—外陆棚环境。

顶部为灰色页岩夹灰色薄—中层细砂岩及少量灰白色中—厚层细粒石英砂岩，薄—中层细砂岩具双向交错层理，中—厚层细粒石英砂岩多呈楔状体，发育楔状交错层理和板状交错层理，代表陆架—滨岸环境。

纳兴组岩性在区域上有一定的变化。定结县萨尔剖面上本组厚827.5m,下部为灰色中—厚层细粒石英砂岩、泥质粉砂岩及泥岩,中部主要为灰色页岩,仅夹有一层灰色块状含砾、砂泥岩,砾、砂含量小于30%,特征与上述重力流沉积类似。上部为灰色页岩夹灰白色中—厚层细粒石英砂岩。

(三)沉积相分析

1. 凉泉组(图 2-15)

(1)盆地碳酸盐岩亚相

该沉积相位于凉泉组下部。岩性为深灰色薄—中薄层泥灰岩与页岩互层,及深灰色薄—中薄层网纹状岩,含大量竹节石化石及少量笔石化石。竹节石杂乱排列,无定向,说明竹节石死后未遭受过水流改造。水平层理发育,生物化石仅有竹节石和笔石,未见底栖类分子,为一种静水低能环境,代表一种较深水的盆地相。

(2)陆棚灰岩相

该沉积相位于凉泉组上部。岩性为灰色网纹状微晶灰岩,含大量角石和菊石化石。生物组合全为属游泳的头足类。值得提出的是,该网纹状灰岩特征与华南地区中上奥陶统发育的较深水的宝塔组灰岩特征极为相似,说明其为一类陆棚较深水沉积。

2. 波曲组(图 2-15)

(1)前滨砂岩相

该沉积相分布在波曲组下部,岩性为灰色厚—巨厚层细粒石英砂岩,含少量石英细砾,具低角度的冲洗交错层理。砂岩标准偏差为0.47,属较好的分选类型。概率累计曲线上斜率较高,主要为跳跃总体,特征与滨岸高能带的相似。

(2)后滨砂、泥湖沼相

该沉积相分布在波曲组中部,岩性为灰色页岩夹薄层细砂岩或互层,含大量植物化石碎片。为后滨带内经常露出水面的湖沼相沉积。

(3)临滨砂岩相

该沉积相分布在本组上部,岩性为厚—巨厚层细粒石英砂岩夹少量页岩,多呈楔状体,具平行层理和楔状交错层理。具水流波痕,页岩内具生物扰动构造。砂岩标准偏差为0.60~0.76,分选较好。与(1)相相比,海水更深。

3. 亚里组(图 2-15)

(1)陆棚灰岩相

该沉积相分布在亚里组下部,岩性为生物碎屑灰岩,含海百合茎和四射珊瑚化石,生物分异度较高。珊瑚化石均为原地生长,其生物组合代表了典型的潮下陆棚环境。

(2)陆棚砂、页岩相

该沉积相分布在亚里组上部,岩性为页岩夹薄层粉砂岩。页岩水平层理发育,砂岩具小型单相交错层理和沙波纹层理,反映了一种低能的陆棚环境。

4. 纳兴组(图 2-16)

纳兴组沉积相类型较多,自下而上可分为如下4个沉积相。

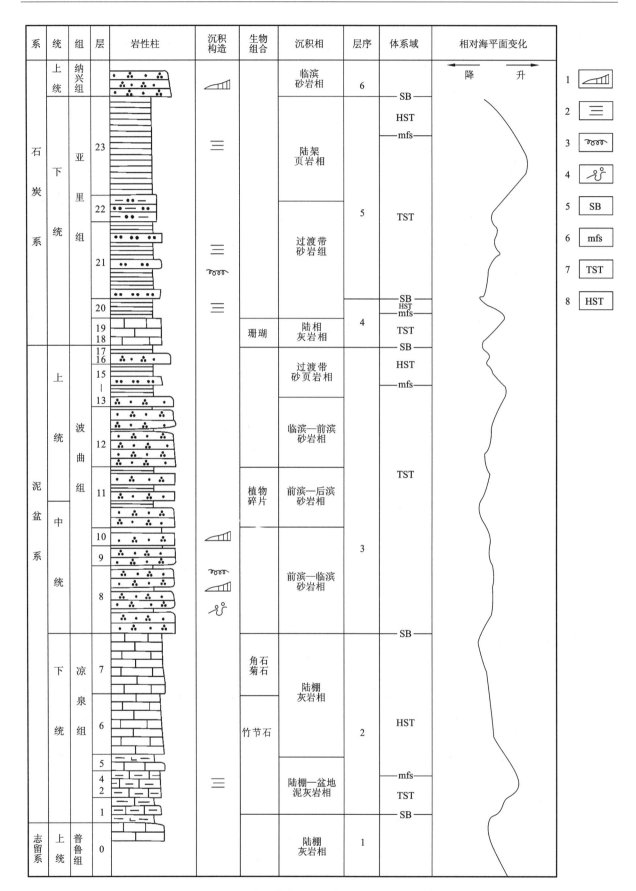

图 2-15 泥盆系凉泉组—石炭系亚里组及沉积序列

1.楔状交错层理;2.水平层理;3.生物扰动构造;4.冲刷构造;5.层序界面;6.最大海泛面;7.海侵体系域;8.高水位体系域

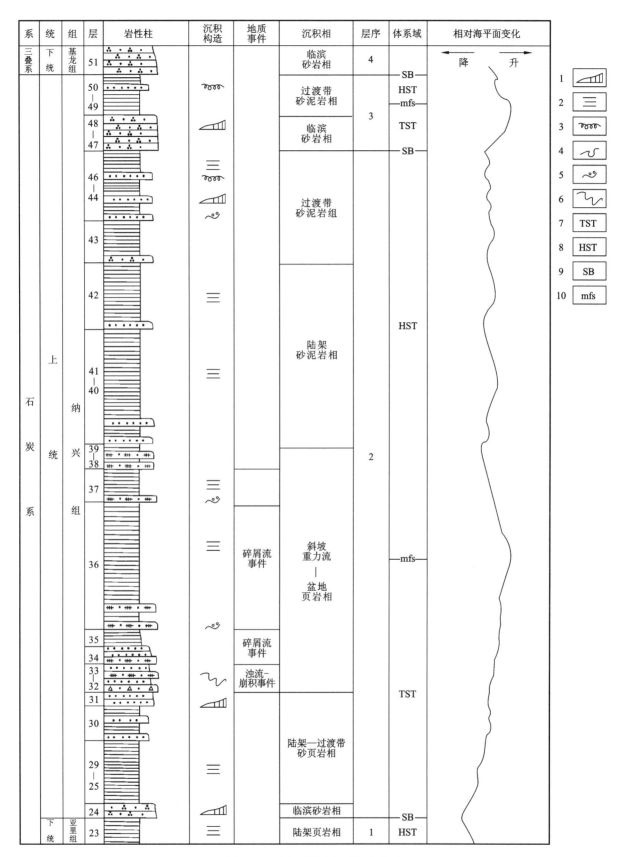

图 2-16 石炭系纳兴组及沉积序列
1.楔状交错层理；2.水平层理；3.生物扰动构造；4.潜穴；5.冲刷构造；
6.滑塌构造；7.海侵体系域；8.高水平体系域；9.层序界面；10.最大海泛面

1) 临滨砂岩相

该沉积相分布在本组底部,岩性为巨厚层中粒石英砂岩及页岩,砂岩多呈楔状体,具楔状交错层理和平行层理,底部具侵蚀构造。特征与波曲组临滨砂岩相相似。

2) 陆棚砂、页岩相

该沉积相分布在本组下部,岩性为页岩夹薄层细—粉砂岩及泥灰岩条带,特征与亚里组陆棚砂、页岩相相似。

3) 重力流沉积

纳兴组中斜坡重力流沉积包括有崩塌沉积、碎屑流沉积及浊流沉积,主要以崩塌沉积及碎屑岩流沉积为特点,分为如下 3 个沉积相。

(1) 崩塌沉积相:位于纳兴组中部,厚 150～1500cm,横向上厚度变化很大。由大量不规则角砾组成,角砾主要为灰色含砾砂岩、灰黄色泥灰岩及灰色粉砂岩组成,大小混杂,最大直径可达 300cm,底部具明显侵蚀面,属于斜坡上的崩塌沉积。物源来自于临近的陆棚或碳酸盐岩台地。其上、下地层为水平层理发育的灰色页岩夹褐铁矿透镜体,属较深水沉积。

(2) 浊流沉积相:位于崩塌沉积砾岩之上,岩性为砾质细—中粒石英杂砂岩夹页岩。砂岩成分主要为石英,并含有大量碳酸盐颗粒及生物碎屑,局部呈混积岩(陆源碎屑岩和碳酸盐岩的混合沉积),杂基含量较高(>10%)。从其概率累计曲线上看出,由三段组成,斜率较平缓,S 截点分布范围较宽,与典型浊流沉积特征类似。发育递变层理,泥砾、泥片发育,该序列下部砂岩中—厚层,具鲍马序列 abe、ae,上部为薄层细砂岩、粉砂岩夹页岩或互层,鲍马序列为 cde、de,向上过渡到盆地相。应该指出的是,该相中碳酸盐颗粒与陆源碎屑的混合沉积发育,其碳酸盐颗粒中的生物碎屑主要为浅水型的海百合茎和腕足类碎屑,与陆源碎屑在深水斜坡相区的混合归因于重力流事件,为事件混合沉积。

(3) 碎屑流沉积相:分布在纳兴组中部,为该套重力流沉积的主体岩相。岩性为灰色块状杂砂岩及含砾杂砂岩,成分主要为石英,其次为硅质岩屑及泥灰岩碎屑,杂基含量达 20%,块状层理,泥砾、泥片发育,底部具侵蚀面。从其概率累计曲线上可以看出,滚动和跳跃总体连续过渡,斜率一致,无明显截点、粒度分布范围宽(图 2-17),属高密度重力流,由于未见鲍马序列且其内部大小混杂,未见层理,因此属一套斜坡相的碎屑流(或泥石流)沉积。

在 16 个样品(包括浊流亚相和碎屑流亚相)中,所做粒度分析的 C 值、M 值作出的 C-M 图上可以看到(图 2-18),C-M 图像平行 $C=M$ 线,反映出悬浮递变特点,属重力流沉积。

通过沉积相和基于沉积物组分及地球化学方面的物源分析,判断测区晚石炭世存在有小型洼陷盆地,其形成与晚石炭世海西伸展运动有关,纳兴组重力流沉积与下伏滨浅海沉积之间具一伸展不整合(张雄华等,2003)。

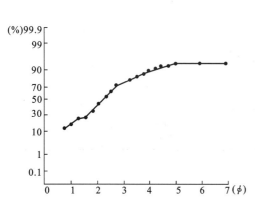

图 2-17 纳兴组碎屑流亚相砂岩概率累计曲线

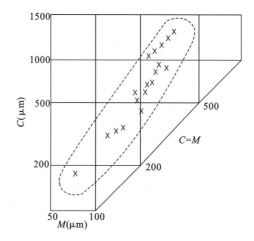

图 2-18 纳兴组碎屑流亚相砂岩 C-M 图

4) 陆架—临滨沉积相

该沉积相分布在纳兴组中上部,根据岩性按水深分为陆架泥岩亚相、陆架—临滨砂、泥混合相(图 2-16)。

(1) 陆架泥岩相:分布在纳兴组中上部,岩性为灰色页岩夹少量灰色薄层细砂岩,页岩水平层理发育,具生物扰动构造及少量小型单向交错层理。

(2) 过渡带砂泥岩相:岩性为灰色泥岩夹灰色薄—中层细粒砂岩,总体厚度大。砂岩内多具有波状层理和小型交错层理,表明受到过岸流和潮汐流的作用。泥岩中部分发育生物扰动构造,遗迹化石常见,主要为 Chonedrites ichno sp.。砂岩中含较高的泥质,但粒度跨度小,主要为粉—细砂级,与典型陆架砂岩的特征类似。

(3) 临滨砂岩相:分布在纳兴组上部,岩性为灰色中—厚层石英砂岩与泥岩互层。岩性为灰色中—厚层石英砂岩和泥岩互层,或泥岩夹石英砂岩。中—厚层砂岩内发育大波痕交错层理,水能量较高。细砂级,概率累计曲线上斜率较大,粒度分布范围窄,主要为跳跃总体,与经典滨岸带沉积类似,属临滨带沉积。薄层砂岩和泥岩中生物扰动构造发育,产大量遗迹化石,主要有 Palaeophycus ichno sp.,Chondrites ichno sp.,Teichichnus ichno sp.,大部分为水平潜穴,代表潮下环境,总体相当于陆架—下临滨环境。

(四) 晚石炭世大地构造背景分析

上述沉积相分析说明,测区在晚石炭世存在有发育重力流的盆地。判断该盆地性质有如下证据。①沉积物组分:重力流沉积物包括有砾石及砂级颗粒,成分均为稳定环境下的沉积岩,如砾石主要为生物碎屑灰岩、泥灰岩及石英砂岩,而砂岩颗粒主要为石英,未见有火山物质,且石英颗粒绝大部分为单晶石英。这些说明其为板块内的稳定盆地。通过对纳兴组重力流沉积中砂岩的地球化学分析,可以看出 SiO_2、Al_2O_3 的含量在 Roser(1986)的判别表中均投在被动大陆边缘区中。根据 K_2O/Na_2O 值和 SiO_2 所作判别图(图 2-19)中,该类样品也均投在被动大陆边缘区中。②沉

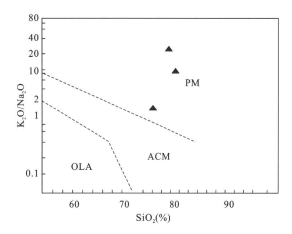

图 2-19 纳兴组砂岩的 SiO_2-K_2O/Na_2O 构造环境判别图
(据 Roser,1986)
OLA:大陆岛弧;ACM:活动大陆边缘;PM:被动大陆边缘

积物原岩的环境:盆地重力流沉积中的灰岩碎屑或颗粒含大量碳酸盐岩台地或陆棚上的典型分子,如海百合茎、腕足类和双壳类,所含石英颗粒为陆架或滨岸带的主要沉积物,表明盆地重力流物源来自于邻近的碳酸盐岩台地或陆棚陆源碎屑岩。盆地类型属于稳定陆架(或陆棚)板块之上的洼陷盆地或台间海槽,与湘桂地区晚泥盆世早期的台间海槽类似。③沉积相类型:该套重力流沉积以碎屑流和崩塌沉积为主,未见大规模的浊流沉积,该套重力流沉积的分布在区域上也很局限,说明盆地规模较小,属于一种小型的洼陷盆地。

总的来看,本区晚石炭世为一板内稳定的洼陷盆地→陆架环境,盆地类型与湘桂一带泥盆纪的台间海槽类似。

六、二叠系

测区二叠系自下而上分为基龙组(P_1j)、色龙群(PS)。其中基龙组(P_1j)在《西藏自治区区域地质志》和《西藏自治区岩石地层》中均定为石炭系,但根据新的二叠系三分方案将其划为下二叠统。

(一)剖面描述

1. 西藏定日县帕卓乡扎西岗二叠系实测剖面(图 2-20)

三叠系土隆群($T_{1-2}T$)　　　　　　　　　　(未见顶)

32. 灰色薄层微晶灰岩与灰黄色薄层泥质灰岩互层,含遗迹化石 *Chondrites* sp.
31. 灰色、深灰色粉砂质泥岩　　　　　　　　　　　　　　　　　　　　　60.4m
30. 灰黄色薄层泥质灰岩,产菊石化石 *Ophiceras* cf. *demissum* Diener, *O.* sp., *Gyronites evolvens* Waagen,牙形石 *Neogondolella carinata* (Clark), *N. changxingensis* (Wang et Wang)　　1.5m

———————— 整合 ————————

二叠系曲布日嘎组(Pqb)

29. 灰色、深灰色粉砂质泥岩　　　　　　　　　　　　　　　　　　　　　8.2m
28. 灰黄色薄—中层微晶灰岩,产大量腕足类化石 *Spiriferella rajia* (Salters), *Marginifera himalayensis* Dineer, *Neospirifer* sp., *Athyris* sp.　　　　　　　　　　　　　2.8m
27. 下部为灰褐色厚—巨厚层细粒石英砂岩,上部为灰色页岩　　　　　　　　13.0m
26. 灰色、灰黄色粉砂质泥岩夹灰黄色薄—中层粉砂岩　　　　　　　　　　17.6m
25. 灰色页岩　　　　　　　　　　　　　　　　　　　　　　　　　　　　18.9m
24. 灰色、灰黄色粉砂质泥岩夹灰黄色薄—中层粉砂岩　　　　　　　　　　43.8m
23. 灰白色中—巨厚层细粒石英砂岩　　　　　　　　　　　　　　　　　　13.4m
22. 灰色页岩夹灰黄色薄层粉砂岩　　　　　　　　　　　　　　　　　　　40.2m
21—19. 灰白色厚—巨厚层细粒石英砂岩及含砾或砾质细—中砂岩夹灰色页岩　　27.4m
18、17. 底部为一层厚 80cm 的灰色细粒石英砂岩,其上为灰色页岩　　　　　59.1m
16、15. 灰色页岩夹少量灰褐色铁质细砂岩透镜体及薄—中层铁质粉砂岩　　　12.4m
14. 灰色粉砂质泥岩　　　　　　　　　　　　　　　　　　　　　　　　　35.4m

———————— 整合 ————————

二叠系曲布组(P_2q)

13. 灰褐色中—厚层细粒长石石英砂岩　　　　　　　　　　　　　　　　　45.9m

———————— 整合 ————————

二叠系基龙组查雅段($P_1j\hat{c}$)

12. 灰色粉砂质页岩夹灰色薄层—中层粉砂岩,含灰黑色泥灰岩结核　　　　　26.6m
11. 灰色厚—巨厚层细粒石英砂岩　　　　　　　　　　　　　　　　　　　7.8m
10. 下部为灰色厚—巨厚层细粒石英砂岩,中部为灰色、灰黄色粉砂质泥岩,上部为灰黄色粉砂质泥岩夹灰黄色中薄层粉砂岩　　　　　　　　　　　　　　　　　　62.3m
9. 灰色、灰黄色粉砂质页岩夹灰黄色薄—中层泥质粉砂岩　　　　　　　　　99.5m
8. 下部为灰色厚—巨厚层细粒石英砂岩,上部为灰色中—厚层细粒石英砂岩　　26.5m
7. 下部为灰色中—巨厚层细粒石英砂岩,上部为灰黄色中薄层粉砂岩与页岩互层　　15.4m
6. 下部为灰色页岩夹灰黄色粉砂岩薄层,中部为灰色页岩,上部为灰色页岩与灰黄色薄—中层粉砂岩互层　　　　　　　　　　　　　　　　　　　　　　　　39.4m
5. 下部为灰色厚层中粒石英砂岩,上部为灰色中—巨厚层细粒石英砂岩夹页岩　　58.7m
4. 下部为灰黄色薄层细粒石英砂岩与页岩互层,中上部为灰色页岩夹薄层细粒石英砂岩　　17.3m
3—1. 灰色薄—巨厚层中粒石英砂岩　　　　　　　　　　　　　　　　　　106.0m

·············· 平行不整合 ··············

下伏地层:石炭系纳兴组(C_2n)

0. 灰色页岩与灰黄色薄层细砂岩互层,生物扰动构造发育

(未见底)

2. 西藏定结萨尔库间二叠系剖面(图 2-21)

上覆地层:三叠系土隆群($T_{1-2}T$)

30. 灰色、灰黄色中薄层含生物碎屑泥质灰岩,产菊石化石 *Dieneroceras* sp.

——————— 整合 ———————

二叠系曲布日嘎组(Pqb)

29. 灰色粉砂质泥岩夹灰黄色介壳层,局部夹少量灰褐色铁质细砂岩薄层,产腕足类和双壳类化石	25.4m
28. 灰白色巨厚层细粒石英砂岩,产遗迹化石	45.5m
27. 灰色泥质粉砂岩,生物扰动构造发育	44.4m
26. 灰色、浅灰色厚—巨厚层细粒石英砂岩	22.3m
25. 灰色、深灰色粉砂质泥岩夹少量灰黄色、灰褐色薄层含铁质泥质粉砂岩	26.2m
24. 灰色、浅灰色厚—巨厚层细粒石英砂岩	13.9m
23. 灰色、灰黄色泥质粉砂岩夹灰褐色薄—中层铁质粉砂岩	45.3m
22. 灰色、灰黄色薄—中层粉砂岩,局部夹少量灰褐色薄层铁质细砂岩,生物扰动构造发育	124.4m
21. 灰白色厚—巨厚层细粒石英砂岩	46.8m
20. 灰色、灰黄色粉砂质页岩夹灰黄色薄层泥质粉砂岩,含少量腕足类化石及遗迹化石 *Palaeophycus* sp., *Teichichnus* sp.	15.6m
19. 灰黄色薄—中层含生物碎屑砂质灰岩与灰色、黄绿色薄—中层钙质细砂岩互层,含双壳类化石	12.5m
18. 灰黄色中—厚层含生物碎屑泥质灰岩,含菊石化石	23.4m
17. 灰色、灰黄色页岩夹少量灰色中层网纹状含生物碎屑泥质灰岩,含少量腹足类化石	7.2m
16. 灰色、灰黄色中层泥质粉砂岩夹灰黄色中层细粒含铁质砂岩,含双壳类及菊石化石	7.5m
15. 灰色薄—中层细粒含铁质石英砂岩夹灰色粉砂质页岩,具石盐假晶和雨痕	14.3m
14. 灰色粉砂质页岩夹灰黄色薄层细粒含泥质砂岩,生物扰动构造发育,产遗迹化石 *Palaeophycus* sp., *Teichichnus* sp.	32.5m
13. 灰黄色薄—中层泥质砂岩夹灰色粉砂质页岩,生物扰动构造发育	5.6m
12、11. 灰色粉砂质页岩、页岩夹薄层细砂岩	38.5m
10. 灰色页岩、粉砂质页岩夹灰黄色薄层泥质细砂岩,生物扰动构造发育	22.0m
9. 灰色、深灰色页岩与灰绿色、灰黄色薄—中层泥质粉砂岩互层,夹少量灰色生物碎屑灰岩透镜体,含腕足类、双壳类及海百合茎化石	10.0m
8. 灰色厚—巨厚层细粒石英砂岩,含遗迹化石 *Skolithos* sp., *Monocraterion* sp.	5.5m
7. 灰黄色薄—中层泥质粉砂岩夹灰黄色薄—中层细粒石英砂岩,含遗迹化石 *Skolithos* sp., *Monocraterion* sp.	70.4m
6. 灰黄色、灰褐色薄—厚层细粒铁质石英砂岩夹灰褐色薄—中层含钙质粉砂岩	20.5m
5. 灰黄色、灰褐色薄—中层细粒铁质石英砂岩与灰色薄—中层含炭质粉砂岩互层	86.4m
4. 灰色粉砂质页岩夹灰褐色薄层铁质细砂岩	35.0m

——————— 整合 ———————

二叠系曲布组(P_2q)

3. 灰白色厚—块状细粒石英砂岩	37.0m
2. 深灰色粉砂质页岩,含古植物化石 *Sphenophyllum* sp., *Glossoptenis comnunis*, *G. indica*	
1. 灰白色厚—块状细粒石英砂岩	14.6m

·············· 平行不整合 ··············

下伏地层:二叠系基龙组查雅段($P_1 j\hat{c}$)

0. 灰色、灰黄色砂质页岩

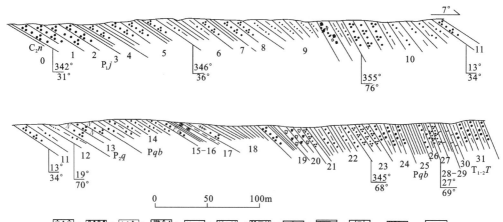

图 2-20 西藏定日县帕卓乡扎西岗二叠系实测剖面图

1.石英砂岩;2.含砾砂岩;3.长石石英砂岩;4.岩屑石英砂岩;5.粉砂岩;6.铁质粉砂岩;
7.砂岩透镜体;8.灰岩;9.页岩;10.泥灰岩;11.断层角砾岩;12.第四系堆积物

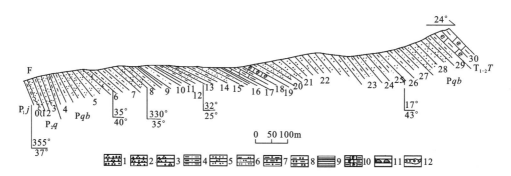

图 2-21 西藏定结萨尔库间二叠系剖面图

1.含砾石英砂岩;2.石英砂岩;3.含铁质石英砂岩;4.泥质砂岩;5.粉砂岩;6.含碳质粉砂岩;
7.砂质页岩;8.粉砂质页岩;9.页岩;10.含生物碎屑泥质灰岩;11.介壳层;12.第四系沉积物

(二)岩石地层及生物地层

1. 基龙组(P_1j)

基龙组由尹集祥、郭师曾(1976)命名,层型位于测区西侧定日县基龙贡巴东山剖面。自下而上分为扎达日段(P_1j^z)和查雅段(P_1j^c)。

扎达日段(P_1j^z)与下伏纳兴组为平行不整合接触,测区以定结县萨尔库间剖面出露较好,厚40.3m,岩性为灰色块状含砾砂质泥岩,砾石含量5%~8%,主要为石英砾,砾石分选、磨圆极差。此外还含10%~30%的中粒石英砂,无分选,可能属一套冰海沉积。测区本段分布有较大的差异,定日县帕卓扎西岗剖面上本段缺失,而在定日县错果一带却为两层灰色块状含砾砂泥岩夹一层灰色泥岩。

查雅段(P_1j^c)在测区以定日县帕卓扎西岗剖面出露较好,与下伏纳兴组(C_2n)为平行不整合接触,厚459.5m,由一系列旋回层组成。在下部的旋回层中,旋回层中下部为灰黄色、灰白色厚—巨厚层中粒石英砂岩,发育平行层理和低角度交错层理,上部为灰黄色中层细粒石英砂岩;在中部的旋回层中,旋回层下部为灰白色厚—巨厚层中粒石英砂岩,上部为灰黄色薄—中层细粒石英砂岩夹灰色页岩、或互层,夹有化石碎屑层,主要为海百合茎碎屑;在上部的旋回层中,旋回层下部为灰白色厚—巨厚层中粒石英砂岩,上部为灰色、灰黄色粉砂质泥岩夹灰色薄层粉砂岩及灰色中薄层细砂岩。

定结县萨尔库间剖面上本段厚435.5m,下部为灰色、深灰色页岩;中部为灰色、深灰色页岩夹少量灰色薄层粉砂岩、细砂岩,局部为砂页岩互层;上部为灰色中—厚层细粒岩屑石英砂岩及钙质细砂岩,多呈楔状体;顶部为灰色粉砂质泥岩。主要为一套陆架—滨岸沉积。

2. 色龙群(PS)

色龙群由中国希夏邦马峰科学考察队(1964)命名,岩性以页岩、粉砂岩为主,上部夹少量灰岩。测区可明显分为下部曲布组和上部曲布日嘎组。

(1) 曲布组(P_2q)

测区曲布组以定结县萨尔库间剖面出露最好,厚59.4m。本组下部为灰白色厚—块状细粒石英砂岩;中部为深灰色粉砂质页岩、页岩,含植物化石碎片,徐仁等(1976)曾在该层位采获属岗瓦拉大区的舌羊齿植物群,主要分子有 *Sphenophyllum speciosum*, *Glossoptenis comnunis*, *G. indica* 等;上部为灰白色厚层—块状细粒石英砂岩。在定日县帕卓扎西岗剖面上,本组厚45.9m,岩性为灰褐色中—厚层细粒含长石石英砂岩,多呈楔状体。

(2) 曲布日嘎组(Pqb)

测区曲布日嘎组以定结县萨尔库间剖面出露最好,厚803m,与下伏曲布组为整合接触。

下部为灰色粉砂质页岩夹灰褐色薄层铁质细纱岩及灰白色厚层细粒石英砂岩,含少量潜穴类遗迹化石。

中部为灰色粉砂质页岩夹灰黄色薄层粉砂岩、泥质粉砂岩,生物扰动构造发育,含大量遗迹化石,主要有 *Palaeophycus* sp., *Teichichnus* sp. 等,局部见有石盐假晶和雨痕,砂岩内具小型交错层理,代表一种具短暂暴露的滨海环境。

上部由几个旋回层组成,每个旋回层下部为灰白色厚层石英砂岩或灰色中层粉砂岩,上部为灰色、深灰色粉砂质页岩。含少量腕足类、菊石和双壳类化石,但多保存不好。

在定日县帕卓扎西岗剖面上,本组厚284.3m。底部为灰色粉砂质泥岩。下部为灰色页岩夹少量灰色中层细粒石英砂岩及岩屑石英砂岩。中部为灰色页岩夹灰色薄—中层粉砂岩,局部夹少量灰白色中—厚层细粒石英砂岩,其中夹有一层厚10m的浅灰色块状含砾中粒砂岩,砾石含量5%,主要为石英砾,磨圆较好,分选较差,特征与西藏石炭纪、二叠纪的"杂砾岩"类似,可能属冰海沉积。上部相当于张正贵、饶荣标(1985)命名的扒嘎组,扒嘎组的层型剖面位于测区定日县帕卓区生米,岩性为灰色粉砂质页岩、页岩夹灰黄色薄—中层粉砂岩,顶部具灰黄色薄层含生物碎屑微晶灰岩,产有晚二叠世晚期的化石,腕足类 *Spinomarginifera* sp., *Transennatia* sp., *Fususpirider* sp., *Spiriferella wimanni* Grabau, *S. cristata* (Schlotheim), *S.* sp.;双壳类 *Myophoria*(*Elegantinia*) sp.,大部分分布在晚二叠世。牙形石 *Neogondolella changxingensis* (Wang et Wang), *N. subcarinata* (Sweet), *Xaniognathus curvatus* Sweet, *Hindeodella* sp. 等,均为晚二叠世的代表分子。

(三) 沉积相分析

1. 基龙组

根据沉积构造、岩性组合及基本层序将基龙组查雅段(Pj_1^c)分为以下4个沉积相。

(1) 陆架页岩相,岩性为灰色页岩,具水平层理及生物扰动构造,以大套页岩为特征。

(2) 过渡带砂泥岩相:岩性为灰色页岩夹灰色薄—中层细—粉砂岩,或灰色粉砂质页岩夹灰色薄层泥质粉砂岩,页岩内水平层理发育,砂岩具脉状、波状层理及沙波纹层理,生物扰动构造发育。

(3) 临滨砂岩相:岩性为厚—巨厚层细—中粒石英砂岩。具平行层理、楔状和板状交错层理。

(4) 前滨砂岩相:岩性为灰白色中—厚层细—中粒石英砂岩,具冲洗交错层理、板状层理,以具双向交错层理为特征,具少量生物扰动构造,见有垂直层面的生物潜穴 *Skolithos* sp.。

测区查雅段存在明显的沉积相分异,东部定结萨尔一带本段岩相自下而上为陆棚泥岩相→过渡带砂、泥岩相→临滨砂、泥岩相。而西部定日帕卓一带则全为临滨砂、泥岩相和前滨砂、泥岩相。显现一种西高东低的古地理格局。

2. 曲布组

测区东西本组沉积环境不一,东部定结县萨尔一带岩相为前滨砂岩相和后滨湖沼泥页岩相。其中前滨砂岩相岩性为厚层细粒石英砂岩,具冲洗交错层理。砂岩标准偏差为0.54,概率累计曲线两段式,斜率较高。后滨湖沼泥页岩相岩性为页岩、粉砂质页岩,含植物化石,生物扰动构造发育。西部定日县帕卓一带本组属临滨砂岩相,岩性为中—厚层石英砂岩,发育楔状交错层理和平行层理,每个砂岩旋回层底部均具冲刷构造,泥砾、泥片发育,代表一种潮下高能环境。

3. 曲布日嘎组

根据沉积构造、岩性组合及遗迹组合可将定结县萨尔一带曲布日嘎组分为以下 5 个沉积相(图 2-22)。

(1) 过渡带砂、泥岩相:过渡带是指陆棚与临滨之间的过渡带,岩性为以粉砂质页岩(或泥岩)为主,夹有少量薄层细砂岩和粉砂岩,或以粉砂岩为主。砂岩内具小型单向交错层理、沙波纹层理,生物扰动构造发育,遗迹化石主要为 *Palaeophycus* sp., *Teichichnus* sp., *Chondrites* sp., 其组合特征与 Pemberton(1980)划分的 *Cruziana* 组合相似。

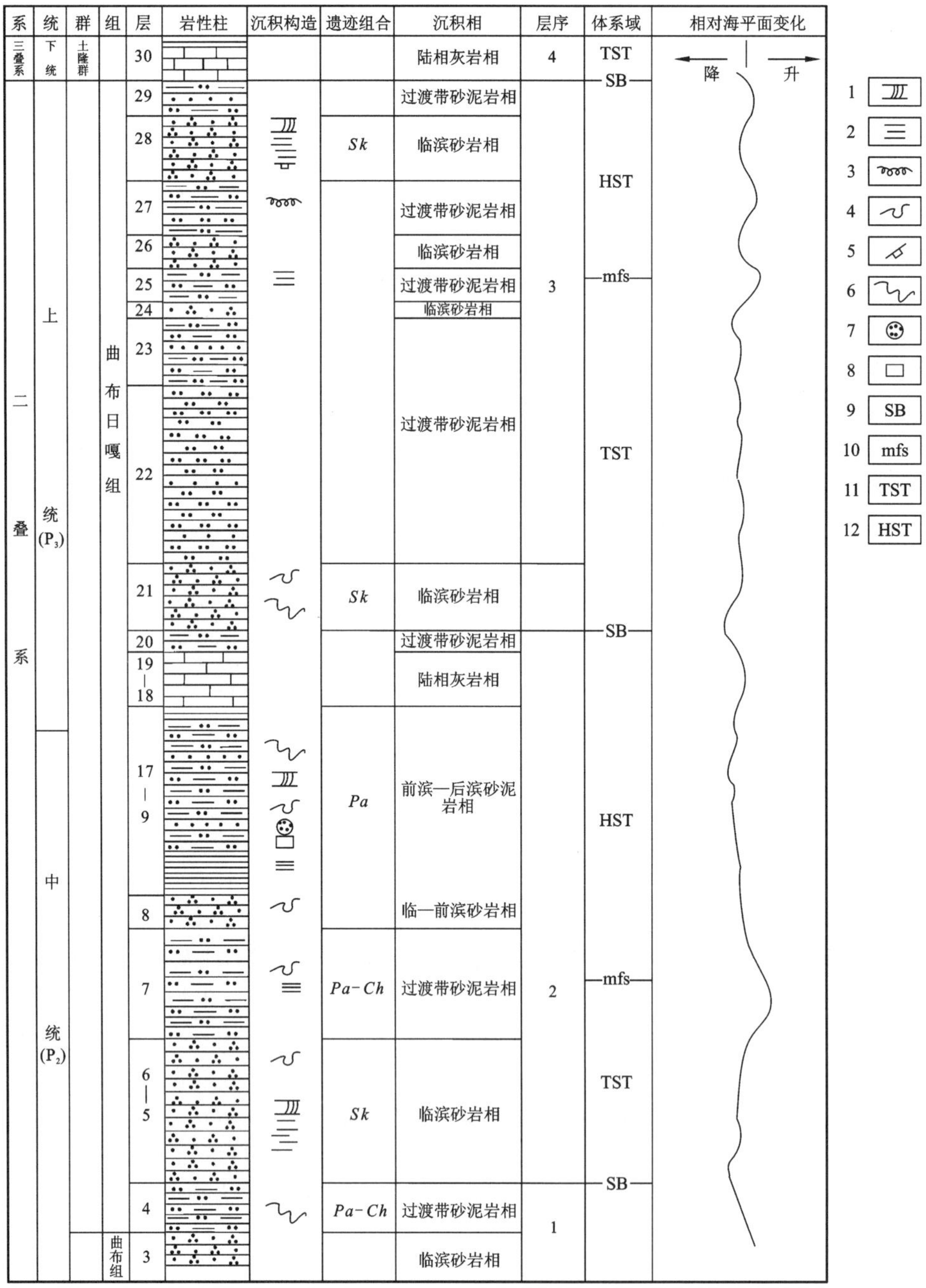

图 2-22 二叠系及沉积序列

1. 板状交错层理;2. 水平层理;3. 强生物扰动构造;4. 潜穴;5. 生物钻孔;6. 弱生物扰动构造;7. 雨痕;8. 石盐假晶;9. 层序界面;10. 最大海泛面;11. 海侵体系域;12. 高水位体系域;Sk. Skolithos; Pa. Palaeophycus; Pa-Ch. Palaeophycus-Chondrites

（2）临滨砂岩相：岩性为中—巨厚层细粒石英砂岩，具平行层理、楔状及板状交错层理，砂岩的标准偏差一般为 0.40~0.55，属好的分选类型，概率累计曲线斜率较大，多为两段式和一段式，为滨岸高能环境沉积特点，遗迹组合中主要分子为属垂直潜穴类的 *Skolithos* sp.，*Monocraterion* sp.，特征与 Pemberton(1980) 划分的 *Skolithos* 组合相似。

（3）前滨砂岩相：岩性为中—厚层细粒石英砂岩，具低角度的冲洗交错层理，砂岩的标准偏差一般为 0.39，属好的分选类型，概率累计曲线斜率较大，为一段式，与典型的滨岸高能砂岩特征类似。遗迹组合与临滨砂岩的相似，属 *Skolithos* 组合。其与临滨砂岩相的重要区别在于具冲洗交错层理。

（4）后滨砂、泥岩相：岩性为页岩、粉砂质页岩夹薄层含铁质细砂岩，以泥质岩为主。具雨痕和石盐假晶，砂岩具小型交错层理，生物扰动构造发育，遗迹组合中主要为 *Palaeophycus*。雨痕和石盐假晶的出现说明为一经常暴露在水面的环境。

（5）陆棚灰岩相：分布在曲布日嘎组中部，岩性为中—厚层微晶灰岩，含有泥质纹带，生物组合中有菊石和腕足类，以菊石为主。与典型的陆棚灰岩相特征相似。

测区西部定日县帕卓一带本组以页岩为主，岩相类型主要为陆棚砂泥岩相及少量临滨砂岩相，含大量腕足类和双壳类化石，海水相对较深。

七、三叠系

三叠系分布在测区中部，自下而上分为土隆群（$T_{1-2}T$）、曲龙共巴组（$T_{2-3}q$）和德日荣组（T_3d）。

（一）剖面描述

1. 西藏定日县帕卓乡扎西岗三叠系土隆群地层实测剖面（图 2-23）

上覆地层：三叠系曲龙共巴组（$T_{2-3}q$）

16. 灰色、灰黄色粉砂质页岩与灰色页岩互层

——————— 整合 ———————

土隆群（$T_{1-2}T$）

15. 灰色粉砂质泥岩夹灰黄色薄—中层生物碎屑灰岩	112.8m
14. 底部为灰色厚层生物碎屑灰岩，其上为灰色页岩	14.7m
13. 下部为灰色中—厚层生物碎屑灰岩，上部为灰色页岩夹灰色薄—中层粉砂岩	11.6m
12. 灰黄色、灰褐色中—厚层含生物碎屑微晶灰岩夹灰黄色钙质页岩	4.0m
11. 灰色页岩与灰褐色、灰黄色中—巨厚层泥质灰岩互层	9.7m
10. 灰色页岩	5.5m
9. 底部为一层厚 80cm 的灰色厚层生物碎屑灰岩，含六射珊瑚和水螅化石，其上为灰色中层微晶灰岩，产 *Magarophyllia decora* Wu，*Chatetes* sp.	19.0m
8. 灰色薄—中层微晶灰岩夹灰色页岩	35.3m
7. 灰色薄—中层微晶灰岩夹灰黄色不规则泥灰岩条带，产遗迹化石 *Chondrites* sp.	14.5m
6. 灰色薄层微晶灰岩与灰黄色薄层泥质灰岩互层，产遗迹化石 *Chondrites* sp.	18.6m
5. 灰色、深灰色粉砂质泥岩	129.2m
4. 灰黄色薄层泥质灰岩，含大量菊石化石 *Leiophyllites* sp.，*Eophyllites* sp.，*Pseudocellites* sp.；腕足类 *Spiriferella rajah* (Saltes)，*S.* sp.，*Marginiera himalayensis* Diener，*Cancrinella* sp.，*Martinia* sp.，牙形刺 *Neogondolella changxingensis* (Wang et Wang)，*N. carinata* (Clark)，*N. deflecta* Wang et Wang，*N. subcarinata* (Sweet)，*N. zhenanensis* Dai et Zhang，*Hibbardella* sp.，*Prioniodella decrescens* Tatge，*Xaniognathus elongates* Sweet	2.7m

——————— 整合 ———————

下伏地层:二叠系曲布日嘎组(Pqb)

3. 灰色、深灰色粉砂质泥岩   10.9m

2. 灰黄色薄—中层微晶灰岩,产大量腕足类化石 Spiriferella wimanni Grabau, S. cristata (Schlotheim), S. sp., Myophoria (Elegantinia) sp.   2.8m

1. 下部为灰褐色厚—巨厚层细粒石英砂岩,上部为灰色页岩   13.0m

0. 灰色、灰黄色粉砂质泥岩夹灰黄色薄—中层粉砂岩

(未见底)

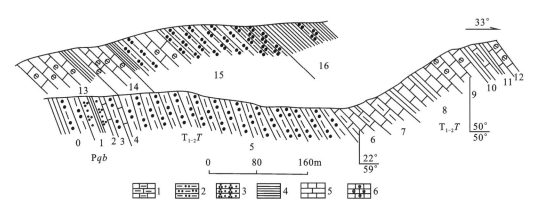

图 2-23 西藏定日县帕卓乡扎西岗三叠系土隆群地层实测剖面图
1. 泥质灰岩;2. 粉砂质泥岩;3. 石英砂岩;4. 页岩;5. 微晶灰岩;6. 生物碎屑灰岩

2. 西藏定结县萨尔库间三叠系实测剖面(图 2-24)

上覆地层:三叠系德日荣组(T_3d)

78. 灰白色厚—巨厚层中粒石英砂岩

——————整合——————

三叠系曲龙共巴组上段($T_{2-3}q^2$)

77. 灰色泥质粉砂岩夹灰褐色薄层细砂岩   357.2m

76. 第四系坡积物覆盖   283.8m

75. 灰白色中—厚层细砂岩夹灰色页岩,或互层   32.4m

74. 第四系坡积物覆盖   33.3m

73—70. 灰色页岩夹灰黄色薄—中层细砂岩   204.2m

69. 灰色、灰黄色薄—中层细砂岩和灰色页岩互层,产遗迹化石   60.7m

68—65. 灰色页岩夹灰色石英细砂岩、粉砂岩及灰黄色薄层泥灰岩   113.1m

64. 灰色薄—中层细砂岩夹灰色粉砂质泥岩,含大量遗迹化石 Chondrites sp., Palaeophycus sp.   37.8m

63—61. 灰黄色厚—巨厚层细粒石英砂岩夹灰色粉砂、含砾粉砂岩   49.6m

60. 灰色、灰黄色薄—厚层细砂岩夹灰色页岩   196.6m

59. 灰色页岩夹少量灰色薄层细砂岩   316.9m

58. 灰色薄—中层泥质粉砂岩夹灰白色薄—中层细粒石英砂岩   55.0m

57. 第四系坡积物覆盖   181.0m

56. 灰色薄—微薄层细砂岩,含大量遗迹化石 Palaeophycus sp., Didymaulichnus sp.   98.5m

55、54. 灰色页岩夹灰褐色薄层细砂岩及少量灰褐色铁质结核   151.7m

53. 灰色粉砂质页岩,含菊石   95.1m

52. 灰色粉砂质页岩夹灰黄色含铁质钙质砂岩,含遗迹化石 Palaeophycus sp.   51.4m

51. 灰色薄—中层泥质灰岩夹灰色、灰黄色钙质砂岩,含腕足类、海百合茎和遗迹化石 Thalassinoides sp., Teichichnus sp.   34.3m

50. 第四系坡积物覆盖	57.5m
49. 灰色中层泥质粉砂岩夹灰色粉砂质泥岩,生物扰动构造发育,含大量遗迹化石 *Thalassinoides* sp., *Palaeophycus* sp., *Bergaueria* sp.	112.0m
48. 灰色、灰黄色薄—中层细砂岩夹灰色粉砂质泥岩,含大量遗迹化石 *Palaeophycus* sp.	26.5m
47、46. 灰色薄—中层细砂岩和灰色页岩互层	101.3m
45. 第四系坡积物覆盖	184.1m
44. 灰白色、灰色厚—巨厚层细粒石英砂岩,产遗迹化石 *Skolithos* sp., *Monocraterion* sp.	26.8m
43. 灰白色薄—中层细粒石英砂岩夹灰色粉砂质页岩	26.8m
42. 灰褐色页岩夹少量泥灰岩透镜体,含遗迹化石 *Scolicia* sp., *Didymaulichnus* sp.	18.7m
41. 浅肉红色中—巨厚层细粒石英砂岩夹深灰色页岩	17.1m
39、40. 下部为灰褐色页岩夹少量灰黄色泥灰岩透镜体,上部为灰白色中—厚层细粒石英砂岩	30.5m
38. 灰色、灰黄色块状砾质砂岩,含较多的泥砾	41.9m

———————— 整合 ————————

三叠系曲龙共巴组下段($T_{2-3}q^1$)

37. 第四系坡积物覆盖	33.8m
36. 灰白色厚—块状细粒石英砂岩	33.8m
35、34. 灰色粉砂质页岩、页岩夹灰黄色薄层泥质灰岩	73.0m
33. 灰黄色薄—中层含生物碎屑泥质灰岩夹深灰色灰岩透镜体,含较多的双壳类和遗迹化石 *Palaeophycus* sp.	7.3m
32. 深灰色粉砂质泥岩,生物扰动构造发育	6.5m
31、30. 灰色、灰黄色中—厚层细粒石英砂岩,含大量遗迹化石	57.3m
29. 黄绿色中层细粒泥质砂岩夹砖红色薄层含铁质粉砂岩,含大量遗迹化石 *Thalassinoides* sp., *Teichichnus* sp.	51.9m
28. 灰色页岩	66.5m
27. 灰色、灰黄色中层含生物碎屑泥晶灰岩,含大量生物化石	5.4m
26. 灰色页岩夹灰黄色薄层含生物碎屑泥质灰岩,含大量菊石化石	12.2m
25. 灰色、灰黄色中层网纹状泥质灰岩夹灰黄色薄层钙质泥岩,含大量菊石化石	4.0m
24. 灰色页岩	113.3m
23、22. 灰白色中—厚层细砂岩夹灰白色薄层粉砂岩,含少量双壳类化石	68.7m
21. 灰色薄—中层含钙质泥质粉砂岩,局部夹泥质灰岩透镜体,含生物化石	51.9m
20. 第四系坡积物覆盖	160.9m
19. 灰白色厚—巨厚层细粒石英砂岩	36m
18. 灰色、深灰色泥质粉砂岩,产双壳类化石 *Claraia griesbachi*(Bittner)	4.7m
17. 灰褐色中层混积岩	2.5m
16. 灰色薄—中层泥质灰岩,含菊石化石	5.2m
15. 灰色、灰褐色薄—中层泥质粉砂岩	7.8m
14—9. 灰色、灰黄色页岩夹灰黄色薄—中层细砂岩及粉砂岩	243.9m
8. 灰色中—厚层泥质粉砂岩夹灰黄色薄—中层细砂岩	45.8m

———————— 整合 ————————

三叠系土隆群($T_{1-2}T$)

7. 灰黄色薄—中层含生物碎屑泥质灰岩,含菊石化石 *Proptychitoides decipens* Spath, *Subvishunites* sp.	13.4m
6. 灰白色厚—巨厚层细粒石英砂岩	99.5m
5. 灰色粉砂质泥岩	30.5m

4. 灰色中层含泥质纹层微晶灰岩,含大量菊石化石 *Dieneroceras* sp., *Owenites* sp.   45.7m

3. 灰色、灰黄色页岩   115.5m

2. 灰色粉砂质泥岩   17.7m

1. 灰色、灰黄色中层生物碎屑泥质灰岩,含大量菊石化石 *Pseudoceltites* sp., *Owenites* sp., *Dieneroceras* sp.   35.8m

——————— 整合 ———————

下伏地层:二叠系曲布日嘎组(Pqb)

0. 灰色粉砂质泥岩

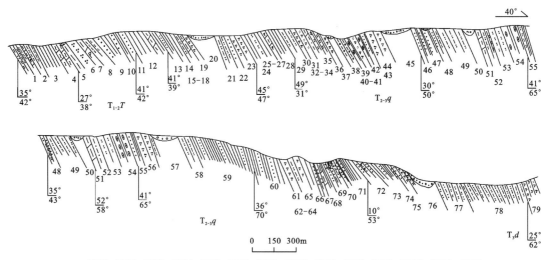

图 2-24 西藏定结县萨尔库间三叠系实测剖面图

1.泥质粉砂岩;2.生物碎屑灰岩;3.含生物屑泥质灰岩;4.泥质灰岩;5.钙质粉砂质泥岩;6.页岩;7.粉砂质页岩;
8.泥灰岩透镜体;9.石英砂岩;10.长石石英砂岩;11.细砂岩;12.粉砂岩;13.含砾砂岩;14.含砾泥岩

3. 西藏定日县帕卓扎西岗三叠系实测剖面(图 2-25)

曲龙共巴组(T$_{2-3}q$)   (未见顶)

27. 灰色页岩夹灰色薄—中层细砂岩

26. 灰色、灰黄色粉砂质泥岩夹灰色中层泥质粉砂岩   21.7m

25. 灰褐色中层含铁质及生物碎屑石英砂岩与灰黄色中层砂质灰岩互层   48.0m

24. 灰白色、灰褐色中层细粒石英砂岩夹灰色页岩及灰色薄层粉砂岩,局部夹少量灰黄色薄—中层生物碎屑灰岩   77.0m

23. 灰褐色中—厚层含铁质细粒石英砂岩,上部夹灰色中层钙质细砂岩   99.3m

22. 灰色粉砂质泥岩夹灰黄色薄层细砂岩   55.9m

21. 灰色薄—厚层细粒钙质砂岩夹灰色页岩或互层   121.1m

20. 灰色粉砂质泥岩夹灰黄色薄层生物碎屑灰岩   36.9m

19. 灰色中—厚层泥质细砂岩夹灰色粉砂质页岩或互层   93.4m

18. 灰色页岩夹灰黄色薄—厚层细粒泥质砂岩   146.2m

17. 灰色粉砂质页岩。产菊石 *Discophyllites* sp., *Dimorphites interruptus* Welter, *Juvavites sarasinii* Diener, *Griesbachites himalayanus* Wang et He, *Indoclinites* cf. *gracilis* (Diener), *Indojuvavites* sp.; 腕足类 *Plagiostoma* sp., *Cardium* (*Tulongcardium*) sp.;双壳类 *Indopenten himalayensis* Wang et Lan, *I. serraticostus* (Bittner), *I.* sp., *Daonella* sp., *Entolium* sp., *Posidonia* sp., *Caucasorhynchia* sp., *Unioites* cf. *griesbachi* (Bittner), *Palaeoneilo* cf. *whichurchii* Heal   41.7m

16. 灰色、灰黄色粉砂质页岩与灰色页岩互层　　　　　　　　　　　　　　　　　　　　　28.1m

——————— 整合 ———————

下伏地层：土隆群（$T_{1-2}T$）

15. 灰色钙质泥岩夹灰黄色薄—中层生物碎屑灰岩

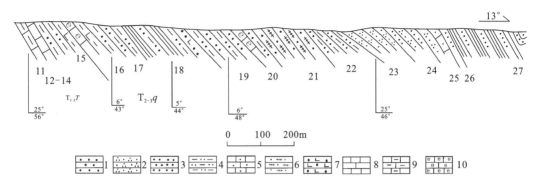

图 2-25　西藏定日县帕卓扎西岗三叠系实测剖面图

1.砂岩；2.石英砂岩；3.粉砂岩；4.粉砂质页岩；5.砂质灰岩；6.杂砂岩；7.钙质砂岩；8.微晶灰岩；9.泥灰岩 10.生物碎屑灰岩

4. 西藏定日县章浦三叠系—侏罗系实测剖面（图 2-26）

白垩系岗巴村口组（K_2g）

25. 灰黄色、灰绿色薄—中层泥质灰岩

=========== 断层 ===========

侏罗系普普嘎组（J_1p）

24. 灰色、深灰色页岩夹少量灰黑色硅质团块或透镜体	14.4m
23. 灰色、深灰色页岩夹深灰色灰岩透镜体	15.9m
22. 灰色、深灰色页岩夹灰褐色褐铁矿透镜体	187.5m
21. 第四系坡积物覆盖	257.7m
20. 灰黄色、灰褐色薄—中层细粒岩屑石英砂岩与灰色、灰黄色粉砂质泥岩互层	33.7m
19. 灰色、深灰色页岩夹灰褐色薄—中层泥质粉砂岩	13.5m
18. 灰黑色页岩夹灰褐色、灰黄色硅质铁质透镜体	118.5m
17. 灰色页岩夹灰黄色薄层泥质粉砂岩	155.0m
16. 灰黄色、灰褐色中—厚层细粒石英砂岩	33.0m
15. 底部为灰黄色钙质细砂岩，其上为灰色厚—巨厚层含生物碎屑灰岩，含大量双壳类化石 *Meleagrinella nieniexionglaensis* Wen，*M*. sp.	8.2m
14. 灰色、灰黄色粉砂质泥岩夹灰黄色薄—中层细砂岩	14.5m
13. 第四系坡积物覆盖	211.4m
12. 灰色、深灰色中—厚层鲕粒灰岩夹少量灰白色中层细粒石英砂岩	14.1m

——————— 整合 ———————

三叠系德日荣组（T_3d）

11. 灰白色、灰褐色中—厚层细粒石英砂岩，夹深灰色中层灰岩，含遗迹化石 *Skolithos* sp.	54.3m
9、10. 灰白色、灰黄色中—厚层细粒石英砂岩与灰黄色混积岩及深灰色中层灰岩互层	16.6m
8. 第四系坡积物覆盖	37.8m
7. 灰白色厚—巨厚层细粒石英砂岩	24.0m
6. 底部为灰白色厚层含砾中—粗粒石英砂岩，其上为灰白色中层石英砂岩	5.0m
5. 灰色、灰黄色中层条带状灰岩	13.4m

4—1. 灰白色中—厚层细粒石英砂岩夹灰黄色中层含砂质灰岩　　　　　　　　　　　　　　　　　　　　50.0m
================ 断层 ================

三叠系曲龙共巴组（$T_{2-3}q$）

0. 灰色页岩夹灰色、灰褐色薄—中层细砂岩

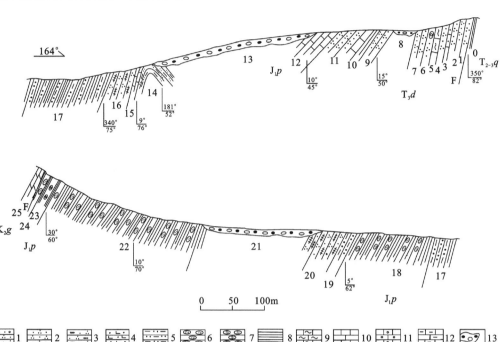

图2-26　西藏定日县章浦三叠系—侏罗系实测剖面图
1．含砾石英砂岩；2．石英砂岩；3．岩屑石英砂岩；4．钙质砂岩；5．泥质粉砂岩；6．褐铁矿透镜体；
7．硅质岩透镜体；8．页岩；9．条带状灰岩；10．灰岩；11．鲕状灰岩；12．泥灰岩；13．第四系

（二）岩石地层和生物地层

1. 土隆群（$T_{1-2}T$）

土隆群由穆恩之（1973）命名，层型位于测区西侧聂拉木县土隆村剖面。王义刚（1984）将土隆群划分为三个组：康沙热组、赖布西组、札木热组。饶荣标（1987）将土隆群重新分组，自下而上分别为土隆组、曲登共巴组和康沙热组。但这些组的划分依据多考虑生物化石，各组岩性组合及组之间的识别标志不清，可填图性差，又考虑到本群在测区内出露厚度不大，因而测区内本群不再分组。根据《西藏自治区岩石地层》（1997）的划分意见，本群以灰岩发育、不含砂岩或含砂极少为特征，因而野外调查通常以大套灰岩的消失作为本群与上覆曲龙共巴组（$T_{2-3}q$）的分界。

测区土隆群以定结县萨尔库间剖面和定日县帕卓扎西岗剖面出露较好，与下伏曲布日嘎组为整合接触。

萨尔库间剖面上本组厚381.6m，底部为灰色、灰黄色中薄层含生物碎屑灰岩，含大量生物碎屑（10%），主要为米齐藻、珊瑚藻、海百合茎及有孔虫，产大量菊石化石：*Pseudoceltites* sp.，*Owenites* sp.，*Proptychitoides decipens* Spath，*Subvishunites* sp.，*Prosphingites* sp.，*Dieneroceras* sp.，均为早三叠世的代表分子。下部为灰色、黄绿色页岩夹灰色微薄层—薄层细砂岩；中部为灰色中层含灰黄色泥质纹带的微晶灰岩，含少量保存不好的菊石化石；上部为灰色粉砂质泥岩夹灰白色厚—巨厚层细粒石英砂岩；顶部为灰黄色薄—中层含生物碎屑泥质灰岩，含少量保存不好的菊石化石。

《西藏自治区区域地质志》（1993）和《西藏自治区岩石地层》（1997）均只将本剖面上述土隆群底部厚约40m的灰岩作为土隆群，项目组经过研究后认为不妥，原因为：①厚度太小，难以填出；②菊石全为早

三叠世分子,区域上土隆群多为早—中三叠世;③本群中上部具多层灰岩,和层型剖面上土隆群的特征相似。

定日县帕卓扎西岗剖面土隆群厚373.6m,底部为一层灰黄色薄层微晶灰岩,含大量菊石、腕足类及牙形刺化石,主要有 *Leiophyllites* sp., *Eophyllites* sp., *Pseudoceltites* sp., *Ophiceras* cf. *demissum* Diener, *Gyronites evolvens* Waagen;腕足类 *Spiriferella rajah* (Saltes), *S.* sp., *Marginifera himalayensis* Diener, *Cancrinella* sp., *Martinia* sp.;牙形刺 *Neogondolella changxingensis* (Wang et Wang), *N. carinata* (Clark), *N. deflecta* Wang et Wang, *N. subcarinata* (Sweet), *N. zhenanensis* Dai et Zhang, *Hibbardella* sp., *Prioniodella decrescens* Tatge, *Xaniognathus elongates* Sweet 等,上述的菊石和牙形刺均为早三叠世的常见或代表分子。

下部为灰色粉砂质页岩(或泥岩),中部为灰色中—厚层微晶灰岩、生物碎屑灰岩夹灰黑色页岩,生物碎屑灰岩含六射珊瑚、刺毛类及大量介形虫,主要有 *Magarophyllia decora* Wu, *Chaetetes* sp.,前者在局部地段富集,与 *Chaetetes* 介形虫及可疑的藤壶类分子组成小型的生物礁,呈透镜状分布在岩层底面。

上部为灰色钙质泥岩夹灰黄色薄—中层生物碎屑灰岩及深灰色页岩,生物碎屑灰岩中含少量菊石及双壳类。页岩内产细枝 *Chondrites*,丰度极高,但分异度较低,属树枝状分枝潜穴系统,潜穴平行层面或略倾斜,管径1mm左右,伴生有薄壳双壳类化石,代表了一种低能、缺氧环境,是早三叠世快速海侵下的产物,说明早三叠世存在一次缺氧事件。

帕卓扎西岗剖面和萨尔库间剖面相比,岩性大体一致,但前者灰岩相对较多,与后者夹石英砂岩形成明显的对比。此外,库间剖面本群顶部仍含早三叠世的菊石化石,基本属下三叠系。而扎西岗剖面本群上部化石显示中三叠世特色,本群属下—中三叠统。两地本群时代不一致,说明本群为一穿时的岩石地层单位。

2. 曲龙共巴组($T_{2-3}q$)

测区曲龙共巴组($T_{2-3}q$)出露较广,与上下地层均为整合接触,以定结县萨尔库间剖面和定日县帕卓扎西岗剖面出露较好。

定结县萨尔库间剖面本组厚1325.5m,底部为灰色中—厚层泥质粉砂岩夹灰黄色薄—中层细砂岩;下部为灰色页岩夹灰黄色薄—微薄层细砂岩,含少量双壳类化石,代表分子为 *Claraia griesbachi* (Bittner);中部以一套灰白色厚—巨厚层细粒石英砂岩为底,其上为灰色薄—中层钙质泥质粉砂岩、灰色粉砂质泥岩夹少量灰白色厚—巨厚层细粒石英砂岩,生物扰动构造发育,产大量遗迹化石。经初步鉴定,遗迹化石共有10个属,分别为:*Skolithos*, *Palaeophycus*, *Monocraterion*, *Thalassinoides*, *Bergaueria*, *Didymaulichnus*, *Chondrites*, *Scolicia*, *Teichichnus*, *Planolites*,以 *Palaeophycus* 最常见。根据遗迹化石的类型,围岩岩性可以划分为3个组合。

(1) *Skolithos-Monocraterion* 组合

该组合产于灰色中—厚层细粒石英砂岩中,主要为垂直潜穴类分子,具有前进后退的蹼状构造,丰度极高,但分异度较低。此外还有少量生物钻孔。*Monocraterion* 一般出现在砂岩层顶部,而 *Skolithos* 在砂岩层中上部均有分布。特征与Pemberton(1980)划分的 *Skolithos* 遗迹相以及龚一鸣(1994)划分的 *Skolithos* 群落和 *Monocraterion* 群落类似,代表潮间带高能环境。

(2) *Palaeophycus-Teichichnus* 组合

该组合产于灰色粉砂质泥岩及粉砂岩中,包括 *Palaeophycus*, *Teichichnus*, *Thalassinoides*, *Chondrites*, *Planolites*, *Bergaueria*,主要为水平或斜交的潜穴。少量垂直潜穴,如 *Bergaueria*,分异度较高。代表潮间带到潮下带生物极为发育的地方,相当于Pemberton(1980)的 *Cruziana* 遗迹相及龚一鸣(1994)划分的 *Teichichnus* 群落。在这类组合中,生物扰动构造极为发育,部分地段由于生物的扰动,粉砂岩呈不规则团块与泥岩混合在一起,原生的物理沉积构造已被破坏殆尽。

(3) *Scolicia-Didymaulichnus* 组合

该组合分布在灰色粉砂质泥岩和泥岩中,只有上述两个属,为平缓的水平拖迹,丰度及分异度较低,其中 *Didymaulichnus* 在三叠系是首次发现。未见有生物潜穴及钻孔,生物扰动构造极不发育,代表一种水能量较低的潮下环境,相当于 Pemberton(1980)划分的 *Cruziana* 遗迹相海水较深的部分。

总的来说,本区中上三叠统曲龙共巴组遗迹化石以水平或斜交型潜穴为主,部分层位发育垂直潜穴及水平拖迹,遗迹相主要为 *Cruziana* 相及少量 *Skolithos* 相,代表一种滨浅海环境。

上部为灰色页岩、粉砂质页岩夹黄绿色薄—中层泥质细砂岩及少量灰白色厚—块状细粒石英砂岩、灰色中层生物碎屑泥晶灰岩,产双壳类及菊石化石。区调中将本组下部作为下段($T_{2-3}q^1$),中上部作为上段($T_{2-3}q^2$)填出,以中部近底的一套含砾石英砂岩、或砾质砂岩(剖面中 38 层)作为划分两段的标志层。

测区定日至帕卓公路卡贡附近该层位中采获 2 块喜马拉雅鱼龙(*Himalayasaurus tibetensis* Dong)骨骼化石,两块化石均为鱼龙前肋骨,大者长 20cm,直径 4cm,横切面上可清楚地见到脊椎动物骨骼的蜂巢状"哈佛氏"构造。

定日帕卓扎西岗剖面本组厚度大于 769.5m(未见顶),底部为灰色、灰黄色粉砂质页岩与灰色页岩互层,含泥灰岩透镜体,产大量菊石、腕足和双壳类化石,主要有菊石 *Discophyllites* sp.,*Dimorphites interruptus* Welter,*Juvavites sarasinii* Diener,*Griesbachites himalayanus* Wang et He,*Indoclinites* cf. *gracilis* (Diener),*Indojuvavites* sp.;腕足类 *Plagiostoma* sp.,*Cardium* (*Tulongcardium*) sp.;双壳类 *Indopenten himalayensis* Wang et Lan,*I. serraticostus* (Bittner),*I.* sp.,*Daonella* sp.,*Entolium* sp.,*Posidonia* sp.,*Caucasorhynchia* sp.,*Unioites* cf. *griesbachi*(Bittner),*Palaeoneilo* cf. *whichurchii* Heale 等。上述分子中除 *Plagiostoma* sp.,*Entolium* sp. 和 *Posidonia* sp. 外,均为晚三叠世的代表分子,因而本剖面曲龙共巴组仅限于上三叠统,曲龙共巴组在区域上是一个明显穿时的岩石地层单位。

下部为灰色页岩、粉砂质页岩夹灰黄色薄—厚层细粒泥质砂岩,或砂页岩互层,含少量双壳类化石;中部为灰色粉砂质泥岩、灰色薄—厚层细粒厚层钙质砂岩夹灰色页岩,或互层,含遗迹化石;上部为灰色页岩夹灰褐色中—厚层含铁质细粒石英砂岩及少量灰黄色薄—中层生物碎屑灰岩。

岗巴县昌龙剖面本组顶部为灰色片理化泥岩,含大量双壳类化石,主要有 *Pichleria inaequalis* Chen,*Unionites* sp.,*Buchites kerneri* Mojs,*B.* cf. *kerneri* Mojs,*Dittmarites* cf. *tralli* Diener,*Halobia* cf. *disperseiasecta* Kittl,*Myophoria* sp.,*Pichleria* cf. *inaequalis* Chen,均属晚三叠世的常见分子。

总的来讲,测区曲龙共巴组与层型剖面有一定的差异,首先是厚度较大,其次是岩性有一定差别,多夹有厚—巨厚层的石英砂岩,地质时代主要限定在晚三叠世。

3. 德日荣组(T_3d)

本组岩性以灰白色、黄灰色石英砂岩夹细砾岩为主,其次为粉砂质页岩、页岩,局部夹灰岩,产古植物及双壳类化石,所产化石显示其地质时代属晚三叠世,厚 800m 左右。与层型剖面相比,测区本组和曲龙共巴组厚度大,化石丰富,地层序列清楚。

定日县帕卓绒曲剖面本组厚度大于 941m,由一系列的旋回层组成,单个旋回层厚 20～120m,旋回层下部为灰色中—块状中粗粒石英砂岩,发育冲洗交错层理和水流波痕,见大量垂直层面的生物钻孔和潜穴,最长达 15cm,最大直径为 1cm,主要为 *Skolithos*;上部为灰黑色、灰绿色泥岩夹少量灰色薄层粉砂岩,生物扰动构造发育,产双壳类化石,主要有 *Anatomites herbichi* Mijs,*Plagiostoma* cf. *unitoense* Vinhuc,*P.* sp.,*Hoernesia* sp.,*Trigonia* sp.,*Chlamys* sp. 等,主要为晚三叠世的代表分子。

定日县章浦剖面上本组厚度大于 201.1m,下部为灰色中—巨厚层中粒石英砂岩;中部为灰色中—巨厚层中粒石英砂岩、含砾石英砂岩夹有灰色、灰黄色中层条带状微晶灰岩、鲕粒灰岩;上部为灰白色、灰褐色厚层细粒石英砂岩。砂岩多发育板状交错层理和低角度的冲洗交错层理,产大量 *Skolithos* 及少量植物茎碎片,属滨岸高能环境沉积。

岗巴县昌龙剖面本组厚度大于 1379.3m,底部为灰白色中—厚层状中粒石英砂,局部为含砾石英砂岩;下部为灰白色块状含砾石英砂岩与块状石英砂岩互层,夹有少量灰白色中层细粒石英砂岩;中部为灰色薄层—中薄层泥质粉晶灰岩夹生物碎屑灰岩及灰色钙质页岩,含双壳类化石;上部为灰色薄—中厚层细粒岩屑石英砂岩夹黄绿色页岩,页岩内含大量双壳类化石,主要有 *Madiolus* cf. *frugi*（Healey）, *Palaeoneilo subzelima*（Krumbeck）, *Palaeocardita singularis*（Healey）, *P. globiformis healeyae* Read, *P.* sp., *P.* cf. *globiformis*（Boettger）, *P. mansuyi*（Reed）, *Veteranella*（*Ledoides*）*langnongensis*（Chen et Lan）, *P.* cf. *singularis*（Healey）, *P.* cf. *langnongensis* Wen et Lan 等,均为晚三叠世中晚期的代表分子,表明德日荣组（T_3d）属上三叠统。

（三）沉积相分析

1. 土隆群

测区东西两侧本群沉积相有一定的差异,东部定结县萨尔一带本群主要为陆棚灰岩、页岩相及临滨砂岩相,与层型剖面有较大的区别。①陆棚灰岩、页岩相:岩性为含生物碎屑微晶灰岩、泥质灰岩及页岩,含大量菊石化石及少量双壳类化石,灰岩及页岩内水平层理发育,代表一种水能量较低的陆棚环境;②临滨砂岩相:分布在土隆群上部,岩性为厚—巨厚层细—中粒石英砂岩,多呈楔状体,具平行层理和楔状交错层理。

2. 曲龙共巴组

根据岩性组合、遗迹组合及沉积构造可将本组分为以下几个沉积相。

（1）陆棚页岩相:分布在本组中部,岩性为页岩、粉砂质页岩夹少量薄层细砂岩及褐铁矿结核,生物贫乏,页岩水平层理发育,砂岩内具小型交错层理和沙波纹层理。

（2）陆棚—过渡带砂岩、页岩相:为本组的主体岩相,岩性为粉砂质页岩、泥岩及泥质粉砂岩夹薄层细砂岩,或互层,生物扰动构造发育,含大量潜穴类遗迹化石,遗迹组合 *Scolicia-Didymaulichnus* 组合或 *Palaeophycus-Teichichnus* 组合,生物扰动构造发育,砂岩具小型单向斜层理和沙波纹层理,砂岩标准偏差为 0.66～0.92,分选中等,可能与生物扰动有关。

（3）临滨砂岩相:岩性为厚—巨厚层细粒石英砂岩,具水平层理、楔状交错层理和板状交错层理,泥砾、泥片发育,底部多具冲刷构造。遗迹组合为 *Skolithos-Monocraterion* 组合。砂岩标准偏差为 0.38～0.52,属好的分选类型,概率类型曲线斜率较大,多为一段式,为滨岸高能沉积特点。

3. 德日荣组

测区本组岩性较稳定,其沉积相主要划分为 3 个相。

（1）前滨砂岩相:岩性为中—厚层细粒石英砂岩,具大型板状交错层理和低角度的冲洗交错层理,含植物茎化石及大量的 *Skolithos*,砂岩标准偏差为 0.37～0.60,为好的分选类型,概率曲线斜率较大,主要为跳跃总体。

（2）临滨砂岩、灰岩相:岩性为中—厚层细粒石英砂岩、含石英砂屑灰岩、鲕粒灰岩,砂岩底面多具冲刷构造,具大型楔状交错层理。灰岩内具少量生物碎屑,泥晶化现象明显,化石磨蚀厉害,填隙物多为亮晶。局部具有透镜状的介壳层。砂岩标准偏差为 0.45～1.33,为好—中等的分选类型。

（3）陆棚灰岩相:岩性为灰色条带状微晶灰岩,含少量介形虫和有孔虫化石,具水平层理和微波状层理,代表水能量很低的环境。

八、侏罗系

侏罗系分布在测区中部,自下而上分为普普嘎组（J_1p）、聂聂雄拉组（J_2n）、拉弄拉组（J_2l）、门卡墩组($J_{2-3}m$)和古错村组(J_3g)。

（一）剖面描述

1. 定日县嘎本、吉雄聂聂雄拉组剖面（图 2-27、图 2-28）

上覆地层：拉弄拉组（J_2l）

35. 灰白色中—巨厚层中粒石英砂岩夹灰白色中层细砾岩及少量灰色中层砂质灰岩

——————整合——————

侏罗系聂聂雄拉组（J_2n）

34. 深灰色中层砂屑灰岩夹少量灰黄色中层钙质细砂岩	16.8m
33. 灰白色中—厚层细粒石英砂岩夹少量灰色中层钙质细砂岩	99.6m
32. 灰褐色薄—中层砂屑灰岩	73.8m
31. 灰黄色中—厚层钙质细砂岩夹灰色中层砂屑灰岩	3.8m
30. 深灰色中层砂屑灰岩产珊瑚化石 *Chomatoseris* sp.	3.5m
29. 深灰色块状生物碎屑及生物骨架岩石，产珊瑚化石 *Microsolena* sp.	3.5m
28. 深灰色中层砂屑灰岩夹深灰色中层砾屑灰岩	11.5m
27. 灰黄色中—厚层钙质细砂岩及少量灰色中层砂屑灰岩	16.8m
26. 深灰色中层砂屑灰岩	4.0m
25、24. 灰褐色、灰黄色中—厚层细粒石英砂岩及灰色中—厚层钙质细砂岩	25.3 m
23. 灰白色中—厚层含钙质细—中粒石英砂岩夹灰色中层细砾岩	12.6m
22. 灰色中—厚层钙质细砂岩夹深灰色中层砂质灰岩	53.2m
21. 深灰色中—厚层砂屑灰岩夹少量灰色中层介壳灰岩	44.2m
20、19. 灰色中—厚层钙质细砂岩	21.4 m
18、17. 灰黄色中—巨厚层钙质细砂岩夹灰色生物介壳层	80.0 m
16. 灰色中层砂屑灰岩夹灰色薄层细粒钙质石英砂岩	10.3m
15. 灰黄色中—厚层细粒石英砂岩	76.1m
14. 深灰色中层砂屑灰岩	23.2m
13. 灰色中—厚层钙质细砂岩夹深灰色中层生物碎屑灰岩	22.3m
12. 灰色薄—中层生物碎屑灰岩，产珊瑚化石 *Bantamia tingriensis* Wu	12.1m
11. 灰色薄—中层砂屑灰岩及生物碎屑灰岩，产珊瑚化石 *Chomatoseris* sp., *Procyclolites* sp., *Bantamia tingriensis* Wu, *Isastraea* sp., *Actinostromina* cf. *grossa* (Gremovsek), *Thecosmillia* sp., *Montivoltia* sp.	8.4m
10. 灰色页岩夹灰色薄—中层泥质细砂岩	24.2m
9. 灰色、灰黄色中—厚层钙质细砂岩	8.4m
8. 灰色中层砂屑灰岩夹少量灰色中层砾屑灰岩	31.7m
7. 灰白色中层细粒石英砂岩及钙质细砂岩	19.6m
6、5. 深灰色、灰黄色中—厚层砂质灰屑灰岩夹细粒石英砂岩及深灰色页岩	65.3 m
4. 灰黄色中层钙质细砂岩及深灰色页岩	5.3m
3. 灰色中层砂屑灰岩及生物碎屑灰岩产珊瑚化石 *Epistreptophyllum* cf. *cornutiformis* (Gregory), *Protehmos* cf. *blanformis* (Gregory), *Goniocora* sp., *Chomatoseris* sp.	36.7m
2. 灰黄色中—厚层细粒石英砂岩及灰色中层钙质细砂岩夹灰色页岩	28.6m
1. 灰色中层砂屑灰岩	5.3m

——————整合——————

下伏地层：侏罗系普普嘎组（J_1p）

0. 顶部为灰黄色中层细粒钙质石英砂岩，其下为灰色粉砂质页岩夹灰色薄层细砂岩。含遗迹化石 *Palaeophycus* sp., *Chondrites* sp.

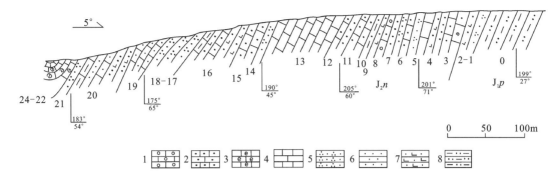

图 2-27 西藏定日县嘎本聂聂雄拉组剖面图

1.砾屑灰岩;2.砂屑灰岩;3.生物碎屑灰岩;4.灰岩;5.石英砂岩;6.砂岩;7.钙质砂岩;8.粉砂质页岩

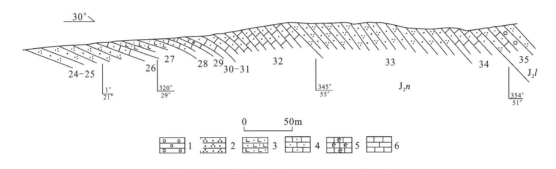

图 2-28 西藏定日县吉雄聂聂雄拉组剖面图

1.砾岩;2.石英砂岩;3.钙质砂岩;4.砂质灰岩;5.生物碎屑灰岩;6.微晶灰岩

2.西藏定日县白坝侏罗系拉弄拉组实测剖面(图 2-29)

侏罗系门卡墩组($J_{2-3}m$)

19. 灰黄色、灰绿色粉砂质泥岩

——————— 整合 ———————

侏罗系拉弄拉组(J_2l)

18. 灰色、浅灰色薄层—中层泥质灰岩	85.6m
17. 灰色、深灰色薄—中层微晶灰岩夹极薄的灰褐色钙质泥岩	37.5m
16. 灰色、灰黄色薄—中层泥质灰岩	124.7m
15. 深灰色薄—中层微晶灰岩,底部夹有少量灰黄色砂质灰岩和钙质石英砂岩	105.9m
14. 灰色、深灰色薄—中层泥质灰岩	24.1m
13. 灰褐色薄—中层泥质粉砂岩与灰绿色、灰黄色粉砂质泥岩互层	11.7m
12. 第四系坡积物覆盖	203.5m
11. 底部为灰褐色厚—巨厚层细粒石英砂岩,下部为灰白色中—厚层细粒石英砂岩与灰色、灰黄色页岩互层,上部为灰色、灰黄色页岩夹灰褐色褐铁矿透镜体	66.2m
10. 底部为一层深灰色厚层岩屑长石石英砂岩,其上为灰褐色、灰色泥质粉砂岩,含大量硅化木化石 Dadoxylon,顶部为灰色页岩	17.4m
9. 底部为灰白色含砾粗粒石英砂岩,其上为灰褐色中—厚层细粒石英砂岩夹灰色薄层粉砂岩及页岩,含植物化石 Ptilophyllum sp.	11.1m
8. 灰褐色中层细粒岩屑石英砂岩与灰色中层泥质细—粉砂岩互层	9.3m
7. 下部为灰色、灰褐色中—厚层细粒石英砂岩夹灰色中层砂质灰岩,上部为灰色中层细粒石英砂岩夹灰色页岩	15.8m
6. 底部为一层灰褐色含生物碎屑灰岩,其上为灰褐色中—厚层细粒石英砂岩	24.6m

5. 灰褐色中—巨厚层细粒石英砂岩　　　　　　　　　　　　　　　　　8.2m
4. 灰色、灰褐色中—厚层石英砂岩夹深灰色泥质粉砂岩　　　　　　　8.3m
3. 灰白色中—厚层细粒钙质石英砂岩　　　　　　　　　　　　　　　4.3m
2. 灰白色厚—巨厚层细粒石英砂岩　　　　　　　　　　　　　　　　22.6m
1. 灰褐色巨厚层含钙质中粒石英砂岩　　　　　　　　　　　　　　　6.0m

——————整合——————

下伏地层：侏罗系聂聂雄拉组（J_2n）

0. 深灰色中层含泥质灰岩

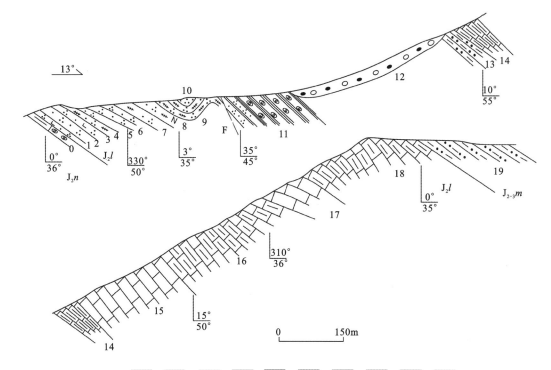

图2-29　西藏定日县白坝侏罗系拉弄拉组实测剖面图
1.灰岩；2.泥质灰岩；3.鲕粒灰岩；4.岩屑石英砂岩；5.岩屑长石石英砂岩；
6.砂质页岩；7.粉砂质页岩；8.页岩；9.褐铁矿透镜体；10.第四系砂砾堆积

3. 西藏定日县洛洛侏罗系实测剖面（图2-30）

上覆地层：白垩系岗巴东山组（K_1g）

39. 底部为一层厚20cm的灰黄色泥灰岩，其上为灰色、深灰色页岩夹少量灰褐色褐铁矿条带及透镜体

——————整合——————

侏罗系古错村组（J_3g）

38. 深灰色页岩，夹少量菊石化石 *Berriasella* sp.　　　　　　　　　94.1m
37. 深灰色页岩夹灰色薄—中层细粒杂砂岩　　　　　　　　　　　　32.8m
36. 深灰色页岩，夹少量菊石化石 *Berriasella oppeli*（Kilian）　　　 63.5m
35. 深灰色页岩夹灰黄色中层杂砂岩　　　　　　　　　　　　　　　37.6m
34. 灰黑色页岩夹灰色薄层粉砂岩　　　　　　　　　　　　　　　　102.9m
33. 灰黄色、灰褐色厚—巨厚层细粒杂砂岩夹灰黑色页岩　　　　　　10.1m
32. 第四系坡积物覆盖　　　　　　　　　　　　　　　　　　　　　64.9m

31. 灰色、深灰色页岩夹灰褐色薄层粉砂岩	33.8m
30. 下部为灰褐色、灰黄色厚—巨厚层细粒杂砂岩夹深灰色页岩，上部为灰色页岩	8.9m
29. 灰黑色页岩夹少量灰色泥质结核	96.3m
28. 灰色中层细粒杂砂岩与灰黑色互层	11.0m
27. 底部为一层厚75cm的灰黄色细粒杂砂岩，其上为灰色页岩	6.3m
26. 深灰色页岩夹少量灰色薄层杂砂岩	12.6m
25. 灰色、灰黄色中层泥质粉砂岩夹灰色页岩	5.8m

———— 整合 ————

侏罗系门卡墩组（$J_{2-3}m$）

24. 下部为灰色中—厚层细粒石英砂岩，中部为灰色中—厚层细粒石英砂岩夹灰黑色页岩，上部为灰色中—厚层细粒石英砂岩夹灰色石英砾岩	36.5m
23、22. 灰黄色页岩、绢云母泥岩夹少量灰褐色褐铁矿透镜体或薄层	130.8m
21. 底部为一层厚25cm的灰白色细粒石英砂岩，其上为灰黑色页岩夹灰褐色褐铁矿透镜体或薄层	41.2m
20. 底部为一层厚30cm的灰白色细粒石英砂岩，其上为灰色页岩夹灰褐色褐铁矿透镜体，产双壳和菊石化石 *Virgatosphineetes tingriensis* Zhao, *Buchia blafordiana* (Stoliczka)	18.9m
19. 灰色、深灰色页岩夹灰黄色、灰褐色薄—中层褐铁矿，含大量菊石 *Virgatosphineetes denseplicatus* (Waagen), *Haplophylloceras pinque* Ruf	48.6m
18. 灰绿色页岩夹灰褐色褐铁矿透镜体，含双壳类 *Virgatosphineetes tingriensis* Zhao, *V. denseplicatus* (Waagen), *Haplophylloceras pinque* Ruf, *Buchia blafordiana* (Stoliczka), *B.* sp.	37.7m
17. 灰色、灰黄色粉砂质泥岩，含大量双壳类 *Inoceraceras* sp., *Choffata madani* Spath, *Buchia* sp.	32.2m
16. 灰绿色、灰黄色粉砂质页岩，含大量灰色泥灰岩透镜体，产菊石及双壳类化石	46.0m
15. 灰色、灰黄色粉砂质泥岩夹灰色、灰黄色中层细砂岩，产箭石化石	33.8m
14. 灰绿色、灰黄色粉砂质页岩，含大量灰色泥灰岩透镜体或薄层	

（未见底）

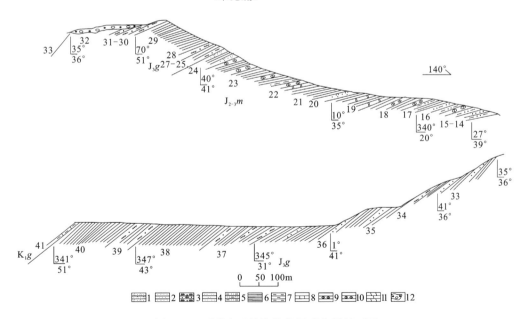

图2-30 西藏定日县洛洛侏罗系实测剖面图

1. 石英砂岩；2. 砂岩；3. 杂砂岩；4. 粉砂岩；5. 粉砂质页岩；6. 页岩；
7. 泥岩；8. 褐铁矿；9. 褐铁矿透镜体；10. 泥灰岩透镜体；11. 泥灰岩；12. 第四系坡积物

4. 西藏定日县白坝侏罗系实测剖面（图 2-31）

侏罗系门卡墩组（$J_{2-3}m$）

15. 灰黄色、灰绿色粉砂质泥岩夹灰黄色薄—中层泥质粉砂岩，产双壳类 *Buchia piachii*，*B. rugosa*，*B. extensa*，*B. candicolgensis*，*B. blanfordiaria*   34.9m
14. 下部为灰黄色中层泥质粉砂岩与灰色粉砂质泥岩互层，产双壳类及菊石 *Buchia rugosa*，*Virgatosphinctes* sp.，*Olenseplicetus* sp.   7.2m
13. 灰黄色粉砂质页岩，含大量泥质灰岩透镜体   37.1m
12. 底部为一层灰黄色中层泥质粉砂岩，其上为灰黄色粉砂质泥岩。含大量遗迹化石 *Planites* sp.，*Zoophycus* sp.   5.8m
11. 底部为一层灰绿色中层细粒杂砂岩，其上为灰绿色、灰黄色粉砂质泥岩   20.4m
10. 灰黄色中层泥质粉砂岩夹灰色粉砂质泥岩   7.3m
9. 灰绿色厚层鲕绿泥石砂岩   1.2m
8. 底部为灰绿色厚层鲕绿泥石砂岩，其上为灰色页岩   3.6m

———————— 整合 ————————

下伏地层：侏罗系拉弄拉组（J_2l）

7. 灰色中层泥质灰岩（本剖面 14 层与定日县洛洛侏罗系实测剖面 14 层一致）

（二）岩石地层和生物地层

1. 普普嘎组（J_1p）

测区普普嘎组（J_1p）主要分布在西部定日县附近地区，以定日县章浦剖面和定日县帕卓绒曲剖面出露较好。

定日县帕卓绒曲剖面上本组厚度大于 542.9m，本组与下伏德日荣组为整合接触。下部为灰色、深灰色厚层含生物碎屑灰岩夹少量砾屑灰岩，局部含砂质，发育交错层理，灰岩底部冲刷面清楚，产双壳类和菊石化石，主要分子有 *Nyalamoceras nyalamoense* Wang，*N.* sp.，*Boucaulticeras* sp.，*Steinmania* sp.，*Weyla* sp. 等，主要为早侏罗世早期的分子。中上部为灰色、灰黑色薄—中薄层灰岩与灰黑色泥质灰岩互层。

定日县章浦剖面上本组厚度大于 1077m，下部为灰色、深灰色中—厚层鲕粒灰岩；中部为灰色粉砂质泥岩夹灰黄色薄—中层细砂岩及灰色厚—巨厚层含生物碎屑微晶灰岩，灰岩中产大量的双壳类化石，化石分异度较低，优势度较高，主要分子有 *Meleagrinella nieniexionglaensis* Wen，*M.* sp.，前者见于邻区中侏罗统；上部为灰色、灰黑色页岩夹灰褐色、灰黄色硅质铁质透镜体及褐铁矿透镜体，并夹有一套厚 33m 的灰黄色、灰褐色薄—中层细粒岩屑石英砂岩。

定结县萨尔以北地区本组以灰色页岩、灰色中薄层砂岩为主，夹有灰色、黄色中—厚层砂质灰岩和生物碎屑灰岩。与定日一带有一定的差别。

2. 聂聂雄拉组（J_2n）

测区聂聂雄拉组（J_2n）以定日县嘎本、吉雄等地出露较好。在嘎本剖面上，本组和下伏普普嘎组（J_1p）为整合接触，厚度大

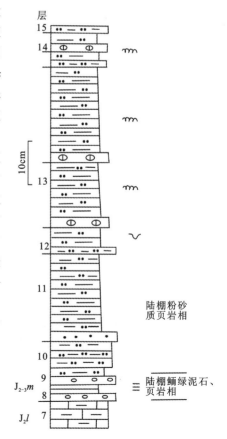

图 2-31 定日县白坝侏罗系柱状剖面

于 539.1m,下部由一系列的旋回层组成,旋回层下部为灰黄色细粒石英砂岩,旋回层上部为灰色中—厚层砂质灰岩、鲕粒灰岩,产腕足类和六射珊瑚化石,局部夹少量深灰色页岩;中部为灰色薄—中层砂屑灰岩、生物碎屑灰岩夹大量混积岩,产大量腕足类、六射珊瑚、有孔虫类化石;上部为灰色中—厚层砂屑灰岩与灰色中—厚层钙质砂岩互层,发育双向交错层理,腕足类岩性为灰白色、灰绿色砂岩、页岩与灰—深灰色灰岩不等厚互层,产双壳类、腕足类、珊瑚、有孔虫类,珊瑚代表分子有 Goniocora sp.,Procyclolites sp.,Bantamia tingriensis Wu,Isastraea sp.,Actinostromina cf. grossa (Gremovsek),Thecosmillia sp.,Montivoltia sp.,Chomatoseris sp.,Microsolena sp.,Epistreptophyllum cf. cornutiformis (Gregory),Protehmos cf. blanformis (Gregory)等,大部分为中—晚侏罗世的常见分子。应该指出的是,Bantamia tingriensis Wu 以前仅见于古新世和始新世,在侏罗纪为首次出现。

定日县吉雄剖面上本组厚度大于 268m,为本组上部地层,与上覆拉弄拉组(J_2l)为整合接触。下部由一系列旋回层组成,旋回层下部为灰黄色中—厚层细粒石英砂岩,发育冲洗交错层理,旋回层上部为灰色中—厚层砂质灰岩、鲕粒灰岩及生物碎屑灰岩,产腕足类和六射珊瑚化石。见有小型生物礁。测区东部本组灰岩减少,岩性为灰色中—厚层砂岩、页岩夹灰色中层砂屑灰岩、鲕粒灰岩及生物碎屑灰岩。

3. 拉弄拉组(J_2l)

测区拉弄拉组(J_2l)主要分布在定日白坝至嘎本一带,以定日县白坝剖面出露最好。

白坝剖面本组与下伏聂聂雄拉组(J_2n)为整合接触,厚 893.1m。底部为灰褐色巨厚层中粒石英砂岩,发育高角度板状和楔状交错层理;下部为灰白色厚层—巨厚层中粒石英砂岩、含砾石英砂岩夹少量灰色中层砂屑灰岩及混积岩,砂岩多呈楔状体,发育高角度楔状交错层理和平行层理,为三角洲沉积体系中的前三角洲沉积;中部为灰褐色中薄层岩屑石英砂岩与灰色中薄层泥质粉砂岩及粉砂质泥岩互层,泥质粉砂岩及粉砂质泥岩中含大量古植物碎片及小型硅化木化石(图 2-32),植物化石为 Ptilophyllum sp.,属晚三叠世—早白垩世的代表分子,其叶脉类型鄂西香溪组、鄂东南武昌组的同类分子类似,代表了一种温暖潮湿的古气候环境。硅化木化石直径较小,1~4cm,光片下见明显的同心环状,显微镜下可见明显的管胞和木质细胞,木质细胞近方形,平均宽 40μm,属 Dadoxylon 类。大量植物化石碎片、小型硅化木及部分较完整植物化石的发现说明:测区白坝一带在中侏罗世曾短暂为陆,属三角洲沉积体系中的三角洲平原沉积(张雄华,李德威,2003)。

 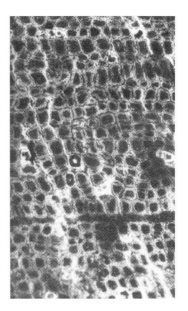

图 2-32 硅化木的木质细胞和管胞(左×30,右×100)

上部为深灰色薄—中层微晶灰岩夹灰色薄—中层泥质灰岩,或二者互层,局部夹有少量灰黄色薄层砂质灰岩及钙质石英砂岩,微晶灰岩和泥质灰岩组成明显的沉积旋回。

4. 门卡墩组（$J_{2-3}m$）

测区门卡墩组（$J_{2-3}m$）以定日县白坝和洛洛一带出露较好，与下伏拉弄拉组（J_2l）为整合接触，厚535.2m。

底部具两层厚0.7m和1.2m的灰褐色厚层鲕绿泥石砂岩，鲕绿泥石均呈不规则的同心圆状；下部由3个旋回层组成，每个旋回层的下部为灰色中层泥质粉砂岩，生物扰动构造发育，见较多的生物潜穴和觅食构造，代表有 *Palaeophycus* sp.，*Zoophycus* sp.，上部为灰色粉砂质泥岩夹深灰色泥灰岩透镜体及泥质结核，此外夹有少量灰白色中层细粒石英砂岩。含大量菊石、箭石、双壳类化石。中部为灰褐色粉砂质页岩（或泥岩）夹少量灰白色中层细粒石英砂岩及灰色中层泥质粉砂岩，含较多的泥灰岩透镜体和泥质结核，产大量菊石、双壳类化石。

上部为灰色泥岩、页岩夹灰褐色褐铁矿透镜体或薄层，此外还夹少量灰白色中层细粒石英砂岩。应该指出的是，本组中、上部部分石英砂岩与上下页岩的产状不一致，具有沉积砂岩墙性质。

顶部为灰色中—厚层细粒石英砂岩夹灰色薄层石英砾岩及灰黑色页岩，砂岩内具板状交错层理。

下部为深灰色、灰绿色粉砂质页岩、粉砂岩及细砂岩，含丰富的粘土质结核，上部为深灰色粉砂岩及砂质页岩和灰白色中厚层石英砂岩，产丰富的菊石和腕足类化石。

门卡墩组中下部所产化石主要有菊石 *Virgatosphinctes denseplicatus*（Waagen），*V. tingriensis* Chao，*V. frequens*（Oppel），*V. haydeni* Uhlig，*V. contiqnus* Uhlig，*Gymndiscoceras griesbachi*（Uhlig），*Haplophylloceras pinque* Ruf，*Choffata madani* Spath，*Inoceramus* sp.；双壳类 *Buchia blafordiana*（Staliczka），*B. mosquensis*（Von. Buch），*B. spittensis* Holdhaus，*B. piochii*（Gabb），*B. rugosa*（Fischer），*B. extensa*（Stoliczka），*B. cardiolgensis* Lee，*B.* sp. 等。其中菊石大部分属晚侏罗世提堂期的分子，相当于斯匹提页岩（Spiti shale）中部。双壳类也为邻区晚侏罗世或门卡墩组的常见分子。

5. 古错村组（J_3g）

测区古错村组以定日县洛洛剖面出露较好，厚623.8m，与下伏门卡墩组为整合接触。底部为灰色薄—中层细粒杂砂岩夹灰色页岩；下部为灰黑色页岩夹少量灰色泥质结核；中部为灰色、深灰色页岩夹两套灰褐色、灰黄色厚—巨厚层细粒杂砂岩；上部为灰色、深灰色页岩夹少量灰色薄—中薄层细粒杂砂岩，含少量菊石化石。

古错村组化石较少，仅在上部见有一种 *Berriasella oppeli*（Kilian），为晚侏罗世的代表分子，因而本组属上侏罗系无疑。

（三）沉积相分析

1. 普普嘎组

根据岩性组合、沉积构造将本组分为3个沉积相。

（1）临滨鲕粒灰岩、介壳灰岩相：分布在本组下部，岩性为中—厚层鲕粒灰岩及块状介壳灰岩。鲕粒灰岩鲕粒含量可达50%，主要为放射鲕，含少量生物碎屑，具双向板状交错层理和楔状交错层理，属典型的鲕滩。介壳灰岩中主要为双壳类，分异度较低，优势度较高。多有磨蚀现象，表明经过搬运，为生物滩沉积。鲕滩和生物滩的发育代表了上临滨较高能的水动力环境。

（2）陆棚砂、页岩相：本组的主体沉积相，岩性为页岩夹薄层粉砂岩及薄—中层细砂岩，页岩具水平层理，粉砂质页岩中生物扰动构造发育，含 *Cruziana* 遗迹相的遗迹化石。砂岩具小型单向交错层理和沙波纹层理。属陆棚中—低水能量环境。

（3）临滨砂岩相：分布在本组中部，岩性为中—厚层石英砂岩、岩屑石英砂岩，砂岩多呈楔状体，具板状和楔状交错层理，泥砾、泥片发育，代表水能量较高的环境。

2. 聂聂雄拉组

本组主要为一套碳酸盐岩和陆源碎屑岩的混合沉积,属无障壁海岸环境,主要沉积相描述如下。

(1) 前滨砂岩相:岩性为中—厚层细粒石英砂岩,砂岩内含少量砂屑及鲕粒(图 2-33),具冲洗交错层理和楔状交错层理,含棘屑、介屑及有孔虫碎屑,均具磨蚀现象。本组中大量发育的鲕粒表明,所有样品的标准偏差为 0.41～0.46,属分选好类型。粒度概率累计曲线上仅有跳跃总体,且斜率较高,与滨岸砂特征相似(图 2-34)。

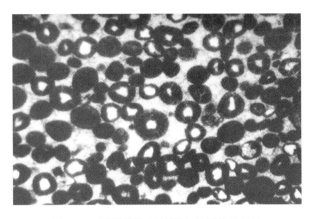 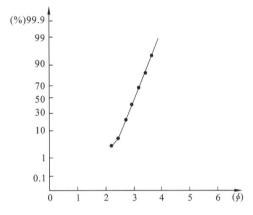

图 2-33 聂聂雄拉组灰岩中的鲕粒(×30)　　图 2-34 聂聂雄拉组砂岩概率累计曲线图

(2) 上临滨灰岩相及混积岩相:岩性为含石英砂屑灰岩,含石英鲕粒灰岩,含少量棘屑及有孔虫屑,具泥晶套现象,多具楔状和槽状交错层理(图 2-35)。鲕粒主要为放射鲕,其核多为石英颗粒。具生物介壳层,多呈透镜体。

(3) 下临滨灰岩相:岩性为含鲕粒、砂屑微晶灰岩,生物碎屑灰岩,含腕足类、有孔虫及六射珊瑚化石,生物分异度较高,且保存较好,多保留有原地生长形态。泥晶胶结。具微波状和水平层理,代表了下临滨或过渡带的低能环境。在一些石英砂岩和灰岩频繁互层的地段,可以看到上述三相在很短的距离内叠覆在一起(图 2-36)。

(4) 生物礁相:分布在本组上部,其下为下临滨灰岩相。岩性为发育小型生物礁,礁长 40～50m,高 3m 底部具礁前的角砾状灰岩,造礁生物为复体的六射珊瑚 *Microsolena* sp.(图 2-37)及大量钙藻。附礁生物主要为介形虫和有孔虫。

(5) 陆棚—过渡带砂、页岩相:岩性为页岩夹薄层泥质粉砂岩,砂岩具小型单向交错层理和微波状层理,页岩具水平层理,生物扰动构造发育。

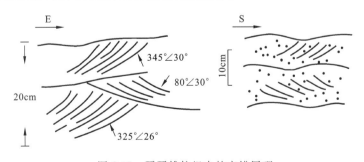 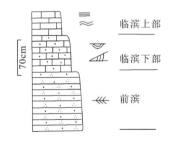

图 2-35 聂聂雄拉组中的交错层理　　图 2-36 聂聂雄拉组沉积相序图

3. 拉弄拉组

根据沉积构造、岩性组合及生物组合可将本组分为以下 5 个沉积相。

(1) 三角洲前缘砂岩相:分布在本组底部,岩性为厚—巨厚层石英砂岩夹少量粉砂岩,砂岩多呈楔状体,具大型高角度楔状交错层理和槽状交错层理。砂岩分选、磨圆较好,标准偏差为 0.38～0.58,属好的分选类型。本相以大型高角度交错层理为特征，与三角洲前缘的河口坝相似。值得提出的是，砂岩层中夹有少量含石英砂鲕粒灰岩、生物碎屑灰岩，局部见有介壳层，可能与邻区以碳酸盐岩沉积为主有关。

（2）三角洲平原砂、泥岩相：分布在本组下部，可见到其中的两个亚相：分流河道砂岩亚相和沼泽泥岩亚相。其中分流河道砂岩相岩性为薄—厚层岩屑石英砂岩及泥质细—粉砂岩，砂岩具槽状交错层理和沙波纹层理，底部具有侵蚀冲刷构造。含有硅化木化石，硅化木保存不完整，定向排列，表明经过了长距离的搬运。沼泽泥岩相岩性主要为页岩，含保存较好的植物叶化石，具水平层理。

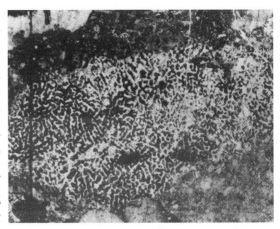

图 2-37　生物礁中的 *Microsolena*（×5）

（3）前滨—临滨砂岩相：覆在三角洲平原砂、泥岩之上，为一快速海侵的结果。岩性为厚—巨厚层细粒石英砂岩，砂岩多呈楔状体，具平行层理和楔状交错层理。

（4）陆棚页岩相：分布在本组中部，岩性为页岩及少量粉砂质泥岩夹少量褐铁矿透镜体，水平层理发育。代表一种能量较低的陆棚环境。

（5）陆棚灰岩相：分布在本组上部，岩性为薄—中层泥质灰岩、微晶灰岩夹少量钙质泥岩，水平层理发育，具较多的毫米级纹层，为低能环境沉积。

总的来说，本组为一海水变深的海侵序列。

拉弄拉组下部三角洲沉积分布局限，区域上本组底部主要为滨岸的石英砂岩相，发育冲洗交错层理。如定日县吉雄剖面上本组底部为灰白色厚—巨厚层中粒石英砂岩与灰色中层石英细砾岩互层，共有 9 个旋回层，砾石成分成熟度较高，分选、磨圆较好，属滨海滩相沉积，与白坝剖面有较大的区别。

4. 门卡墩组

根据岩性组合、实体化石和遗迹化石组合可将门卡墩组分为 3 个沉积相（图 2-38）。

（1）陆棚鲕绿泥石、页岩相：分布在本组下部，以层状鲕绿泥石为特征。一般认为鲕绿泥石代表温度为 20～25℃、高能的陆棚环境。

（2）陆棚粉砂质页岩相：以粉砂质页岩为主，夹有层理不显的泥质粉砂岩。含大量生物化石，生物组合中主要为菊石、箭石和双壳类化石，此外还含遗迹化石 *Zoophycus* sp.，*Chondrites* sp.，属 *Zoophycus* 遗迹相，生物扰动构造明显，代表较深水的陆棚沉积。

（3）临滨砂岩相：分布在本组上部，岩性为中—厚层石英砂岩。砂岩具板状交错层理和楔状交错层理，底部具冲刷构造，分选及磨圆较好，属典型的滨海高能环境。

5. 古错村组

本组主要为两种沉积相：陆棚—斜坡砂岩相和盆地页岩（图 2-38）。

（1）陆棚—斜坡砂岩相：分布在本组下部，岩性为中—厚层杂砂岩，砂岩杂基含量 15%～30%，部分含燧石岩屑。砂岩具平行层理，部分砂岩底部递变层理，具重力流特征，具不很明显的鲍马序列，可能属斜坡相环境，与邻区聂拉木幅中本组含大量碎屑流沉积一致。值得注意的是，古错村组底部一层杂砂岩（B0060-16）的标准偏差为 2.39，属典型重力流沉积外，其余砂岩的标准偏差均为 0.46～0.58，分选较好，具明显的牵引流性质，可能与所采样品大多处在鲍马序列的 c 段有关。

（2）陆棚边缘—盆地页岩相：分布在本组上部，岩性为页岩，水平层理发育，含少量菊石化石，代表低能的深水环境。

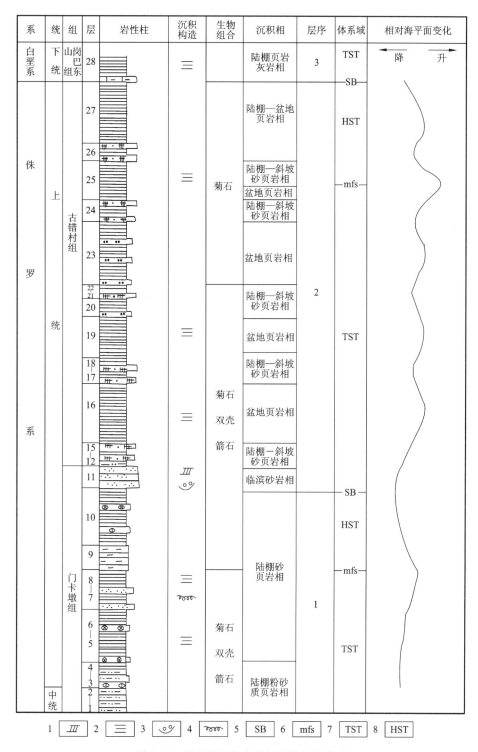

图 2-38 门卡墩组和古错村组及沉积序列

1.板状交错层理；2.水平层理；3.侵蚀构造；4.生物扰动构造；5.最大海泛面；6.层序界面；7.海侵体系域；8.高水位体系域

（四）古错村组大地构造背景分析

根据本组砂岩的地球化学分析，可以看出：①以 SiO_2 和 Al_2O_3 含量为参照值，主要介于活动大陆边缘和被动大陆边缘之间（表 2-3）；②在 Sc-Th-Zr/10 图和 Co-Th-Zr/10 图中均处在活动的大陆边缘和大陆岛弧带中（图 2-39、图 2-40）；③本组中出现大量具重力流沉积特点的杂砂岩，代表了一次沉积基底快速下沉的过程。

上述说明古错村组属于一套较活动类型的沉积，和邻区特征一致，是特提斯洋快速裂解、扩张的结果。

表 2-3 古错村组砂岩岩石地球化学特征

序 号		1	2	3	4
编 号		Hf60-18	Hf60-21	Hf60-22	Hf60-28
主量元素(%)	SiO_2	80.68	64.19	54.69	67.2
	Al_2O_3	9.44	12.07	8.97	11.51
	TFe_2O_3	5.52	10.66	18.09	9.83
	CaO	0.54	1.87	4.99	1.79
	MgO	0.92	0.87	0.61	1.02
	K_2O	1.29	1.40	1.32	1.25
	Na_2O	0.11	3.86	2.90	3.24
	MnO	0.02	0.22	0.49	0.07
	TiO_2	0.69	0.83	0.52	0.82
微量元素($\times 10^{-6}$)	Zr	460.0	476.0	333.0	399.0
	V	66.8	94.9	72.4	82.2
	Th	35.5	13.9	14.6	11.9
	Sc	6.0	7.0	4.1	10.3
	Ni	3.9	9.6	2.5	10.4
	Nb	20.0	46.1	30.3	37.2
	Ga	13.5	28.1	19.3	25.5
	Cr	63.2	68.9	67.1	68.5
	Co	11.5	20.0	18.6	20.6
	Ba	238.0	531.0	410.0	489.0
	Y	19.9	19.9	8.6	19.5
	La	44.3	107.0	77.6	99.2
	Ce	59.7	202.0	145.0	186.0

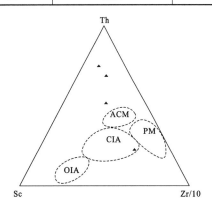
图 2-39 Sc-Th-Zr/10 图
ACM.活动大陆边缘;PM.被动大陆边缘;
CIA.大陆岛弧;OIA.大洋岛弧

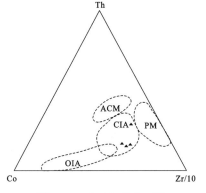
图 2-40 Co-Th-Zr/10 图
(图例同图 2-39)

九、白垩系

测区白垩系自下而上分为岗巴群[包括岗巴东山组(K_1g)、察且拉组($K_{1-2}c$)、岗巴村口组(K_2g)],宗山组(K_2z)。

(一)剖面描述

1. 西藏定日县多吉岗巴群地层实测剖面(图 2-41)

上覆地层:宗山组(K_2z)

37. 深灰色中层微晶灰岩夹灰黄色钙质页岩,产遗迹化石 *Zoophycus* sp.

———————— 整合 ————————

岗巴村口组（K_2g）

36. 底部为灰色页岩夹大量灰色灰岩透镜体,其上为灰色、灰黄色页岩		15.0m
35. 底部为深灰色页岩夹大量灰色灰岩透镜体,其上为灰色、灰黄色页岩夹少量灰色灰岩透镜体		67.4m
34、33. 灰黄色页岩夹深灰色薄层泥质灰岩及灰岩透镜体		171.1m
32. 深灰色页岩		10.1m
31. 灰色页岩夹大量灰色灰岩透镜体。产箭石化石 *Belemnopsis* sp.		17.2m
30. 灰色、深灰色页岩夹少量灰黄色薄层泥质灰岩。产箭石和遗迹化石 *Belemnopsis* sp., *Palaeophycus tubularis*, *P. serratus*, *Laevicyclus* sp.		71.6m
29. 灰白色、灰黄色钙质泥岩夹深灰色灰岩透镜体		22.2m
28、27. 灰色页岩夹大量深灰色、灰色灰岩透镜体及粉砂质页岩		43.1m
26. 灰色、灰褐色中层硅质岩与灰色页岩互层		17.5m
25、24. 灰色、深灰色页岩夹灰黄色钙质页岩及灰岩透镜体		13.0m
23. 灰色、深灰色页岩夹灰黄色钙质页岩,局部夹深灰色微晶灰岩透镜体		53.9m

———————— 整合 ————————

察且拉组（$K_{1-2}c$）

22. 灰色、深灰色夹少量灰褐色铁质透镜体或薄层,局部夹少量灰褐色薄层细砂岩　　66.6m
21、20. 灰色页岩夹灰褐色褐铁矿透镜体及灰褐色薄—中层铁质细砂岩　　261.1m
19. 灰色、深灰色页岩　　78.1m
18、17. 灰色、深灰色页岩夹灰褐色褐铁矿透镜体及少量中层褐铁矿　　222.8m

———————— 整合 ————————

岗巴东山组（K_1g）

16、15. 底部为深灰色薄层微晶灰岩,其上为灰色含钙质泥岩,顶部为灰色薄层结晶灰岩与灰色页岩互层　　68.2m
14. 下部为灰色、灰褐色钙质泥岩,中上部为灰色、深灰色页岩;顶部夹有少量深灰色泥质灰岩透镜体及灰褐色褐铁矿透镜体　　35.5m
13. 底部为灰白色中层结晶灰岩,其上为深灰色页岩夹灰色灰岩透镜体　　30.8m
12、11. 深灰色页岩夹灰褐色褐铁矿结核及灰色灰岩透镜体　　58.8m
10. 灰色、深灰色页岩。产菊石化石 *Dipoloceras* cf. *subdelarui*, *D. xizangensis*, *Oxytoma* sp. *Neoploceras bedoti*　　11.8m
9. 底部为灰色页岩夹灰色、灰褐色灰岩透镜体,其上为灰色、深灰色页岩夹灰褐色褐铁矿透镜体,局部夹有灰色灰岩薄层或透镜体　　265.8m
8. 底部为灰色中层泥质灰岩,其上为灰色、灰褐色褐铁矿透镜体,上部局部夹灰色灰岩透镜体　　102.7m
7. 底部为灰色中层泥质灰岩,其上为灰色、深灰色褐铁矿透镜体或薄层　　33.5m
6. 底部为一层灰白色中层细粒石英杂砂岩,其上为灰色、深灰色页岩夹灰褐色褐铁矿薄层或透镜体　　95.5m
5. 底部为一层灰黄色中层泥质灰岩,其上为灰色页岩夹灰褐色褐铁矿薄层　　25.4m

———————— 整合 ————————

下伏地层:古错村组（J_3g）
4. 灰色、深灰色页岩

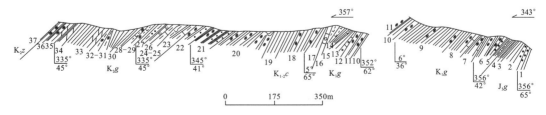

图 2-41　西藏定日县多吉岗巴群实测剖面图

1.砂岩;2.硅质岩;3.透镜体泥岩;4.钙质泥岩;5.页岩;6.泥灰岩;7.泥质灰岩;8.结晶灰岩

2. 西藏定日县藏布林白垩系宗山组实测剖面(图 2-42)

上覆地层:古近系基堵拉组(E_1j)

18. 灰褐色巨厚层细粒石英砂岩夹灰色泥岩或灰褐色薄层砂质灰岩

——————— 整合 ———————

白垩系宗山组(K_2z)

17. 深灰色薄—中层泥质灰岩,含大量有孔虫化石,主要有 *Globotruncan linnetana* (Queneau), *G. bulloides* Vogler, *Heterhelix* sp.   76.9m
16. 下部为灰褐色薄层泥灰岩与灰白色、灰黄色钙质泥岩互层,上部为灰白色、灰黄色钙质页岩夹灰色薄层泥灰岩   85.4m
15. 下部为灰色薄层泥质灰岩和灰白色、灰黄色钙质泥岩互层,其上为灰色钙质泥岩夹灰色薄层泥灰岩   58.9m
14. 下部为灰褐色薄层泥灰岩夹少量灰黑色薄层泥质灰岩,其上为灰色钙质泥岩夹少量灰色灰岩透镜体,产有孔虫 *Rotalia* sp.   34.2m
13. 底部为灰褐色薄层泥灰岩,其上为灰白色、灰黄色钙质泥岩夹少量灰岩透镜体   92.3m
12. 底部为灰白色、灰黄色钙质泥岩夹灰色、灰褐色薄层泥灰岩或互层,其上为灰白色、灰黄色钙质页岩,水平层理发育   97.7m
11. 底部为灰褐色薄层泥灰岩,其上为灰白色、灰黄色钙质泥岩夹少量灰岩透镜体   45.5m
10. 底部为灰褐色薄层泥灰岩,其上为灰白色、灰黄色钙质泥岩   118.0m
9. 下部为灰白色、灰黄色钙质泥岩夹灰色薄层微晶灰岩,上部为灰白色、灰黄色钙质泥岩   33.6m
8. 下部为灰褐色薄层泥灰岩,上部为灰黄色钙质泥岩,含有孔虫 *Orbidoides* sp.   32.3m
7. 灰白色、灰黄色钙质泥岩   38.1m
6. 下部为深灰色薄层泥灰岩,中部为灰黄色钙质泥岩,上部为灰色页岩   185.5m
5. 灰色、灰褐色钙质泥岩   27.6m
4. 第四系坡积物   123.4m
3. 灰色、灰黄色中—厚层泥灰岩夹深灰色薄—中层泥质灰岩,含有孔虫 *Orbidoides apiculata* Schlumbenger, *O.* sp.   60.0m
2. 深灰色薄—中层泥质灰岩   38.8m
1. 深灰色中层泥晶灰岩夹灰黄色钙质泥岩,含箭石 *Belemnopsis* sp.   33.2m

——————— 整合 ———————

下伏地层:白垩系岗巴村口组(K_2g) 灰色、灰黄色页岩

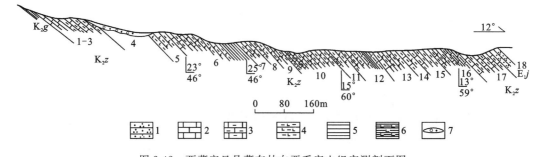

图 2-42 西藏定日县藏布林白垩系宗山组实测剖面图
1.石英砂岩;2.微晶灰岩;3.泥灰岩;4.钙质泥岩;5.页岩;6.钙质页岩;7.第四系沉积物

（二）岩石地层和生物地层

——岗巴群（$K_{1-2}G$）

本群时代属白垩纪，为一套海相砂页岩夹灰岩及泥灰岩的地层。由文世宣（1974）命名，王义刚（1980）和西藏地质矿产局（1997）根据夹灰岩（包括灰岩透镜体）或夹砂岩将本群自下而上分为：岗巴东山组（K_1g），察且拉组（$K_{1-2}c$），岗巴村口组（K_2g）。《西藏自治区岩石地层》（1997）将其定为晚侏罗世—白垩纪，考虑到本群下部岗巴东山组仅见有早白垩世的化石，故项目组按罗建宁（2001）的划分意见，将本群全划为白垩纪。测区本群主要分布在定日县城附近，以定日县多吉剖面出露最好。

（1）岗巴东山组（K_1g）

定日县多吉剖面上岗巴东山组（K_1g）厚728m，与下伏古错村组为整合接触。

以泥灰岩层或灰岩透镜体作为本组底界。底部为一层灰黄色薄—中层泥灰岩；下部为深灰色、灰黑色页岩夹灰褐色褐铁矿透镜体或薄层，及少量深灰色薄层泥灰岩，产少量菊石和双壳类化石；中部为深灰色、灰黑色页岩夹深灰色泥灰岩透镜体，透镜体多顺层分布，其扁平面平行层面，含大量菊石化石，主要有 *Dipoloceras xizangensis* Chao, *D*. cf. *subdelarui* Spath, *Neoloploceras bedoti* (Sayn), *Oxytoma* (*Hypoxytoma*) sp. 等，均为早白垩世的常见分子；上部为深灰色页岩、灰色钙质页岩夹灰色薄层微晶灰岩及少量薄层硅质岩，含箭石及放射虫化石，代表有 *Belemnopsis regularis* Yin, *B.* sp. 等，时代属早白垩世。

（2）察且拉组（$K_{1-2}c$）

测区定日县多吉剖面上察且拉组（$K_{1-2}c$）厚628m，与下伏岗巴东山组（K_1g）为整合接触。中、下部为深灰色、灰黑色页岩夹灰褐色褐铁矿透镜体，局部全为页岩，水平层理发育；上部为深灰色、灰黑色页岩夹灰褐色褐铁矿透镜体或薄层及灰褐色、灰黄色薄—中层细砂岩，褐铁矿透镜体多顺层分布。含少量个体极大的特化型菊石，属杆菊石类，具明显的晚白垩世特征。

（3）岗巴村口组（K_2g）

定日县多吉剖面上岗巴村口组（K_2g）厚492m，与下伏察且拉组（$K_{1-2}c$）为整合接触。下部为深灰色、灰黑色页岩夹灰黄色钙质页岩、含钙质页岩及深灰色微晶灰岩透镜体，局部夹有灰色、灰褐色中层硅质岩。以灰岩透镜体的出现作为本组的底界。

中部为深灰色、灰黑色页岩夹深灰色灰岩透镜体及深灰色薄层泥质灰岩，产箭石 *Belemnopsis* sp.，遗迹化石 *Palaeophycus tubularis*, *P. serratus*, *P.* sp., *Laevicyclus* sp.，均为水平或低角度斜交层面的生物潜穴，总的特征与 Pemberton（1980）划分的 *Cruziana* 遗迹相中较深水部分类似，代表一种水能量较低的陆架环境。

上部为灰色、深灰色页岩夹灰黄色薄层灰岩、薄层泥质灰岩及深灰色灰岩透镜体；顶部为灰色页岩夹灰色灰岩透镜体。本组自下而上反映了一个灰质增多，海水变浅的沉积过程。

（4）宗山组（K_2z）

测区宗山组（K_2z）以定日县藏布林剖面出露较好，厚1181m，其岩性、岩性组合和层性剖面有一定的差异，具体体现在：①以钙质泥岩、泥质灰岩为主；②化石类别少，仅见箭石和有孔虫；③厚度大，旋回性明显。

在藏布林剖面上，本组与下伏岗巴村口组（K_2g）为整合接触，底部为深灰色中薄层泥晶灰岩、纹层状泥质灰岩夹灰黄色钙质泥岩，水平层理发育，产有孔虫和箭石化石，主要分子有 *Belemnopsis* sp.，*Orbidoides apiculata* Schlumbenger, *O.* sp.，其中 *Orbidoides apiculata* 为晚白垩世的代表分子。

本组主体由一系列的旋回层组成，单个旋回层厚32～185m。每个旋回层下部为灰褐色、灰黄色薄层泥灰岩，上部为灰黄色、灰白色钙质泥岩，含少量有孔虫，代表有 *Rotalia* sp.。

顶部为深灰色薄—中薄层泥质灰岩，含大量有孔虫，代表有 *Globotruncan linnetana* (Queneau), *G. bulloides* Vogler, *Heterhelix* sp.，前两者均为晚白垩世的代表分子，故时代属晚白垩世。

（三）沉积相分析

1. 岗巴群

岗巴群主要为一套以页岩为主的地层,沉积构造不很发育,沉积相的划分主要依据岩性组合及生物组合。自下而上分为陆棚页岩、灰岩相,陆棚—盆地页岩相,陆棚灰岩、页岩相及陆棚—盆地砂、页岩相。

（1）陆棚页岩、灰岩相:分布在岗巴东山组下部,岩性为灰色、深灰色页岩夹泥质灰岩或透镜体及褐铁矿透镜体,局部夹少量石英砂岩,含菊石及双壳类化石,页岩水平层理发育。以含石英砂岩、灰岩及双壳类化石为特征,为陆棚环境中较深水沉积。

（2）陆棚—盆地页岩相:分布在岗巴东山组中部及察且拉组下部,岩性为深灰色页岩夹褐铁矿透镜体或结核。页岩水平层理发育,生物组合中仅有属游泳型的菊石,代表深水的低能环境。应该指出的是,本相中褐铁矿大量发育,且化学成分中主要为三价铁,代表有一定的氧化,这说明该相与典型的深水盆地相有一定的差别,水深相对较浅。

（3）陆棚灰岩、页岩相:分布在岗巴东山组上部和岗巴村口组上部,岩性为灰岩、泥质灰岩及钙质页岩,生物组合中仅有箭石,含有遗迹化石 *Palaeophycus tubularis*, *P. serratus*, *P.* sp., *Laevicyclus* sp., 均为水平或低角度斜交层面的生物潜穴,总的特征与 Pemberton(1980)划分的 *Cruziana* 遗迹相中较深水部分类似,代表一种水能量较低的陆棚环境。所含灰岩泥质含量较高,与典型陆棚灰岩具一定的差别,可能与当时全球缺氧、碳酸盐供给不足有关。盆地硅质岩相:分布在岗巴村口组下部,岩性为硅质岩与页岩互层,水平层理发育,硅质岩经处理发现有少量放射虫,无论岩性组合还是生物组合都说明属深水的低能环境。

2. 宗山组

根据岩性组合、生物组合及沉积构造可将本组分为2个沉积相。

（1）外陆棚页岩相:分布在本组中部,以第6层为代表。岩性为灰色页岩,水平层理发育,生物贫乏,属陆棚或盆地低能环境沉积。

（2）中陆棚灰岩-钙质泥岩相:岩性主要为泥质灰岩、钙质泥岩,含有孔虫、介形虫化石,具一定的分异度,代表陆棚中海水相对较浅的环境。

十、古近系

古近系仅在测区西部有少量分布。自下而上分为基堵拉组（E_1j）、宗浦组（$E_{1-2}z$）。

（一）剖面描述

1. 西藏定日县古近系基堵拉组实测剖面（图2-43）

上覆地层:古近系宗浦组（$E_{1-2}z$）

0. 深灰色薄—中层生物碎屑灰岩,含有孔虫化石

1. 灰黄色、灰褐色薄—中层含生物碎屑灰岩　　　　　　　　　　　　　　　　　　　　　2.8m

———————— 整合 ————————

古近系基堵拉组（E_1j）

2. 灰色、灰褐色中—厚层钙质粉砂岩,产有孔虫 *Textularia* sp.　　　　　　　　　　　　14.6m
3. 第四系坡积物覆盖　　　　　　　　　　　　　　　　　　　　　　　　　　　　　180.7m
4. 灰褐色中层泥质粉砂岩夹灰色粉砂质泥岩　　　　　　　　　　　　　　　　　　　38.1m
5. 灰褐色薄—中层泥质粉砂岩与灰色粉砂质泥岩互层　　　　　　　　　　　　　　　56.9m

6. 灰色、灰黄色粉砂质泥岩夹少量灰褐色薄—中层泥质粉砂岩　　　　　　　　　　　　　　38.3m
7. 灰色、灰黄色粉砂质泥岩夹灰褐色薄—中层泥质粉砂岩　　　　　　　　　　　　　　　42.6m
8. 底部为灰褐色、肉红色巨厚层细粒石英砂岩,其上为灰色泥岩夹灰色、灰褐色薄—厚层粉砂岩。产有孔虫 *Discocyelina sowenbyi* Nuttall, *Misellanea* sp.　　　　　　　　　　　　　　17.8m
9. 灰褐色薄—中层泥质粉砂岩与灰褐色泥岩互层　　　　　　　　　　　　　　　　　　40.0m
10. 灰褐色巨厚层细粒石英砂岩夹灰色泥岩或灰褐色薄层砂质灰岩,产有孔虫 *Rotalia dukhani*, *Heterohelix* sp.　　　　　　　　　　　　　　　　　　　　　　　　　　　　　　　4.8m

―――――― 整合 ――――――

下伏地层:白垩系宗山组(K_2z)

11. 深灰色中层泥灰岩夹灰褐色钙质泥岩,产有孔虫 *Globotruncana linneiana* (Queneau), *G. bulloides* Vogler　　　　　　　　　　　　　　　　　　　　　　　　　　　　　　　76.9m
12. 灰白色、灰黄色钙质泥岩

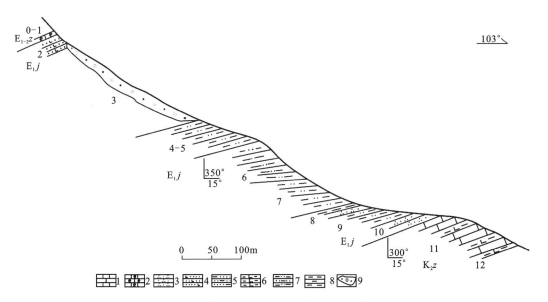

图 2-43　西藏定日县古近系基堵拉组实测剖面图

1.灰岩;2.生物碎屑灰岩;3.石英砂岩;4.钙质粉砂岩;5.泥质粉砂岩;6.钙质泥岩;7.粉砂质泥岩;8.泥岩;9.第四系

2. 定日县郭章宗浦组($E_{1-2}z$)剖面(图 2-44)

宗浦组($E_{1-2}z$)　　　　　　　　　(未见顶)

11. 深灰色厚层状含生物碎屑灰岩,局部夹灰色中层细砂岩
10. 灰色中层生屑粉晶灰岩。含生物化石 *Astrocoenia minor* Wu, *A. simplex* Wu, *Dendrophyllia* sp., *Pocillopora* sp., *Stylophora* sp., *Kangiliacyathus* sp., *Chaetetes* sp., *Indopolia satyavanti* Pia, *Cymopolia tingriensis* Wang, *Trinocladus megacladus* Wang, *Ethelia alba* (Pfender), *Archaeolithothammium mummuliticum* (Gumbel), *A. lugeoni* Pfeeder, *Dissocladella savitriae* Pia　　　　　　　　　　　　　　　　　　　　　19.12m
9. 灰色中层生屑粉晶灰岩夹灰色中层微晶灰岩,含生物化石 *Chaetetes* sp., *Astrocoenia minor* Wu, *A. simplex* Wu, *Trinocladus radiocicae* Elliott, *T. bellus* Wang　　　　　　　　124.41m
8. 深灰色块状粉—细晶灰岩　　　　　　　　　　　　　　　　　　　　　　　　　　62.22m
7. 深灰色块状含生物粉晶灰岩　　　　　　　　　　　　　　　　　　　　　　　　　13.92m
6. 灰黄色、灰褐色薄—中层含生物碎屑灰岩　　　　　　　　　　　　　　　　　　　49.85m

―――――― 整合 ――――――

下伏地层:基堵拉组(E_1j)

5. 灰色、灰褐色中—厚层钙质粉砂岩

(未见底)

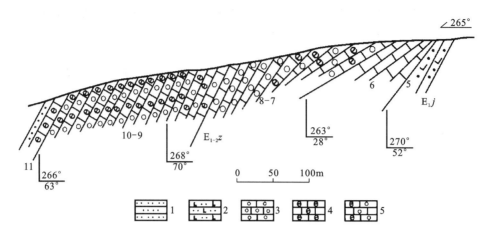

图 2-44 西藏定日县郭章宗浦组（$E_{1-2}z$）实测剖面图
1.砂岩；2.钙质粉砂岩；3.粉晶灰岩；4.生物碎屑灰岩；5.生物碎屑粉晶灰岩

（二）岩石地层和生物地层

1. 基堵拉组（E_1j）

基堵拉组（E_1j）主要为石英砂岩和砂质灰岩，测区仅分布在定日县郭章地区，以定日县郭章剖面出露最好，厚 436.6m。

底部为灰黄色巨厚层细粒石英砂岩夹灰褐色薄层砂质灰岩，与下伏宗山组为整合突变接触，具明显的侵蚀面。砂质灰岩中含大量有孔虫，主要有 *Discocyelina sowenbyi* Nuttall，*Misellanea* sp.，*Rotalia dukhani*，*R.* sp.，*Textularia* sp.，其中 *Discocyelina sowenbyi* 见于岗巴县宗山剖面宗浦组，动物群总的具古近纪特征。

下部为灰褐色薄—中层泥质粉砂岩与灰褐色泥岩互层，夹 3 层肉红色、灰褐色巨厚层细粒石英砂岩；中上部由一系列旋回层组成，单个旋回层厚 40～50m，旋回层下部为灰褐色薄—中层泥质粉砂岩，上部为灰色泥质粉砂岩夹少量灰色粉砂质泥岩，含少量有孔虫化石；本组顶部为灰色、灰褐色中—厚层钙质粉砂岩，含少量生物碎屑。

应该指出的是，与层型剖面相比测区本组有以下差异：①石英砂岩少，仅分布在底部；②砂质灰岩少，仅在底部有少量分布；③以泥质粉砂岩和粉砂质泥岩为主，有孔虫含量较少。因而与《西藏自治区岩石地层》中基堵拉组（E_1j）的含义有一定的差别，是否新建组是一个值得商榷的问题。考虑到测区该套地层的时代和层位，仍沿用基堵拉组（E_1j）。

2. 宗浦组（$E_{1-2}z$）

宗浦组（$E_{1-2}z$）在测区仅分布在定日县郭章地区，以定日县郭章剖面出露最好，厚度大于 309.21m，与下伏基堵拉组（E_1j）为整合突变接触。

底部为深灰色厚层生物碎屑灰岩，含大量有孔虫、藻粒、藻团粒，生物碎屑含量达到 30%；下部为深灰色块状含生物碎屑灰岩，含大量拟刺毛藻、珊瑚藻和藻团粒，生物碎屑含量达到 10%。

中部为灰色厚层含生物碎屑灰岩，生物碎屑含量可达 50%，主要为钙藻、有孔虫、腹足类和海绵类。含珊瑚 *Astrocoenia minor* Wu，*Chaetetes* sp.；钙藻 *Trinocladus radiocicae* Elliott，*T. bellus* Wang。

上部为灰色厚层生物碎屑灰岩。含大量有孔虫，介形虫、双壳类、钙藻及六射珊瑚，珊瑚主要分子有 *Astrocoenia minor* Wu，*A. simplex* Wu，*Dendrophyllia* sp.，*Pocillopora* sp.，*Stylophora* sp.，

Kangiliacyathus sp.，*Chaetetes* sp. 等。

顶部为深灰色厚层含生物碎屑灰岩或生物碎屑灰岩，局部夹有灰色中层钙质细砂岩。生屑灰岩中生屑含量10%～30%，主要为有孔虫、钙藻、蓝绿藻、腹足类和苔藓虫。钙质细砂岩中钙质含量达45%，还含有5%的褐铁矿。

宗浦组所含六射珊瑚中，*Dendrophyllia*，*Stylophora*，*Pocillopora* 限于始新世—现代，主要分布在太平洋、印度洋和西印度群岛，*Kangiliacyathus* 见于古新世格陵兰岛。总体具新生代古近纪的生物群面貌。

珊瑚动物群分子以枝状复体为主，含有大量造礁类群 Pocilloporidae 的分子，代表了一种温暖的、正常盐度的浅海环境。薄片鉴定显示本组上部部分具有生物礁相的微相特征，说明本组上部可能存在有生物礁，造礁生物主要为六射珊瑚、刺毛类及钙藻。

此外，宗浦组上部还产有大量属珊瑚藻科、松藻科及粗枝藻科的钙藻类化石，主要分子有 *Indopolia satyavanti* Pia，*Cymopolia tingriensis* Wang，*Trinocladus radiocicae* Elliott，*T. bellus* Wang，*T. megacladus* Wang，*Ethelia alba*（Pfender），*Archaeolithothammium mummuliticum*（Gumbel），*A. lugeoni* Pfeeder，*Dissocladella savitriae* Pia，这些分子主要见于中东、印度、法国、东阿尔卑斯及加里曼丹岛古新统和始新统。因而总的来说，宗浦组的时代应为古新世—始新世。

（三）沉积相分析

1. 基堵拉组

根据岩性组合、生物组合可将本组分为4个沉积相。

（1）临滨砂岩相：分布在本组下部，岩性为厚—巨厚层细—中粒石英砂岩夹砂质灰岩，砂岩底部具冲刷构造，具平行层理和楔状交错层理，横向上厚度变化很大，多呈楔状体。砂岩标准偏差为0.48～0.52，属分选好的类型，概率累计曲线上主要为跳跃总体。

（2）过渡带砂、泥岩相：分布在本组下部，岩性为泥质粉砂岩及泥岩，含有孔虫、介形虫化石，生物扰动构造发育。

（3）陆棚泥岩相：分布在本组中部，岩性为粉砂质泥岩、泥岩夹少量泥质粉砂岩，含有孔虫、介形虫化石，生物分异度较高。泥岩中具微波状层理和水平层理，属潮下低能环境。

（4）陆棚砂、泥岩相：分布在本组上部，岩性为泥质粉砂岩、钙质粉砂岩夹中层泥质粉砂岩，或两者互层。生物扰动构造发育，含大量有孔虫化石，分异度较高。粉砂岩中具小型交错层理和微波状层理，代表潮下较低能量的环境。

2. 宗浦组

根据生物组合及薄片微相分析可将本组分为2个沉积相：碳酸盐岩台地灰岩相和碳酸盐岩台地边缘礁相。

（1）碳酸盐岩台地灰岩相：岩性为生物碎屑灰岩、含生物碎屑灰岩，生物丰富，主要有有孔虫、介形虫、六射珊瑚及刺毛珊瑚，生物分异度较大。微相类型相当于 Wilson(1975) 所定的 SMF-8 相和 SMF-9 相，为典型的碳酸盐岩台地沉积。

（2）碳酸盐岩台地边缘礁相：分布在本组上部，岩性为生物碎屑灰岩。含大量造礁生物化石，主要有复体六射珊瑚、刺毛珊瑚及钙藻，附礁生物有有孔虫及介形虫，化石含量可达40%，微相类型相当于 Wilson(1975) 所定的 SMF-4 相和 SMF-5 相，为生物礁类型。考虑到野外对礁的空间展布情况了解不够，尚不能确定礁的类型。

第二节　拉轨岗日地层分区

测区北部拉轨岗日短轴背斜两侧属于此分区,自下而上分为拉轨岗日杂岩(AnZL)及抗青大岩组(AnZk),石炭系少岗群($C_{1-2}S$),二叠系破林浦组(P_1p)、比聋组(P_1b)、康马组(P_2k)、白定浦组(P_2b),三叠系吕村组($T_{1+2}l$)和涅如组(T_3n),侏罗系田巴群($J_{1-3}T$)和维美组(J_3w)。

一、拉轨岗日杂岩(AnZL)及抗青大岩组(AnZk)

拉轨岗日杂岩(AnZL)及抗青大岩组(AnZk)沿拉轨岗日背斜核部分布,为一套石英片岩、云母石英片岩、混合岩、角岩、白云母片麻岩、二云母片麻岩、花岗片麻岩及混合片麻岩夹角闪岩及基性火山岩的变质地层体,与上覆地层呈断层接触(详见第三章)。

二、少岗群($C_{1-2}S$)

少岗群($C_{1-2}S$)由梁定益(1983)命名,层型位于康马县破林浦剖面。测区分布在拉轨岗日杂岩(AnZL)及抗青大岩组(AnZk)的周围,与下伏地层为拆离断层接触。层型剖面上本群下部为黑色斑点状含粉砂板岩夹泥质灰岩,产海百合茎及虫迹,至岩体周围变为云母石英片岩,石榴石云母片岩夹大理岩及角闪片岩,称为板岩—片岩段;上部为灰色厚层状灰岩夹黑色斑点状板岩,局部可变为条带状含砂大理岩,称为灰岩—大理岩段。测区仅见上部大理岩段,主要为灰色、灰绿色块状大理岩,厚度大于200m。

三、二叠系

测区二叠系自下而上分为破林浦组(P_1p)、比聋组(P_1b)、康马组(P_2k)、白定浦组(P_2b)。

(一)剖面描述

1. 西藏萨迦县普马石炭系—二叠系实测剖面(图2-45)

上覆地层:白定浦组(P_2b)

17. 浅灰色、灰黄色薄—中层大理岩

———— 整合 ————

康马组(P_2k)

16. 灰色、深灰色千枚状板岩夹灰黄色薄—中层大理岩	32.4m
15—12. 灰褐色钙质板岩夹灰白色、浅灰色薄层大理岩,局部夹有灰黄色中层变质细砂岩	117.3m
11. 灰色纹层状大理岩与灰褐色大理岩互层	34.5m

———— 整合 ————

比聋组(P_1b)

10. 灰色、灰褐色中层细粒石英砂岩	53.1m
9. 灰色混合岩化片岩	230.0m
8. 灰白色薄—厚层石英岩	100.7m

7. 灰色混合岩化片岩　　　　　　　　　　　　　　　　　　　　　　　　45.1m

6、5. 灰色、灰白色薄—厚层石英岩　　　　　　　　　　　　　　　　　51.3m

4. 灰白色中—厚层石英岩夹灰色黑云母石英片岩　　　　　　　　　　　157.2m

―――――――― 整合 ――――――――

破林浦组（P_1p）

3. 灰色混合岩化片岩夹少量灰白色黑云母石英岩　　　　　　　　　　　71.4m

2. 灰色、灰黑色黑云母石英片岩　　　　　　　　　　　　　　　　　　29.6m

1. 灰色石英黑云母片岩　　　　　　　　　　　　　　　　　　　　　　47.9m

════════ 断层 ════════

下伏地层：抗青大岩组（$AnZk$）

0. 灰白色条痕状混合片岩

图 2-45　西藏萨迦县普马石炭系—二叠系实测剖面图

1.条痕状混合片麻岩；2.黑云母片岩；3.黑云母石英片岩；4.片岩；5.石英岩；6.变质岩屑石英砂岩；7.大理岩；8.钙质板岩；9.板岩

2. 西藏定结县机脚二叠系实测剖面（图 2-46）

吕村组（$T_{1+2}l$）

12. 灰色石榴子石斑点状板岩

════════ 断层 ════════

二叠系白定浦组（P_2b）

11、10. 灰色、灰黄色中层—块状白云质大理岩　　　　　　　　　　　　61.1m

9. 灰色中—厚层大理岩　　　　　　　　　　　　　　　　　　　　　　80.8m

8. 灰黄色中—厚层大理岩，上部夹有少量灰褐色中层大理岩　　　　　　18.5m

7. 灰褐色中—厚层含粉砂水云母大理岩夹灰黄色中层大理岩　　　　　　10.5m

6. 灰黄色中—厚层大理岩夹灰褐色中层含粉砂水云母大理岩　　　　　　16.4m

5. 灰褐色中—巨厚层含粉砂水云母大理岩夹灰黄色中层大理岩　　　　　23.7m

4. 灰黄色中—巨厚层大理岩夹灰褐色中层含粉砂水云母大理岩　　　　　7.4m

3. 灰褐色中—厚层含粉砂水云母大理岩夹灰黄色中层大理岩　　　　　　7.4m

2. 灰黄色中—厚层大理岩夹灰褐色中层含粉砂水云母大理岩　　　　　　5.7m

1. 灰褐色中—厚层含粉砂水云母大理岩夹灰黄色薄—中层大理岩　　　　12.2m

―――――――― 整合 ――――――――

下伏地层：康马组（P_2k）　灰色千枚状板岩夹灰黄色薄—中层大理岩

（未见底）

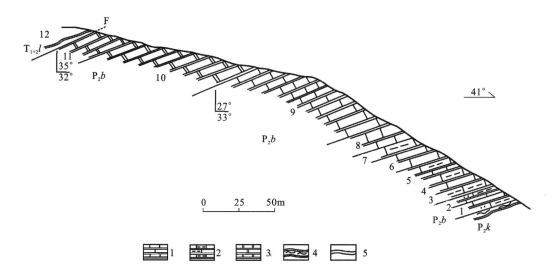

图 2-46　西藏定结县机脚二叠系实测剖面图
1.大理岩；2.含水黑云母大理岩；3.白云质大理岩；4.千枚状板岩；5.板岩

（二）岩石地层及沉积相

1. 破林浦组（P_1p）

破林浦组（P_1p）由梁定益（1983）命名，层型位于康马县破林浦剖面。测区分布在拉轨岗日变质核杂岩的周围，以萨迦县普马剖面出露较好。

该剖面上破林浦组厚 148.9m，与下伏地层为拆离断层接触。下部为深灰色、灰黑色石英黑云母片岩；中部为灰色、灰黑色黑云母石英片岩。上部为灰色混合岩化片岩夹少量灰白色黑云母石英片岩。应该指出的是，层型剖面上本组岩性为灰黑色、墨绿色粉砂质板岩及碳质板岩，夹粉砂质细砂岩和灰岩透镜体，时代属晚石炭世晚期的腕足类、双壳类及腹足类化石，与测区本组有较大的差异，可能与接触热变质作用有关。

2. 比聋组（P_1b）

比聋组（P_1b）由章炳高（1974）命名，层型位于康马县破林浦剖面。测区分布在拉轨岗日变质核杂岩的周围，以萨迦县普马剖面出露较好。该剖面上比聋组（P_1b）厚 621.1m，与下伏破林浦组（P_1p）为整合接触，下部为灰白色薄—巨厚层石英岩夹灰色黑云母石英片岩；中部为灰色、灰白色中—厚层石英岩夹少量灰色混合岩化片岩，石英岩多呈楔状体，局部具楔状交错层理和冲洗交错层理，属前滨—临滨环境的沉积；上部为灰色混合岩化片岩；顶部为灰色、灰褐色中层变质细粒岩屑石英砂岩，局部夹少量灰色石英片岩。

层型剖面上本组为浅灰色厚层状石英岩（或长石石英砂岩）和深灰色含砾板岩。测区相当含砾板岩的层位为混合岩化片岩，变质改造强烈。本组总的特征与北喜马拉雅地层分区的基龙组查雅段相似，时代可能属早二叠世。

3. 康马组（P_2k）

康马组（P_2k）由章炳高（1974）命名，层型位于康马城东白定浦。测区分布在拉轨岗日变质核杂岩的周围，以萨迦县普马剖面出露较好。该剖面上康马组厚 184.2m，与下伏比聋组（P_1b）为整合接触，下部为灰色纹层状大理岩与灰褐色钙质板岩互层，大理岩内毫米级水平纹层发育；中部为灰褐色钙质板岩夹灰白色薄层大理岩及一层灰黄色中层变质细砂岩；上部为灰色、深灰色千枚状板岩夹灰黄色薄—中厚纹层状大理岩；总的以钙质板岩为主，夹薄—中层大理岩。与层型剖面相比，测区本组钙质含量高，大理岩夹层多，变质程度高。

4. 白定浦组（P_2b）

白定浦组（P_2b）由章炳高（1974）命名，层型位于康马城东白定浦。测区分布在拉轨岗日变质核杂岩的周围，以萨迦县机脚剖面出露较好。

该剖面上白定浦组（P_2b）厚243.7m，与下伏康马组（P_2k）为整合接触。下部由一系列的旋回层组成，每个旋回层下部为灰褐色中—厚层含粉砂水黑云母大理岩（原岩可能为泥质灰岩）夹灰黄色薄—中层大理岩，上部为灰黄色中—厚层大理岩夹灰褐色中层含粉砂水云母大理岩，发育毫米级水平纹层理；中部为灰色、灰黄色中—厚层大理岩，夹少量灰褐色中层含粉砂水黑云母大理岩；上部为灰色中层—块状白云质或含白云质大理岩，刀砍纹发育，顶部大理岩为块状，顶面起伏不平，具微古喀斯特化现象，与上覆吕村组（$T_{1+2}l$）为平行不整合接触，缺失相当于江浦组的地层。测区本组除变质程度较高外，其岩性特征与层型剖面基本一致。由于变质作用较强，本组及下伏康马组（P_2k）都未采获化石，给地层时代的确定带来了困难。

四、三叠系

（一）剖面描述

——西藏萨迦县普马三叠系实测剖面（图2-47）

上覆地层：侏罗系日当组（$J_{1-2}r$）

48. 灰色、深灰色中层泥质灰岩夹灰色板岩

———————— 整合 ————————

三叠系涅如组（T_3n）

47. 灰色、深灰色板岩夹灰色、深灰色薄层钙质细砂岩	183.7m
46. 灰色板岩，局部夹有灰色、灰黄色薄—中层结晶灰岩及灰色纹层状灰岩	59.9m
45. 灰黄色薄—厚层细粒石英砂岩夹灰色、深灰色板岩	8.7m
44. 灰色、深灰色板岩夹灰褐色薄层细砂岩	34.6m
43. 灰褐色中—厚层细粒石英砂岩	3.5m
42. 灰色、深灰色板岩夹灰黄色薄层钙质细砂岩，或互层	50.9m
41. 下部为灰白色、灰褐色中—厚层细粒石英砂岩，上部为灰色板岩夹灰黄色薄层细砂岩	26.9m
40. 灰色、灰黑色板岩夹灰黄色薄层细砂岩及灰黄色薄—中层泥质灰岩	33.7m
39. 第四系坡积物覆盖	89.4m
38、37. 灰色、深灰色板岩，夹极少量灰色粉砂岩条带	90.7m
36、35. 灰色、深灰色板岩夹较多的黄铁矿晶粒，水平层理发育	59.6m
34. 被第四系坡积物覆盖	135.7m
33. 灰色、灰黄色薄—中层泥质灰岩夹灰色板岩，或二者互层	68.3m
32. 底部为灰黄色中—厚层细粒石英砂岩，其上为灰色板岩夹灰黄色薄层钙质细砂岩	103.7m
31—29. 灰色板岩夹灰黄色薄—中层钙质细砂岩及少量灰薄层泥质灰岩	234.8m
28. 灰色、灰黄色薄—中层钙质细砂岩夹灰色板岩，或互层	30.8m
27. 下部为灰色中层细粒石英砂岩，其上为灰色板岩夹灰黄色泥灰岩透镜体及灰黄色薄层钙质细砂岩	122.5m
26. 灰色板岩夹灰黄色薄层泥灰岩	42.5m
25. 下部为灰黄色薄—中层细砂岩和灰色板岩互层，上部灰色板岩夹灰黄色薄层细砂岩	84.4m
24. 灰色板岩夹灰色、灰黄色薄层泥质灰岩或透镜体	30.8m

23. 下部为灰色中层细粒石英砂岩夹灰色板岩,上部为灰色板岩夹灰黄色泥灰岩透镜体及灰色
    薄层细粒石英砂岩   33.1m
————————————————————— 整合 —————————————————————

三叠系吕村组($T_{1+2}l$)

22. 灰色板岩夹灰黄色泥质灰岩透镜体   8.6m
21. 灰色薄—中层泥质灰岩与灰黑色板岩互层   43.7m
20. 灰黑色板岩夹少量灰褐色泥灰岩透镜体或薄层   126.3m
19. 灰色板岩夹灰黄色、灰褐色薄层细砂岩   117.1m
18. 第四系坡积物覆盖   329.1m
17. 深灰色板岩夹灰色变质粉砂岩条带   167.5m
16. 第四系坡积物覆盖   82.2m
15—12. 灰色千枚状板岩夹少量灰色粉砂岩条带及少量灰色泥质灰岩透镜体   173.6m
11—9. 灰黑色斑点状千枚状板岩夹较多灰黑色、深灰色变质粉砂岩条带   165.7m
8、7. 灰色、灰黑色斑点状板岩   183.1m
6. 灰色斑点状千枚状板岩夹灰黄色粉砂质条带   41.2m
5. 灰色斑点状千枚状板岩   146.8m
4. 灰色斑点状千枚状板岩夹有灰黄色粉砂质条带   133.7m
1—3. 灰色斑点状千枚状板岩   20.4m

═══════════════════════ 断层 ═══════════════════════

二叠系白定浦组(P_2b)

0. 灰色薄—中层大理岩

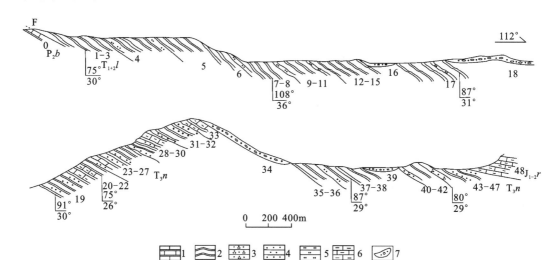

图 2-47　西藏萨迦县普马三叠系实测剖面图
1.大理岩;2.板岩;3.石英砂岩;4.砂岩;5 粉砂岩;6.泥灰岩;7.第四系堆积物

(二)岩石地层和生物地层

1. 吕村组($T_{1+2}l$)

吕村组($T_{1+2}l$)由西藏区调队(1983)命名,层型剖面位于康马县涅如河西岸。测区本组分布很广,以萨迦县普马剖面出露最好。普马剖面上本组厚 1739.8m,与下伏白定浦组(P_2b)在区域上为平行不整合接触,测区因受区域构造的影响,多为拆离断层接触。

下部为灰色、深灰色含石榴子石千枚状板岩夹极少的灰色变质粉砂质条带,石榴子石含量可达 15%,水平层理发育,含可疑的双壳类化石;中部为灰色含石榴子石、十字石千枚状板岩夹灰色变质粉砂

质条带或微薄层,具水平层理和微波状层理,石榴子石含量减少,局部以十字石为主;上部为灰色斑点状千枚状板岩夹灰色变质粉砂质条带或微薄层,局部夹灰色薄层变质细—粉砂岩,具小型单向交错层理水平层理。

普马剖面上本组具明显的变质相带,由含石榴子石→含石榴子石、十字石→十字石→斑点,与接触热变质作用有很大的关系。其岩性以泥质岩为主,除变质程度较高外,其岩性组合也与层型剖面有一定的差别。就其沉积构造而言,反映了一种水能量较低的外陆架环境。

2. 涅如组(T_3n)

涅如组由涅如群降级而来,由西藏区调队(1983)命名,层型为康马县涅如剖面。测区本组分布很广,以萨迦县普马剖面出露最好。普马剖面本组厚1548.2m,与下伏吕村组($T_{1+2}l$)为整合接触。底部为灰色中层细粒含岩屑石英砂岩夹灰色板岩,具明显的侵蚀面,与下伏吕村组($T_{1+2}l$)为整合突变接触;下部为灰色板岩夹几套灰黄色薄—中层变质细粒含岩屑石英砂岩及灰黄色薄层泥灰岩,每套砂岩厚20~40m,砂岩具浪成交错层理。

中部为深灰色、灰黑色板岩夹少量灰黄色薄层变质细砂岩及灰色薄—中层泥灰岩,砂岩具小型交错层理,板岩内水平层理发育,含较多的黄铁矿晶体,代表一种水能量较低的环境。

上部为一旋回层,旋回层底部为灰黄色中—厚层石英砂岩夹灰色、深灰色板岩,砂岩多呈楔状体,底部具明显的侵蚀面,其上为灰色、深灰色板岩,局部夹少量黄色薄层钙质细砂岩。

在定结县多不榨本组中产有 *Myophoricardium* sp.,*Caeolla nyanagensis* Chen,*Palaeolima* sp.,*Palaeonucula tulongensis* Wen et Lan,*Unionites lutrariaefermis*(Krumbeck)均为 Alps,Timor 岛晚三叠世的代表分子,这表明本组时代属上三叠统。

目前部分学者认为拉轨岗日地层分区的吕村组($T_{1+2}l$)和涅如组(T_3n)属一套较深水的盆地或斜坡相沉积,项目组研究认为测区两组不属上述沉积,原因是:①砂岩杂基含量较低,无杂砂岩;②无重力流沉积构造,而具大量牵引流沉积特征,如具浪成交错层理;③砂岩粒度分析表明,所有样品的标准偏差都在0.44~0.68之间,属分选好—较好的陆架砂、或海滨砂类型。粒度概率累计曲线图主要由跳跃总体组成,牵引总体和悬浮总体不发育,斜率很高,表明分选很好,与陆架砂体的特征类似。

(三)沉积相分析

根据沉积构造、岩性组合可将三叠系划分为5个沉积相。

(1)陆棚泥岩相:分布在吕村组下部,岩性为千枚状板岩夹少量变质粉砂岩纹层或条带,水平层理发育,具少量沙波纹层理,代表一种水能量很低的环境。

(2)陆棚砂、泥岩相:分布在吕村组上部,岩性为千枚状板岩夹变质粉砂岩纹层或条带及少量薄层变质细砂岩。细砂岩单层厚1~4cm,具小型单向斜层理和沙波纹构造,反映了明显的牵引流性质,属一种能量较低的陆棚环境。

(3)临滨砂岩相—陆棚砂、泥岩相:分布在涅如组下部,由一系列的沉积旋回组成。旋回下部为中—厚层细粒石英砂岩夹板岩,砂岩底面具侵蚀构造,具小型双向交错层理,部分具浪成交错层理性质,泥砾、泥片发育,代表水能量较高的临滨环境。旋回上部为板岩夹薄层泥灰岩及薄层钙质细砂岩,砂岩具单向交错层理,板岩和泥灰岩水平层理发育。属陆棚水能量较低的环境。

(4)临滨砂岩相—过渡带砂、泥岩相:分布在涅如组上部,由一系列的旋回层组成,旋回下部为中—厚层细粒石英砂岩,砂岩多呈楔状体,具楔状交错层理和平行层理,底部多冲刷构造,泥砾、泥片发育,多分布在砂岩层的下部。属水能量较高的潮下高能环境。旋回上部为板岩夹薄层钙质细砂岩、泥灰岩及少量中层石英砂岩,砂岩具小型交错层理和沙波构造,代表临滨与陆棚之间的过渡带环境。

(5)陆棚灰、泥岩相:分布涅如组中部,岩性为薄—中层泥质灰岩夹板岩,或互层,构成明显的灰、泥沉积韵律,水平层理发育,含少量黄铁矿晶粒,为较局限的陆棚低能环境。

（四）大地构造背景分析

根据岩性组合、沉积相和地球化学特征判别出测区三叠系为较稳定类型的被动大陆边缘沉积，主要依据如下：①砂岩成分成熟度较高，以稳定型的石英砂岩为代表，同时还含大量泥灰岩，未见有活动类型的有关沉积；②沉积相分析显示为一套较浅水的陆棚沉积，与被动陆缘典型陆棚特点类似；③通过砂岩地球化学分析，可以看出其主要地球化学值与被动陆缘相似，应属被动大陆边缘环境。

五、侏罗系

（一）剖面描述

1. 西藏萨迦县坤德侏罗系实测剖面（图 2-48）

侏罗系维美组（J_3w）

140. 灰色硅化粉砂质泥岩夹灰色薄层细粒石英砂岩

================ 断层 ================

侏罗系陆热组（J_2lu）

139. 灰色、灰黑色钙质板岩	69.8m
138. 灰色、灰黑色钙质板岩夹灰黑色中层泥质灰岩	107.0m
137. 灰黑色钙质板岩夹灰色中层泥质灰岩	38.6m
136—126. 灰黑色钙质板岩夹灰黑色薄—中层泥质灰岩。含少量菊石化石 Delecticeras sp.，Haplophylloceras sp.	71.0m
125. 深灰色中—厚层含泥灰岩与灰黑色中—厚层泥质灰岩互层	168.8m
124、123. 深灰色中—厚层纹层状泥质灰岩夹灰黑色钙质板岩及泥质灰岩	23.7m
122. 灰色、深灰色钙质板岩与灰色泥质灰岩互层	31.1m
121. 灰色、深灰色中—厚层纹层状泥质灰岩夹灰黑色钙质板岩	121.0m
120. 灰色、深灰色钙质板岩夹灰黄色薄层结晶灰岩	27.2m
119. 深灰色中—巨厚层纹层状泥质灰岩夹灰黑色钙质板岩	22.7m
118. 灰色、深灰色钙质板岩夹灰黄色薄—中层结晶灰岩	27.4m
117、116. 灰色、深灰色钙质板岩与灰黄色中—厚层泥质灰岩互层，含少量虫管化石	101.8m
115、114. 灰黑色钙质板岩夹灰黄色薄—中层结晶灰岩及泥质灰岩	15.4m
113. 灰色、深灰色中—巨厚层纹层状泥质灰岩夹灰黄色薄层结晶灰岩	100.4m
112—107. 深灰色钙质板岩夹深灰色薄—中层泥质灰岩及少量灰黄色薄层微晶灰岩	24.5m
106. 深灰色钙质板岩夹灰黄色、灰褐色含铁质泥质灰岩透镜体	42.9m
105. 灰白色块状强蚀变气孔状细粒安山岩	17.8m
104、103. 灰黑色钙质板岩夹灰黄色薄—中层结晶灰岩及灰黄色薄层泥质灰岩	221.8m
102. 灰黄色纹层状钙质板岩夹灰黑色板岩、灰黄色薄层微晶灰岩及泥质灰岩透镜体	5.4m
101. 第四系坡积物覆盖	139.2m
100、99. 灰色纹层状钙质板岩夹灰黑色板岩及灰色、灰褐色薄—中层泥质灰岩	90.3m
98. 底部为一层灰色沉凝灰岩（30cm），其上为灰色板岩夹灰黄色薄层泥质灰岩	31.8m
97. 灰色、深灰色板岩夹有少量灰黄色薄层泥质灰岩或透镜体	51.7m
96. 下部为灰色块状沉凝灰岩，上部为深灰色板岩夹灰褐色中层凝灰质砂岩	6.6m

================ 整合 ================

侏罗系日当组（$J_{1-2}r$）

95. 灰黑色板岩夹灰色薄—中层细砂岩	9.2m

94—89. 由 5 个旋回层组成,旋回层下部为灰色巨厚层细粒石英砂岩,上部为灰色薄—中层细粒石英砂岩夹灰黑色板岩　　39.3m

88. 灰色、深灰色板岩夹灰黄色薄—中层泥质灰岩　　20.5m

87. 底部为一层灰色巨厚层细粒石英砂岩(130cm),其上为深灰色板岩夹灰黄色薄—中层细粒石英砂岩　　4.8m

86. 灰黄色薄—中层钙质细砂岩与灰黑色板岩互层　　13.0m

85. 深灰色板岩夹灰黄色薄—中层钙质细砂岩　　18.8m

84. 底部为两层厚 20～40cm 的灰色、灰褐色中层细粒石英砂岩,其上为灰色、深灰色板岩夹少量灰黄色薄层泥质灰岩　　48.3m

83. 底部为灰色、灰褐色厚层细粒石英砂岩,夹灰黑色板岩及灰色薄层粉砂岩,其上为灰色、深灰色斑点状斑岩夹灰黄色薄层含铁质泥灰岩　　49.2m

82. 底部为三层灰褐色中层细粒石英砂岩夹深灰色板岩,其上为灰色纹层状板岩夹灰黑色板岩及少量灰黄色薄层钙质细砂岩　　84.4m

81、80. 灰黑色纹层状板岩夹灰褐色薄—中层钙质细砂岩及泥灰岩　　47.1m

79. 底部为灰黄色中层细粒石英砂岩,其上为深灰色板岩　　55.1m

78. 深灰色板岩夹灰黄色薄层含硅质泥灰岩　　22.0m

77. 底部为一层厚 82cm 的灰褐色细粒石英砂岩,其上为深灰色板岩夹灰黄色薄层泥质灰岩及灰黄色薄层结晶灰岩　　38.1m

76. 灰色板岩夹灰褐色薄层细粒钙质砂岩及灰色薄层结晶灰岩,含大量遗迹化石 *Protopaleodictyon* cf. *submontanu*, *Cosmorhaphe* cf. *sinuosa*, *Nereites* sp., *Gordia* sp., *Helminthopsis abei*, *Cochlichus* sp., *Thalassinoides* sp., *Treptichnus* sp., *Palaeophycus tubularis*, *P. serratus*, *P. sublorenzinia*, *Planolites* sp.　　71.7m

75. 灰色、深灰色板岩夹灰黄色薄层泥质灰岩及灰色薄层结晶灰岩　　31.4m

74. 深灰色板岩夹灰褐色薄层钙质细砂岩　　4.2m

73、72. 灰褐色薄—中层钙质细砂岩与深灰色板岩互层,或夹灰黄色薄—中层泥质灰岩,含大量遗迹化石 *Protopaleodictyon* cf. *submontanu*, *Helminthopsis abei*, *Cochlichus* sp., *Thalassinoides* sp., *Treptichnus* sp., *Palaeophycus tubularis*, *P. serratus*, *P. sublorenzinia*, *Planolites* sp.　　65.7m

71. 灰色块状安山岩　　3.7m

70. 底部为一层厚 90cm 的灰色细粒岩屑石英砂岩。其上为灰色薄—中层钙质细砂岩夹灰黄色钙质板岩　　5.9m

69. 灰黑色钙质板岩夹灰色、灰黄色薄—厚层钙质细砂岩,含大量遗迹化石 *Protopaleodictyon* cf. *submontanu*, *Helminthopsis abei*, *Treptichnus* sp., *Palaeophycus tubularis*, *P. serratus*, sp., *Planolites* sp.　　6.5m

68. 灰褐色中—厚层泥质灰岩夹灰黑色板岩　　110.1m

67. 底部为一层厚 40cm 的灰色沉凝灰岩,其上为灰黑色块状凝灰质泥质灰岩　　3.4m

66. 灰黄色中—厚层泥质灰岩夹浅灰色含凝灰质泥质灰岩　　43.4m

65. 灰色、深灰色块状沉凝灰岩　　29.2m

64、63. 灰色、灰褐色中—厚层泥质灰岩夹灰黑色钙质板岩,含大量黄铁矿晶体　　43.5m

62—58. 灰黑色钙质板岩夹灰黄色薄—中层泥质灰岩及结晶灰岩　　269.1m

57. 灰色块状安山岩　　6.2m

56. 深灰色钙质板岩夹灰色、灰褐色硅质岩透镜体　　29.8m

55. 深灰色中—厚层纹层状泥质灰岩夹灰黑色薄层硅质泥灰岩　　18.7m

54. 第四系坡积物覆盖　　126.1m

53. 深灰色钙质板岩夹灰黄色薄层结晶灰岩,局部夹灰色、灰褐色硅质岩透镜体　　101.1m

52. 第四系坡积物覆盖　　12.8m

51. 灰色厚层细粒石英砂岩	5.4m
50—48. 灰色板岩夹深灰色硅质泥质灰岩及结晶灰岩	73.3m
47. 灰色厚—巨厚层细粒石英砂岩	4.4m
46—44. 灰色、深灰色板岩夹灰黄色薄—中层泥质灰岩及钙质细砂岩	32.6m
43—41. 灰色、灰黑色钙质板岩夹灰黄色薄层泥质灰岩及结晶灰岩	46.5m
40. 灰色块状安山岩	5.6m
39、38. 深灰色、灰黑色板岩夹灰色薄—中层结晶灰岩及少量中层泥质灰岩	89.0m
37. 灰色千枚状板岩夹灰色、灰褐色薄—中层结晶灰岩	6.4m
36. 第四系坡积物覆盖	100.7m
35. 底部为灰色、灰黄色中层微晶灰岩，中下部为灰色块状微晶灰岩，上部为灰黑色钙质板岩夹灰色薄—中层微晶灰岩	12.4m
34、33. 下部为灰白色薄—中层沉凝灰岩，安山岩夹灰色薄层灰岩，中部为灰褐色中层凝灰质细砂，上部为灰白色薄层沉凝灰岩	13.8m
32. 灰色、深灰色板岩夹深灰色中层泥质灰岩，含双壳类化石 Chlamys (Aequipecten) cf. cancellata Yin et Nie，Costamussium cf. bifurcala Yin et Nie，Parvamussium cf. pumilum (Lamarck)，P. sp.	5.0m
31. 灰色、深灰色板岩夹灰褐色、灰黄色薄—中层结晶灰岩	48.9m
30、29. 灰黑色板岩夹灰褐色含铁质灰岩透镜体及少量灰黄色薄层沉凝灰岩	29.5m
28. 灰色、深灰色板岩夹灰色薄—中层结晶灰岩，局部夹灰黄色中层钙质细砂岩	9.9m
27. 第四系坡积物覆盖	103.0m
26、25. 两个旋回层，旋回层底部为灰色中层细粒钙质砂岩，其上为灰色、灰褐色板岩夹灰色薄层钙质细砂岩	54.2m
24. 灰色、灰褐色板岩夹灰色薄层结晶灰岩	35.5m
23. 灰色板岩夹灰色薄层结晶灰岩，局部夹少量灰黄色薄—中层钙质细砂岩	191.8m
22. 灰绿色块状安山岩	9.3m
20、21. 灰色千枚状板岩夹灰色薄层结晶灰岩，局部夹灰黄色沉凝灰岩	14.2m
19、18. 深灰色钙质板岩夹灰色薄层结晶灰岩及灰黑色硅质灰岩透镜体	30.1m
17. 灰绿色块状安山岩	1.6m
16、15. 灰色、深灰色钙质板岩夹灰色薄层结晶灰岩，含大量黄铁矿晶体	38.8m
14. 灰色块状安山岩	2.8m
13、12. 两个旋回层，旋回层下部为深灰色中层泥质灰岩与深灰色钙质板岩互层，上部为深灰色钙质板岩	17.4m
11. 深灰色钙质板岩夹深灰色薄层纹层状泥质灰岩	26.5m
10. 灰色、深灰色钙质板岩夹深灰色薄—中层纹层状泥质灰岩及灰色薄层结晶灰岩。含大量双壳类化石 Chlamys (Aequipecten) cf. cancellata Yin et Nie，Costamussium cf. bifurcala Yin et Nie，Parvamussium cf. pumilum (Lamarck)，P. sp.	4.2m
9、8. 两个旋回层，旋回层底部为灰白色中层凝灰质砂岩，其上为灰色钙质板岩夹灰色薄—中层泥质灰岩	39.5m
7、6. 深灰色中—厚层泥质灰岩夹灰色、灰黄色薄层细—中晶灰岩，局部夹有灰黑色薄层硅质灰岩	31.7m
5、4. 深灰色中厚层泥质灰岩夹灰色薄—中层中晶灰岩	26.2m
3. 灰白色薄—中层沉凝灰岩与灰色薄层细晶灰岩互层	7.4m
2. 灰绿色块状安山岩	10.7m

———— 整合 ————

下伏地层：三叠系涅如组（T_3n）

1. 灰黄色薄层石英砂岩与灰色薄层细晶灰岩及灰色板岩互层

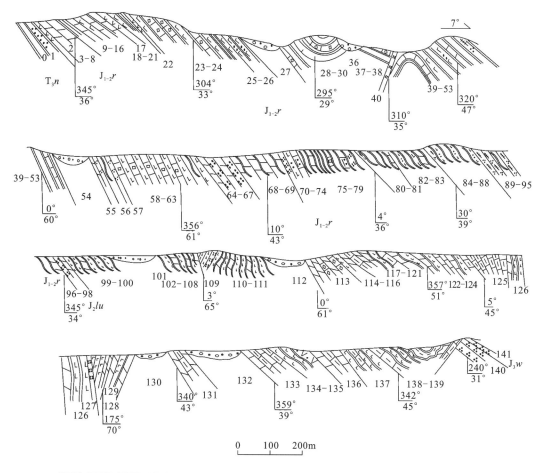

图 2-48 西藏萨迦县坤德侏罗系实测剖面图

1.板岩；2.岩屑石英砂岩；3.结晶灰岩；4.钙质板岩；5.钙质砂岩；6.泥灰岩；7.泥质灰岩；8.硅质灰岩；9.凝灰岩；10.石英砂岩；11.硅质板岩；12.辉绿岩；13.第四系；14.安山岩；15.辉石安山岩

2. 萨迦县扎西岗维美组实测剖面(图 2-49)

侏罗系维美组(J_3w)　　　　　　　　　　　（未见顶）

21. 灰色页岩夹少量灰白色中层中粒石英砂岩及灰褐色褐铁矿层
20. 灰白色厚—巨厚层细粒石英砂岩与灰色页岩互层　　　　　　　　　　　　　　　28.6m
19. 灰色、深灰色页岩粉砂质页岩夹灰白色中—厚层细粒石英砂岩　　　　　　　　　41.8m
18、17. 灰色、深灰色页岩夹灰黄色、灰褐色薄—中层褐铁矿及褐铁矿透镜体　　　　63.8 m
16. 灰白色厚—巨厚层细粒石英砂岩夹深灰色页岩　　　　　　　　　　　　　　　　12.7m
15. 灰色硅化泥岩夹少量灰色条带或纹层粉砂岩,水平层理发育　　　　　　　　　　14.9m
14. 灰白色巨厚层细粒石英砂岩夹灰黑色页岩　　　　　　　　　　　　　　　　　　18.3m
13、12. 灰色、深灰色硅化泥岩夹灰褐色中层细粒岩屑石英砂岩　　　　　　　　　　82.3 m
11. 第四系坡积物覆盖　　　　　　　　　　　　　　　　　　　　　　　　　　　　155.4m
10. 灰色硅化泥岩夹灰色薄—厚层细粒石英砂岩　　　　　　　　　　　　　　　　　2.9m
9. 第四系坡积物覆盖　　　　　　　　　　　　　　　　　　　　　　　　　　　　　15.7m
8. 下部为灰色、深灰色页岩夹灰白色薄—中层细粒石英砂岩;上部为灰色、深灰色页岩夹灰褐色
　　铁质透镜体　　　　　　　　　　　　　　　　　　　　　　　　　　　　　　　145.0m

7. 灰色硅化泥岩夹灰褐色、灰黄色铁质泥质灰岩透镜体或薄层　　　　　　　　　44.3m
6. 灰黑色巨厚层细粒石英砂岩　　　　　　　　　　　　　　　　　　　　　　11.4m
5. 下部为灰色、深灰色页岩夹灰白色薄—中层细粒石英砂岩；上部为灰色、深灰色页岩夹灰褐色
   铁质透镜体　　　　　　　　　　　　　　　　　　　　　　　　　　　　　45.0m
4—2. 灰白色巨厚层细粒石英砂岩及灰色页岩　　　　　　　　　　　　　　　　56.8m

================断层================

下伏地层：侏罗系陆热组（J_2lu）

1. 灰色、灰黑色钙质板岩与灰黄色薄—中层泥灰岩互层

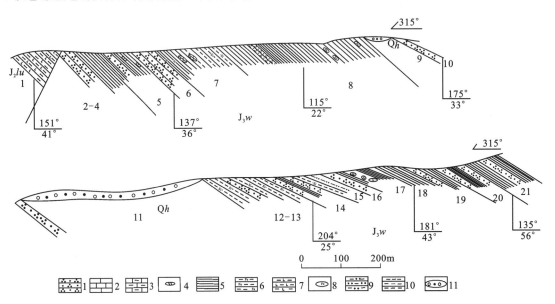

图 2-49　西藏萨迦县扎西岗维美组实测剖面图

1.石英砂岩；2.灰岩；3.泥灰岩；4.灰岩透镜体；5.页岩；6.铁质泥岩；
7.钙质泥岩；8.褐铁矿透镜体；9.粉砂质泥岩；10.泥岩；11.第四系砂砾层

（二）岩石地层和生物地层

一、田巴群（$T_{1-3}T$）

田巴群由西藏区调队（1983）创名，原指下与涅如组呈断层接触，上覆维美组的一套地层，自下而上可分为日当组、陆热组和遮拉组。测区三组均发育，还可见日当组与涅如组的整合接触界面。各组特征分述如下。

(1) 日当组（$J_{1-2}r$）

日当组（$J_{1-2}r$）由王义刚（1976）命名，层型位于隆子县果座朗曲—多巴。测区日当组（$J_{1-2}r$）以萨迦县坤德剖面出露较好，与下伏涅如组（T_3n）为整合接触，厚 2848m。

底部为灰绿色玻基安山岩、沉凝灰岩夹灰色薄层细晶灰岩互层。由于在区域分布不稳定，填图中通常以大套泥灰岩及钙质板岩的出现作为本组底界。

下部为灰色、深灰色钙质板岩夹深灰色薄—中层泥灰岩及灰色薄层结晶灰岩，夹有三层灰绿色蚀变安山岩，钙质板岩毫米级水平纹层发育，含大量黄铁矿晶体，产双壳类化石，主要有 *Chlamys* (*Aequipecten*) cf. *cancellata* Yin et Nie, *Costamussium* cf. *bifurcala* Yin et Nie, *Parvamussium* cf. *pumilum* (Lamarck), *P.* sp., 均为中侏罗世的代表分子，表明日当组（$J_{1-2}r$）下部部分属中侏罗统。

中部为深灰色钙质板岩夹深灰色中层泥质灰岩，局部以泥质灰岩为主，夹少量沉凝灰岩和蚀变安山岩；中下部所含的安山岩均呈层状，横向厚度稳定，最厚可达十余米，主要为斜长石，含少量辉石，见有直径 2~3mm 的椭圆形气孔，蚀变强烈。应该指出的是，在拉轨岗日地层分区日当组（$J_{1-2}r$）内首次发现安

山岩。

上部为灰色千枚状板岩夹深灰岩中层泥质灰岩及灰黄色薄—中钙质细砂岩,砂岩内发育小型交错层理,含大量遗迹化石(图2-50),主要有 Protopaleodictyon cf. submontanu, Cosmorhaphe cf. sinuosa, Nereites sp., Gordia sp., Helminthopsis abei, Cochlichus sp., Thalassinoides sp., Treptichnus sp., Palaeophycus tubularis, P. serratus, P. sublorenzinia, Planolites sp.,其中 Protopaleodictyon cf. submontanu, Cosmorhaphe cf. sinuosa 属典型深水相的分子,其余多为穿相型分子。总体特征和与 Pemberton(1980)划分的 Nereites 相相似,代表一种较深水的环境。

顶部为灰色厚—巨厚层细粒石英砂岩夹灰色页岩,砂岩多呈楔状体,泥砾、泥片发育,旋回性明显。单个旋回中,砂岩自下而上逐渐变薄,为单向递变层序。

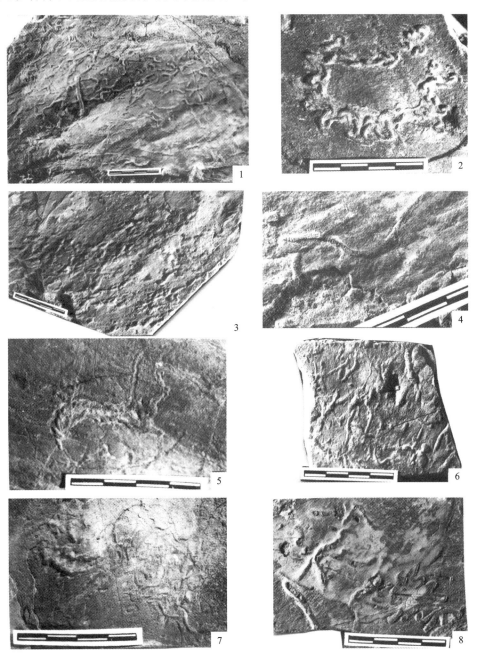

图 2-50 日当组遗迹化石

1. Protopaleodictyon sp.; 2. Dingjiechnus sp.; 3. Palaeophycus sp.; 4. Palaeophycus serratus;
5. Nereites sp.; 6. Palaeophycus tubularis; 7. Gordia sp., Nereites sp.; 8. Cosmorhaphe cf. sinuosa

(图中比例尺1格为1cm)

(2) 陆热组（J_2lu）

陆热组（J_2lu）由王乃文（1983）命名，层型位于隆子县果座朗曲—多巴。测区陆热组以萨迦县坤德剖面出露较好，与下伏日当组（$J_{1-2}r$）为整合接触，厚1251m，以大套泥灰岩和钙质泥岩、不含砂岩为其特征而有别于下伏日当组（$J_{1-2}r$）。

下部为灰色钙质板岩夹深灰色中层泥灰岩，并夹多层灰绿色蚀变安山岩及凝灰质砂岩；中部为深灰色泥灰岩、钙质板岩夹少量灰黄色薄—中层结晶灰岩，毫米级水平纹层发育，含大量黄铁矿晶体。

上部为深灰色薄—中层泥灰岩与泥质灰岩互层，水平层理发育，含大量黄铁矿晶体，产菊石化石 *Delecticeras* sp., *Haplophylloceras* sp., 前者仅分布在中侏罗世，后者限于中—晚侏罗世，因而陆热组应属中侏罗世。

(3) 遮拉组（$J_{2-3}\hat{z}$）

遮拉组（$J_{2-3}\hat{z}$）由西藏第一地质队命名，层型为贡嘎县张达-遮拉山剖面。

测区仅在东部有少量分布。岩性为杂色、灰—灰黑色页岩夹灰色薄—中层细砂岩或砂页岩互层，夹玄武岩、安山岩、凝灰岩，产菊石及有孔虫化石，厚度大于400m。与层型剖面相比，测区本组以泥质岩为主，且火山岩夹层较少。以夹火山岩与上覆维美组区别。

(4) 维美组（J_3w）

维美组由吴浩若（1984）命名，层型为江孜县维美剖面。测区北部出露较多，以萨迦县扎西岗剖面出露最好，与上下地层均为断层接触。

下部由一系列旋回层组成，每个旋回层下部为灰黄色厚—巨厚层细—中粒石英砂岩，上部为灰色、深灰色页岩夹灰白色薄—中层细粒石英砂岩。

中部为灰色、深灰色泥岩、硅化泥岩夹灰白色中层细粒石英砂岩，局部夹褐铁矿透镜体，石英砂岩内具波状交错层理，生物扰动构造发育，含大量遗迹化石，主要有 *Palaeophycus tubularis*, *P.* sp., *Planolites* sp., *Lockeia* sp., *Chondrites* sp., *Thalassinoides* sp. 等，遗迹组合与 Pemberton（1980）划分的 *Cruziana* 遗迹相相似，代表水能量较高的陆架环境。

上部为灰色、深灰色页岩夹灰色中—厚层粉砂岩及灰褐色薄—中层泥灰岩，含箭石化石，主要为 *Hibolithes verbeeki* Kruiz, *Belemnopsis uhligi* Stevens, *B.* sp. 等，均为晚侏罗世—早白垩世的常见分子。

（三）沉积相分析

1. 日当组

根据岩性组合、沉积构造及生物组合可将日当组分为以下几种沉积相。

（1）盆地灰岩、泥岩相：分布在日当组下部，岩性为纹层状泥质灰岩、钙质板岩及板岩，夹有多层玄武岩及沉凝灰岩，水平层理发育，泥质灰岩中纹层毫米级，含较多的黄铁矿晶粒，代表深水低能还原环境。

（2）陆棚灰岩、泥岩相：分布在日当组中下部，岩性为泥质灰岩、微晶灰岩、板岩及钙质板岩夹少量石英砂岩及玄武岩，灰岩内毫米级水平纹层发育，含少量双壳类化石。与（1）相不同的是夹有属浅水相的石英砂岩和双壳类化石。

（3）盆地砂岩、泥岩相：分布在日当组上部，岩性为薄—巨厚层细粒石英砂岩、钙质砂岩夹板岩，砂岩层底部多具冲刷构造，泥砾、泥片发育，薄层砂岩内具小型沙波纹层理和双向交错层理，具典型的牵引流沉积特征。值得提出的是，本组砂岩所作粒度分析结果显示：标准偏差为0.44～0.75，属好—较好分选类型，粒度概率累计曲线上主要为跳跃总体，多为一段式，且斜率较高，具明显的牵引流特征。但考虑到该相中的遗迹化石组合为深水型的 *Nereites* 相，因此，该类砂岩应属深水牵引流类，可能为内波、内潮汐砂体。

2. 陆热组

陆热组沉积环境与日当组类似，沉积相主要为陆棚灰岩相和盆地灰岩、泥岩相。

（1）陆棚灰岩相：岩性为中—厚层纹层状泥灰岩，含少量黄铁矿，水平层理发育，以大套灰岩为特征。

(2)盆地灰岩、泥岩相:岩性为板岩、钙质板岩夹纹层状泥质灰岩,含菊石化石,含大量黄铁矿晶粒,水平层理发育,与日当组(1)相类似。

3. 遮拉组

遮拉组沉积相特征与日当组上部相似,属一套较深水的沉积。

4. 维美组

维美组主要为3个沉积相:临滨砂岩相、陆棚—过渡带砂、泥岩相和陆棚页岩相。分述如下。

(1)临滨砂岩相:主要为厚—巨厚层细—中粒石英砂岩夹页岩(基本层序为图2-51A),砂岩底部多具冲刷构造,砂岩多呈楔状体,具楔状交错层理、泥砾、泥片发育。砂岩粒度分析显示:标准偏差为0.49~0.96,分选较好—中等,粒度概率累计曲线上主要为跳跃总体,且斜率较高,与潮下—潮间带滨岸高能环境砂体特征相似。

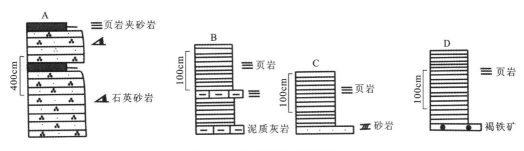

图 2-51 维美组基本层序图

(2)陆棚—过渡带砂、泥岩相:岩性主要为页岩、粉砂质页岩夹薄层细砂岩,局部为薄层砂岩与页岩互层(基本层序见图2-51C)。砂岩具小型交错层理,粉砂质页岩中生物扰动构造发育,含箭石和遗迹化石,遗迹化石组合相当于 Pemberton(1980)划分的 *Cruziana* 遗迹相,为潮下较低能的陆棚—过渡带环境沉积。砂岩标准偏差为1.15~1.30,分选中等,分选较差可能与生物扰动有关。

(3)陆棚页岩相:岩性主要为页岩夹褐铁矿及薄—中层泥质灰岩(基本层序见图2-51B、图2-51D),水平层理发育,泥质灰岩中具毫米级的水平纹层,代表一种低能静水环境。

值得一提的是,本组上部局部夹有灰色中层—块状含砾、砂泥岩,含砾石(5%)及中粒砂(5%~10%),砾石无分选,伴生有沉积砂岩墙(图2-52),沉积砂岩墙中砂岩标准偏差为1.65,分选较差,具重力流沉积特征,可能与震积有关。

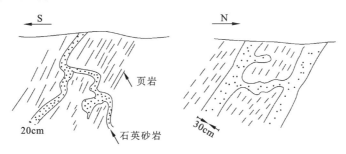

图 2-52 维美组沉积砂岩墙

(四) 日当组大地构造背景分析

判断本组大地构造背景的依据主要有:①具深水相沉积;②大量火山岩的出现,火山岩地球化学特征见表2-4,SiO_2 偏低,一般小于45%,K_2O/Na_2O 值小于0.4,与岛弧型的火山岩特征类似(据 Jakes P,1972);③日当组砂岩地球化学分析(表2-5、表2-6,图2-53~图2-55)表明,其特征与 Bahtia M R(1986)

的标准值相比,主要集中在活动大陆边缘和被动大陆边缘区间内,具明显的活动特点。

这些证据说明拉轨岗日地区在早侏罗世已从稳定的陆棚环境变为较活动的盆地环境。

表 2-4 日当组火山岩岩石地球化学特征表(%)

样品号	岩性	SiO_2	Al_2O_3	Fe_2O_3	CaO	MgO	Na_2O	K_2O	TiO_2
B51-36	安山岩	42.34	13.38	12.75	8.16	6.93	2.60	0.09	2.38
B51-37	安山岩	39.17	15.40	13.96	9.39	6.31	1.13	0.09	2.37
B51-49	安山岩	41.75	13.87	11.84	10.55	6.04	1.48	0.25	2.26
B50-43	安山岩	43.80	15.63	4.17	14.43	1.79	2.81	0.45	0.58
B50-52	安山岩	44.08	14.07	11.61	10.00	4.66	1.29	0.52	2.31

表 2-5 日当组砂岩岩石化学特征表(%)

样品号	SiO_2	Al_2O_3	Fe_2O_3	FeO	CaO	MgO	Na_2O	K_2O	TiO_2	Fe_2O_3+MgO	Al_2O_3/SiO_2	K_2O/Na_2O
Hf50-8	66.09	15.98	3.62	3.50	0.85	1.43	0.58	1.95	0.70	4.35	0.24	3.32
Hf501-1	63.98	2.01	0.40	1.07	16.91	0.27	0.16	0.30	0.33	0.67	0.03	1.87
Hf51-3	42.62	13.47	5.91	7.62	8.64	5.16	0.60	0.08	2.80	11.07	0.31	0.13
B51-28	48.08	5.62	1.85		23.71	0.45	0.97	0.52	0.22	2.3	0.12	o.53
B51-30	67.78	6.72	5.84		8.81	0.23	0.91	0.64	0.27	6.07	0.09	0.70
B51-31	76.94	11.87	1.24		3.83	0.45	1.87	1.64	0.32	1.69	0.15	0.88
B51-33	58.98	7.47	0.67		16.88	0.34	0.22	1.01	0.30	1.01	0.13	4.59
Hb51-3	57.48	10.13	7.44		12.97	0.97	0.78	1.54	o.50	8.51	0.17	1.97
大洋岛弧	58.83	17.11			5.83	3.65	4.10	1.60	0.8~1.4	8~14	0.24~0.33	0.39
大陆岛弧	70.69	14.04			2.68	1.97	3.12	1.89	0.64	5~8	0.20	0.61
活动大陆边缘	73.86	12.89			2.48	1.23	2.77	2.90	0.46	2~5	0.1~0.2	0.99
被动大陆边缘	81.95	8.41			1.89	1.39	1.89	1.71	0.49	2.89	0.1	1.60

表 2-6 日当组砂岩微量元素特征表($\times 10^{-6}$)

样品号	B	Ga	Cr	Zr	Hf	Sc	Ba	Co	Mn	Ni	Sr	V	Nb	Th
Hf50-8	76.0	17.2	65.0	130.0	3.7	18.7	324.0	16.2	1286.0	41.7	1142.0	211.7	16.5	3.1
Hf51-1	31.0	6.0	23.0	196.0	4.9	2.3	62.0	5.4	690.0	9.7	377.0	11.1	6.4	5.4
Hf51-3	17.0	21.2	157.0	236.0	6.6	27.9	29.0	47.2	1305.0	60.1	157.0	334.9	14.9	3.4
B51-28			20.6	140.0		5.7	40.2	4.8		3.9		13.1	6.6	11.9
B51-30			19.7	238.0		7.2	217.0	13.1		28.6		22.8	15.5	12.8
B51-31			24.4	149.0		1.6	534.0	3.2		5.0		28.8	9.6	8.1
B51-33			22.9	199.0		3.7	351.0	2.5		2.4		24.9	8.8	17.3
Hb51-3			60.6	195.0		9.8	284.0	15.7		24.4		63.6	10.3	17.9
平均值	41.3	14.8	49.13	185.0	5.1	9.6	230	13.5	1093.6	22.3	558	88.9	11.1	9.98
大洋岛弧			14±1.9	37±13	96±20	2.1±0.6	19.5±5.2	370±233	18±6.3		11±5.1	131±40	2±0.4	2.27±0.7

续表 2-6

样品号	B	Ga	Cr	Zr	Hf	Sc	Ba	Co	Mn	Ni	Sr	V	Nb	Th
大陆岛弧		13±1.3	51.6	229±27	6.3±2	148±1.7	444±64	12±2.7		13±2.0		89±13.7	8.5±0.8	11.1±1.1
活动大陆边缘		14±1.5	26±4.9	179±23	6.8	8.0±1.1	522±100	10±1.7		10±2.5		48±5.9	10.7±1.4	18.8±3
被动大陆边缘		8±1.6	39±8.5	298±80	10.1	6.0±1.4	253±64	5±2.4		8±4.4		31±9.9	7.9±1.9	16.7±3.5

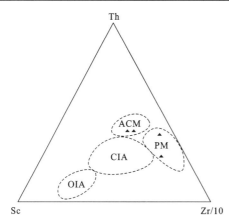

图 2-53 日当组砂岩 Sc-Th-Zr/10 图

ACM. 活动大陆边缘；PM. 被动大陆边缘；
CIA. 大陆岛弧；OIA. 大洋岛弧

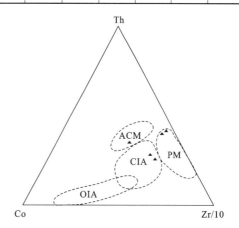

图 2-54 日当组砂岩 Co-Th-Zr/10 图

（图例同图 2-53）

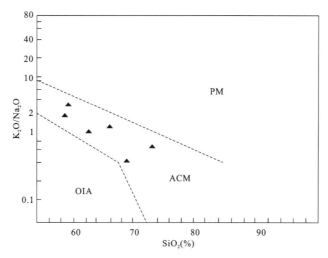

图 2-55 日当组砂岩 SiO_2-K_2O/Na_2O 构造环境判别图

（图例同图 2-53）

六、白垩系加不拉组（$K_{1-2}j$）

（一）剖面描述

——西藏定日县达桑波加不拉组（$K_{1-2}j$）地层实测剖面（图 2-56）

白垩系加不拉组（$K_{1-2}j$） （未见顶）

72. 灰黑色页岩

71. 第四系坡积物覆盖　　　　　　　　　　　　　　　　　　　　　　　　83.0m

70. 灰色中层微晶灰岩	36.5m
69. 灰黑色页岩夹灰色、灰褐色薄层硅质岩	51.5m
68. 灰黑色页岩夹灰色薄—中薄层泥质岩	31.3m
67. 底部为一层厚12mm的泥灰岩,其上为灰色钙质页岩	36.5m
66. 底部为一层厚20mm的泥灰岩,其上为灰色页岩夹灰色薄—中层硅质岩	134.6m
65. 深灰色页岩夹灰黄色、灰褐色薄—中层硅质岩	42.0m
64. 第四系坡积物覆盖	65.4m
63. 灰色粉砂质页岩夹少量深灰色薄层泥灰岩	30.0m
62. 灰黄色、灰褐色粉砂质页岩夹灰黄色泥质粉砂岩,局部夹有深灰色、灰褐色薄层铁质泥灰岩, 含较多的黄铁矿	88.4m
61. 灰黑色页岩,水平层理发育	44.5m
60. 灰色、灰黄色中层钙质粉砂岩,含大量箭石化石 *Belemnopsis uhligi* Stevens, *B. gerardi* (Oppel), *B. alfuria* (Boehm), *B.* sp., *Nerinea* sp.	34.6m
59、58. 灰褐色中层钙质粉砂岩,产箭石化石,产化石 *Belemnopsis uhligi* Stevens, *B. gerardi* (Oppel), *B. alfuria* (Boehm), *B.* sp., *Nerinea* sp.	29.3m
57. 灰褐色粉砂质泥岩夹灰褐色薄—中层泥质粉砂岩,生物扰动构造发育	17.5m
56. 灰黑色页岩夹灰黄色薄层泥质粉砂岩,产菊石和箭石化石	63.1m
55. 底部为一层厚15cm的灰黄色细粒石英砂岩,其上为灰黑色页岩夹灰黄色薄层泥质粉砂岩	5.1m
54. 底部为一层厚15cm的深灰色泥灰岩,其上为灰黑色页岩夹深灰色泥灰岩透镜体。产化石 *Calliptychoceras* sp., *Hibolithes jiabulensis* Yin	24.9m
53. 深灰色、灰色粉砂质页岩夹少量灰褐色薄层泥灰岩或透镜体,产少量箭石和菊石化石	120.2m
52、51. 灰黑色页岩夹灰褐色薄—中层铁质泥灰岩,含菊石和腹足类化石 *Nerinea* sp.	143.6m
50. 底部为一层厚23cm的灰黄色细粒岩屑石英砂岩,其上为灰黑色页岩夹灰褐色薄层—中薄层褐铁矿或透镜体,产化石 *Nerinea* sp.	47.2m
49—47. 灰黑色页岩夹褐铁矿透镜体及中薄层泥灰岩,含少量箭石和腹足类化石	122.9m
46. 底部为一层厚35cm的灰黄色细粒石英砂岩,其上为灰黑色页岩夹灰黄色薄层泥灰岩透镜体 或薄层	127.8m
45、44. 灰黑色页岩夹少量深灰色铁质泥灰岩薄层或透镜体,产少量菊石化石	141.2m
43. 灰色粉砂质泥岩夹灰色中层泥质粉砂岩。产箭石及菊石化石 *Haplophylloceras strigile* (Blanford), *Hibolithes jiabulensis* Yin	196.6m
42—40. 灰黑色页岩夹少量灰黑色铁质薄—中薄层硅质泥灰岩及灰褐色、灰黄色褐铁矿透镜体	172.6m
39. 第四系坡积物覆盖	24.4m
37、38. 底部为一层厚26cm的灰黄色细粒石英砂岩,其上为灰黑色页岩夹灰黄色褐铁矿透镜体 及灰黑色泥灰岩透镜体,产箭石和菊石化石	15.8m
36、35. 灰黑色页岩,夹少量灰黄色粉砂岩透镜体,局部夹少量灰黄色薄—中薄层泥质粉砂岩,含 菊石化石 *Haplophylloceras strigile* (Blanford), *Calliptychoceras* cf. *pycnoptychus* (Uhlig), *Himalayites stolickhai* Uhig	75.7m
34. 黑色页岩夹灰黑色泥灰岩透镜体,含菊石和箭石化石 *Haplophylloceras strigile* (Blanford), *H.* sp., *Himalayites stolickhai* Uhig, *H.* sp., *Berrtasella* sp., *Belemnopsis* sp.	1.7m
33. 黑色页岩,含少量菊石和箭石化石	58.6m
32、31. 黑色页岩夹灰褐色褐铁矿透镜体及灰黑色泥灰岩透镜体,含菊石化石	12.8m
30. 深灰色粉砂质页岩夹极少的灰黄色、灰褐色铁质泥灰岩透镜体	109.8m
29. 灰色、灰黄色粉砂质页岩夹少量深灰色泥灰岩透镜体及薄—中薄层泥灰岩,含少量箭石化石	44.4m
28—24. 灰色、灰黄色粉砂质页岩夹灰黄色中层粉砂岩及灰褐色褐铁矿透镜体,含菊石化石,局 部为第四系坡积物覆盖	105.3m
23. 灰色、灰黄色中层微晶灰岩夹灰色钙质页岩,产大量箭石化石 *Belemnopsis uhligi* Stevens, *B. stollegi* (Stevens), *B.* sp.	6.9m

22. 底部为一层厚 25cm 的灰褐色铁质细砂岩,其上为灰色粉砂质页岩夹灰色、灰黄色薄—中层粉砂岩,产大量箭石化石 Belemnopsis sinensis Yang et Wu, B. alfuria (Boehm), B. sp., Hibolithes jiabulensis Yin, H. jiabulensis   69.9m

21、20. 灰黄色、灰褐色厚层泥质粉砂岩夹灰褐色铁质泥灰岩透镜体,产大量箭石化石 Belemnopsis uhligi Stevens, B. stollegi (Stevens), B. gerardi (Oppel), B. sp.   9.2m

19. 第四系坡积物   128.6m

18. 底部为一层厚 30cm 的灰色细粒岩屑石英杂砂岩,上覆 120cm 的灰色泥质粉砂岩,其上为灰色粉砂质泥岩夹灰褐色铁质泥灰岩透镜体   40.2m

17. 底部为灰黄色中层泥质粉—细砂岩,其上为灰色粉砂质泥岩   4.3m

16. 灰色粉砂质泥岩夹灰黄色铁质泥灰岩透镜体,产菊石和双壳类化石   130.6m

15. 灰色、深灰色页岩夹灰色、灰褐色泥灰岩透镜体   52.8m

14. 第四系坡积物覆盖   67.7m

13. 灰黄色、浅灰色中—厚层细粒石英砂岩   18.5m

12. 灰色页岩夹灰黄色薄—中薄层铁质泥灰岩或透镜体   112.9m

11. 灰色、深灰色页岩夹极少量灰黄色、灰褐色铁质泥灰岩透镜体   157.0m

10. 底部具两层厚 8cm、15cm 的灰色细粒岩屑石英砂岩,其上为深灰色页岩夹少量灰褐色铁质泥灰岩透镜体,产菊石化石   91.0m

9. 灰色、深灰色页岩夹灰色、深灰色薄—中薄层铁质泥灰岩   79.7m

8. 底部为一层厚 130cm 的灰色细粒岩屑石英杂砂岩,其上为深灰色页岩   14.9m

7、6. 深灰色页岩夹灰色、灰黄色铁质泥灰岩透镜体,产菊石化石   16.6m

5. 底部为一层厚 140cm 的灰色细粒岩屑石英杂砂岩,其上为灰褐色中薄层细粒岩屑石英杂砂岩和粉砂质页岩互层   3.2m

4. 灰色、灰黄色页岩夹少量薄层细砂岩   99.0m

3. 底部为一层厚 10cm 的灰色细粒岩屑石英杂砂岩,其上为灰色、灰黄色页岩   30.9m

2、1. 灰黑色页岩夹少量灰黑色薄层粉砂岩及细砂岩   148.2m

——————— 整合 ———————

下伏地层:维美组(J₃w)

0. 灰色、灰黄色中层细粒岩屑石英砂岩

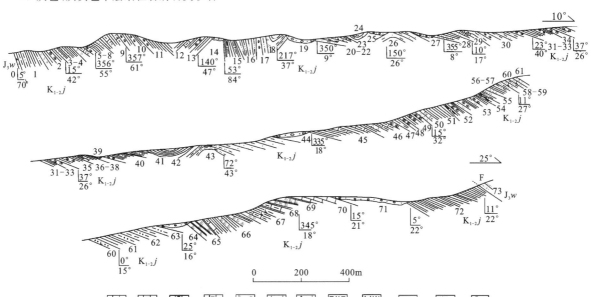

图 2-56 西藏定日县达桑波加不拉组(K₁₋₂j)地层实测剖面图

1.灰岩;2.泥质灰岩;3.透镜体灰岩;4.铁质泥灰岩;5.硅质岩;6.石英砂岩;
7.岩屑石英砂岩;8.泥质粉砂岩;9.钙质粉砂岩;10.页岩;11.粉砂质泥岩;12.第四系沉积物

（二）岩石地层和生物地层

加不拉组（$K_{1-2}j$）在测区北部有大量出露，以定日县达桑波剖面出露最好。达桑波剖面上加不拉组（$K_{1-2}j$）与下伏维美组为整合接触，厚度大于3790m，上未见顶，主要基本层序见图2-57。

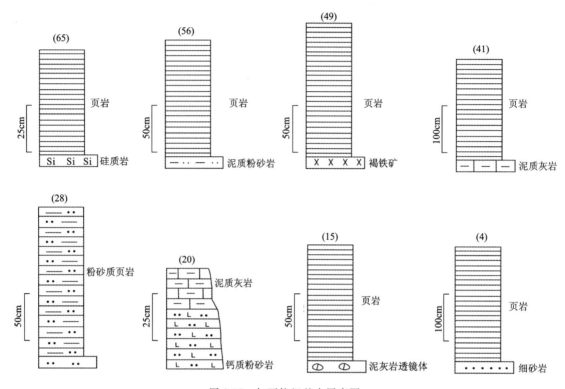

图2-57 加不拉组基本层序图

其地层序列可明显分为6部分，自上而下描述如下。

（6）灰黑色页岩，下部为灰色中层微晶灰岩。

（5）灰色、深灰色页岩夹灰黑色薄—中薄层硅质岩。

（4）灰色粉砂质泥岩夹灰黄色薄层泥质粉砂岩、灰黄色钙质粉砂岩，局部夹少量灰色中层石英砂岩，产大量箭石、菊石及腹足类化石。主要分子有 *Belemnopsis uhligi* Stevens，*B. gerardi*（Oppel），*B. alfuria*（Boehm），*B.* sp.，*Nerinea* sp.，*Haplophylloceras strigile*（Blanford）等，大部分为早白垩世的代表分子。

（3）灰黑色页岩夹灰褐色褐铁矿透镜体及少量灰黑色泥灰岩透镜体。

（2）灰色粉砂质页岩、灰色中—厚层泥质粉砂岩及钙质粉砂岩夹灰色泥灰岩透镜体，产大量箭石化石，主要有 *Belemnopsis uhligi* Stevens，*B. stollegi*（Stevens），*B.* cf. *gerardi*（Oppel），*B. sinensis* Yang et Wu，*B. alfuria*（Boehm），*B.* sp.，*Hibolithes jiabulensis* Yin，*H. jiabulensis tenuihastatus* Yin 等，均为早白垩世的常见和代表性分子。

（1）灰色、深灰色页岩夹灰色泥灰岩透镜体，局部夹有少量灰黄色薄层细砂岩，产大量菊石化石，主要有 *Haplophylloceras strigile*（Blanford），*H.* sp.，*Himalayites stolickhai* Uhig，*H.* sp.，*Amplogladius* cf. *jidulaensis* Yu，*Calliptychoceras* cf. *pycnoptychus*（Uhlig），*Berrtasella* sp. 等，主要为早白垩世早期的代表性分子。

和层型剖面对比，测区本组以泥、页岩为主，总体特征一致，但还有以下差别：①上部含一套微晶灰岩；②硅质泥岩及硅质岩所夹其少；③粉砂岩及粉砂质泥岩较多，局部夹有石英砂岩，石英砂岩粒度的标准偏差为0.40~0.67，属较好—好的分选性，粒度概率曲线上主要为跳跃总体，斜率较高，与陆架砂岩的特征相似;④中部含大量腹足类化石,在该组中为首次发现,属底栖动物的腹足类繁盛同样反映了一种较浅水环境;⑤层型剖面和羊卓雍地区本组中常见的大套滑塌堆积和浊流沉积在测区未见。这些说明测区本组主要属稳定的陆架沉积,而层型剖面为盆地、斜坡相沉积,属于不同的大地构造单位。因而,测区对这套地层能否继续采用加不拉组($K_{1-2}j$)是一个值得商榷的问题。

(三) 沉积相分析

根据岩性组合、生物组合及沉积构造可将本组分为以下几个沉积相。

(1) 临滨砂岩相:分布在本组下部13层,岩性为中—厚层细粒石英砂岩,砂岩底部具侵蚀构造,砂岩多呈楔状体,具楔状交错层理和平行层理。砂岩标准偏差为0.42,属分选较好类型,概率累计曲线主要为跳跃总体,多为一段式,反映水能量较高的沉积环境。

(2) 陆棚砂、页岩相:分布在本组下部,岩性为页岩夹薄层粉砂岩及细砂岩,砂岩具小型单相交错层理,页岩水平层理发育。砂岩标准偏差为0.40,属分选较好类型,概率累计曲线主要为跳跃总体,多为一段式。含菊石、箭石和双壳类化石,分异度较高。

(3) 陆棚—过渡带砂、页岩相:分布在本组中部,28、29层为代表。岩性为粉砂质页岩、页岩夹薄层细砂岩、粉砂岩及少量泥灰岩,粉砂岩具小型交错层理,粉砂质页岩中生物扰动构造发育,含遗迹化石 *Palaeophycus* sp., *Chondrites* sp.,组合特征与Pemberton(1980)划分的 *Cruziana* 遗迹相相似。含大量生物化石,主要有菊石、双壳类、箭石及腹足类。

(4) 陆棚—盆地页岩、硅质岩相:分布在本组上部,以65和66层为代表,岩性为页岩夹薄层硅质岩,颜色较深,生物贫乏,水平层理发育。为一种较深水的低能沉积。

(5) 陆棚灰岩相:分布在本组上部,以70层为代表,岩性为灰色中层微晶灰岩,略具水平层理,生物贫乏,为陆棚中较低能环境。晚侏罗世两区主要为陆棚砂泥质沉积,但北喜马拉雅地层分区部分已达斜坡或盆地,含少量重力流沉积,海水更深。生物分异明显,北喜马拉雅地层分区富含有菊石、箭石,而拉轨岗日地层分区仅见有少许箭石。总的来说,这段时期(P_2—J_3)两区呈现一种北高南低的古地理面貌。

第三节 雅鲁藏布江地层分区

雅鲁藏布江地层分区分布在测区最北部,与拉轨岗日地层分区以边界断层为界,仅有上三叠统朗杰学群(T_3L)一个地层单位。测区本群以萨迦县松巴剖面出露较好,厚度大于2979m,与上下地层均为断层接触。

一、剖面描述

——西藏萨迦松巴三叠系朗杰学群地层实测剖面(图2-58)

侏罗系维美组(J_3w)

0. 灰色、灰黄色页岩

══════ 断层 ══════

朗杰学群(T_3L)

1. 灰色页岩夹大量灰色细砂岩透镜体	18.2m
2. 灰色页岩夹灰色含有孔虫泥质灰岩透镜体	22.4m
3. 灰色、灰绿色页岩夹灰色细粒岩屑长石石英砂岩透镜体	240.2m

4. 灰色页岩夹灰黑色薄层硅质岩及灰色细砂岩透镜体	31.0m
5、6. 灰色、灰绿色页岩夹灰色细砂岩透镜体及灰色微晶灰岩透镜体	42.7m
7. 灰色页岩夹灰黑色薄层硅质岩,局部夹细砂岩透镜体	20.9m
8. 下部为灰色块状细粒岩屑长石石英砂岩,上部为页岩夹灰色薄—中层细砂岩	39.9m
9. 灰色页岩夹灰黑色薄层硅质岩,局部夹细砂岩透镜体	8.6m
10、11. 灰色页岩夹灰色细砂岩透镜体及黑色硅质岩透镜体	42.8m
12. 灰色厚—巨厚层细粒岩屑砂岩及灰绿色页岩	10.5m
13、14. 灰色页岩夹灰色细砂岩透镜体及灰黑色硅质岩透镜体	67.7m
15. 灰色页岩、粉砂质页岩夹大量灰色细粒岩屑石英和灰色微晶灰岩透镜体	16.4m
16. 灰色薄—中层微晶灰岩夹灰黄色页岩	8.8m
17. 砖红色页岩夹砖红色薄—中层微晶灰岩,产箭石化石 *Hibolites parahastatus* Yang et Wu,*H. subfusiformis* (Raspail),*H.* cf. *xizangensis* Yang et Wu,*H.* sp.,*Belemnopsis* cf. *sinensis* Yang et Wu	10.3m
18. 砖红色页岩夹灰绿色页岩,局部夹砖红色薄—中层灰岩,产少量箭石化石	80.8m
19. 灰色页岩夹灰色细粒岩屑石英砂岩和灰黑色硅质岩透镜体	69.9m
20. 第四系坡积物覆盖	416.7m
21. 灰色页岩夹灰色微晶灰岩透镜体	125.6m
22、23. 灰色、灰黄色、灰绿色页岩夹灰黑色硅质岩及灰色细砂岩透镜体	164.8m
24. 灰色、灰黄色块状细粒岩屑石英杂砂岩	127.2m
25. 灰色硅化泥岩夹个体及小的灰色细粒岩屑石英砂岩透镜体	275.3m
26—28. 灰色页岩夹灰色细粒岩屑石英砂岩透镜体	210.6m
29. 第四系坡积物覆盖	666.5m
30、31. 灰色页岩夹灰色微薄层细粒岩屑石英砂岩及灰色细粒石英砂岩透镜体	192.8m
32. 灰色薄—中层岩屑石英砂岩与灰色页岩互层	3.7m
33. 灰色页岩夹灰色细粒岩屑石英砂岩透镜体	178.5m
34. 第四系坡积物覆盖	272.8m
35、36. 灰色页岩夹灰色薄—中层细粒岩屑石英砂岩及砂岩透镜体	122.4m
37. 砖红色页岩夹灰绿色页岩	30.1m
38. 灰色、灰黄色页岩夹灰色细粒岩屑石英砂岩透镜体	

(未见底)

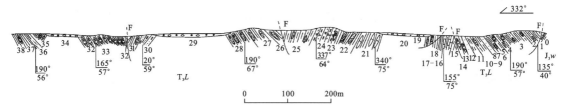

图 2-58　西藏萨迦松巴三叠系朗杰学群地层实测剖面图

1.岩屑石英砂岩;2.砂岩透镜体;3.泥岩;4.硅质岩透镜体;5.石英砂岩;6.岩屑石英砂岩透镜体断层;7.灰岩;8.页岩;9.岩屑杂砂岩;10.硅质泥岩;11.砂岩;12.灰岩透镜体;13.硅质岩;14.石英砂岩;15.坡积物

二、岩石地层、生物地层及沉积相分析

朗杰学群(T_3L)由西藏区调队(1979)命名,层型为贡嘎县朗杰学剖面。西藏区调队(1983)曾在图幅北侧拉孜县修康剖面将该套地层命名为修康群,项目组和湖北区调队均使用过该名,后考虑到地层命

名的优先原则而采用了朗杰学群(T_3L)。

下部为灰色页岩、硅化泥岩夹灰色细粒岩屑砂岩透镜体,局部夹有砖红色页岩。

中部为灰色、灰绿色、砖红色页岩夹灰色细砂岩、灰黑色硅质岩、灰黄色微晶灰岩透镜体,透镜体多尺度,最大长150m,宽30m。大透镜体内可见灰岩为薄—中层状,硅质岩为薄层状,砂岩多为中—厚层状,灰岩及硅质岩水平层理发育。砖红色页岩内产大量箭石化石,经鉴定有：*Hibolites parahastatus* Yang et Wu, *H. subfusiformis* (Raspail), *H.* cf. *xizangensis* Yang et Wu, *H.* sp., *Belemnopsis* cf. *sinensis* Yang et Wu。上述分子中,*Hibolites parahastatus* Yang et Wu, *H. subfusiformis* (Raspail), *H.* cf. *xizangensis* Yang et Wu仅分布在早白垩世,*Belemnopsis* cf. *sinensis* Yang et Wu分布在晚侏罗世—早白垩世,其生物群面貌与吴顺宝(1982)所定的 *Hibolites parahastatus-H. jiabulensis* 组合极为相似,时代属早白垩世。

上部为灰色、灰黄色页岩夹灰褐色、灰黄色泥灰岩、灰色细粒岩屑石英砂岩、杂砂岩及灰黑色硅质岩透镜体。

朗杰学群(T_3L)早白垩世箭石化石的发现说明如下,①朗杰学群时代跨度大,包含有二叠纪—早白垩世地层。如果按传统的"混杂岩"观点,其基质为早白垩世,二叠纪、三叠纪地层均为外来岩块。朗杰学群时代为早白垩世,其原地层时代及代号应改变。此外,印度板块向北俯冲的确切时代应是早白垩世,而不是晚三叠世。②朗杰学群由于各期地层均呈断片或断块,甚至呈极小的透镜体产出,发育极多的逆冲推覆构造。因而极有可能是由于萨迦北部地区地处雅鲁藏布江缝合带,二叠纪—早白垩世地层受南北向的强烈挤压发生逆冲推覆,并经多期活动而将地层强烈剪切为上述断片或断块的混杂体。这种成因方式和传统意义上的"混杂岩"有本质上的差别。

通过岩性组合及沉积相分析,可以确定本群应为一套混杂岩系。主要依据为典型深水相和浅水相沉积的混合。浅水相沉积：分选及磨圆较好的石英砂岩,砂岩标准偏差0.66~0.80,属分选较好—中等类型。含粉砂有孔虫泥质灰岩,含10%的有孔虫,分异度较高；藻灰岩,含25%的线状藻丝状体、15%的石英砂及15%的褐铁矿,上述这些都为典型的较浅水的陆棚沉积。

深水相沉积：薄层硅质岩,具水平层理,含放射虫化石；分选较差的杂砂岩,杂基含量达20%,多属较深水的重力流沉积；成分成熟度极低的不等粒岩屑长石石英砂岩,其中石英碎屑(30%)、斜长石碎屑(20%)、钾长石碎屑(10%)、安山岩碎屑(10%)粉砂岩及泥岩岩屑(20%)、泥质基质(10%),为典型的活动类型沉积。

深水相和浅水相沉积的交叉混合遍布于本群。这种混合不管是板块俯冲时的沉积混合,还是板块碰撞时或其后的构造混合,对研究雅鲁藏布江缝合带的演变史都将具重要的意义。

第四节 第四系

测区地处喜马拉雅山脉中段北坡,从3.4Ma开始,青藏高原开始整体强烈隆升,整个高原周边山地环境发生了巨大的改变,当高原抬升到一定高度后,表面向周围扩散引起张裂活动,形成第四纪山间或山前断陷盆地。测区有昌龙古湖盆、致克古湖盆、定日-定结古湖盆。直至现代还残留有共左错、错母折林、丁木错等湖泊,广泛发育了湖泊沉积。高原的强烈隆升,发生了多期山岳冰川活动,在山麓堆积了广泛的冰碛物、冰水沉积物,测区内主要由彭曲及支流组成的彭曲水系,沉积了冲积物,几乎所有山口均有泥石流、洪积物、洪冲积物堆积,还有残积物、残坡积物、风积物等,根据填图和实测地层剖面研究,归纳第四纪地层序列如表2-7。

表 2-7　测区第四纪地层序列表

地质年代	年代地层	地层代号	成因类型	主要岩性组合	地形地貌	地层分布	备注
全新世	全新统	Qh^{el}	残积物	褐色含砾砂土层	Ⅰ、Ⅱ级夷平面	拉轨岗日东侧	
		Qh^{esl}	残坡积物	褐色含砾砂土层	低缓山坡上	错母折林湖西侧	
		Qh^{gl}	冰碛物	灰白色砾石、漂砾、石川	现代雪线旁	马卡鲁山北西	
		Qh^{eol}	风积物	灰黄色细砂、粉砂	湖积平原及平原边缓坡	定日-定结古湖、致克、昌龙古湖	
		Qh^{al}	冲积物	褐色砾石层、粉砂粘土层二元结构	现代河流、河漫滩及Ⅰ、Ⅱ级阶地	彭曲水系之中	
		Qh^{del}	泥石流	褐色漂砾、砾石层	山口及山口缓坡	萨尔、定结	图上用Qh^{pl}表示
		Qh^{pal}	洪冲积物	褐色砾石层砂土层	山口、河流及两侧	定日、机脚桥	
		Qh^{pl}	洪积物	褐色砾石层砂土层	山口洪积扇	麻加、萨迦	^{14}C测年 1290±55a
		Qh^{fl}	湖沼沉积物	灰黑色腐泥层	现代湖泊及旁侧沼泽	登错、错左、共左错、错母折林	^{14}C测年 3445±70a
		Qh^{l}	湖积物	灰色砂土层、淤泥层	现代湖泊	丁木错、错母折林	^{14}C测年 3670±320a
晚更新世	上更新统	Qp_3^{al}	冲积物	褐色砾石层砂土层	Ⅲ级阶地,冲积扇	定日、昌龙古湖	光释光测年 46.3±3.5ka, 24.5±2.6ka
		Qp_3^{gl}	冰碛物	灰黄色泥质砂质砾石、漂砾混杂堆积层,无层理	山麓倾斜台地终碛垄	昌龙、萨尔、卡达、拉轨岗日	
		Qp_3^{pl}	洪积物	黄褐色砂土层夹砾石层透镜体	洪积倾斜平原	致克、昌龙古湖边缘	光释光测年 35.6±2.6ka, 18.6±2.2ka
晚更新世		Qp_3^{l}	湖积物	褐色砾石层、灰白色粘土层组合	湖积平原	定日-定结古湖、昌龙古湖	图上与Qp_2^{l}合并,光释光测年, 107.2±8.4ka, 84.7±7.2ka, 65.9±6.0ka
		Qp_3^{pl}	洪积物	黄色砾石层	山麓	拉轨岗日四周	光释光测年 114.8±9.9ka

续表 2-7

地质年代	年代地层	地层代号	成因类型	主要岩性组合	地形地貌	地层分布	备注
中更新世	中更新统	Qp_2^l	湖积物	褐色砾石层灰白色粘土层组合	湖积平原	定日-定结古湖、昌龙古湖	图上与Qp_3^l合并光释光测年 233.4±24.7ka
		Qp_2^{al}	冲积物	黄褐色砾石层、泥质粘土层二元结构	湖积平原底部	定日-定结古湖、昌龙古湖	图上无表示，光释光测年，181.3±19.6ka
		Qp_2^{el}	风化壳	黄色伊利石风化壳	山麓倾斜平原顶部	昌龙古湖南缘	图上无表示
		Qp_2^{gfl}	冰水沉积物	黄褐色厚层状复成分砾石层，含砾砂层，纹层状泥砂层	山麓倾斜平原	昌龙古湖南缘	电子自旋共振测年50万年，光释光测年 342.5±48.0ka
		Qp_2^{al}	冲积物	褐色砾石层，泥质粉砂层	山麓倾斜平原底部	昌龙古湖南缘	图上无法表示
早更新世	下更新统	Qp_1^{el}	风化壳	钙质铁质风化壳	山麓倾斜平原顶部	昌龙古湖南缘	图上无法表示
		Qp_1^{gfl}	冰水沉积物	灰褐色巨厚层状灰岩质砾石层，纹层状泥砂层	山麓倾斜平原	昌龙古湖南缘	电子自旋共振测年(341万年)
		Qp_1^{al}	冲积物	褐色砾石层	山麓倾斜平原底部	昌龙古湖南缘	图上未表示

一、下更新统（Qp_1）

下更新统分布于昌龙古湖盆的南缘。喜马拉雅山脉的北坡，海拔高程5000～5300m，呈东西向平台产出，宽2.5km，长25km，面积62km²。下部为冲积物砾石层，上部为冰水沉积物砾石层、砂土层、含砾粘土层、粘土层，顶部为钙质、铁质风化壳。

（一）冲积物（Qp_1^{al}）

冲积物位于冰水沉积物（Qp_1^{gfl}）底部，在深切河谷中可见其特点：岩性为褐色厚层砾石层，砾石成分主要为沉积岩，以砂岩为主，少量灰岩，未见深变质岩。砾石磨圆度为圆级，分选中等，粒径大者达1m，一般30～50cm。充填有少量砂粒，砾石约占80%，砂粒约占20%，分布在奥陶系甲村组（O_1j）灰岩之上。

沉积环境分析：从岩性特征看，当时高原上升速度很大，而河流下切深度不大，盆地河流接受了来自山地粗碎屑沉积，为河床相沉积，而无河漫滩沉积。为山前河流沉积。

地质时代，该砾石层相当于贡巴砾石层，钱方（1991）指出贡巴砾石层时代属于早更新世。又根据其上覆地层为早更新世，故确定该砾石层属于早更新世地层。

（二）冰水沉积物（Qp_1^{gfl}）

昌龙克弄浦剖面（图 2-59），该剖面由底向顶沿陡崖近乎垂直测制，垂向上共分 10 层，控制厚度 92.9m。

——昌龙克弄浦剖面

（1）剖面记录

10. 暗褐色巨厚层状砾石层砾石的成分主要为砂岩、灰岩等沉积岩，磨圆度为次圆、次棱角状，粒径 1～8cm，砾石占 70％以上，可见正粒序层理，一个正粒序层厚 1m，约 50 个旋回　　　　5m
9. 褐色中粗粒厚层砾石层，黄色薄层亚砂土层组合，构成 17 个旋回层　　　　12m
8. 褐色巨厚层粗粒砾石层　　　　4m
7. 褐色中厚层中粗粒砾石层。褐红色薄层粘土层组合，构成 20 个旋回层，可见冰川扰动构造　　　　7m
6. 褐黄色粗粒砾石层，纹层状粘土层组合　　　　4.5m
5. 黄褐色粗粒砾石层，纹层状粘土层组合　　　　11.5m
4. 褐黄色中厚层中粒砾石层　　　　0.3m
3. 褐色、褐红色厚层状中粗粒砾石层，具正粒序层理　　　　2m
2. 褐红色中厚层中粒砾石层　　　　0.3m
1. 褐色巨厚层中粒砾石层，纹层状粘土层组合，砾石成分为灰岩、泥质灰岩，次圆、次棱角状，粒径 1～9cm，砾石占 80％以上　　　　1.8m

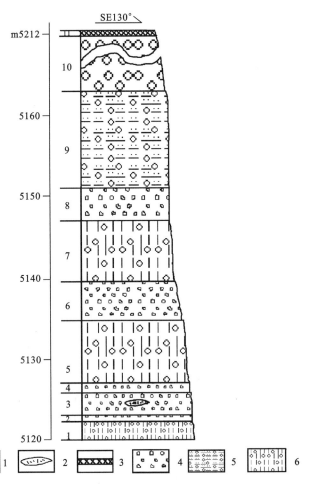

图 2-59　昌龙克弄浦第四系实测剖面图

1.砾石层；2.粉砂质透镜体；3.钙质风化壳；4.砾石层；5.砂土层；6.含砾砂土层

(2) 粒度分析

粒度分析结果获得的各粒级百分含量数值,采用图解法作定量解释。其一是以高低不同的方块表示各粒级百分比的直方图。

双峰型直方图明显表现了沉积物分选差,粗粒部分为负偏态,呈较尖锐的峰态,反映了样品中主要粒级相对于次要的粒级较密集,细粒部分为正态分布,为较平坦的峰态,主要粒级密集不明显。概率图上由4个总体组成。跳跃总体由一条平缓直线组成,粒度区间窄,而悬浮总体由两部分组成,中间有一截断点。说明悬浮物质呈不同状态。

(3) 植硅石特征

该剖面向上的较细粒沉积物中采集植硅石样3块,经盐酸、双氧水分析处理后,其中一块样品中发现植硅石化石。

近代乔木类型的植硅石类型较少,反映草木植物的干旱、寒冷类型较多,代表温暖、湿润的分子有方型25.9%,扇型11.1%,长方型18.5%。代表寒冷类型齿型2.8%,长尖型3.7%,短尖型5.6%,平滑棒状型5.6%。由此推测当时气候开始由温润向冷干转变,植被类型也由森林草区型向草原型演化。

(4) 沉积环境分析

从剖面垂向层序构成观察,整体为一冰湖三角洲沉积体系,当冰川河流入冰湖时,在冰湖岸边沉积冰川砾石,砾石分选差,次圆—次棱角状,可找到冰川压磨痕迹。仅出现纹层状粘土层或薄层状砂土层,并出现冰川扰动构造。即纹层状粘土层,砂土层呈现褶皱状团块出现在砾石层中(图2-60)。粒度分析可知,跳跃总体粒度范围窄,百分含量低,斜率小(<20°),而悬浮总体呈不同状态,由两个总体相混造成,地层倾向湖心,倾角10°左右,是前积层特征。

(5) 地质年代

电子自旋共振(ESR)年代测定其年龄为3410.3ka BP。属上新世,但考虑到上新世无冰川活动,而地层中明显具有冰水沉积特点,故暂定为早更新世地层。

(三) 风化壳(Qp_2^{el})

风化壳为黄褐色薄层状钙质、铁质风化壳,厚20cm。在冰水沉积物风化形成的土林之上似帽状,此类风化壳形成干旱—半干旱气候条件下,因含钙质的溶液渗入形成钙质薄层及分散状钙使整个风化壳呈黄褐色。

二、中更新统(Qp_2)

中更新统在测区分布极广泛。可分为下部、中上部两部分,下部为冲积物、冰水沉积物、风化壳3种成因类型,中上部有冲积物、湖积物、洪积物3种类型。其中湖积物与上更新统湖积物为连续沉积。

(一) 冲积物(Qp_2^{al})

在昌龙古湖冰川沉积物Qp_2^{gfl}的下部发现河流相的冲积层,该冲积层具有2个二元结构。即砾石层、粘土粉砂层组合,砾石层砾石成分主要为沉积岩,以砂岩为主,少量灰岩,磨圆度为圆级,分选好,砾石粒径1~3cm,厚度2.5m,未见底。

沉积环境分析,早更新世晚期,河流处于稳定期,发育了河床相、河浸滩相沉积。

地质时代,上覆地层为Qp_2^{gfl},而下伏Qp_1^{gfl}顶部有风化壳,确定为中更新世早期地层。

(二) 冰水沉积物(Qp_2^{gfl})

冰水沉积物分布在昌龙古湖盆南缘,产在近东西向平台之上,长45km,宽2.5km,面积340km²。测制了昌龙日翁西剖面(图2-60)。海拔高程4600~5000m,该剖面由陡崖底部向顶部近于垂直测制,垂向上共分7层,控制厚度26.35m。

——昌龙日翁西剖面(图 2-60)

1) 剖面记录

7. 褐色厚层状中细粒砾石层,纹层状砂土层组合。砾石层中砾石成分为砂岩、板岩、泥灰岩,次圆、次棱角状,粒径 10~100mm,扁平砾石平行排列,显示平行层理　　10m
6. 褐黄色中厚层状粗粒砾石层,薄层状砂土层组成结构层,砾石层底部有冲刷面　　3m
5. 褐黄色厚层状不等粒砾石层,纹层状粘土层组合　　10m
4. 褐黄色中层状中粒砾石层,含砾亚砂土层组成 3 个结构层　　0.7m
3. 褐黄色厚层状粗粒砾石层,含砾砂土层组成 1 个结构层　　0.65m
2. 褐黄色中厚层状中粒砾石层,砾石成分为砂岩、泥灰岩,次圆—次棱角状,粒径 1~10cm,由 3 个反粒序层组成,下细上粗,每个粒序层顶部有纹层砂土　　1.5m
1. 褐黄色含细砾亚砂土层　　0.5m

2) 粒度分析

双峰型直方图明显表现了沉积物的分选差,粗粒部分为负偏态。反映了样品中主要粗粒级相对于次要细粒级较密集,细粒部分为正态分布,为较平坦的峰态,主要粒级富集不明显,在概率曲线图解上由 4 个总体组成,跳跃总体粒度范围窄,百分含量低,斜率小,由一条平缓直线组成。而悬浮总体由两条直线组成,中间有一截断点,说明悬浮物质呈不同状态,水流为扰动,扰动强度不大。

3) 孢粉组合

该剖面采集了孢粉样 4 块,其中 2 块样品见有孢粉化石,其组合特征如下。

(1) 木本植物花粉占孢粉总数的 34.2%~59.8%,其中乔木针叶林占 4.3%~4.9%,有 Pinus(松)占 1.7%~4.9%,Tsuga(铁杉)占 2.6%;阔叶林占 24.8%~53.9%,见有 Rhus(漆树)、Alnus(桤木)、Pterocarya(枫杨)、Betula(桦)、Quercus(栎)、Acer(槭)、Melia(楝)、Nyssa(紫树)、Moraceae(桑科),灌木中见有 Nitraria(白刺)、Ephedra(麻黄)。

(2) 草本植物中以 Biebersteinia(熏倒牛)为主,含量为 6.9%~45.3%,其次是 Artemisia(蒿)占 12.7%~12.8%,其他还有 Linaria(柳穿鱼)、Nitraria(白刺)、Chenopodium(藜)。

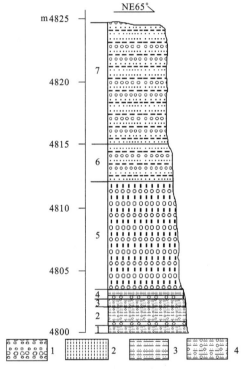

图 2-60 昌龙日翁西第四系实测剖面图
1.砾石层;2.粘土层;3.砂土层;4.含砾砂土层

(3) 蕨类植物中以 Polypodiaceae(水龙骨科)为主,含量为 4.3%~8.8%,还有 Sphagnum(水藓)、Lygodium(海金砂)、Equisetum(木贼)、Hicriopteris(里白)、Pteris(凤尾蕨)、Microlepia(鳞盖蕨)。

上述孢粉组合的特征是木本植物由少到多,草本植物由多到少的转化,木本植物中以喜温的阔叶林为主,混杂着极少量针叶林,耐干旱的灌木麻黄、白刺稀少,代之而起的是盛产于我国西北的陆生草本植物熏倒牛,其植被面貌是由熏倒牛草为主的疏松阔叶林到阔叶林为主的疏松转化植被景观,气候为温湿向偏干冷转化。

4) 植硅石组合

植硅石组合反映乔木类型的多面体型 10.9%~22.2%,扁棒型 11.8%~17.4%,纺锤型 14.6%~26.9%,反映温暖、湿润型的草木植物方型 3.6%~5.1%,长方型 2.5%~6.3%,哑铃型 0%~6.1%,扇型 3.0%~9.4%,干旱、寒冷的齿型 3.3%~6.6%,棒型 3.6%~9.2%,长尖型 0.7%~38%,短尖型 2.1%~4.7%,推测当时气候由温湿向干冷转变,为森林植被。

5）沉积环境分析

沉积环境为冰湖三角洲沉积。冰川区由于冰川侵蚀破坏,形成大量碎屑物质,大大超过冰水负载能力。使沉积物总体为砾石层,砾石成分单一,主要为砂岩和泥灰岩,未见变质岩砾石,砾石磨圆度差,为次棱角状、次圆状,分选不是很好。砾石层之间夹纹层含砾砂土层显示了不是很分明的层理。砾石层中砾石未经风化。不含有机质,颜色单一,从粒度分析结果可知,砾石间含悬浮物质多。更重要的是砾石上找到冰川压磨痕迹。

（三）风化壳（Qp_2^{el}）

风化壳为白色厚层状伊利石类矿物为主的粘土层,厚4~5m,为间冰期遭受温热风化堆积产物。伊利石类矿物风化壳仅限于冰川沉积物的上部,风化壳从上到下温热化程度基本一致,反映了气温为稳定条件。

（四）冲积物（Qp_2^{al}）

在昌龙古湖盆风化壳（Qp_2^{el}）之上发现了河流相的冲积物,冲积层具二元结构,下部为砾石层,其上为粘土质粉砂层。砾石层砾石主要为沉积岩,以碎屑岩为主,次为灰岩,砾石磨圆度好,为圆级,分选好,砾石砾径1~4cm,厚度1.8m,粘土质粉砂层厚0.8m。

沉积环境分析,中更新世早期为冰水沉积,当进入间冰期,出现了伊利石类矿物风化壳,然后河流处于稳定期,发育了河床相、河漫滩相沉积。

地质时代,下伏地层为中更新世早期冰水沉积顶部风化壳,经光释光测年,其年龄值为181.3±19.6ka BP。定为中更新世中晚期。

（五）湖积物（Qp_2^l）

中更新世中晚期湖积物在测区分布最广泛,昌龙古湖盆、致克古湖盆、定日-定结古湖盆均有分布,分布面积近千平方千米。海拔高程为4190~4600m,测制了一个剖面。

该剖面是沿深切河谷由底向顶近乎垂直测制的。垂向上划分35层,控制厚度25.31m。

1. 麻加乡机脚桥南东剖面（图2-61）

1）剖面记录

35. 褐色巨厚层状含砾砂土层	200cm
34. 褐色厚层状中粒砾石层	60cm
33. 褐色厚层状粉砂粘土层,具水平层理	95cm
32. 浅灰白色厚层状粘土层,块状层理	130cm
31. 黄灰白色厚层状粘土层,水平层理	30cm
30. 浅灰白色厚层状粘土层,水平层理	50cm
29. 白色中厚层状粘土层,块状层理	18cm
28. 灰白色中厚层状粘土层,水平层理	40cm
27. 褐色中厚层状细砂层	50cm
26. 褐色块状层中粒砾石层,砾石成分为砂岩、板岩,少量灰岩,次圆、次棱角状,分选中等,粒径3~5cm	250cm
25. 浅灰白色中厚层状粘土层	45cm
24. 灰白色中厚层状粘土层,顶部有厚0.5cm的铁质风化壳	40cm
23. 褐色薄层状含粉砂粘土层	10cm
22. 微黄的白色、浅灰白色粘土层	120cm
21. 微黄的白色含粉砂粘土层	15cm
20. 灰白色厚层状粘土层,具水平层理,含铁质结核	95cm
19. 褐色薄层状中细粒砾石层,砾石成分以砂岩为主,含少量其他沉积岩砾石,次圆状,分选不好,粒径大者10cm,粒径小者1cm	10cm

18. 浅灰白色,微黄白色厚层状粘土层,具水平层理 　　　　　　　　　　　　　　　　　　　　120cm
17. 微黄的浅灰白色巨厚层状含细砾粘土层,砾石次圆状粒径0.5cm,占5% 　　　　　　　140cm
16. 浅灰白色、微黄白色粘土层,上下具水平层理 　　　　　　　　　　　　　　　　　　　　40cm
15. 灰白色薄层状中粒砾石层 　　　　　　　　　　　　　　　　　　　　　　　　　　　　　1cm
14. 微黄白色厚层状粘土层纹层状,水平层理发育 　　　　　　　　　　　　　　　　　　　85cm
13. 浅灰白色薄—中层粘土层 　　　　　　　　　　　　　　　　　　　　　　　　　　　　15cm
12. 灰褐色中厚层状中粒砾石层,砾石成分为砂岩、板岩、脉石英,次圆、次棱角状,分选中等,粒径
    4～8cm,顶部有厚3mm铁质薄壳 　　　　　　　　　　　　　　　　　　　　　　　　25cm
11. 灰褐色厚层状中粒砾石层,砾石成分有砂岩、板岩、脉石英,次圆、次棱角状,分选中等,粒径
    3～6cm,具粒序层理,底部有冲刷石 　　　　　　　　　　　　　　　　　　　　　　100cm
10. 黄色、黄褐色中厚层状含钟乳石团块和条带的砂土层 　　　　　　　　　　　　　　　30cm
9. 灰白色巨厚层状含铁质结核,铁质条带粘土层 　　　　　　　　　　　　　　　　　　　180cm
8. 微黄灰白色不等厚粘土层,水平层理发育 　　　　　　　　　　　　　　　　　　　　　30cm
7. 浅灰白色厚层状含砾粉砂粘土层,砾石成分以砂岩为主,还有板岩、脉石英,次棱角状,粒径
   0.5cm,含量5% 　　　　　　　　　　　　　　　　　　　　　　　　　　　　　　　110cm
6. 浅灰白色巨厚层状粘土层 　　　　　　　　　　　　　　　　　　　　　　　　　　　110cm
5. 黄褐色薄层状粉砂土层 　　　　　　　　　　　　　　　　　　　　　　　　　　　　　3cm
4. 灰白色中厚层状粘土层 　　　　　　　　　　　　　　　　　　　　　　　　　　　　　20cm
3. 棕色中厚层状粘土粉砂层 　　　　　　　　　　　　　　　　　　　　　　　　　　　　40cm
2. 灰白色厚层状含细砾砂土层,发育交错层理 　　　　　　　　　　　　　　　　　　　85cm
1. 褐色厚层状粘土质粉砂层 　　　　　　　　　　　　　　　　　　　　　　　　　　　　10cm

2) 粒度分析

砾石层粒度分析直方图上主峰位置不清楚,直观表示了样品的粒度变化为分选性差,粒度分布范围大。概率累计曲线图上总体的界线不十分清楚,混合度宽,斜率也不大。反映了为近岸水下扇沉积,并带有一定浊水流沉积特点。

3) 古地磁(图2-62)

该剖面系统采集了古地磁样品,采样间距一般控制在1m左右。但由于剖面部分地段岩性较粗,很难获得合适的样品,共采集古地磁样品25个。

样品测试由中国地质大学(武汉)分析测试中心古地磁实验室完成。剩余磁矩的测量使用了智能化的美制DSM-2数字旋转磁力仪。原生剩磁使用美制GSD-5交变退磁仪。

地层为布容极性时以来堆积物,在剖面顶部相应的标准年龄约为390ka BP负极性亚带相应为可德堡极性亚带。

磁化强度Jr和磁化率K,有明显的高值异常,以温暖气候为主要特征。

4) 孢粉组合

该剖面采集了3块孢粉样,其中2块见有孢粉化石,其组合特征如下。

(1) 木本植物花粉含量超过草本植物花粉和蕨类植物孢子。木本植物花粉为49.4%～53.2%,草本植物花粉为21.5%～25%,蕨类植物孢子为25.2%～25.6%。

(2) 木本植物花粉中针叶树种含量超过阔叶树种,针叶树种有 *Pinus*(松)9.11%～12.8%, *Abies*(冷杉)6.4%～18.9%, *Picea*(云杉)0.8%～1.8%, Taxodiaceae(杉科)

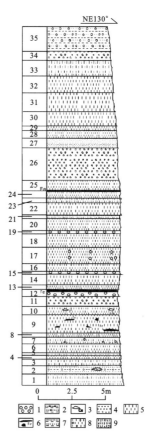

图2-61 麻加乡机脚桥南东第四系实测剖面图
1.砾石层;2.含砾砂土层;3.钟乳石团块;
4.砂层;5.粘土层;6.褐铁矿层和褐铁矿结核;
7.砂土层;8.含砾粘土层;9.粉砂粘土岩

0.8%～5.5%及现今植物中已绝灭的 Tsuga(铁杉)0.8%～1.2%，Podocarpus(罗汉松)1.1%～1.8%，Cedrus(雪松)0.4%～0.6%；阔叶树种 Quercus(栎属)2.4%～18.7%，含量较高，其次是 Betula(桦木属)1.2%～3.4%，其他的还有 Ulmus(榆属)，Juglans(胡桃属)，Rhus(漆树)，Acer(槭属)等花粉，灌木 Ephedra(麻黄)，Nitraria(白刺)。

(3) 草本植物花粉以陆生 Chenopodiaceae(藜科)，Artemisia(蒿)的含量较高，分别为 3.0%～4.5%、0.6%～4.9%，其他还见有 Gramineae(禾本科)Rubia(茜草)，Compositae(菊科)，Labiatae(唇形科)。水生植物中 Typha(香蒲)含量高，为 7.9%～13.4%。

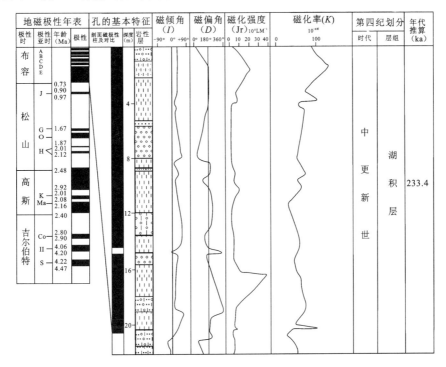

图 2-62 麻加乡机脚桥东南剖面地磁极性图

(4) 蕨类植物孢子以 Polypodiaceae(水龙骨科)为主，含量为 9.8%～14.1%，其他还见 Plagiogyria(瘤足蕨)，Botrychium(阴地蕨)，Equisetum(木贼)，Seleginclla(卷杨)，Microlepia(鳞盖蕨)，Pteris(凤尾蕨)，Cyathea(桫椤)，Hicriopteris(里白)，Sphagnam(水藓)。

从上述孢粉组合特征分析可以看出，该孢粉组合所代表的植被类型为森林草原型。以木本植物占优势，主要成分是针叶树种的冷杉，杉属。其次是桦科、栎属及榆科，有时有麻黄和白刺灌木参加，同时出现灭绝的分子。草本植物中的藜科、蒿属等，蕨类植物中水龙骨科，为温带—亚热带区系植被，气候温润。

5) 沉积环境分析

从剖面垂向层序观察，从下向上可划分为如下沉积地层。

1、2 层为冲积物(Qp_2^{al})。具河流边滩、河漫滩沉积特点。成分主要为悬浮物质粘土、粉砂，具大型交错层理，岩性松散。

3—10 层为粘土层。具水平层理，为湖心沉积。9 层出现铁质结核，10 层出现钙质团块，反映湖水变浅。

11、12 层为砾石层，并对底部形成冲刷面。反映湖水进一步变浅，据粒度分析，为近岸水下扇沉积，并具有一定浊流沉积特点。12 层顶部出现薄层铁壳，可能有短时间沉积间断。

13、14 层为粘土层，表示又一次出现湖水加深过程，加深后形成湖心沉积。

15—25 为砾石层、粘土层组合，即形成沉积旋回，反映湖水由浅变深反复变化，具湖滨与湖心之间过渡带特点。

26—33 层为砾石层-砂土层-粘土层组合，形成沉积旋回，反映了湖水由浅变深重复发生，继承了 15—25 层的特点，为湖心和湖滨之间过渡相特点。

34、35 层为砂土层、砾石层，厚度大，反映古湖泊将进入堰塞阶段。

由于古湖盆为山间谷地,湖水深浅变化大,物源比较近。当洪水期带来粗碎屑,沉积了厚—巨厚层砾石层,非洪水期又沉积了粘土层,组成了沉积旋回。

6) 地质时代

该剖面光释光样测年结果为 233.4±27.4ka BP,属中更新世。

2. 萨尔乡达日阿剖面(图 2-63)

(1) 剖面记录

1. 褐色砾石层,砾石成分为灰岩、砂岩、板岩,磨圆度较好,粒径 1~3cm,占 75%,呈松散状分布	13.78m
2. 褐色厚层状砾石层,砾石成分为灰岩、砂岩、板岩,磨圆度较好,粒径 0.5~10cm,扁平砾石平行层理	1.11m
3. 褐色砾石层,砾石成分同上。磨圆度较好,为松散状	4.56m
4. 褐黄色厚层状亚砂土层	1.88m
5. 褐色褐铁矿风化壳	0.2m
6. 土黄色厚层状砾石层,暗灰色薄层状粘土层,褐黄色中厚层状砂土层组合	1.55m
7. 褐色含砾砂土层	7.1m
8. 褐色厚层状砾石层,中薄层状粘土层、含砾粘土层组合,砾石层砾石成分为灰岩、粉砂岩、板岩,磨圆度好,分选不好,粒径大者 20cm,粒径小者几毫米,巨大漂砾可达 60cm,砾石层底部有冲刷面	0.37m
9. 褐色含砾砂土层	14.26m
10. 褐黄色厚层砾石层,砂石成分灰岩、粉砂岩、板岩,磨圆度好,分选中等,粒径 0.2~20cm,占 75%	0.28m
11. 褐黄色厚层状亚粘土层夹砾石层透镜体。砾石层透镜体中砾石成分主要为灰岩,少量板岩、粉砂岩,次棱角状、次圆状,砾石大小悬殊,粒径大者 2m,粒径小者 10cm,砾石层平行亚粘土层层理	10.71m
12. 青灰色厚层状亚砂土层,亚粘土层,夹砾石层透镜体,砾石层透镜体特征同上,顶部有 15~30cm 厚铁质风化壳	13.92m
13. 褐黄色薄层状砾石层,中厚—巨厚层粘土层组合	16.28m

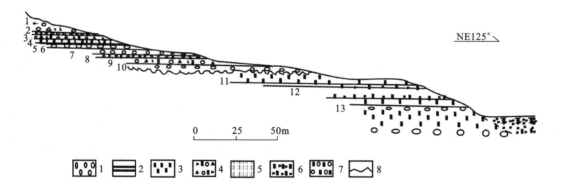

图 2-63 萨尔乡达日阿第四系实测剖面图

1.砾石层;2.褐铁矿;3.粘土层;4.含角砾及砂砾土层;5.砂土层;6.亚砂土层;7.含砾砂土层;8.冲刷面

(2) 粒度分析

砾石层粒度分析直方图上峰值不明显,为多峰值,表明分选较差。在粒度概率累计曲线图上可清楚地区别开 4 个总体,分别为 4 条直线。滚动总体比例不大,颗粒易发生滚动,水动力强。而跳跃总体由一条平缓的直线组成,粒度区间宽,悬浮总体由两条直线组成,说明水流速度大,悬浮物质呈不同状态,为密度流沉积。

(3) 古地磁(图 2-64)

该剖面仅在 12、13 层中采集古地磁样 24 块。剖面底部处布容正向极性带内,所相对的年龄分别为 390ka BP,290ka BP,128ka BP,磁化强度 Jr 和磁化率 K 变化不明显,底部出现高值反映温暖气候,其余均为寒冷型气候。

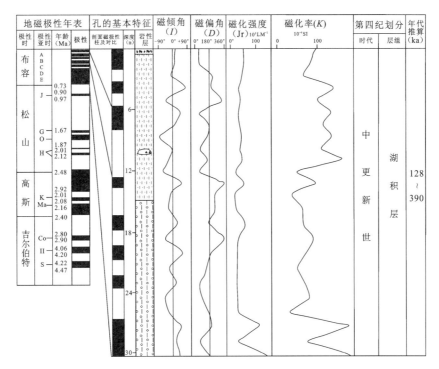

图 2-64　萨尔达日阿剖面地磁极性图

(4) 孢粉组合

该剖面采集 3 块孢粉样,其中一块见有孢粉化石。样品分布在古湖泊堰塞阶段。组合中木本植物花粉占孢粉总数的 76.5%,草本植物花粉占 21.3%,蕨类植物孢子占 2.2%,未见水生植物花粉;木本植物中乔木针叶林占 2.2%,仅见 *Pinus*(松),*Taxedium*(杉),阔叶林占 74.3%,见有大量 *Castanae*(栗),*Fagus*(山毛榉),*Quercus*(栎),*Betula*(桦),*Acer*(槭),*Pterocarya*(枫杨),灌木中仅见有 *Nitraria*(白刺),含量 0.7%;草本植物以 *Bieberstenia*(熏倒牛)为主,占 15.4%,另见有 *Chenopodium*(藜),*Artemisia*(蒿),*Linaria*(柳穿鱼),蕨类植物中仅见有 Polypodiaceae(水龙骨科),*Equisetum*(木贼)二属。

上述孢粉组合总的特征是木本植物超过草本植物,木本植物以喜温的栗、山毛榉为主,树下长有盛产我国西北的陆生植物熏倒牛,这反映出冰川沉积之后,湖泊堰塞阶段植被面貌以阔叶林为主的森林草甸混交树带,气候已经是温暖偏温。

(5) 沉积环境分析

该剖面 12、13 层为河流入湖稍远处形成水下扇三角洲泥砂质堆积,并有分散性水道,并出现砾石层透镜体。12 层顶部出现铁质风化壳,表示有一次沉积间断。11 层又具有 12、13 层的沉积特点。5—10 层为古湖边滩沉积,湖水变成沉积的主要为砾石层。5 层为铁质风化壳,代表了又一次沉积间断,1—4 层为磨圆度较好的砾石层,表示古湖堰塞后河流相沉积。

(6) 地质时代

该剖面据古地磁测年为 128ka BP,290ka BP,390ka BP。明显为中更新世产物。

三、上更新统(Qp_3)

晚更新世沉积物类型较多,有湖积物、洪积物、冰碛物、冲积物。在致克古湖、昌龙古湖、定结-定日古湖中广泛发育湖积物,面积大。洪积物发育在湖缘,保留了较好的层序。冰碛物也十分广泛,主要分布在拉莫如山脉两侧及拉轨岗日一带,冲积物主要发育在Ⅲ级阶地之中,在昌龙古湖盆之上发育了较大的冲积扇。

(一) 洪积物(Qp_3^{pl})

在拉轨岗日四周发育较早的洪积物,其特点是均遭流水地质作用破坏,但均保留了较好的地层剖面。高程均在4300m以上,但没有洪积扇的特征,均保留为扇顶相特征。

——麻加乡南洪积扇剖面(图2-65)

(1) 剖面记录

10. 褐色厚层状砾石层,砾石成分为近区砂岩、板岩,棱角状,粗粒混杂	1m
9. 黄褐色薄层状砾石层,黄褐色中厚层状全砾砂土层组合	1.9m
8. 黄褐色中厚层状砂土层	0.18m
7. 黄褐色厚层状中粒砾石层	1m
6. 黄褐色薄层状含砾砂土层	0.10m
5. 黄褐色中厚层状砾石层	0.40m
4. 黄褐色中厚层状含砾砂土层	0.3m
3. 黄褐色薄层状砾石层	0.1m
2. 黄色中厚层状粗砂土层	0.50m
1. 褐色厚层状中粗粒砾石层,砾石成分为近源砂岩、板岩、脉石英,次棱角状,粒径5~12cm,砾石占80%	1cm

(2) 沉积环境分析

该剖面基本为砾石层、砂土层或含砾砂土层组合,其砾石层中砾石呈棱角状,扁平砾石呈叠瓦状排列,砾石层有时为透镜体状,砾径由大到小变化较为迅速,具洪积扇扇顶相特点。扇缘相砂土层被冲积物切割。

(3) 地质时代

洪积物经光释光测年为114.8±9.9ka BP,为晚更新世早期产物。

(二) 湖积物(Qp_3^l)

晚更新世古湖盆分布与中更新世一致,为连续沉积。测制了两个剖面,分布在定日-定结古湖盆和昌龙古湖盆。

1. 麻加乡机脚桥道班北剖面(图2-66)

1) 剖面记录

1. 黄褐色薄层状粉砂粘土层	0.20m
2. 褐色巨厚层状中粒砾石层。砾石成分为砂岩、板岩、灰岩等,次棱角状、次圆状,扁平砾石,具平行层理,砾石占60%~80%,由12个粒序层理组成,每个粒序底部砾石粒径10cm,向上逐渐变为小于1cm	6.9m

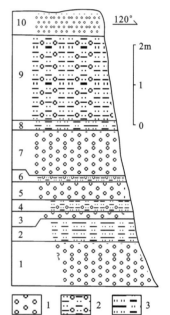

图2-65 麻加乡南洪积扇剖面图
1.砾石层;2.含砾砂土层;3.砂土层

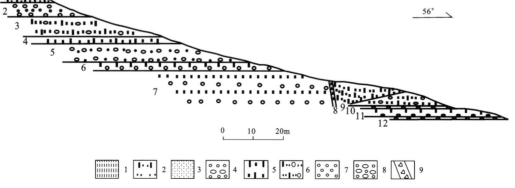

图2-66 麻加乡机脚桥道班北剖面图
1.粘土层;2.粉砂粘土层;3.粉砂层;4.粒序砾石层;5.砂土层;6.含砾砂土层;7.砾石层;8.不等粒砾石层;9.断层角砾岩

3. 浅灰色薄层状—中厚层状中粒砾石层,黄褐色含砾粘土粉砂层组合,由 9 个旋回层组成,含砾
   粘土粉砂层中砾石大小不等,粒径小者小于 1cm,粒径大者 30cm   9.68m
4. 黄褐色中厚层状粉砂粘土层   0.36m
5. 褐色巨厚层状不等粒砾石层,砾石成分为砂岩、板岩、少量灰岩,棱角状、次棱角状,粒径大者
   1m,粒径小者 1cm,大小混杂,无层理,无分选,但夹有薄层状粘土层   26.33m
6. 褐色薄层—中厚层中粗粒砾石层,浅灰白色中厚层—厚层粘土层组合,形成 4 个旋回,砾石层
   形成反粒序层理,粒径由 6cm 变至 1cm,以次圆状为主,少量次棱角状。最底部砾石层底石有
   冲刷面。粘土层中具水平层理,偶夹 20cm 大小砾石   3.87m
7. 褐色巨厚层状中粒砾石层,褐色薄层状粉砂层组合,砾石层具大型斜理层同时具反粒序层理,
   而粉砂层具水平层理。可见 6 个旋回   14.99m
8. 浅灰白色薄层含粉砂粘土层与黄褐色含粉砂粘土层互层,偶见砾石   23.52m
9. 褐色中厚层状砾石层。黄褐色薄层状含砾砂土层组合,共出现 21 个旋回   9.78m
10. 灰白色薄层—中层中粒砾石层,浅灰白色中厚层状粘土层组合,可见 4 个旋回,砾石层厚度
    不稳定,有时呈透镜状   1.46m
11. 褐色薄层中粒砾石层,浅灰白色厚层状粘土层组成 4 个旋回   3.41m
12. 灰色中层状中粗粒砾石层,灰白色巨厚层状粘土层组合,形成 4 个旋回   4.62m

2)粒度分析

直方图上主峰位置不清楚,明显具有洪积相杂砾岩粒度分布特征,表示了样品粒度分布范围大,分选差。在概率累计曲线图上总体界线虽然清楚,但混合度偏宽,跳跃总体斜率小,反映了近岸水下扇沉积,并带有一定浊水流沉积的特点。

3)孢粉组合

(1) 组合中木本植物花粉含量超过草本植物花粉和蕨类植物孢子,木本植物花粉占 55.1%,草本植物花粉占 20.4%,蕨类孢子占 24.5%。

(2) 木本植物花粉中针叶树种超过阔叶树种,针叶树种有 $Pinus$(松),$Abies$(冷杉),$Picea$(云杉),Taxodiaceae(杉科)及现今植物中已灭绝的 $Tsuga$(铁杉),$Podocarpus$(罗汉松),$Cedrus$(雪松)。阔叶树种 $Quercus$(栎属)含量较高为 3.0%,其次是 $Betula$(桦木属)花粉 1.2%,其他的还有 $Ulmas$(榆属),$Juglans$(胡桃属),$Pterocarya$(枫杨),$Rhus$(漆树),$Acer$(槭树)等花粉,灌木 $Ephedra$(麻黄),$Nitraria$(白刺)含量较少。

(3) 草本植物花粉中以陆生 Chenopodiaceae(藜科),$Artemisia$(蒿)的含量较高,分别为 3.6% 和 1.2%,其他还见 Gramineae(禾本科),$Rubia$(茜草科),Compositae(菊科),Labiatae(唇形科),水生草本植物中 $Typha$(香蒲)含量较高,为 12.0%,其他还见 $Hicriopteris$(里白),$Cyathea$(桫椤),$Pteris$(凤尾蕨),$Microlepia$(鳞盖蕨),$Botrychium$(阴地蕨),$Selaginella$(卷白),$Equisetum$(木贼)等。蕨类植物中以 Polypodiaceae(水龙骨科)为主。含量为 12.6%。

上述孢粉组合特征分析,可以看出,该古湖盆边缘孢粉组合代表的植被类型为森林草原型,该植被为木本植物占优势。这类植物的主要成分是针叶树种的冷杉、松属等,其次是桦科、栎属及榆科,有时有麻黄和白刺等灌木参加,同时出现已灭绝的铁杉、罗汉松、雪松。而草本植物、蕨类植物在这类植被中也不少见,气候应是湿润温凉。

4)古地磁(图 2-67)

在该剖面采古地磁样 22 块,测试结果表明剖面该地层为布容极性时以来的堆积物,剖面上负极性亚带应为牙买加极性亚带,地层年龄为 182ka BP。从磁化强度 Jr 和磁化率 K 两个量值特征分析,其中 K 值有 2 个明显的高值异常,也有一个低值异常,两高值区以温暖气候为主要特征,低值区为相对寒冷型气候。

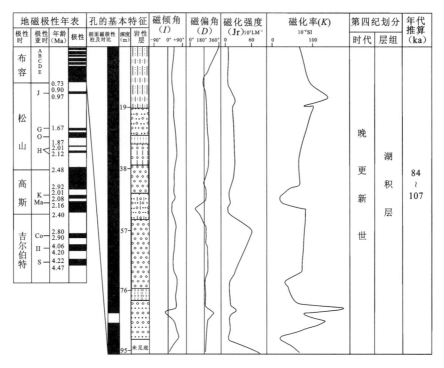

图 2-67 麻加乡机脚桥道班北剖面地磁极性图

5）沉积环境分析

该剖面由下至上出现有规律变化。反映了定日-定结古湖盆沉积堰塞的全过程。粗粒砾石层由下至上，由薄变厚变为完全为砾石层、砂土层组合。砾石层为浊水流沉积，具洪积特征，即洪水期产物，洪水期后湖水加深，处于静水环境，沉积的主要为粘土层，粘土层由下至上，由厚变薄变为消失，反映了湖盆堰塞的特点。湖积物顶部明显为洪积层，即为堰塞后的产物。

6）地质时代

该剖面古地磁地层年龄偏大，光释光测年 14 层为 107.2 ± 8.4ka BP，至上部 9 层为 84.7 ± 7.2ka BP，同时在定日白坝附近地表光释光测年为 65.9 ± 6.0ka BP，均为晚更新世。

2. 岗巴县昌龙纳加剖面（图 2-68）

（1）剖面记录

12. 浅黄色厚层状中粗砾砾石层	0.17m
11. 浅黄色厚层状砂土与浅灰白色厚层状粘土层互层	6.77m
10. 浅黄色中厚层状砂土层	5.83m
9. 浅灰白色中厚层状含褐色泥砾粘土层	7.42m
8. 浅黄色中厚层状亚粘土层	15.9m
7. 浅灰白色中厚层状亚砂土层，夹纹层状透镜粗砂层	7.42m
6. 褐黄色薄层粉砂层、浅灰白色中厚层粘土层组成结构层，粉砂层底部均有薄层褐铁矿（2cm），结构层为 10 层	6.36m
5. 褐黄色薄中层泥质粉砂层、浅灰白色中厚层状粘土层组成 4 个结构层	5.30m
4. 灰色中厚层状砂土层，浅灰白色中厚层状粘土层组成 2 个结构层	2.65m
3. 灰黄色中厚层泥质粉砂层，浅灰白色中厚层状粘土层，组成 3 个结构层	5.30m
2、1. 褐黄色、黄褐色巨厚层状含砾亚粘土层	14.31m

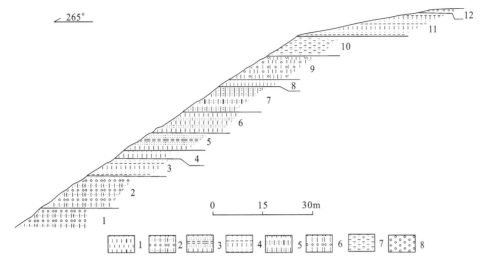

图 2-68 岗巴县昌龙纳加剖面图

1.粘土层；2.含砾亚粘土层；3.泥质粉砂、粘土层；4.砂土、粘土层；5.亚砂土层；6.含砾粘土层；7.砂土层；8.砾石层

（2）粒度分析

直方图为单峰型，为主峰位于较粗粒部分的正偏态，具有湖相砾砂质沉积特点。在概率累计曲线图上其特点是跳跃总体为主要组分，斜率大，分选很好，其他两总体相对较少。

（3）古地磁（图 2-69）

该剖面采古地磁样 50 个样品的采样间隔以不同岩性、均衡分布为原则，在 4439.6cm 处负极性亚带应为布莱克极性亚带，时间为 128ka BP 左右，另外在 4444.40m、4451.60m、4455.20m 处的负极性亚带相应为牙买加、Levantine、琵琶Ⅱ极性亚带，所对应的地层年龄分别为 182ka BP，290ka BP，390ka BP。底部有明显的高价异常，高值区以温暖气候为主要特征，其上区段相对以干寒冷型气候为主。

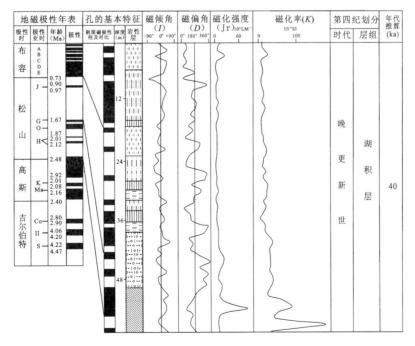

图 2-69 昌龙乡纳加剖面地磁极性图

（4）孢粉组合

该剖面 10 块孢粉样中仅有 2 块含有孢粉化石。组合中木本植物花粉占孢粉总数的 73.3%，草本植物花粉占 2.5%，蕨类植物孢子占 24.2%，未见水生植物花粉。木本植物中乔木针叶树占 57.5%，具

有大量 *Pinus*（松）27.5%，*Picea*（云杉）10.8%，还有 *Abies*（冷杉），*Keteleeria*（油杉），*Cedrus*（雪松），*Podocarpus*（罗汉松），*Tsuga*（铁杉），*Taxodium*（杉），阔叶林占 11.7%，见有 *Quercus*（栎），*Castanae*（栗），*Acer*（槭），*Melia*（楝），*Pterocarya*（枫），*Ulmas*（榆），灌木中仅具有 *Ephedra* 麻黄一属，含量为 4.2%。草本植物含量较低，见有 *Chenopodium*（藜），*Artemisia*（蒿）二属。蕨类植物中以 Polypodiaceae（水龙骨科）为主，含量占 15.89%，其次是 *Microlepia*（鳞盖蕨）为 5.0%，见有 *Sphagnam*（水藓），*Equisetum*（木贼），*Osmunda*（紫萁）。

上述孢粉组合中总的特征是木本植物占绝对优势，木本植物中以喜温凉的松柏类为主，林下长有喜温的水龙骨科的蕨类植物，耐干旱的藜、蒿。草本植物稀少，这反映当时植物的垂直分带十分明显，形成高山深处生长云杉、冷杉，下一层生长杉、雪松、铁杉、油杉，在中、低山上则生长阔叶植物，湖边生长半湿生稀少草本物物，气候潮湿，温凉。

（5）植硅石

代表乔木型的植硅石急剧减少，代表温暖，湿润的分子大量繁盛，组合中以方型（18%～26.4%）、扇型（15.1%～26.4%）、长方型（6.4%～18.5%）为主，反映草本植物的干旱、寒冷类型有所增加，如齿型（1.9%～17.0%）、长尖型（3.7%～7.3%）、短尖型（4.5%～6.4%）及平滑棒型（0～5.7%），由此推测当时气候开始由温湿向冷干转变，与磁化强度（Jr）和磁化率（K）一致，植被类型与孢粉组合一致。

（6）沉积环境分析

该剖面底部湖积物开始沉积时气候温暖，含铁质高，呈褐色。湖积物继续沉积时，气候干冷。从该剖面沉积特点分析，主要为砂土层、粘土层组合，反映了环境重复性变化。由于气候干冷，动植物少，沉积物中有机质少，颜色浅灰白。其中 6 层中出现 10 层褐铁矿层，说明其沉积间断次数频繁，其上又为稳定沉积。1—11 层明显代表了湖滨至湖心相沉积，12 层为砾石层，代表昌龙古湖已进入堰塞期。

（7）地质时代

该剖面古地磁地层年龄偏大，光释光测年为 40.7±3.5ka BP，属晚更新世。

（三）洪积物（Qp_3^{pl}）

该期洪积物广泛分布，主要在致克古湖四周及昌龙古湖盆南缘。可形成巨大的洪积扇，一般可分为扇根相、扇中相和边缘相，仅边缘相有时被地面流水切割破坏，这是与早期洪积扇的主要区别。

——岗巴县致克乡马日弄剖面（图 2-70）

1）剖面记录

1. 褐色中厚层含砾粘土层	30cm
2. 黄色厚层含砾砂层	100cm
3. 黄色中厚层细砂层	40cm
4. 黄色厚层状含砾砂土层，夹透镜状砾石层，砾石为砂岩、灰岩，次圆、次棱角状	30cm
5. 黄色原厚层含砾砂土层	120cm
6. 褐黄色含砾粘土层	50cm

2）粒度分析

粒度分析直方图直观表示样品的粒度变化无规律，没有明显的峰值，粒度粗细和分选不好，反映了水动力条件较强。与伍登（Uaden，1904）的各种现代沉积的分析资料所作直方图中洪积相杂砾岩直方图一模一样。在概率累计曲线图上，有些点不落在直线上而是在其附近，其中跳跃总体斜率小，分选较差，表示了介质密

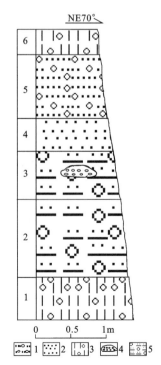

图 2-70 岗巴县致克乡马日弄剖面图
1.含砾细砂层；2.细砂层；3.含砾粘土层；
4.砾石层透镜体；5.含砾砂土层

大,粗细颗粒均呈悬浮状态搬运,为浊水流性质。

3) 古地磁(图 2-71)

在该剖面上采古地磁样 15 块,测试结果为:剖面地层为布容极性时以来的堆积物。底部处应是布容近向极性带相应的标准年龄为 390ka BP,在剖面上第 2 层负极性亚带应为牙买加、Levantine、琵琶Ⅱ极性亚带,所对应的地层年龄为 180.2ka BP,由图 2-71 可以看出,Jr 和 K 上部有个明显的高值异常,为温暖气候特征,下部相对以干寒冷型气候为主。

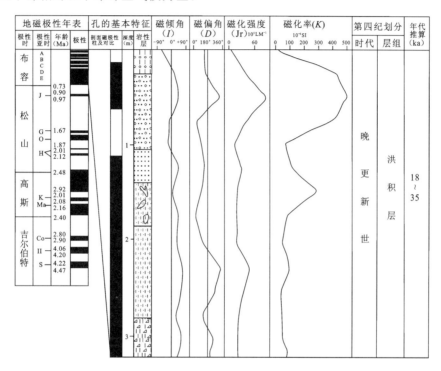

图 2-71 致克乡马日弄剖面地磁极性图

4) 孢粉组合

该剖面由下向上的较粗粒沉积层中采孢粉样 3 块,经氢氟酸法处理后,其中仅一块样孢粉组合特征如下。

(1) 组合中木本植物花粉含量超过蕨类植物孢子和草本植物花粉,木本植物花粉占 45.5%,蕨类植物孢子占 29.5%,草本植物花粉含量为 25%。

(2) 木本植物花粉中针叶树种含量超过阔叶树种,针叶树种有 *Pinus*(松)占 11.5%,*Abies*(冷杉)占 4%,*Picea*(云杉)占 2%,*Taxodiaceae*(杉科)占 1.5%,还有现今植物中已灭绝的 *Podocarpus*(罗汉松)占 0.5%,*Cedrus*(雪松)占 2%,阔叶树种 *Quercus*(栎)含量较高,占 12%,其次是 *Ulmas*(榆)占 4%,*Betula*(桦)占 2%,其他的还有 *Coaylus*(榛),*Myliea*(杨梅),*Rhas*(漆树),*Melia*(楝),*Acer*(槭)等花粉,灌木有 *Ephedra*(麻黄),*Nitraria*(白刺)。

(3) 草本植物花粉中以陆生 Chenopodiaceae(藜科),*Artemisia*(蒿)含量较高,分别占 7%、12%,其他还见 Compositae(菊科),未见水生草本植物花粉。湿生的蕨类植物孢子 Polypodiaceae(水龙骨科)占 18.5%,还有 *Hicriopteris*(里白),*Cyathea*(桫椤),*Pteris*(凤尾蕨),*Microlepia*(鳞盖蕨),*Equisetum*(木贼),*Botrychium*(阴地蕨),*Plagiogyria*(瘤足蕨),*Sphagnam*(水藓)。

以上孢粉组合特征分析,可以看出,该组合所代表的植被类型应为森林草原型,该植被以木本植物占优势,次为阔叶树,还有少量灌木参加,草本植物、蕨类植物在这类植被中也不少见,特别是有指示冰期的扇形阴地蕨。水生草本植物花粉缺少,还有喜干热的藜科、蒿等,反映了盆地气候温凉湿润,属温带—亚热带区系植被。

5) 沉积环境分析

该剖面是洪积扇扇形相沉积特点,由砂土层夹砂砾层组成,槽洪相粗粒沉积物由扇顶伸入,剖面上呈各种透镜状。常与漫流细粒沉积物交互,呈现不连续层状。漫洪沉积物面积扩展厚度增大。

此类洪积扇在昌龙古湖盆南缘极发育,形成几十平方千米的洪积倾斜平原。扇面倾角5°～10°左右。扇顶相、扇形相在地表较突出。扇轴部有河床,滞水相(扇缘)一般被地表水破坏。

6）地质时代

该剖面古地磁地层年龄偏大,光释光年为21.9±2.2ka BP,同时在昌龙古湖盆南缘另两个样品光释光测年分别为18.6±2.2ka BP、35.6±2.6ka BP,为晚更新世晚期产物。

（四）冰碛物（Qp_3^{gl}）

1. 冰碛物特征

测区内古冰碛主要分布在3个地区,即拉轨岗日四周、亚莫加山脉两侧、喜马拉雅山脉中段北坡。主要为融冻蠕动,寒冻风化特殊动力条件下的堆积,其类型主要为石海、石河、石冰川和融冻泥流等堆积。古冰缘堆积下限达到4300m。

该时代冰碛物中岩性成分一致,严格受冰川地源区基岩控制,以近源成分为主,为抗化学风化能力弱的成分,如花岗岩、片麻岩、斜长角闪石、榴闪岩。冰碛物粒级范围很宽,为漂砾、巨砾、砾石、砂、粉砂和粘土混杂堆积,粒度相差悬殊,缺乏分选,不具层理,以棱角状、次棱角状为主,极个别具冰川擦痕,常见熨斗形冰碛砾石形态,测区内主要形成终碛堤,终碛堤内常见鼓丘。

2. 地质时代

该冰碛物地质时代是在晚更新世晚期,其依据是,该冰碛物之前的沉积物中均未见深变质岩、片麻岩、斜长角闪岩等。主要为沉积岩碎屑,说明该时期地壳上升,剥蚀程度深,已至变质基底。同时在该冰期后的沉积物中均见深度变质岩。

（五）冲积物（Qp_3^{al}）

晚更新世晚期的冲积物主要分布在测区彭曲水系Ⅲ级阶地之上。Ⅲ级阶地高出河面一般50m左右,一般为基底阶地,坐落在中晚期湖积层之上,在昌龙古湖盆南缘有巨大的冲积平原。呈巨大的冲积扇,扇面坡度5°左右,轴部有河流破坏。

1. 沉积物特征

冲积物主要为砾石层,砾石成分主要为花岗岩、片麻岩、斜长角闪岩,少量沉积岩,分选性从扇根部至扇缘逐渐变好,砾石粒径在扇根粗大,大者达100cm,向扇缘逐渐变细到3～5cm;砾石间为不等粒砂粒充填。局部可见砾石层如砂土层组成的二元结构。其砾石层底部常见一层暗红色铁质风化壳。

2. 地质时代

冲积物明显形成于晚更新世冰碛层之后,砾石成分与晚更新世冰碛砾石成分一致,即主要为深变质岩及变质中花岗岩。在定日县白坝Ⅲ级阶地上样品光释测年为46.3±3.5ka BP,而在昌龙古湖盆南缘冲积扇Ⅲ级阶地上样品光释光测年为24.5±2.6ka BP,均为晚更新世晚期产物。

四、全新统（Qh）

全新统测区有较广泛的分布。有中晚更新世古湖盆残留的现代湖泊沉积的湖积物和湖沼沉积物。在古湖盆四周山口及山麓地带,有洪积物、洪冲积物和泥石流。在现代河流及Ⅰ、Ⅱ级阶地上有冲积物。还有冰碛物、风积物及残坡、残坡积物分布。分别简述如下。

（一）湖积物（Qh^l）、湖沼沉积物（Qh^{fl}）

测区内晚更新世古湖堰塞后，在局部低洼处残留湖泊沉积了全新世地层。规模较大的有错母折林，还有丁木错、强左错、共左错等。全新世湖积物分布在这类湖泊及其周围，在其边缘构成湖滨平原。湖滨发育粘土、粉砂、砂、砾石互层的洪冲积—湖积过渡类型的三角洲沉积，湖积主要是粘土、粉砂构成淤泥。湖滨一般发育沼泽地，现代湖积物中广泛沉积了白色硼酸盐。在错母折林湖取 ^{14}C 样品年代测定为 $3445\pm70a$ BP 和 $3670\pm320a$ BP，为全新世沉积物。

（二）洪积物（Qh^{pl}）、洪冲积物（Qh^{pal}）

测区昌龙、致克、定结古湖盆周缘山麓地带，河谷两侧支沟口普遍分布着洪积物，有时与时令河流冲积物交错分布形成洪冲积物，在地貌上普遍可分为扇顶相、扇形相、边缘相、扇顶相，以巨砾、砾石等粗粒沉积物为主，扇形相以砂土层为主，常有扇顶相伸入的槽洪积相粗粒沉积物，在剖面上呈各种透镜体，与砂土层交互，呈现不连续的层状。其碎屑成分与上游基岩相同。与晚更新世早期洪积扇不同的是出现大量花岗岩、片麻岩碎屑。一般磨圆度差，常为次棱角状，分选不好，大小混杂。边缘相主要由冲洪相亚砂土、亚粘土组成，具有由粉砂与亚粘土组成的"纹泥状"薄层理。有时有薄层有机质沉积，其 ^{14}C 样品年代测定为 $1290\pm55a$ BP，为全新世沉积物。

（三）泥石流沉积（Qh^{del}）

测区萨尔至定结一带，多处见泥石流堆积，泥石流源区为晚更新世冰碛砾石堆积区，为松散的碎屑物，地势陡峻，坡面物质移动强，冰融水水量丰富，泥石流活动频繁。

泥石流堆积物组成扇形地，表面往往发育一条条舌状龙头堆积。主要为巨砾、砾石夹泥砂混杂堆积组成，砾石成分主要为花岗岩、片麻岩。磨圆度差，分选极差，砾径大者 $2\sim3m$，一般 $0.5m$，无明显层理，形成石海，通行极难。

（四）冲积物（Qh^{al}）

测区冲积物主要分布在彭曲水系及其支流，少量在雅鲁藏布江水系支流附近。冲积物沿这些河谷分布，主要集中在宽谷段，峡谷段较少，宽谷均分布在更新世湖积层中。在河谷上游和中游宽谷中河床内冲积物较细，分选较好，主要为砂土层。河浸滩较厚，由砾石层和砂土层组成二元结构，在中下游峡谷地段河床、河漫滩以粗大砾石堆积为主，分选性较差。彭曲水系中一般发育Ⅲ级阶地，Ⅰ级阶地高出河面 $1\sim2m$，由砾石层和砂土层组成 1 个二元结构。Ⅱ级阶地高出河面 $28m$，一般由砾石层和砂土层组成 $2\sim3$ 个二元结构。

河床、河漫滩及阶地上砾石层砾石成分十分复杂，有大量花岗岩、片麻岩，当然也有砂岩、灰岩等沉积岩，一般磨圆度好，分选好，充填大量砂粒。质地松散，成岩程度低。粒度各处不一，粒径大者达 $3\sim5m$，一般 $40\sim50cm$。

砂土层主要是粉砂、粘土，质地松散。

（五）风成砂堆积（Qh^{eol}）

在定日-定结古湖盆、昌龙古湖盆、致克古湖盆中，风成砂堆积极为广泛。有流动沙丘，固定或半固定沙丘，多为遇植物障碍在其背风面形成的各种不规则沙堆。机脚桥西侧见高达 $15m$ 的新月型沙丘，成群分布，致克古湖西南缘也有顺风向延伸的长垄状沙丘，由于风成砂多不连成片，厚度小，沙丘下部基岩出露，在图上没有圈定，仅圈定了风成砂厚度大，整个地面覆盖着大量流砂，形成沙漠时在图上有表示。

风成砂的矿物成分 90% 由石英组成,主要为细砂、粉砂。分选很好,磨圆度高,几乎到处均见斜层组,斜层组倾角最大达 25°左右,多呈弧形。

(六) 冰碛物(Qh^{gl})

测区位于喜马拉雅山脉中段,在海拔 5600m 以上为终年积雪区,冰斗及冰斗外的悬冰川不断伸长达到山谷中,形成冰斗冰川和山谷冰川,其冰碛物主要是巨大砾石形成石冰川、石河。

冰川砾石成分主要为花岗岩、片麻岩、少量沉积岩,粒度大小悬殊,粒径大者 3~5m,一般 10~50cm,混杂堆积,砾石间少见充填物。

(七) 残积物(Qh^{el})、残坡积物(Qh^{esl})

在极平缓山顶及山坡大片面积不见露头,在地质图上有残积物(Qh^{el})和残坡积物(Qh^{esl});覆盖明显,为现代风化壳。主要是棕褐色、棕黄色土壤层,土壤中砂质较高,也含有少量砾石。

第三章 岩浆岩

第一节 侵入岩的分布

测区的岩浆岩以侵入岩分布较广,包括早元古代和晋宁期(?)的变质花岗侵入岩和喜马拉雅期淡色花岗岩,前者对研究喜马拉雅地区前震旦系结晶基底的形成演化具重要的意义,后者则在研究喜马拉雅陆内造山过程中受到了国内外的广泛关注。火山岩仅在图幅北缘靠近雅江蛇绿混杂带分布的三叠系涅如组中有少量出露,以玄武岩为主,在下侏罗统日当组内发现有少量的中基性火山岩夹层,由于分布局限,本书未能作系统的研究。另外,测区内还零星分布有少量不同时代、成分范围变化很广的脉岩。这里仅对区内分布较广的侵入岩作详细的介绍。

由于分布于马卡鲁杂岩和拉轨岗日杂岩中的中元古界 TTG 花岗质片麻岩在岩石学特征上与变质岩更为接近,作为马卡鲁和拉轨岗日杂岩的组成部分将在变质岩一章作详细介绍,本章所介绍的侵入岩主要是变质变形改造相对较弱的晋宁期(?)片麻状花岗岩和喜马拉雅期淡色花岗岩。测区晋宁期和喜马拉雅期花岗岩主要集中在高喜马拉雅构造带和拉轨岗日隆升带(图 3-1),与高喜马拉雅结晶岩系和拉轨岗日变质杂岩伴生,总分布面积约 $800km^2$。其中喜马拉雅期花岗岩的形成与喜马拉雅造山过程具有十分密切的联系,因此受到国内外学者的广泛关注,研究程度也较深入,本书将其进一步划分为代表三次侵入作用形成的三个岩性单元。晋宁期花岗岩是本次区调工作中的新发现,是从原聂拉木群(现称为马卡鲁杂岩)中首次分解出来的,目前尚无年代学证据而仅有地质证据,其年代问题还有待年龄测试数据(已送样)的确认。测区震旦纪以来侵入岩的地层及岩石单位见表 3-1。

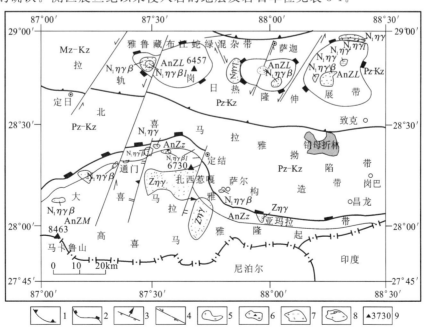

图 3-1 工作区地质简图

1. 构造分区断层;2. 基底与盖层间的拆离断层;3. 正断层;4. 平移断层;5. 二云二长花岗岩;6. 电气石白云母二长花岗岩;7. 片麻状黑云二长花岗岩;8. 眼球状黑云二长花岗岩;9. 高程;AnZM、AnZz. 高喜马拉雅基底结晶岩系;Pz—Kz、Mz—Kz. 古生代至新生代地层;AnZL. 拉轨岗日变质核杂岩

表 3-1　测区后震旦纪侵入岩岩石地层单位划分表

地层单位	岩石单位	代号
震旦系(Z)	片麻状斑状黑云母二长花岗岩	$Z\eta\gamma\beta$
古近系始新统—新近系中新统	电气石白云母二长花岗岩	$N_1\eta\gamma m$
	二云母二长花岗岩	$N_1\eta\gamma$
	黑云母二长花岗岩	$N_1\eta\gamma\beta$

第二节　晋宁期花岗岩

晋宁期花岗岩岩石类型较单一,本次填图只划分了一个岩石地层填图单位。

一、岩体地质特征

晋宁期花岗岩分布于测区南部的高喜马拉雅变质岩区,在日屋、卡达一带有大面积的分布,有扎西惹嘎岩株($80km^2$)、日玛拉岩基($340km^2$)和雅拉岩瘤 3 个岩体,围岩为前震旦系马卡鲁杂岩或扎西惹嘎岩组。岩体呈椭圆状,与围岩呈侵入接触关系。在扎西惹嘎岩体中,可见其侵入到扎西惹嘎岩组的石英岩中,岩体边缘可见大量的石英岩和石英片岩捕虏体(图 3-2),在日玛拉岩基中,局部含大量的基性变质岩(榴闪岩或斜长角闪岩)捕虏体,这些捕虏体可能来自马卡鲁杂岩。

岩体属于主动侵位方式侵位,主要表现为在岩体与围岩的接触带原生定向组构发育,岩体与围岩中发育有与接触带产状一致的构造面理,在扎西惹嘎岩体的东南侧,与岩体接触的黑云片岩和黑云石英片岩围岩受岩体主动侵位的热动力作用影响,发育有环绕岩体分布的向斜构造,近岩体处还发育有轴面与接触面产状一致的不对称流变褶皱,侵位机制应为底辟侵位。

岩体受后期的构造变形改造明显,早期的构造变形为近东西向的片麻理构造,仅在岩体核部有所保存,晚期的变形与北东向的左行韧性剪变形有关,在岩体的外侧发育有北东走向的片麻理,在变形较强烈的日玛拉岩体内,还发育有多条穿透岩体的糜棱岩带,主要为喜马拉雅期变形的产物。

二、岩相学特征

岩石具似斑状结构或卵斑结构,斑晶为钾长石和斜长石,含量可达 35%,粒径较大,10～40mm 不等,大部分呈椭圆形,少数呈柱状自形晶。主要矿物组成为石英 20%～25%、钾长石 15%～35%、斜长石 30%～40%、黑云母 5%～12%,含少量的次生白云母。钾长石主要为微斜长石和正长石,斑晶钾长石可见由矿物包裹体显示出来的环带构造,斜长石为更长石,黑云母具绿泥石化蚀变。副矿物有锆石、磷灰石和磁铁矿。从矿物组合及含量上分析,应包括黑云母花岗闪长岩和黑云母二长花岗岩 2 个种属,但在野外露头上不易识别。岩石受后期变形改造明显,具眼球状、片麻状构造(图 3-3),长石斑晶被眼球化、透镜化,有时可见左行拖尾构造,长轴具明显的定向排列,暗色矿物黑云母定向明显。

图 3-2 晋宁期花岗岩中石英岩捕虏体

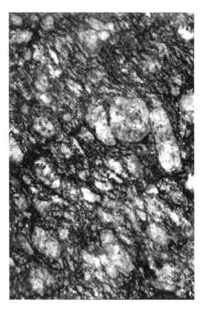
图 3-3 晋宁期花岗岩野外露头

三、岩石化学及地球化学

据 CIPW 标准矿物投点,测区晋宁期花岗岩位于花岗闪长岩和二长花岗岩的范围(图 3-4)。在 SiO_2-Al-K 图中投点位于亚碱性系列,在 AFM 图中属于钙碱性系列。岩石在常量元素组成上存在横向上的较大变化,SiO_2 介于 69.44%～75.10% 之间,岩石较富 FeO(1.40%～3.31%)、MgO(0.76%～0.78%),Na_2O(2.71%～5.24%)、K_2O(2.14%～5.39%)含量变化范围较大,Al 值均大于 1.1,属于铝过饱和类型。这些特征很难与典型的 S 型或 I 型花岗岩对比。

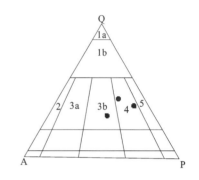

图 3-4 晋宁期花岗岩 QAP 分类图
1a. 硅英岩;1b. 富石英花岗岩;2. 碱长花岗岩;
3a. 正长花岗岩;3b. 二长花岗岩;
4. 花岗闪长岩;5. 英云闪长岩

与常量元素较大的变化特征不同,晋宁期花岗岩和花岗闪长岩的稀土元素和微量元素的分布型式和有关参数值十分接近,与常量元素的较大变化范围不协调(表 3-2、表 3-3、图 3-5、图 3-6),因此推测常量元素的较大变化范围可能与岩石结晶粒度太粗,样品的均一化不够有关。

表 3-2 晋宁期花岗岩常量元素分析结果(%)

样品号	SiO_2	TiO_2	Al_2O_3	Fe_2O_3	FeO	MnO	MgO
B2551	72.79	0.41	13.09	0.10	3.30	0.04	0.77
R2016-1	75.10	0.31	13.25	0.14	1.28	0.02	0.88
B4005-1	69.44	0.43	15.01	0.44	2.53	0.03	0.76
样品号	CaO	Na_2O	K_2O	P_2O_5	CO_2	H_2O^+	总量
B2551	2.06	2.97	3.55	0.13	0.04	0.54	99.75
R2016-1	0.74	5.24	2.14	0.12	0.06	0.57	99.79
B4005-1	2.13	2.71	5.39	0.12	0.09	0.70	99.69

表3-3 晋宁期花岗岩稀土微量元素分析结果（$\times 10^{-6}$）

样品号	La	Ce	Pr	Nd	Sm	Eu	Gd	Tb	Dy	Ho	Er
B2551	35.41	76.03	8.64	31.22	6.13	0.91	6.08	0.96	5.42	1.01	2.79
R2016-1	27.85	60.73	7.2	24.76	5.48	0.66	6.28	1.16	7.44	1.49	4.29
B4005-1	48.8	102.2	12.42	43.45	9	1.49	7.71	1.19	6.34	1.3	3.63
样品号	Tm	Yb	Lu	Y	Rb	Ba	Th	U	Zr	Hf	Nb
B2551	0.42	2.6	0.38	30.06	195	455	20.4	3.6	159	6.6	14.5
R2016-1	0.65	4.07	0.56	45.57	125	235	20.3	2.6	124	5.3	10.6
B4005-1	0.54	3.38	0.49	35.23	200	1041	16	2.6	229	5.9	12
样品号	Ta	Sr	Ga	Cr	Co	Ni	总量	δEu		(La/Yb)$_N$	
B2551	2.6	81	17.9	18.7	5.8	6.2	178	0.454 876		3.5	
R2016-1	1.8	71	16.9	19.5	1.8	5	153	0.346 271		3.1	
B4005-1	0.5	51	20.9	19.5	6.9	10.4	242	0.538 334		3.3	

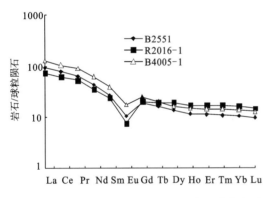

图3-5 晋宁期二长花岗岩的稀土元素配分曲线图

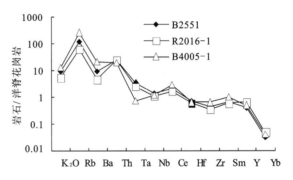

图3-6 晋宁期二长花岗岩的微量元素蛛网图

稀土元素配分型式属轻稀土弱富集型[(La/Yb)$_N$=3.5～3.1]，REE总丰度为153×10^{-6}～242×10^{-6}，与世界上的花岗岩范围一致，Eu负异常（δEu=0.34～0.53）较明显，但与I型花岗岩常具的显著的Eu负异常不同，而位于S型花岗岩的范围。总的来看，晋宁期特征与马卡鲁花岗质片麻岩的稀土元素特征十分相似，具S型花岗岩的特征。

微量元素洋中脊花岗岩标准化的分布型式表现为大离子亲石元素明显富集，高场强元素具不同程度的亏损，具造山带地壳重熔型花岗岩的特点，微量元素的分布型式和丰度特征均与马卡鲁花岗质片麻岩相似。岩石地幔相容元素Cr（18.7×10^{-6}～19.5×10^{-6}）、Co（1.8×10^{-6}～6.9×10^{-6}）、Ni（5.0×10^{-6}～10.4×10^{-6}）丰度与典型的S型花岗岩相比偏高。

四、岩石成因及构造环境分析

（一）关于岩体形成的年代讨论

晋宁期花岗岩是本次1:25万定结县幅填图工作中首次从原聂拉木群中分离出来的，本书将其形成时代初步定为晋宁期主要考虑了以下因素。

（1）在地质证据上，测区晋宁期花岗岩与前震旦系江东岩组之间具明显的侵入接触关系，而不切割上覆的震旦系肉切村群,且已有的证据表明江东岩组与早元古代基底马卡鲁杂岩之间可能为一角度不整合界面,其固结时间很可能与区域上存在664～819Ma(卫管一,1986;朱伟元,1996;李光岑,1988)的变质年龄相当,因此认为晋宁期花岗岩应为这一热事件的产物。

(2) 在岩石学证据上,晋宁期花岗岩在岩石结构、构造及变形特征上既不同于马卡鲁杂岩中的花岗质片麻岩,也不同于喜马拉雅期的淡色花岗岩,以其具粗大的长石斑晶和卵斑结构为特征,后期的变形及变质改造程度明显低于马卡鲁花岗质片麻岩,原岩结构构造在岩体中心保存完好,基本上未受到混合岩化作用的改造,但变形程度又明显强于喜马拉雅期的淡色花岗岩。

(二) 成因及构造环境讨论

从岩体的地质产状、内部组构和围岩的变形特征来看,测区晋宁期花岗岩平面上呈近等轴状的形态,岩体边缘发育有近环形分布的原生片麻理,岩体接触带的围岩中发育有因岩体侵位形成的环状向斜构造,并发育有露头尺度的不对称流变褶皱,表明岩体是以底辟方式主动侵位的,形成于挤压应力环境。

在岩石地球化学特征上测区晋宁期花岗岩具高硅、Al_2O_3过饱和的特征,具S型花岗岩的特点,稀土元素和微量元素分配型式及Eu异常特征均可与S型花岗岩对比,应属造山带S型花岗岩。另外,晋宁期花岗岩在地球化学特征上与马卡鲁杂岩中的花岗质片麻岩十分相似(图3-7、图3-8),岩体中亦含有大量与马卡鲁花岗质片麻岩中一致的基性变质岩包体(残留体?),表明两者的岩浆可能来自同一源区——马卡鲁杂岩的表壳岩系。晋宁期花岗岩的微量元素分布型式和构造环境判别图解均表明其具有造山花岗岩的特征。

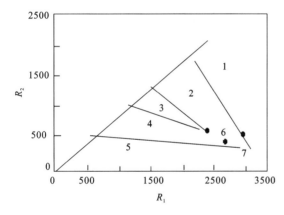

图3-7 晋宁期花岗岩 R_1-R_2 判别图
(Batchelor等,1985)
1.地幔斜长花岗岩;2.碰撞前花岗岩;3.碰撞后隆起的花岗岩;
4.造山晚期花岗岩;5.非造山花岗岩;
6.同碰撞花岗岩;7.造山期后花岗岩

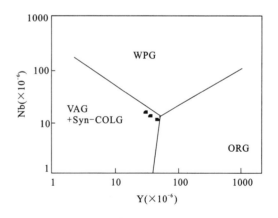

图3-8 晋宁期花岗岩 Nb-Y 构造环境判别图
(Pearce等,1984)
VAG.火山弧花岗岩;Syn-COLG.同碰撞花岗岩;
WPG.板内花岗岩;ORG.洋中脊花岗岩

第三节 喜马拉雅期花岗岩

一、岩体地质特征

喜马拉雅期花岗岩在测区分布较广,岩体的分布明显受构造带的控制,集中分布在高喜马拉雅隆升带和拉轨岗日隆升带,与高喜马拉雅基底结晶岩系和拉轨岗日基底变质杂岩相伴生,与前震旦系的基底变质岩和震旦系肉切村群呈侵入接触,局部可见其与古生代地层呈断层接触。岩体规模较小,一般成小型岩株、岩滴、岩脉产出,少数可形成大型岩株规模的岩体。测区已查明大于 $1km^2$ 的岩体有 19 个,其中拉轨岗日带 8 个,高喜马拉雅带 11 个(表 3-4)。岩体的形态和内部组构特征与其产出的构造位置有关,大体上可分为两类,描述如下。

表 3-4 测区喜马拉雅期岩体一览表

构造位置	岩体名称	岩性	代号	形态	面积
拉轨岗日隆升带	抗青大	中心:二云二长花岗岩 边缘:黑云母二长花岗岩	$N_1\eta\gamma$ $N_1\eta\gamma\beta$	等轴状	$95km^2$
	麻布加	二云二长花岗岩	$N_1\eta\gamma$	椭圆状	$80km^2$
	公目	黑云母二长花岗岩	$N_1\eta\gamma\beta$	等轴状	$15km^2$
	但这马错	二云二长花岗岩	$N_1\eta\gamma$	等轴状	$20km^2$
	结结错	二云二长花岗岩	$N_1\eta\gamma$	椭圆状	$5km^2$
	亚学	二云二长花岗岩	$N_1\eta\gamma$	等轴状	$40km^2$
	果毛	黑云母二长花岗岩	$N_1\eta\gamma\beta$	等轴状	$10km^2$
	茶尕	二云二长花岗岩	$N_1\eta\gamma$	椭圆状	$60km^2$
高喜马拉雅结晶基底	萨尔	电气石白云母花岗岩	$N_1\eta\gamma m$	等轴状	$10km^2$
	日屋	电气石白云母二长花岗岩	$N_1\eta\gamma m$	等轴状	$20km^2$
	定结县城西	电气石白云母二长花岗岩	$N_1\eta\gamma m$	椭圆状	$15km^2$
	正嘎	电气石白云母二长花岗岩	$N_1\eta\gamma m$	等轴状	$10km^2$
	帕日	二云二长花岗岩	$N_1\eta\gamma$	等轴状	$5km^2$
	日德	二云二长花岗岩	$N_1\eta\gamma$	等轴状	$15km^2$
	目贡普曲	电气石白云母二长花岗岩	$N_1\eta\gamma m$	等轴状	$15km^2$
	扎西弄	二云二长花岗岩	$N_1\eta\gamma$	等轴状	$5km^2$
	多雅拉	黑云母二长花岗岩	$N_1\eta\gamma\beta$	等轴状	$15km^2$
	塔木齐	电气石白云母二长花岗岩	$N_1\eta\gamma m$	等轴状	$2km^2$
	通门	电气石白云母二长花岗岩	$N_1\eta\gamma m$	等轴状	$1km^2$

(一)在变质杂岩内部产出的岩体

分布在变质杂岩内部者一般为等轴状形态,岩体边缘可发育与接触面产状一致的原生片麻理或糜棱岩面理。如在拉轨岗日变质核杂岩内部的抗青大岩体(图 3-9)、但这马错岩体核部的亚学岩体,岩体的规模较大,可成岩基或岩株产出,岩体近圆形。在高喜马拉雅带中岩体规模较小,一般成面积介于 $1\sim20km^2$ 的小型岩体产出,岩体成等轴状或不规则的形态产出(图 3-10)。

(二)沿拆离断层带产出的岩体

岩体形态一般不规则,呈脉状、椭圆状或扁豆状,长轴方向与拆离断层的走向基本一致,如拉轨岗日带的麻布加岩体(图 3-11)和茶尕岩体(图 3-12)。岩体边缘常发育有很宽(50~200m)的糜棱岩带,如茶尕岩体和麻布加岩体,其南北缘两侧均发育有上百米的糜棱岩带。

喜马拉雅期花岗岩的矿物组成和结构构造变化不大,均为中—细粒的二长花岗岩,仅在暗色矿物的种类、含量和副矿物的种类上存在细微的差别,据这一特征和野外接触关系,本次调查将其划分为 3 个

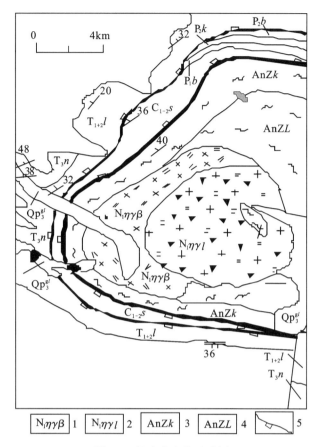

图 3-9 抗青大岩体地质图

1.黑云母二长花岗岩；2.电气石二长花岗；3.前震旦系抗青大岩组；4.拉轨岗日杂岩；5.拆离断层

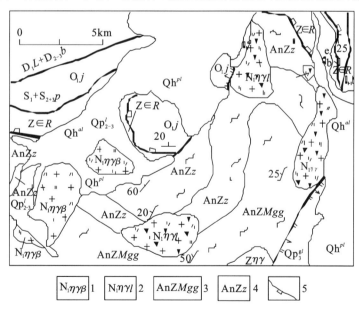

图 3-10 高喜马拉雅定结花岗岩体地质图

1.黑云母二长花岗岩；2.电气石二长花岗岩；3.马卡鲁杂岩；4.扎西惹嘎岩组；5.拆离断层

岩石单位，按其侵位时的先后顺序分别为黑云母二长花岗岩、二云二长花岗岩和电气石白云母二长花岗岩，由于暗色矿物含量低，岩石中不同程度地含有原生白云母，在一些文献中常将其统称为淡色花岗岩。在拉轨岗日带的抗青大岩体和高喜马拉雅带中的萨尔岩体中可见到二云二长花岗岩侵入于黑云母花岗岩，然后又被电气石白云母花岗岩侵入的接触关系。

二、岩相学特征

(一) 黑云母二长花岗岩

黑云母二长花岗岩主要分布在远离拆离断层的基底变质杂岩内部,可成独立的小岩体产出,也可与二云二长花岗岩或电气石白云母花岗岩一起形成复合岩体,偶见于拆离断层带附近的基底变质岩一侧。岩体一般呈等轴状形态,边缘常见原生片麻理构造,岩体规模较小。

岩石呈浅灰色,具中至细粒等粒结构,在规模较大的岩体中可为粗粒结构,矿物组成为:石英20%~25%、钾长石25%~30%、斜长石30%~40%、黑云母5%~8%,副矿物很少见,仅有少量的锆石,有时可见石榴子石。

(二) 二云二长花岗岩

二云二长花岗岩是喜马拉雅期花岗岩的主体岩性,常和黑云母花岗岩一起构成规模较大的岩体,如拉轨岗日带的茶尕岩株、抗青大岩株,分布于岩体的核部。可分布在基底变质岩的内部,也常见于基底与盖层之间的拆离断层附近。

岩石呈灰白色,可具细粒—粗粒结构,主要取决于岩体规模大小和所处的位置。主要为块状构造,在拆离断层附近岩体边缘常见原生片麻理和糜棱岩面理等定向组构。矿物成分为:石英20%~30%、钾长石30%~35%、斜长石30%~35%、黑云母4%~6%、白云母2%~4%。副矿物主要为磷灰石,可见少量的圆粒状锆石,有时可见少量的电气石。

(三) 电气石白云母花岗岩

岩体主要分布在拆离断层附近,一般与二云二长花岗岩一起构成小型岩株、岩滴,分布规模较小,独立产出时多为岩脉。在基底变质岩内部尤其是在

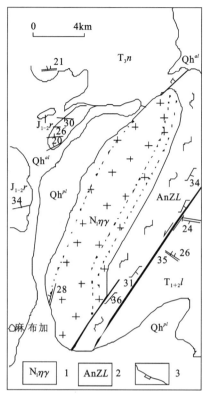

图 3-11 麻布加花岗岩展布图
1.二云二长花岗岩;2.拉轨岗日杂岩;3.拆离断层

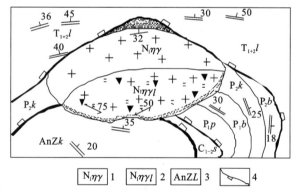

图 3-12 茶尕岩体地质图
1.二云二长花岗岩;2.电气石二长花岗岩;
3.拉轨岗日杂岩;4.拆离断层

马卡鲁杂岩、拉轨岗日杂岩的表壳岩和扎西惹嘎岩组中,常见大量露头和手标本尺度的无根的淡色花岗岩脉,呈网脉状、似层状、囊状产出,其中可含紫苏黑云斜长麻粒岩残留体。

岩石为灰白—白色,同一岩体中结构常不均一,可呈粗粒—细粒结构,多为块状构造。矿物组成为:石英25%~30%、钾长石40%~45%、斜长石25%~30%、白云母2%~5%、黑云母0~2%。副矿物以含电气石为特征,电气石常在岩体的局部集中分布,形成簇状、放射状的集合体。

三、岩石化学特征

由图 3-1 可见,尽管喜马拉雅期花岗岩分别产出在 2 个相距甚远的构造带中,但其化学成分(表3-5)显示出惊人的一致,在QAP图(图3-13)中所有样品均位于二长花岗岩区,且投点范围集中,岩石中主要氧化物 SiO_2(70.3%~74.8%)、Al_2O_3(13.10%~15.8%)、CaO(0.67%~1.83%)、K_2O

(3.59%~5.70%)、Na_2O(2.7%~4.24%)的含量在一个很窄的范围内变化。岩石化学成分的差异主要体现在不同岩性间的 FeOt、MgO 含量的变化上,从黑云母二长花岗岩到电气石白云母花岗岩,耐熔元素 MgO、FeO 具降低的趋势。总的来看,喜马拉雅期花岗岩具高 SiO_2、富 Al_2O_3、$Al^I > 1.1$、铝过饱和(标准矿物中含刚玉分子)(图 3-14)、高 K_2O、$K_2O > Na_2O$、低 CaO(<2.0%)等特征,结合矿物成分中出现白云母、电气石和石榴子石等富铝矿物的特点,具典型的 S 型花岗岩特征。另外,测区喜马拉雅期花岗岩与基底变质岩中的花岗质片麻岩及晋宁期二长花岗岩在岩石化学成分上也具一定的相似性,均为富铝高钾类型,这可能与它们来自同一个基底物源区有关。

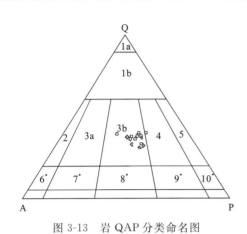

图 3-13 岩 QAP 分类命名图

1a.硅英岩;1b.富石英花岗岩;2.碱长花岗岩;
3a.正长花岗岩;3b.二长花岗岩;4.花岗闪长岩;
5.英云闪长岩;6*.石英碱长正长岩;7*.石英正长岩;
8*.石英二长岩;9*.石英二长闪长岩/石英二长辉长岩;
10*.石英闪长岩/石英辉长岩/石英斜长岩

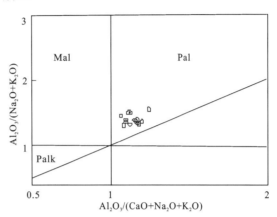

图 3-14 喜马拉雅期花岗岩的铝饱和程度图

Palk.过碱质;Mal.准铝质;Pal.过铝质

四、地球化学

与晋宁期花岗岩相似,虽然在常量元素上喜马拉雅期花岗岩具很窄的变化范围,在稀土元素特征上却显示出较明显的变化,同时还具有些不同于一般花岗岩的异常特征,主要可归纳为以下方面(表 3-5,图 3-15、图 3-16)。

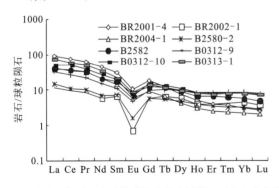

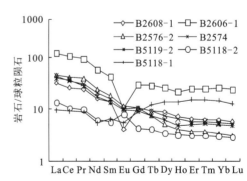

图 3-15 高喜马拉雅区喜马拉雅期花岗岩的稀土元素配分曲线图　图 3-16 拉轨岗日喜马拉雅期花岗岩的稀土元素配分曲线图

(1)测区喜马拉雅期花岗岩具较大的稀土丰度变化,其中高喜马拉雅区稀土总量变化在 $27.5×10^{-6}$~$168.1×10^{-6}$ 之间,拉轨岗日带变化在 $28.05×10^{-6}$~$244.85×10^{-6}$ 之间,平均丰度分别为 $89.74×10^{-6}$ 和 $99.61×10^{-6}$,均明显低于世界上酸性岩的平均丰度($288×10^{-6}$),其中仅有黑云母花岗岩的稀土丰度 $139.41×10^{-6}$~$244.85×10^{-6}$ 较接近于一般花岗岩的丰度,而二云二长花岗岩和白云母电气石二长花岗岩中者仅为 $27.5×10^{-6}$~$90.5×10^{-6}$,并出现稀土总量异常低($27.05×10^{-6}$~$30.14×10^{-6}$)的样品,这可能与这些淡色花岗岩中缺少云母类暗色矿物及副矿物这类稀土元素的载体有关。

表 3-5 测区喜马拉雅期花岗岩的岩石化学及稀土元素、微量元素分析结果

取样位置	拉轨岗日带								高喜马拉雅带					
岩石	黑云母二长花岗岩		二云二长花岗岩				黑云二长花岗岩				电气石二云二长花岗岩			
样品号	B2606-1	B2576-2	B2574	B2608-1	B5119-2	B5118-2	B5118-1	R2001-4	B0313-1	R2002-1	R2004-1	B2580-2	B2582	B0312-9	B0312-10
岩石化学含量(%)及特征参数值															
SiO_2	74.33	73.3	74.18	74.11	74.32	73.57	73.26	70.27	72.88	74.82	73.74	74.41	74.09	73.27	74.47
TiO_2	0.40	0.17	0.11	0.07	0.1	0.05	0.06	0.27	0.27	0.04	0.15	0.03	0.1	0.11	0.12
Al_2O_3	13.09	15.15	14.61	14.36	14.48	15.08	15.27	15.76	13.98	14.09	14.44	14.54	14.38	14.5	13.42
Fe_2O_3	0.16	0.01	0.03	0.23	0.04	0.02	0.01	0.07	0.04	0.65	0.01	0.34	0.06	0.3	0.16
FeO	1.70	1.07	0.68	1.03	0.75	0.47	0.53	1.55	1.85	0.45	1	0.68	0.95	1.05	1.22
MnO	0.02	0.02	0.02	0.08	0.02	0.01	0.01	0.03	0.05	0.04	0.02	0.04	0.02	0.03	0.03
MgO	0.61	0.51	0.33	0.32	0.35	0.26	0.22	0.64	0.52	0.25	0.37	0.23	0.35	0.37	0.38
CaO	1.15	1.34	1.83	0.87	1.84	1.65	1.64	1.26	1.44	0.67	0.78	0.66	1.07	1.12	0.98
Na_2O	3.35	3.57	3.32	3.55	3.25	3.72	3.87	3.81	2.7	3.47	3.64	4.24	3.2	3.16	2.46
K_2O	4.23	3.59	3.94	4.21	3.99	4.29	4.25	4.73	5.33	4.6	4.52	3.76	4.73	4.92	5.7
P_2O_5	0.08	0.14	0.06	0.1	0.05	0.02	0.03	0.14	0.13	0.15	0.14	0.15	0.09	0.12	0.16
CO_2	0.09	0.08	0.07	0.07	0.07	0.07	0.07	0.17	0.06	0.04	0.04	0.07	0.07	0.04	0.06
H_2O^+	0.61	0.86	0.65	0.86	0.57	0.71	0.64	1.06	0.54	0.57	0.94	0.74	0.75	0.85	0.66
总量	99.73	99.73	99.76	99.79	99.76	99.85	99.79	99.59	99.73	99.8	99.75	99.82	99.79	99.8	99.76
Al'	1.1741	1.3786	1.2811	1.282	1.2755	1.2282	1.2243	1.256	1.2118	1.2458	1.2445	1.2474	1.2646	1.2546	1.2063
稀土元素含量($\times 10^{-6}$)及特征参数值															
La	45.07	16.49	15.87	11.92	14.43	5.11	3.62	35.29	28.53	4.31	15.96	5.54	15.34	12.44	19.77
Ce	99.92	39.02	33.94	24.52	34.26	10.31	8.74	73.4	59.08	9.18	35.2	10.48	36.41	25.3	51.14
Pr	12.35	5.16	4.14	3.24	3.65	1.33	1.18	8.48	6.96	1.12	4.3	1.36	4.61	3.06	5.66
Nd	40.5	16.77	14.46	10.81	12.02	4.49	3.86	32.12	25.07	4.18	14.37	4.82	15.05	11.03	19.75
Sm	9.5	4.08	3.56	3.13	3.09	1.26	1.45	6.97	5.02	1.48	3.28	1.62	3.91	2.55	4.6
Eu	0.87	0.97	0.88	0.35	0.85	0.69	0.46	0.93	0.75	0.06	0.49	0.14	0.67	0.42	0.56
Gd	9.1	3.22	3.26	3.31	2.8	1.29	2.74	5.5	4.42	1.79	2.8	1.73	3.76	2.92	4.71
Tb	1.63	0.43	0.54	0.54	0.43	0.24	0.72	0.7	0.68	0.38	0.38	0.31	0.68	0.59	0.79

续表 3-5

取样位置	拉轨岗日带							高喜马拉雅带					
岩石	黑云母二长花岗岩		二云二长花岗岩			黑云二长花岗岩			电气石二云二长花岗岩				
样品号	B2606-1	B2576-2	B2574	B2608-1	B5119-2	B5118-2	B5118-1	R2001-4	B0313-1	R2002-1	R2004-1	B2580-2	B2582	B0312-9	B0312-10
Dy	9.81	1.99	2.88	3.49	2.4	1.31	5.31	2.85	3.74	2.27	1.64	1.89	3.46	3.79	4.33
Ho	1.9	0.35	0.56	0.63	0.43	0.28	1.2	0.44	0.7	0.36	0.27	0.34	0.58	0.72	0.74
Er	6.15	0.94	1.44	1.65	1.29	0.77	3.73	0.95	1.92	1	0.62	0.89	1.65	2.06	2.02
Tm	0.95	0.14	0.22	0.24	0.2	0.12	0.57	0.14	0.3	0.16	0.09	0.12	0.24	0.33	0.31
Yb	6.19	0.82	1.35	1.53	1.25	0.74	3.62	0.74	1.95	1.07	0.55	0.79	1.38	2.17	1.92
Lu	0.91	0.12	0.2	0.22	0.19	0.11	0.49	0.1	0.29	0.14	0.08	0.11	0.19	0.31	0.27
总量	244.85	90.5	83.3	65.58	77.29	28.05	37.69	168.61	139.41	27.5	80.03	30.14	87.93	67.69	116.57
δEu	0.33	0.28	0.8	0.78	0.87	1.66	0.7	0.45	0.11	0.49	0.26	0.53	0.47	0.37	0.48
(La/Sm)$_N$	2.31	2.88	2.46	2.71	2.83	2.46	1.51	3.08	1.77	2.96	2.08	2.38	2.95	2.61	3.45

微量元素含量(×10^{-6})

Sr	225	59	19	19	154	89	65	115	82	9	72	595	115	51	48
Ba	709	484	615	185	599	474	281	495	495	26	355	61	425	229	273
Rb	243	190	172	334	162	118	206	323	264	376	348	362	293	289	282
U	2.1	1.2	0.9	2.2	1	0.4	0.9	4.2	2.7	4.1	2.6	2.3	3.6	2.3	3.8
Th	32.6	8.8	8.1	6.2	7.5	3.5	6.3	21.1	19.9	4	12.3	3.1	13.6	7.1	22
Zr	216	67	66	63	72	41	39	115	131	48	73	38	43	54	92
Hf	6.8	2.3	2.1	2.7	2	1.5	1.4	4.2	4.4	2.3	2.8	1.8	1.7	2	3.5
Nb	18.3	5.8	5.3	19.2	5.3	3.6	13.4	13	15.6	17	13.4	19.2	14	17.2	13.6
Ta	3.2	0.9	1.3	9.5	1	0.8	2.4	2	2.9	6.7	1.6	22.4	7.1	6.8	1.2
Ga	17.4	22.5	16.3	20.8	17.9	16.8	21	28.3	16.1	22.2	27.5	23.9	24	20	16.3
Be	3.4	4.3	3.4	8.2	3.2	3.3	4.9	8.9	1.5	10.2	7.8	12.9	7.8	5.8	1.7
B	3	8	1.9	375.1	3.3	7.9	4.2	13.9	19.4	1683	71.7	898	234.1	13.6	580.1
F	942	711	472	720	473	159	292	1255	381	760	1262	639	506	711	344
Cl	300	300	100	100	700	100	400	29	99	75	29	100	100	52	40
Cr	6.4	8.5	4.2	5.6	4.7	3.3	3.5	11.9	9.8	16.9	14	3.3	3.3	4.5	8.3
Co	4.2	4.2	1.8	1.6	1.9	2.1	2.4	3.2	3.2	0.7	1.6	0.9	2.3	2.5	2.6
Ni	7.2	8.4	3.7	7.8	4.1	4	4.9	4.6	3.7	2.4	2.2	1.9	4.2	3.8	4.1

(2) 轻重稀土分馏程度低,稀土配分曲线为平坦型和缓右倾型,(La/Sm)$_N$介于1.51～3.06之间,重稀土平坦。个别二云二长花岗岩样品出现花岗质岩石中罕见的轻稀土亏损、重稀土富集的配分型式,分析其应与岩石中含石榴子石这类副矿物有关。

(3) Eu异常变化较大,高喜马拉雅区变化在0.11～0.70之间,均表现为负异常,从黑云母二长花岗岩到电气石白云母花岗岩负异常程度增强。表明岩浆的结晶演化对稀土的配分型式有一定的影响。而在拉轨岗日区,Eu异常变化在0.28～1.66之间,除黑云母二长花岗岩具较明显的Eu负异常外,二长花岗岩大多在0.78～0.87之间,Eu异常不明显,个别样品为1.66,具明显的Eu正异常。

微量元素的大洋中脊花岗岩标准化蛛网图显示(图3-17、图3-18),本区喜马拉雅期的花岗岩具如下特征:总体来说,大部分样品的大离子亲石元素K、Rb、Ba和放射性生热元素Th较明显的富集,而高场强元素Hf、Zr、Y,重稀土元素Yb具不同程度的亏损。Ba表现出相对亏损的特征,这也表现出了壳源S型花岗岩的显著特点。Rb/Sr质量比值黑云母淡色花岗岩平均为10.70,白云母淡色花岗岩平均为1.58,均高于中国上地壳值0.45。淡色花岗岩Th/U质量比值平均为4.01,高于中国上地壳值3.1。淡色花岗岩的Co(0.7×10^{-6}～3.2×10^{-6})、Ni(1.9×10^{-6}～4.6×10^{-6})丰度变化范围较一致且含量较少,均位于壳源S型花岗岩的范围。相对黑云母淡色花岗岩来说,白云母淡色花岗岩K、Rb、Ba、Th的富集及Hf、Zr、Y、Yb亏损的特征更为明显,显示了岩浆演化的方向。微量元素分布特征在两岩区间没有明显的差别,而在不同样品之间具较大的变化,这与稀土元素所反映出来的特征相似。

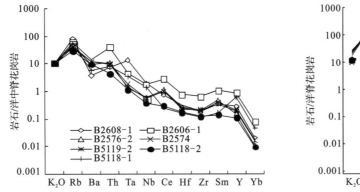 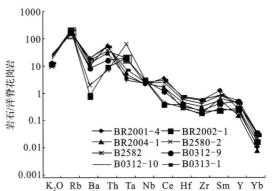

图3-17 拉轨岗日区喜马拉雅期花岗岩微量元素蛛网图　　图3-18 高喜马拉雅区喜马拉雅期花岗岩微量元素蛛网图

表3-6为测区喜马拉雅期花岗岩的Sm-Nd同位素分析结果,可以看出,测区喜马拉雅期花岗岩的εNd(-12.5～-19.8)均为显著的负值,这一范围与区域上的淡色花岗岩的εNd范围一致,显然表明其物源区应为古老的大陆地壳。

表3-6　测区喜马拉雅期花岗岩的Sm-Nd同位素分析结果

样品号	岩性	产地	Sm($\times10^{-6}$)	Nd($\times10^{-6}$)	^{147}Sm/^{144}Nd	^{143}Nd/^{144}Nd	εNd
B4660	二云二长花岗岩	拉轨岗日	2.92	13.89	0.1273	0.511 910	-14.24
B4644	二云二长花岗岩	拉轨岗日	3.35	16.13	0.1258	0.511 995	-12.5819
B2608-2	二云二长花岗岩	拉轨岗日	5.43	27.46	0.1195	0.511 937	-13.7133
B2582	二云二长花岗岩	高喜马拉雅	2.73	8.48	0.1950	0.512 021	-12.0748
B2580-1	二云二长花岗岩	高喜马拉雅	1.19	3.23	0.2226	0.511 876	-14.9032
B0306-3	二云二长花岗岩	高喜马拉雅	6.61	31.35	0.1187	0.511 623	-19.8385
B0323-2	黑云二长花岗岩	高喜马拉雅	10.79	22.69	0.1171	0.511 668	-18.9607

注:样品由中国地质大学(武汉)壳幔体系组成-物质交换动力学开放实验室测试。

五、喜马拉雅期花岗岩的成因及形成构造环境

(一) 关于淡色花岗岩源岩

关于喜马拉雅造山带淡色花岗岩的物质来源问题国内外已有很多的研究。杨晓松通过对亚东地区基底黑云斜长片麻岩所做的熔融实验显示,黑云斜长片麻岩在脱水熔融的条件下生成了具高喜马拉雅淡色花岗岩组分的熔体,实验残余物质被认为与高喜马拉雅麻粒岩相当,因而他认为黑云斜长片麻岩为高喜马拉雅淡色花岗岩源岩之一。杨晓松同时对亚东淡色花岗岩体的地球化学特征进行了研究,认为其岩浆是在缺水的环境中由壳内变泥质岩部分熔融所形成的。Harris 通过对 Langtang 区基底 4 个组的岩石组合 Sr 同位素与该区淡色花岗岩 Sr 同位素的对比,得出 Syabru 组的蓝晶石片岩为其源岩。Searle(1999)通过综合研究,认为希夏邦马峰淡色花岗岩源岩应为基底的矽线石片麻岩与蓝晶石片岩。目前,尽管高喜马拉雅淡色花岗岩源岩具体为哪一种岩石,不同的人用不同的研究手段得出了不同的结论,但人们普遍认为高喜马拉雅淡色花岗岩源岩应为结晶基底中的副变质岩。这一结论在本次研究的野外和室内研究中也得到证实。

如图 3-19 所示,在野外露头上,本区基底副变质岩中分布有大量无根淡色花岗岩脉、淡色花岗岩囊状体(图 3-19 左),野外还发现在黑云斜长片麻岩的背斜转折端部位,黑云斜长片麻岩发生部分熔融形成沿构造虚脱部位充填的淡色花岗岩脉,并残留有富云暗色残留体。在地球化学特征上,本区淡色花岗岩明显的 S 型花岗岩特征和显著的 εNd 值均表明其源区为变质沉积岩。

图 3-19 淡色花岗岩囊状体(左)淡色花岗岩脉体及其中心的残留体(右)

从图 3-20 看出,本区基底副变质岩稀土元素配分曲线非常相似,差别很小,显示出基底副变质岩具相同的形成过程,在某种程度上暗示了其作为淡色花岗岩浆源区的可能性。淡色花岗岩与基底副变质岩虽在稀土总量上差别比较明显(其中淡色花岗岩平均含量为 89.74×10^{-6},其源岩平均含量为 240.45×10^{-6}),但它们的配分曲线却有惊人的相似性,具有某些共同特征。轻重稀土分馏程度低,其中淡色花岗岩 LREE/HREE 平均值为 6.19,副变质岩黑云石英片岩、黑云母片岩及黑云斜长片麻岩 3 个样品的 LREE/HREE 平均值为 9.34,两者之间差别不太明显,重稀土平坦,稀土配分曲线为缓右倾型;具明显的 Eu 负异常,淡色花岗岩在 $0.04 \sim 0.16$ 之间变化,其源岩在 $0.17 \sim 0.20$ 之间变化。在微量元素方面,在与洋脊花岗岩比值蛛网图上(图 3-20),基底副变质岩 3 个样品的变化保持一致,与稀土元素表现出的特征具相同性。基底副变质岩均富大离子亲石元素 K、Rb、Ba 和放射性生热元素 Th,贫高场强元素 Hf、Zr、Y 和重稀土元素 Yb,这样的特征也与淡色花岗岩具有良好的相似性,表现出淡色花岗岩源区的特点。

上述特征说明本区淡色花岗岩源岩可能是基底中的副变质岩。

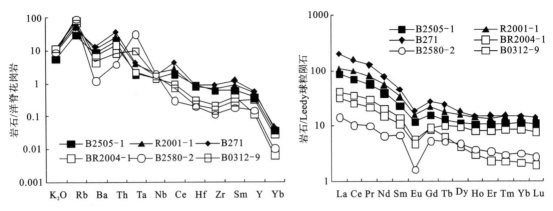

图 3-20 基底副变质岩与淡色花岗岩微量元素蛛网图及稀土元素配分曲线图

空心:方块为黑云母淡色花岗岩,圆为白云母淡色花岗岩;

实心:方块为黑云母石英片岩,三角形为黑云母片岩,菱形为黑云母斜长片麻岩

(二) 关于淡色花岗岩浆的成因

直至现在,不同的学者提出了不同的模型来解释在基底如何能形成如此高的温度以致能生成淡色花岗岩岩浆,他们分别提出淡色花岗岩岩浆的生成可能与流体渗滤、绝热降压、地幔拆离、放射性生热和剪切摩擦生热有密切关系,但都不能完美地解释观察到的所有现象。

Jaupart 和 Provost 认为高喜马拉雅淡色花岗岩侵位于高级片麻岩和未变质的特提斯沉积带之间,由于热传导速率的不同,具低热传导速率的特提斯沉积带充当绝热层而使基底由于放射性生热的积累达到较高的温度。在国内,石耀霖等也认为低热导率岩石充当绝热层是高喜马拉雅淡色花岗岩发生部分熔融的一个关键因素。这种观点看似完美,其实是存在问题的。①由于是被动保温和各种其他因素(如地表剥蚀)的影响,使基底积累到淡色花岗岩熔融的高温要很长时间,而从本区基性麻粒岩第二期矿物组合观察到基底是在短时间内快速升温的;②使基底积累到需要的高温需要较厚的盖层,而实际上受垮塌的影响,盖层在实际演化进程中不断受剥蚀,因而不可能有足够的厚度。

许多人认为,高喜马拉雅淡色花岗岩的形成与主中央断裂的剪切摩擦生热具有密切关系。然而根据 Stephenson B J(2001)的研究,沿 MCT 地带没有熔融的证据,淡色花岗岩体一般产出在 MCT 之上 10~45km 处,沿 MCT 摩擦和耗散加热在淡色花岗岩生成过程中没有任何作用。另外,Searle M P(1999)也认为,顶峰变质温度出现在高喜马拉雅板片而从来没有出现在沿 MCT 一带,因而沿 MCT 的剪切和摩擦生热是不可能对淡色花岗岩的生成起主要作用的。

从上述各种模式的讨论中可以发现,企图用单一的模式解释高喜马拉雅淡色花岗岩的成因是行不通的,必须结合特定的地区选择合适的模式进行解释。本书在定结区淡色花岗岩地球化学特征研究的基础上,结合前期研究成果,认为定结高喜马拉雅淡色花岗岩体主要是在基底快速隆升的条件下降压生成的。主要证据如下。

(1) 本区藏南拆离系主干断层两边地形高程差别极大,其原因当属基底快速隆升剥蚀所致。

(2) 高喜马拉雅结晶基底夹持在主中央逆冲断裂(MCT)和藏南拆离系(STDS)主干拆离断层之间,前者为逆冲式,后者为正断式,目前有证据证明在 19~24Ma 之间的某个时期内两者是共同活动的,因此在两者共同活动期内基底是上升的。

(3) 高喜马拉雅淡色花岗岩体紧靠藏南拆离系中的主干拆离断层分布,这种分布状态是与基底隆升分不开的。

(4) 本区基底发现的基性麻粒岩中有 3 期的矿物组合,其中第二期矿物组合以斜长石+斜方辉石+单斜辉石±尖晶石为代表,暗示了中期快速抬升降压退变质作用。

(5) 本区基底分布有大量无根淡色花岗岩脉、淡色花岗岩囊状体,说明基底发生了大规模的低度部分熔融。

（三）淡色花岗岩产出的构造环境及动力学过程

高喜马拉雅隆起带是继印度板块与亚洲板块碰撞后印度板块继续向北东会聚俯冲作用的产物，本区淡色花岗岩体位于高喜马拉雅隆起带靠近藏南拆离系主干拆离断层内侧，因而其形成与印度板块的会聚俯冲作用有不可分割的联系，是陆内俯冲的记录，属于同碰撞型花岗岩一类。同时，从区域上来看，高喜马拉雅隆起带中的淡色花岗岩生成和侵位于24～19Ma之间，正好处于印度板块的会聚俯冲时期。从下列Rb-Y+Nb和R_1-R_2构造判别图解也可以发现，本区高喜马拉隆起带淡色花岗岩位于同碰撞花岗岩区（图3-21）。这些充分说明本区淡色花岗岩是在亚洲板块和印度板块碰撞后的继续会聚过程中形成的。

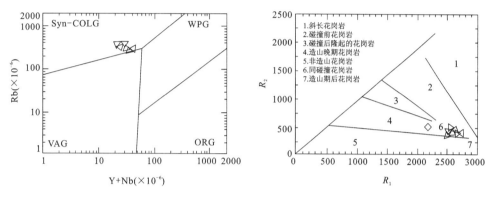

图3-21 Rb-Y+Nb和R_1-R_2构造判别图
VAG.火山弧花岗岩；Syn-COLG.同碰撞花岗岩；WPG.板内花岗岩；ORG.洋中脊花岗岩

本区在印度板块自南西向北东与亚洲板块碰撞导致新特提斯闭合于雅鲁藏布江以后，印度板块继续向北东俯冲，在其北部边缘即为陆内俯冲作用。陆内俯冲作用造成非常强大的应力，为了消减应力，这时仅靠地壳物质变形已难以实现，于是导致形成主中央断裂、藏南拆离断层以消减应力。主中央断裂和藏南拆离断层在20Ma左右持续共同活动使得基底持续快速隆升。快速隆升的基底楔内部压力骤减，但此时温度还停留在与原来压力对应的范围内，加上放射性热的积累，就导致基底内部局部温度相对较高。考虑到以后的隆升作用、剥蚀作用和现今淡色花岗岩的出露情况，因而最可能在其深度约为20km的部位，其温度就可能达到白云母脱水熔融曲线，这个深度跟Stephenson(2001)的研究结果(16～25km)是基本相似的。在此温度下，基底副变质岩就可能发生脱水熔融生成淡色花岗岩熔体。由于基底的快速隆升，此温度保持的时间不会很长，但由于源岩的多样性，因而能生成足够数量的淡色花岗岩浆。

此外，测区基底变质岩的研究表明，基底变质岩曾经历过相当于下地壳深度的麻粒岩相的高压变质作用，据区域上的资料，这一时间应在50～40Ma，并存在隆升期间的中压麻粒岩相到角闪岩相的降压退变质记录，这种近绝热的降压过程，是部分熔融产生花岗质岩浆最有利的条件。

据区域上的年龄资料，喜马拉雅期花岗岩的形成时间在40～17Ma之间，本次在测区获得的2个样品的锆石U-Pb年龄和全岩K-Ar年龄介于31.44～14.04Ma之间，应可与变质岩的高压麻粒岩相变质事件和中压麻粒岩相到角闪岩相的变质事件对应。

六、喜马拉雅期花岗岩与喜马拉雅隆升速率

确定青藏高原在过去地质历史时期的隆升时限和速率主要通过以下2种手段，①综合古地理研究方法。包括地层古生物、古土壤、地貌(古岩溶和夷平面)、古冰川等多学科的综合研究，"将今论古"，恢复古地理环境，推测隆起的幅度、时代和形式。②同位素年代学方法。通过特征矿物或全岩的Rb-Sr、K-Ar或裂变径迹年龄，推算抬升速率及隆起年代。不同的作者用不同的地质体和不同的研究方法作出的隆升速率和隆升时间是有差异的。通过对孟加拉扇沉积速率的研究清楚地表明：10.9～7.5Ma和0.9Ma至现今为喜马拉雅脉动性隆升的两大高峰期，但同时认为距今8～7Ma，喜马拉雅已隆升到了接近于目前的高度。

通过地层学的研究,高原的快速隆升应该是在中新世(20Ma)之后。中国地质学家根据古生物、古地理证据推断,直到第四纪青藏高原尚未大规模抬升。刘东生和施雅风根据在希夏邦马峰5700~5900m采集到的高山栎化石,推断该区上新世以来抬升了约3000m。赵希涛根据在珠穆朗玛峰地区收集的资料推断青藏高原上新世时已达海拔2000~3000m;上新世时期西藏古气候快速变干,表明喜马拉雅已达到一定高度,阻挡了季风的北上。丁林、钟大赉等(1995)通过测定东喜马拉雅不同海拔高度花岗岩中磷灰石的裂变径迹年龄,得出25~18Ma,13~7Ma,和3Ma至今3个隆升期,而且抬升速率越来越快。据肖序常等(2000)研究,青藏高原的隆升大体分为4个阶段:①白垩纪—始新世慢速隆升期,可进一步分出60~50Ma极慢隆升期和50~25Ma慢速隆升期,前者隆升速率主要在0.012~0.064mm/a之间,后者隆升速率主要在0.07~0.31mm/a之间(图3-22);②中新世—上新世中等速率隆升期,其间25~11Ma隆升速率在0.13~0.62mm/a之间,10~3Ma隆升速率在0.30~2.05mm/a之间;③更新世—全新世快速隆升期,隆升速率在1.6~5.35mm/a之间;④近期(0.5Ma以来)为极快速隆升期,隆升速率为4.5mm/a。从2Ma以来,青藏高原的隆升发生分异,南部快而北部较慢,喜马拉雅隆升速度极快,可达12~13mm/a,这对于保存下地壳麻粒岩的矿物组合和结构构造起着十分重要的作用。

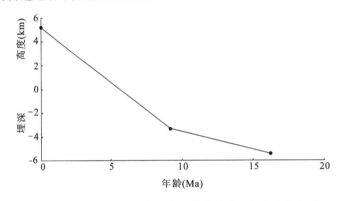

图3-22 据B3536样品中锆石与磷灰石推算的喜马拉雅隆升与剥露速率

青藏高原经历了前寒武纪超大洋-超大陆耦合、加里东期—印支期—燕山期和喜马拉雅早期自北而南的洋陆耦合和板内盆山耦合三大构造发展阶段(李德威,2008)。板内隆升演化是在前寒武纪超大陆的裂解与聚合过程和加里东期—印支期—燕山期和喜马拉雅早期原特提斯、古特提斯、中特提斯和新特提斯自北而南的洋陆转换过程的基础上进行的。青藏高原板内构造演化经历了180~7Ma以迁移式构造隆升、水平运动、地质作用为特征的板内造山阶段和3.6Ma以来以脉动式快速隆升、垂直运动、地理作用为特征的均衡成山阶段。青藏高原板内造山时空分布规律显示180~120Ma→65~30Ma→23~7Ma自青藏高原北部→青藏高原中部→青藏高原南部有序演变,表现为广泛的板内断层活动、褶皱作用、块体运动、岩浆活动和金属成矿,板内造山与同步的板内成盆是下地壳热融化溢出管流岩浆的高密度热流物质在重力作用下顺层流动引起的地壳分层作用和盆山作用,这一大陆动力学过程受控于更南侧同步向南迁移的特提斯洋陆转换过程中俯冲板块上盘地幔底辟引起盆地莫霍面上弯及下地壳热软化物质侧向流动,与板块碰撞无关。青藏高原真正形成于3.6Ma以来构造地貌阶段的均衡成山作用,以地壳尺度的垂直运动及其青藏高原整体快速隆升、周边盆地边缘坳陷带均衡沉降、地貌及环境巨变为特征,3.6Ma、2.5Ma、1.8~1.2Ma、0.8Ma、0.15Ma等一系列脉动式成山作用通过地壳物质的重力平衡调整,将相对独立的喜马拉雅、冈底斯、唐古拉山、龙门山、昆仑山、祁连山、阿尔金山组成一个完整的复合造山带,形成具有青藏高原统一山根的地壳透镜体(Li,2010)。

矿物裂变径迹年龄推算的青藏高原隆起速率和时间,不同研究者在不同地区所得到的研究结果各不相同。Zeitler对喜马拉雅西北部及南迦帕尔巴特峰地区的研究表明,喜马拉雅西北部近60Ma以来的抬升速率为0.05~0.83mm/a,40~17Ma期间,抬升速率为0.14~0.33mm/a,同时在这一地区获得的锆石和磷灰石的裂变径迹年龄低达1.3Ma和0.4Ma。如果这一结果正确的话,更新世晚期这一地区的抬升速率可达1cm/a,就是说在1Ma的时间里将上升10km。刘顺生和章峰(1987)获得了高喜马拉雅的告乌岩体9.18~8.06Ma前的平均抬升速率为0.49mm/a。

关于应用矿物的裂变径迹资料对隆升速率的计算方法，王国灿等(1998)曾做了详细的介绍。由于磷灰石裂变径迹的封闭温度较低，因而广泛用于挽近地质时期的冷却隆升史的研究中。用磷灰石裂变径迹计算隆升速率主要有以下3种方法：①年龄-高程法；②矿物对法，即利用磷灰石裂变径迹年龄与其他同位素年龄组成矿物对，结合古地温梯度、古地表温度和不同同位素体系的封闭温度计算隆升速率；③通过磷灰石裂变径迹年龄和长度特征分析，恢复隆升和剥蚀量，计算平均隆升速率。

（一）样品分析计算及结论

在定结县幅填图过程中，我们采集了一些样品，用以做裂变径迹年龄，样品为过铝质的淡色花岗岩，样品在南、北喜马拉雅带上的淡色花岗岩都有分布(表3-7)。经挑选出磷灰石和锆石后，样品送中国地震局地质研究所新构造年代学实验室裂变径迹实验室分析测定，磷灰石裂变径迹年龄用外部探测器、以Zeta标准化计算的方法获得。校准化年龄校准是Durango磷灰石(31.4Ma)。国家校准局校准微量元素玻璃SRM_{612}用来作为放射量测定器测定在照射期间的中子流量。磷灰石中自发裂变径迹在20℃的条件下用7%的硝酸蚀刻35s。在照射期间，低U白云母外部探测器盖住磷灰石样品和玻璃放射量测定器，因而诱发裂变径迹后，在20℃的条件下用40%的硝酸蚀刻20min。裂变径迹和径迹长度测量在放大1000倍、油浸和条件下，用OLYMPUS显微镜下进行。所有的分析过程由Wan J L操作，用上述方法时采用个人的Zeta标准。样品分析结果如表3-8所示。

表3-7 喜马拉雅期花岗岩裂变径迹测试结果

样品号	岩性	位置	高程(m)	矿物类型	年龄(Ma)
B3536	黑云母淡色花岗岩	拉穷抗日岩体	5180	磷灰石	9.2±1.1
B3536	黑云母淡色花岗岩	拉穷抗日岩体	5180	锆石	16.2±1.5
B3519-2	黑云母淡色花岗岩	5680.2高地	5390	锆石	16.7±2.0
B2580-1	白云母淡色花岗岩	定结岩体	5040	磷灰石	8.2±2.1
B2607	黑云母淡色花岗岩	抗青大岩体	5515	磷灰石	10.5±1.6
B2608-2	白云母淡色花岗岩	抗青大岩体	5595	磷灰石	7.9±1.2
B4549-1	黑云母淡色花岗岩	抗青大岩体	5407	磷灰石	17.0±1.8
B4653-1	白云母淡色花岗岩	麻布加岩体	4389	磷灰石	5.7±2.0

表3-8 样品分析结果一览表

样品号	$\rho_d(N_d)$ ($\times 10^6 cm^{-2}$)	$\rho_s(N_s)$ ($\times 10^5 cm^{-2}$)	$\rho_i(N_i)$ ($\times 10^6 cm^{-2}$)	$U(\times 10^{-6})$	$P(X^2)$ (%)	r	Age (Ma±1σ)	(N_j) (μm±1σ)	(μm)
Ap3536-1	0.658 (1644)	1.481 (7.199)	1.902 (3994)	35.5	0.787	0.460	9.2±1.1	13.06±0.27(55)	2.00
Zr3536-1	0.641 (1592)	7.199 (1015)	50.26 (7087)	964.0	48.8	0.966	16.2±1.5		
Zr3519-2	0.781 (1953)	14.00 (798)	12.71 (7243)	200.0	0.000	0.774	16.7±2.0		
Ap2580-1	1.279 (3789)	0.419 (18)	1.156 (497)	11.1	71.5	0.906	8.2±2.1		

续表 3-8

样品号	$\rho_d(N_d)$ ($\times 10^6 cm^{-2}$)	$\rho_s(N_s)$ ($\times 10^5 cm^{-2}$)	$\rho_i(N_i)$ ($\times 10^6 cm^{-2}$)	$U(\times 10^{-6})$	$P(X^2)$ (%)	r	Age $(Ma\pm1\sigma)$	(N_j) $(\mu m\pm1\sigma)$	(μm)
Ap2607	1.273 (3182)	0.286 (60)	0.608 (1277)	5.9	97.7	0.855	10.5±1.6	13.54± 0.25(29)	1.35
Ap2608-2	1.282 (3198)	0.295 (62)	0.842 (1768)	8.1	100.0	0.897	7.9±1.2	14.31± 0.27(28)	1.44
Ap4549-1	1.286 (3207)	1.286 (270)	1.709 (3588)	16.3	90.9	0.900	17.0±1.8	13.49± 0.20(60)	1.55
Ap4653-1	1.290 (3216)	0.136 (9)	0.539 (356)	5.1	55.8	0.670	5.7±2.0	11.64± 0.21(29)	1.14

Fleischer 发现不同环境会影响矿物裂变径迹的长度稳定性，其中温度是最主要的控制因素，因而这一方法在恢复矿物结晶所记录的地质体热历史方面具有重大意义。其基本原理在于不同矿物在地质体冷却过程中的封闭温度是不同的，因此对应不同的矿物在不同阶段的裂变径迹年龄与地质体冷却速率成直线关系。通常所采用的封闭温度为：锆石 175～220℃，磷灰石 100～140℃。温度的变化范围反映实验的误差及在不同地温梯度下对应的不同封闭温度。

在研究造山带隆升历史时，通常采用多种矿物组合，从而得到不同阶段地质体的隆升速率。造山带地温梯度较高，一般的值是 35℃/km，而对应这个温度的锆石和磷灰石的封闭温度分别为 190℃和 115℃。应用这种思想，用样品 B3536 的磷灰石与锆石分析结果做图，如图 3-22，明显的体现出岩体的上升路径，由于当时岩体已经不具备上侵的能力，因而这个就代表了喜马拉雅山脉的隆升和剥蚀综合的路径。从图上可以发现，从 16.2～9.2Ma 的一段时间里，隆升与剥蚀路径速率(0.31mm/a)要比 9.2Ma 到现在这段时间隆升与剥蚀路径的速率(0.92mm/a)低，这至少说明，喜马拉雅山脉从 16.2Ma 到现在隆升和剥蚀的速率是处于加快的状态。

利用 35℃/km 的地热梯度和裂变径迹年龄数据以及高程数据，利用上述方法，对样品计算隆升与剥蚀速率，将样品的计算结果列于表 3-9 中。

表 3-9 样品隆升与剥蚀速率计算结果

样品号	岩性	产地	矿物类型	隆升与剥蚀速率(mm/a)
B3519-2	黑云母淡色花岗岩	5680.2 高地	锆石	0.65
B2580-1	白云母淡色花岗岩	定结岩体	磷灰石	1.02
B2607	黑云母淡色花岗岩	抗青大岩体	磷灰石	0.84
B2608-2	白云母淡色花岗岩	抗青大岩体	磷灰石	1.12
B4549-1	黑云母淡色花岗岩	抗青大岩体	磷灰石	0.51
B4653-1	白云母淡色花岗岩	麻布加岩体	磷灰石	1.35
B3536	黑云母淡色花岗岩	拉穷抗日岩体	磷灰石	0.92
B3536	黑云母淡色花岗岩	拉穷抗日岩体	锆石	0.65

从表 3-9 中可以发现，不管是高喜马拉雅还是北喜马拉雅淡色花岗岩，黑云母淡色花岗岩所代表的隆升与剥蚀速率(0.51～0.92mm/a)比白云母淡色花岗岩所代表的隆升与剥蚀速率(1.02～1.35mm/a)要低。而在这里，白云母淡色花岗岩比黑云母淡色花岗岩年轻，这就更充分证明了前面所说的结论，即喜马拉雅山脉的隆升与剥蚀进程是先慢后快的，通过裂变径迹年龄数据的分析，我们认为，这个界线应该是在 8Ma。

（二）隆升阶段的划分

由于裂变径迹测试工作者给用户的最终年龄结果是一个统计的结果，而实际上在给出的年龄几率分布图上一般都有 2 个以上的峰值。我们认为这种资料是可以再分析和重新利用的，主要是基于以下理由：由于裂变径迹测年是通过测定矿物径迹的长度来计算年龄的，反过来看，计算出的每一个年龄都对应相应的径迹长度，因而在年龄几率图（图 3-23）上，峰值就代表某一年龄段径迹数目较大，这就说明在那个年龄段，矿物经过降温后保持了封闭的状态，即经历了隆升或剥蚀作用。

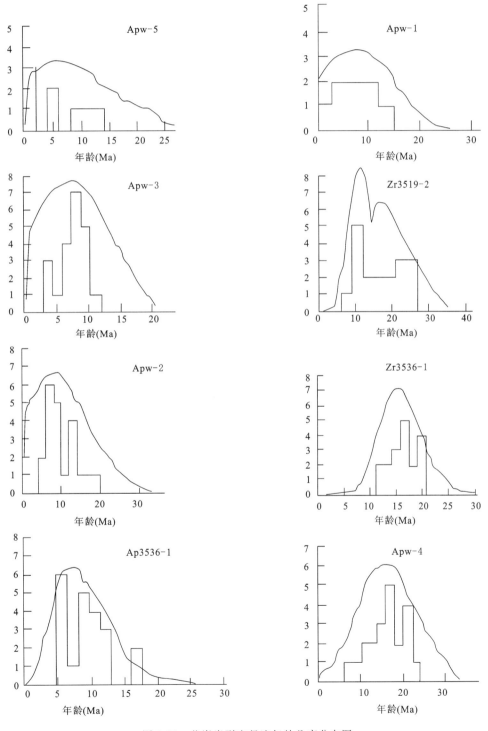

图 3-23　花岗岩裂变径迹年龄几率分布图

前人一般认为高喜马拉雅淡色花岗岩生成和侵位比北喜马拉雅淡色花岗岩的要早、白云母淡色花岗岩的生成和侵位要比黑云母淡色花岗岩的要早，依据这一点和我们上述初步发现的规律，将数据重新整理分析，将白云母淡色花岗岩的样品与黑云母淡色花岗岩的样品分开，再利用裂变径迹特征性的退火带性质，对测试的数据选择主要的年龄段来研究，发现以下几个主要的隆升与剥蚀阶段。

（1）在淡色花岗岩样品中，我们发现在 22Ma 左右的时间里，在高喜马拉雅样品 B3536-1（锆石）、北喜马拉雅样品 B3519-2 及 B4549-1 的年龄几率图上都有一个明显的峰值，这代表在这个时间段里，喜马拉雅山脉发生了隆升与剥蚀。

（2）在淡色花岗岩中，在 17Ma 左右的时间里，在高喜马拉雅样品 B3536-1（锆石、磷灰石）、北喜马拉雅样品 B4549-1 的年龄几率图上都有一个明显的峰值，代表这个时间段里喜马拉雅也应该发生了隆升与剥蚀作用。

（3）在淡色花岗岩中，在高喜马拉雅样品 B2580-1、B3536-1（磷灰石）和北喜马拉雅样品 B3519-2、B2607 中，在 9~13Ma 这段时间里都有明显的峰值，说明了这个时间段里喜马拉雅有隆升和剥蚀作用。

（4）在淡色花岗岩中，高喜马拉雅样品 B3536-1（磷灰石）、B2580-1 及北喜马拉雅样品 B2607、B2608-1、B4653-1 中，在 5~7Ma 之间一段的时间里其年龄几率图上明显出现了峰值，代表整个喜马拉雅的一次隆升与剥蚀事件。

（5）在北喜马拉雅淡色花岗岩样品（B4653-1）的年龄几率图上，在 1Ma 左右的时间里明显有一个峰值，这代表最近一次北喜马拉雅的隆升和剥蚀事件。

（三）结果的讨论及意义

我们的这个结果比较粗糙，但基本上与他人结果吻合得较好（前人结论见前述），这就充分说明这种方法的可行性，因而这个结果也具一定的参考价值。

通过对前面数据的计算和结果的讨论，我们发现，除最近 1Ma 年以来的隆升或剥蚀作用外，在另外四期隆升或剥蚀作用的时间里，高喜马拉雅带与拉轨岗日带是基本同时隆升或剥蚀的，这个结论对我们来说异常重要，因为在还没有明确的限定藏南拆离断层与定日-岗巴逆冲断层年龄的情况下，这一结论就暗示夹持高喜马拉雅带的主中央断裂与藏南拆离断层在这几个时间段里是同时活动的，同时，对拉轨岗日带的隆升起重要作用的定日-岗巴逆冲断层也应该是在这几个时间段里同时活动的。这一暗示的结果具有非常重大的意义，对说明高喜马拉雅与北喜马拉雅淡色花岗岩具有同一物源、同一岩浆生成方式和不同的侵位机制提供了重要证据。

第四节 火山岩

测区火山岩分布非常局限，仅在靠近雅鲁藏布江蛇绿混杂岩带的图幅北缘有少量出露，产于拉轨岗日地层分区的三叠系涅如组和侏罗系日当组中。在三叠系涅如组中，火山岩在一套深灰色的岩屑砂岩和砂质板岩中成夹层产出，岩性主要为玄武岩和席状的辉绿岩、玄武玢岩。在侏罗系日当组中，火山岩主要产于剖面的下部，岩性有蚀变的安山岩、玄武安山岩和少量的火山凝灰岩，并伴有少量的安山玢岩脉产出。

一、玄武岩

玄武岩仅见于图幅北缘的嘉错拉一带，产于三叠系涅如组中，与涅如组深灰色的砂岩、粉砂质板岩互层产出，单层厚度一般为 3~5m，最大厚度可达 60m。岩石呈深灰色，块状构造，仅在局部地段的熔岩层顶部见很薄的、微细的气孔带。镜下具斑状结构，基质具粗玄结构，斑晶含量约为 3%，主要由单斜辉石组成,偶见少量的橄榄石和斜长石。基质中微晶斜长石呈杂乱排列,孔隙中充填物为单斜辉石和磁铁矿,基本上不见火山玻璃。岩石具不同程度的绿泥石化和碳酸岩化蚀变,部分样品中,基质单斜辉石完全被绿泥石和方解石取代。

二、席状玄武玢岩、辉绿岩

席状玄武玢岩、辉绿岩亦仅见于图幅北缘嘉错拉一带的涅如组中,与玄武岩伴生,岩层基本上顺层产出,但沿走向追索可见其呈低角度切割围岩层理。外貌上很难与玄武岩区分,岩石呈深灰色,块状构造,手标本上具显晶质到微晶结构。镜下岩石具辉绿结构、粗玄结构,由柱状斜长石和粒状的单斜辉石及磁铁矿组成。偶见少量的单辉石斑晶。

三、安山岩

安山岩目前仅发现于图幅北缘的侏罗系日当组中,据萨迦县坤德-扎西岗侏罗系实测剖面,其主要产于侏罗系日当组的下部,与凝灰岩一起在日当组下部的泥灰岩—细晶灰岩中成夹层产出。在图幅北缘的窘捏、芒普乡一带的路线调查中,也在日当组中发现了安山岩,且其产出厚度在横向上存在较大的变化,即在西北缘的日当组中,其出现的频率较大,厚度亦较大,往东则较少见。据岩石结构和矿物组合特征可分为玄武安山岩和玻基安山岩2个种属。

(一) 玄武安山岩

玄武安山岩仅见于图幅西北缘的窘捏一带,岩石呈深灰色,具气孔构造、块状构造,镜下具斑状结构,斑晶由单斜辉石和斜长石组成,含量约为5%,基质具安山结构,由半定向的斜长石微晶、铁质矿物和火山玻璃组成。

(二) 玻基安山岩

玻基安山岩仅见于萨迦县坤德-扎西岗侏罗系实测剖面中日当组的底部,岩石蚀变较强烈,镜下可见变余斑状结构,斑晶为斜长石,基质主要由火山玻璃组成,大部分被绿泥石和方解石取代,可见少量的磁铁矿。

四、苦橄玄武岩、科马提岩

高喜马拉雅结晶基底片麻岩、片岩、大理岩组合中出现灰黑色的苦橄玄武岩、玻基辉橄岩。一些样品在光学显微镜下可见典型的鬣刺结构(图3-24),橄榄石斑晶局部集中,具冷凝的流动特征,其间为玻璃质充填,发育气孔构造,含有大量的自然铁,可能是科马提岩,反应了地幔高温部分熔融。这套岩石位于基底拆离断层下盘,沿着活动断层带呈岩筒状产出。深灰色、暗紫色玻基辉橄岩具斑状结构,橄榄石和辉石斑晶含量为15%~20%。基质为玻璃质或玻基交织,大量玻璃基质中橄榄石和辉石晶体呈骸晶状或刀片状彼此交生,含有许多辉石和斜长石微晶。野外常见玻基辉橄岩呈角砾状,角砾大小不等,呈棱角状和次棱角状,可拼性较好,初步认为是隐爆角砾岩。这套高温幔源喷出岩与尖晶石橄榄方辉岩和尖晶石橄榄二辉岩产于相同的地质背景,而且没有发生变质,说明喷出相、超浅成相超镁铁质岩与深成相超镁铁质岩同时更新,是中新世地幔岩浆活动的产物,与喜马拉雅造山带热隆伸展作用有关(李德威等,2004)。

图 3-24　高喜马拉雅科马提岩中鬣刺结构

左图是具鬣刺结构的橄榄石，右图在具鬣刺结构的橄榄石之间出现金属矿物

五、讨论

测区位于青藏特提斯构造域的南缘，区域上从早二叠世开始，就表现为水平方向的扩张，出现海底火山喷发，如测区北侧中贝一带的早二叠世灰岩中就出现有基性火山岩，在测区东边邻幅的江孜与康马之间的侏罗系中已发现了扩张环境的拉斑玄武岩系列的中基性火山岩。从沉积特征上看，测区晚三叠世涅如组和早中侏罗世日当组为一套代表伸展环境的复理石建造，尽管由于露头差的局限，本书未对这套地层中的火山岩进行深入的地球化学研究，但从岩性组合上这套火山岩基本上可与区域上的进行对比，是新特提斯洋早期扩张的产物。

第四章 变质岩

第一节 概 述

测区位于举世瞩目的喜马拉雅造山带中段,跨越高喜马拉雅和拉轨岗日两个重要的构造带,造山带长期复杂的变质作用过程使各类变质岩在这两个构造带中广为分布。其中高喜马拉雅结晶岩系和拉轨岗日变质杂岩是喜马拉雅造山带中剥露最老的结晶基底,经历了多期变质事件,保存了喜马拉雅地区地壳演化及造山过程的历史记录,是中外学者关注的焦点之一。本次区调工作对测区变质岩的物质组成、年代学及变质作用做了大量的野外调查和室内测试分析工作,本书据现有的资料对测区的变质旋回和序列进行初步的划分。总的来说,从时间上看,测区可分出3个变质旋回共5个变质事件的变质序列(表4-1);从地质产状上看,测区变质岩包括了区域变质岩、动力变质岩、混合岩和接触变质岩四大类型。

表 4-1 定结县幅马卡鲁杂岩、拉轨岗日杂岩变质事件

变质旋回		变质事件	温压条件	同位素年龄(Ma)
喜马拉雅旋回	M5	基底隆升,盖层接触变质,钠长绿帘角岩相-角闪角岩相		10~20
	M4	盖层拆离、基底隆升,韧性剪切变形,局部熔融作用、中低压麻粒岩相-角闪岩相退变质	739~993℃ 0.80~1.21GPa	10~20
	M3	高压麻粒岩相变质,东西向韧性剪切变形	899~984℃ >1.21GPa	30~70
晋宁旋回	M2	双重基底形成,角闪岩相变质和区域性的混合岩化作用、深熔作用		600~820
五台旋回	M1	马卡鲁杂岩-拉轨岗日杂岩固结,角闪岩相变质(?),深熔作用、混合岩化		1800~2250

构成马卡鲁杂岩和拉轨岗日杂岩的90%以上的岩石属于区域变质岩,其南部的马卡鲁杂岩和扎西惹嘎岩组是高喜马拉雅结晶岩系的重要组成部分,因为是区内隆升幅度最大、出露最老的结晶基底,受到了国内外学者的广泛关注,这套区域变质岩至少经历了新元古界(晋宁期)和喜马拉雅期两期变质事件,保存了喜马拉雅造山隆升过程的历史记录,但晋宁期之前可能存在的古元古界(五台期?)马卡鲁杂岩固结阶段的变质痕迹已消失殆尽,近年来在该区有关榴辉岩(Lombardo,2000)的报道和本项目有关高压基性麻粒岩(廖群安等,2001,2003;李德威等,2002,2003;Li et al,2003)和超镁铁质岩(廖群安等,2003;李德威等,2003,2004)的发现,表明其为下地壳折返的产物,与地幔软流圈热动力作用和下地壳层流有关(李德威,2003a,2004,2006,2008;Li,2010),更引起了国内外学者的重视。混合岩化作用主要发生于晋宁期,在喜马拉雅晚期也有局部的作用。动力变质岩主要见于喜马拉雅期的韧性剪切带和拆离断层带。接触变质作用则与基底的隆升有关,主要发育在拉轨岗日变质核杂岩周边的盖层之中。

第二节 区域变质岩

测区区域变质岩主要分布于图幅南部的马卡鲁杂岩及上部的扎西惹嘎岩组和中部的拉轨岗日杂岩中,为一套中高级的变质岩。另外在图幅北侧的北喜马拉雅带,还分布有一套古特提斯洋关闭时形成的低级变质岩,岩性主要为板岩和千枚岩,由于这套低级变质岩地层层序保存完好、变质程度很低,在地层一章中已有描述,这里不再介绍。

一、高喜马拉雅区域变质岩

该区域变质岩有变质表壳岩、变质镁铁质—超镁铁质岩和花岗质片麻岩3个组合,按化学特征可分为中酸性、基性—超基性、钙质、石英质和炭质五大化学类型(表4-2)。

表4-2 测区高喜马拉雅带区域变质岩岩石类型

岩石组合	变质表壳岩	变质镁铁质—超镁铁质岩	花岗质片麻岩
中酸性	黑云片岩 二云母片岩 矽线石榴斜长黑云片岩 二长黑云片岩 黑云斜长片麻岩 黑云二长片麻岩 矽线石榴黑云斜长片麻岩 紫苏黑云二长麻粒岩		花岗闪长质片麻岩 奥长花岗质片麻岩 英云闪长质片麻岩 二长花岗质片麻岩
基性—超基性		角闪岩化石榴辉石岩 二辉麻粒岩 榴闪岩 斜长角闪岩 角闪石化尖晶石橄榄二辉岩 角闪石化尖晶石橄榄方辉岩	
钙质	大理岩 含透辉石大理岩 石墨大理岩		
石英质	石英岩 黑云石英岩 黑云石英质片岩 变质石英砾岩		
炭质	石墨片岩 石英石墨片岩		

(一) 岩相学特征

1. 变质表壳岩组合

1) 中酸性岩

(1) 黑云片岩、二云母片岩:主要分布于测区南部的扎西惹嘎岩组上部岩性段,与黑云石英片岩互层产出。主要矿物组成为:黑云母 40%～60%、石英 30%～50%,斜长石 5%～15%、钾长石 2%～10%、矽线石 0～6%、石榴子石 0～8%,白云母含量少于 15%～75%。石榴石呈变斑晶产出,矽线石呈簇状集合体产出,常在黑云母边缘交代黑云母。副矿物可含磷灰石、电气石和圆粒状的锆石。多遭到了混合岩化改造,形成条带状混合岩,含大量的淡色花岗岩脉体。

(2) 黑云斜长、黑云二长片麻岩:分布范围较广,在马卡鲁杂岩的表壳岩系和扎西惹嘎岩组中都有产出。矿物组成为:黑云母 25%～40%、斜长石 25%～35%、钾长石 2%～30%、石英 15%～35%,见有少量的角闪石、石榴子石、矽线石,副矿物有磷灰石和磁铁矿,有时可见到锆石(图 4-1)。

(3) 堇青石矽线石酸性麻粒岩:少见,目前仅见于扎乡一带的扎西惹嘎岩组内,岩石具中粒鳞片花岗变晶结构,片麻状构造,由石英(50%～60%)、斜长石(5%～15%)、钾长石(5%～10%)、黑云母(10%～15%)、石榴石(5%)、堇青石(2%)、矽线石(3%)组成(图 4-2、图 4-3),含锆石、磷灰石和铁尖晶石等副矿物。其中石榴石成变斑晶产出,含锆石包裹体,边缘具堇青石的蠕虫状反应边,矽线石呈针状集合体产出。

图 4-1 石榴石黑云斜长片麻岩

(75×,单偏光)

图 4-2 堇青石、矽线石麻粒岩(一)

(150×,正交偏光,石榴石的堇青石蠕虫状反应边)

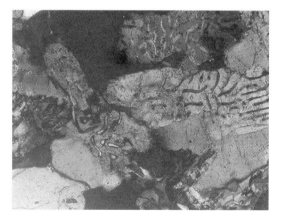

图 4-3 堇青石、矽线石麻粒岩(二)

(50×,正交偏光,石榴石的堇青石蠕虫状反应边)

(4) 紫苏黑云二长麻粒岩:测区内出露较少,仅发现于定结县卡达一带的马卡鲁杂岩的表壳岩系中,以暗色残留体的形式产于混合岩化程度较高的混合岩中(图 4-4、图 4-5)。岩石呈灰—深灰色,块状—弱定向构造。由暗红色的黑云母(15%)、紫苏辉石(5%)、石榴子石(5%)、斜长石(35%)、钾长石(10%)、石英(10%)组成,含锆石、磷灰石等副矿物。

2) 钙质岩

钙质岩主要为一套成分较纯的大理岩,扎西惹嘎岩组和马卡鲁杂岩中都有产出,在马卡鲁杂岩中其与黑云石英岩互层,大理岩中基本上不含其他矿物,在扎西惹嘎岩组中,大理岩产于其底部,常与石墨片岩共生,可含少量的其他矿物。

图 4-4 混合片麻岩中的麻粒岩残留体

图 4-5 紫苏黑云二长麻粒岩
(50×,正交偏光)

(1) 大理岩:具粗晶结构,矿物结晶粒径为 3~8mm,块状构造。主要矿物为方解石(>98%),扎西惹嘎岩组中该岩含少量的透辉石(<2%),透辉石具浅绿色多色性。

(2) 含石墨大理岩:具粗晶结构、块状构造,方解石大于 95%,石墨 2%~5%,黑云母小于 1%,只见于扎西惹嘎岩组。

3) 石英质岩

(1) 变质石英砾岩:少见,仅扎西惹嘎一带有出露。具变余砾状结构,变形的石英岩砾石含量为 50%~60%,砾石呈椭球状形态,A 轴 3~6cm,B 轴 2~4cm,C 轴 1~3cm,基质亦为石英质,但结晶粒度较小,含较多的黑云母。

(2) 石英岩:中—粗粒变晶结构,块状—条带状构造,由石英(90%~98%)及少量的黑云母(1%~5%)、白云母和斜长石(0~3%)组成,黑云母有时局部集中成宽 1~4mm 的条带状分布,有时可含普通辉石、钾长石、矽线石等次要矿物,副矿物有电气石、磷灰石、锆石、榍石等。

(3) 石英片岩:具细—中粒鳞片粒状变晶结构,定向构造,由石英(60%~80%)、黑云母(15%~35%)、白云母(0~4%)、斜长石(0~5%)、角闪石(0~2%)组成,含磷灰石、圆粒状锆石。在定结-日屋断层以西可含较多的矽线石。

4) 炭质岩

石墨片岩:仅见于扎西惹嘎岩组的下部,在大理岩中呈不连续的夹层产出。岩石具中—粗粒鳞片变晶结构,片状构造,由石墨(40%~80%)、石英(20%~50%)、黑云母(1%~3%)、白云母(0~1%)组成(图 4-6)。

2. 镁铁质变质岩

镁铁质变质岩主要分布在马卡鲁杂岩和扎西惹嘎岩组内,矿物组成主要受变质程度的制约,从高压麻粒岩相的石榴辉石岩和中压麻粒岩相的二辉麻粒岩到角闪岩相的榴闪岩和斜长角闪岩均有。在拉轨岗日杂岩中镁铁质变质岩较

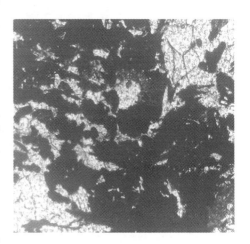

图 4-6 石墨片岩
(75×,单偏光)

少见,目前仅发现有少量的石榴斜长角闪岩和榴闪岩。从地质产状上看,其产状有 2 种:一是在扎西惹嘎岩组的副变质岩(石英岩)中呈透镜体产出,透镜体一般长 80~300cm,厚 30~100cm,横向上断续相连,基本上可恢复层状产出的特征(图 4-7),其中的麻粒岩相矿物组合保存较好;二是在花岗岩质片麻岩中呈大小不等的岩块形式产出(图 4-8),目前主要见于二长花岗质片麻岩和花岗闪长质片麻岩内,包体直径可达 5m,退变质较完全,绝大多数已退变质为石榴斜长角闪岩,部分已完全退变为斜长角闪岩。

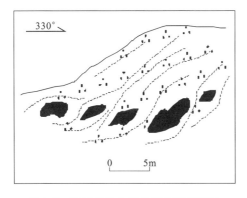 

图 4-7　定结县扎乡镁铁质变质岩露头　　图 4-8　花岗质片麻岩中的基性变质岩包体

(1) 角闪岩化石榴辉石岩(高压麻粒岩)：主要由石榴石(15%～25%)、单斜辉石(20%～35%)、斜方辉石(10%～20%)、斜长石(15%～25%)和角闪石(15%～25%)组成，有时含少量的石英和黑云母。其中斜方辉石和斜长石是交代石榴石形成的后成合晶，呈放射状、蠕虫状集合体环绕石榴石残晶分布，有时在后成合晶中还可见第二世代的低铝单斜辉石。早期的单斜辉石则被角闪石和斜长石交代穿孔，边缘常具角闪石反应边(图 4-9)。石榴石中可含少量的石英、金红石、钛铁矿和富铝单斜辉石包裹体。

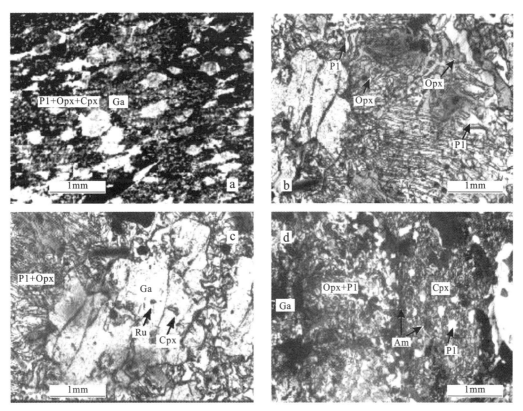

图 4-9　石榴辉石岩的岩相学特征

a. 基性麻粒岩的手标本照片，肉眼可见石榴石降压退变质形成的 Pl+Opx 冠状边；
b. 基性麻粒岩中早期的石榴石被 Opx+Pl 麻粒岩相后成合晶取代，形成冠状边(单偏光)；
c. 早期石榴石残余，含富铝单斜辉石、金红石包裹体(单偏光)；
d. 早期单斜辉石被斜长石和角闪石交代穿孔，边缘具角闪石反应边

(2) 角闪岩化二辉麻粒岩：是石榴辉石岩麻粒岩相退变质的产物，矿物组成为蠕状斜方辉石(20%～25%)、蠕状单斜辉石(5%～10%)、蠕状斜长石(25%～35%)、角闪石(20%～25%)、石英(5%～8%)、黑云母(2%～5%)。其中斜方辉石和斜长石、单斜辉石一起构成蠕状的后成合晶，保留有石榴石的假象，斜方辉石为紫苏辉石，单斜辉石为低铝的透辉石，斜长石成分变化较大，交代石榴石者为原钙长石(An>

90),与角闪石共生者为拉长石。石榴石和早期的单斜辉石完全消失,或仅存少量的残晶(图 4-10)。

榴闪岩多产在花岗质片麻岩内,呈透镜体产出,岩石具柱状变晶结构,交代结构不发育,定向构造。矿物组合为石榴石(10%～25%)、角闪石(40%～45%)、斜长石(5%～15%)、石英(5%～10%),含少量的黑云母(图 4-11)。

图 4-10 角闪岩化二辉麻粒岩
(75×,单偏光)

图 4-11 榴闪岩
(75×,正交偏光)

(3)斜长角闪岩:多产在花岗质片麻岩内,具后成合晶结构,显弱定向构造,在扎西惹嘎岩组中也有产出,但常构成基性变质岩透镜体的外壳。由角闪石(45%～50%)、斜长石(35%～40%)、石英(5%～10%)、黑云母(5%～10%)组成。斜长石呈集合体产出,具石榴石晶形假象,集合体中心有时有石榴石的残余,显然是榴闪岩降压退变质的产物(图 4-12)。

3. 超镁铁质变质岩

超镁铁质变质岩分布局限,仅在扎乡一带有少量出露,呈透镜状产出,透镜体大小不等,最大者长 80m,宽 20m,小者仅长 1m,宽 0.4m。

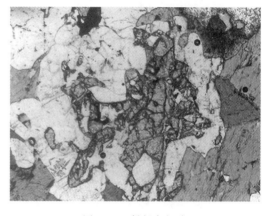

图 4-12 斜长角闪岩
(75×,正交偏光)

超镁铁质岩主要有以下 2 种岩石类型。

(1)角闪岩化尖晶石橄榄方辉岩:由橄榄石(25%)、斜方辉石(55%)、角闪石(15%)和尖晶石(3%)组成,其中橄榄石和斜方辉石晶形保存完好,常具板状定向(图 4-13B,图 4-13D),橄榄石见 2 个以上方向的扭折带结构,斜方辉石可见沿(100)解理方向的滑移变形。角闪石为后期的变质矿物,呈长柱状定向,其中可见尖晶石和橄榄石包裹矿物,岩石中不含单斜辉石,推测已被角闪石完全取代。尖晶石为他形粒状,单偏光下成暗绿色,属镁铁尖晶石,是超镁铁质堆晶岩中的常见类型。在变形较弱的岩石中,斜方辉石粗大(16～30mm)的晶体保存了柱状自形晶形态,粒间充填有细粒的橄榄石和被角闪石交代的单斜辉石(图 4-13C),可能为变余堆晶结构。

(2)角闪岩化尖晶石橄榄二辉岩:由斜方辉石(25%)、橄榄石(30%)、角闪石(35%)和尖晶石(4%)组成,岩石亦具明显的应力变形(图 4-13A),单斜辉石已完全被角闪石取代,长轴具明显定向,橄榄石发育多个方向的扭折带,尖晶石亦为绿色的镁铁尖晶石。橄榄石和斜方辉石裂隙中可见后期流体变质形成的滑石和叶蛇纹石。

4. 花岗质片麻岩

花岗质片麻岩是马卡鲁杂岩和拉轨岗日杂岩的主体岩性,据原岩石化学组成分析,应为一套正片麻岩,据岩石化学成分分类具有花岗闪长质、二长花岗质、奥长花岗质和英云闪长质 4 个单元,由于后期构

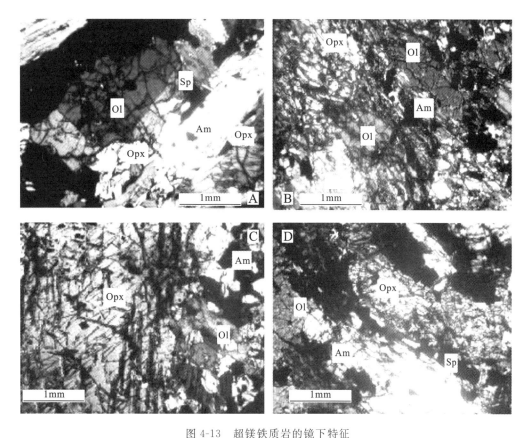

图 4-13 超镁铁质岩的镜下特征

A、B:尖晶石橄榄方辉角闪岩,橄榄石具扭折带结构(A),橄榄石和斜方辉石变余残晶具板状定向(B);

C、D:尖晶石角闪橄榄方辉岩,具变余堆晶结构(C),橄榄石和斜方辉石具板状定向图(D);正交偏光

造改造强烈和本次填图精度的限制,目前尚未查清各单元之间的接触关系,因此其谱系关系尚不清楚。

(1)花岗闪长质片麻岩:在马卡鲁杂岩中广泛分布,是主体岩性。岩石呈浅灰色,鳞片花岗变晶结构,片麻状构造。由于后期不同程度的混合岩化改造,暗色矿物呈条带状、条痕状定向分布。矿物组成为:石英 20%～25%、斜长石 30%～35%、钾长石 10%～15%、黑云母 15%～20%,可含少量的石榴石 1%～3%,副矿物有锆石和磷灰石。其中斜长石为更长石,钾长石为隐条纹长石,二者之间常见蠕英石(图4-14),值得注意的是部分样品中还有少量的紫苏辉石,是经历麻粒岩相变质的记录。

(2)二长花岗质片麻岩:在马卡鲁杂岩和拉轨岗日杂岩中均有大量分布,岩石亦为浅灰色,粗粒鳞片花岗变晶结构,片麻状构造、眼球状-条带状构造,也遭到了混合岩化变质的改造。

图 4-14 花岗闪长质片麻岩中的蠕英石结构

(75×,正交偏光)

矿物组成为:石英 20%～30%、钾长石 25%～35%、斜长石 30%～40%、黑云母 5%～15%,少量白云母 1%～2%。其中斜长石为酸性斜长石,钾长石具格子双晶,属微斜长石,常呈眼球状斑晶产出。两种长石之间亦常见蠕英石。副矿物有锆石和磷灰石。

(3)奥长花岗质片麻岩:野外不易识别,仅在马卡鲁杂岩中有发现,混合岩化改造程度较低。矿物组成为:石英 20%～25%、斜长石 60%、黑云母 5%～10%,基本上不含钾长石(<5%),副矿物有锆石和磷灰石。

(4)英云闪长质片麻岩:野外不易识别,分布于花岗闪长质片麻岩岩体内部,与后者有相似的外貌,具条带状、条痕状构造。矿物组成为:石英 25%～30%、斜长石 40%～45%、钾长石 2%～5%、黑云母

15%～20%,有时含少量的白云母(2%),副矿物有锆石、磷灰石和磁铁矿。

(二)矿物化学

本书主要对镁铁质变质岩,尤其是镁质的石榴辉石岩和二辉麻粒岩的矿物成分进行了90个成分点的电子探针分析,测试工作在中国地质大学(武汉)测试中心完成。

仪器名称:电子探针仪JCXA-733。

测试环境:温度18℃,湿度60%。

1. 橄榄石

橄榄石仅出现在变质超镁铁质岩中,表4-3列出了橄榄石的电子探针分析结果。总的来看,两类超镁铁质岩中的橄榄石成分相对较一致,Fo=84.31～86.51,属贵橄榄石,Fo值均明显低于地幔橄榄岩(Fo=88～93),而位于玄武岩中的橄榄石斑晶和超镁铁质堆晶岩中橄榄石的范围,如Stillwater超镁铁质堆晶岩体中的橄榄石为Fo=80～90,表明本区超镁铁质岩是岩浆结晶的产物,而不是上地幔岩的构造侵位成因的,也不是地幔岩包体。与大别造山带的超镁铁质岩(樊祺诚等,1996)中的橄榄石(Fo=92.3～93.8)相比,本区超镁铁质岩中的橄榄石Fo分子明显低,更具从玄武质岩浆中结晶橄榄石或堆晶橄榄石的特征。

表4-3 超镁铁质岩中橄榄石电子探针分析结果(%)

样品号	277-9				277-5	
SiO_2	39.70	39.53	40.77	39.62	39.74	40.04
TiO_2	0.00	0.00	0.00	0.00	0.00	0.00
Al_2O_3	0.00	0.00	0.00	0.00	0.00	0.00
Cr_2O_3	0.00	0.00	0.84	0.00	0.00	0.00
FeO	14.77	14.49	13.67	14.66	13.07	12.96
MnO	0.25	0.26	0.14	0.21	0.05	0.03
MgO	45.91	44.50	43.70	44.97	46.92	46.88
Total	100.63	98.78	99.12	99.46	99.78	99.91
Si	0.99	1.00	1.03	1.00	0.99	1.00
Ti	0.00	0.00	0.00	0.00	0.00	0.00
Cr	0.00	0.00	0.02	0.00	0.00	0.00
Fe^{2+}	0.31	0.31	0.29	0.31	0.27	0.27
Mn	0.01	0.01	0.00	0.00	0.00	0.00
Mg	1.71	1.68	1.64	1.69	1.74	1.74
Fa	15.50	15.69	15.07	15.63	13.58	13.50
Fo	84.51	84.31	84.93	84.37	86.42	86.51

注:表中数据由中国地质大学(武汉)电子探针室测试。

2. 斜方辉石

斜方辉石有4种产出形式:①在变质超镁铁质岩中为变余矿物,晶体粗大,部分保存了柱状自形晶形态,可能为堆晶矿物;②在镁铁质变质岩中为后成合晶矿物,与斜长石±单斜辉石一起交代石榴子石,晶体细小,呈蠕虫状、放射状集合体产出,是麻粒岩相降压退变质的产物;③在片麻状紫苏斜长麻粒岩中呈变晶矿物产出;④有时出现在马卡鲁杂岩的花岗闪长质片麻岩中。这里仅对前3种产状的斜方辉石进行了电子探针分析。

由图 4-15 可见,本区两种岩性的超镁铁质岩中的斜方辉石的成分投点位于中国东部岩浆辉石岩的斜方辉石的成分范围内,属岩浆成因的斜方辉石,而石榴辉石岩等样品中的斜方辉石投点位于变质斜方辉石的范围内,表明本区超镁铁质岩并未经历与其伴生的麻粒岩所经历的麻粒岩相变质事件。两类超镁铁质岩斜方辉石的(表 4-4、表 4-5)的成分亦相近,顽火辉石分子(En)变化在 83.86~86.85 之间,均为紫苏辉石,与地幔橄榄岩中的斜方辉石相比,En 值偏低(如我国东部玄武岩中的地幔橄榄岩包体中的斜方辉石的 En 多变化在 86~92 之间)。从角闪岩化尖晶石橄榄方辉岩到角闪岩化橄榄二辉岩,Al_2O_3(3.45%~1.24%)具明显降低的趋势,前者可与中国东部地幔橄榄岩中的斜方辉石相比,后者则明显偏低,但与大别超高压变质带中的超镁铁质岩中与石榴石共生的斜方辉石相比(Al_2O_3=0~0.05%),本区超镁铁质岩的斜方辉石则明显富 Al_2O_3。Boyd

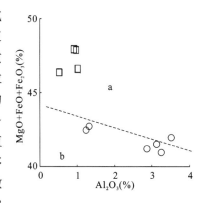

图 4-15 斜方辉石成因判别图
a.变质成因斜方辉石;
b.岩浆成因斜方辉石

(1973)关于 MgO-Al_2O_3-SiO_2 体系的实验研究表明,斜方辉石的 Al_2O_3 含量随温度的增高而增加,压力对 Al_2O_3 的影响与共生的矿物有关,在与石榴石共生的斜方辉石中 Al_2O_3 含量随压力的增大而降低,而不与石榴石共生者 Al_2O_3 随压力增大而增加。由上述特征可见,斜方辉石的成分变化不仅仅与结晶的早晚有关,更可能与结晶时的温压条件有关,从橄榄方辉岩到橄榄二辉岩,很可能存在压力降低的过程。

表 4-4 超镁铁质岩中斜方辉石的化学成分(%)

样品号	277-5				277-9	
SiO_2	53.55	53.97	54.59	53.98	55.25	55.92
TiO_2	0.06	0.13	0.04	0.00	0.01	0.00
Al_2O_3	3.21	3.07	3.45	2.84	1.31	1.24
Cr_2O_3	0.00	0.08	0.08	0.58	0.00	0.00
FeO	10.00	10.25	10.18	9.97	9.27	9.15
MnO	0.10	0.19	0.16	0.08	0.09	0.16
MgO	30.97	31.23	31.73	31.25	33.47	33.36
CaO	0.23	0.21	0.14	0.15	0.35	0.32
Total	98.12	99.13	100.37	98.85	99.75	100.14
Si	1.908	1.906	1.901	1.912	1.923	1.941
Ti	0.002	0.003	0.001	0.000	0.000	0.000
Al^{IV}	0.092	0.094	0.099	0.088	0.054	0.051
Al^{VI}	0.043	0.034	0.043	0.030	0.000	0.000
Cr	0.000	0.002	0.002	0.016	0.000	0.000
Fe^{2+}	0.298	0.303	0.297	0.295	0.270	0.266
Mn	0.003	0.006	0.005	0.002	0.003	0.005
Mg	1.645	1.645	1.648	1.650	1.737	1.726
Ca	0.009	0.008	0.005	0.006	0.013	0.012
Wo	0.45	0.41	0.27	0.29	0.65	0.60
En	84.15	83.86	84.32	84.47	86.85	86.26
Fs	15.40	15.73	15.42	15.24	12.50	13.14

表 4-5 辉石的电子探针分析结果(%)

样品号	0312								278-4					
矿物	Cpx						Opx		Cpx		Cpx		Opx	
结构	残晶			后成合晶					环带		筛状残晶		后成合晶	
SiO_2	49.87	49.56	49.07	48.06	49.36	49.17	50.05	51.31	49.85	49.95	51.23	50.24	49.33	48.91
TiO_2	0.32	0.15	0.05	0.21	0.20	0.30	0.04	0.01	0.14	0.09	0.06	0.03	0.01	0.00
Al_2O_3	6.89	6.64	6.50	4.38	3.73	3.53	1.02	0.52	1.74	0.97	0.88	1.12	0.91	0.97
Cr_2O_3	0.21	0.20	0.12	0.00	0.08	0.06	0.10	0.04	0.04	0.09	0.00	0.00	0.00	0.26
FeO	10.70	10.05	10.57	10.81	8.96	12.00	29.39	28.86	11.63	12.77	14.52	13.74	34.83	36.00
MnO	0.24	0.28	0.38	0.36	0.25	0.33	1.17	1.22	0.50	0.30	0.18	0.34	0.72	0.68
MgO	10.03	10.56	10.35	12.03	13.53	12.50	17.25	17.51	12.49	12.68	10.70	10.54	13.09	11.91
CaO	19.64	20.53	21.83	23.51	23.30	21.38	0.54	0.47	22.14	22.43	20.33	21.82	0.69	0.68
Na_2O	0.67	0.55	0.47	0.23	0.03	0.25	0.09	0.00	0.30	0.20	0.16	0.21	0.00	0.00
K_2O	0.14	0.10	0.18	0.02	0.08	0.02	0.00	0.00	0.02	0.00	0.00	0.00	0.00	0.00
总量	98.71	98.62	99.52	99.61	99.49	99.54	99.64	99.93	98.83	99.56	98.06	98.04	99.58	99.41
Si	1.90	1.88	1.85	1.808	1.846	1.856	1.943	1.979	1.897	1.894	1.99	1.95	1.97	1.97
Ti	0.01	0.01	0.00	0.01	0.01	0.01	0.00	0.00	0.01	0.01	0.00	0.00	0.00	0.00
Al^{IV}	0.10	0.12	0.15	0.19	0.15	0.14	0.05	0.02	0.08	0.04	0.01	0.05	0.04	0.03
Al^{VI}	0.21	0.18	0.14	0.01	0.01	0.01	0.00	0.00	0.00	0.03	0.00	0.01	0.01	0.01
Fe^{3+}	0.00	0.00	0.04	0.00	0.00	0.00	0.07	0.00	0.14	0.18	0.00	0.07	0.03	0.01
Fe^{2+}	0.34	0.32	0.29	0.34	0.28	0.31	0.88	0.93	0.23	0.23	0.47	0.37	1.13	1.20
Cr	0.01	0.01	0.00	0.00	0.00	0.00	0.01	0.00	0.00	0.01	0.01	0.01	0.00	0.01
Mg	0.57	0.60	0.58	0.66	0.75	0.70	0.99	1.00	0.71	0.72	0.62	0.61	0.78	0.71
Mn	0.01	0.01	0.01	0.01	0.01	0.01	0.04	0.04	0.02	0.01	0.01	0.01	0.02	0.02
Ca	0.80	0.84	0.88	0.95	0.93	0.87	0.022	0.019	0.90	0.91	0.85	0.91	0.03	0.03
Na	0.05	0.04	0.03	0.02	0.00	0.02	0.01	0.00	0.02	0.02	0.01	0.02	0.00	0.00
Wo	46.61	47.43	48.75	48.47	47.21	46.03	1.14	0.95	48.39	48.66	43.54	45.96	1.48	1.48
En	33.12	33.94	32.16	33.67	38.07	37.04	51.24	50.25	38.17	38.50	31.88	30.89	39.04	36.11
Fs	20.27	18.63	19.09	17.86	14.72	17.99	47.62	48.74	13.44	12.83	24.58	23.16	59.49	62.41
CaTs	5.16	6.21	5.44	3.56	3.43	2.70			0.98	1.42	0.59	3.51		
Jd	5.44	4.40	2.87	2.01	0.00	2.10			0.02	0.02	1.23	0.04		

注:表中数据由中国地质大学(武汉)电子探针室测试,Fe^{3+}为换算值,下同。

镁铁质变质岩中的斜方辉石(表 4-4、表 4-5)只见于后成合晶中,呈蠕虫状与基性斜长石和单斜辉石共生,投点均位于变质斜方辉石的范围。镁铁质岩中的斜方辉石的成分对所交代的早期石榴石的成分具明显的继承性,不同样品显示出较大的成分变化范围(En=36~51,Fs=47~62),属紫苏辉石和铁紫苏辉石。Al_2O_3(0.52%~2.67%)含量偏低,且变化范围较大,可能反应压力范围变化较大的相对低压的环境,应与快速隆升过程的滑变反应有关。

据索勃列佐夫(1973)的经验公式：

$D(X) = -4282/683Si + 2192Al^{VI} + 2181Fe^{2+} + 1455Mn + 1442Mg + 1427Ca + 1770(Na+K)$

$D(X) > 0$，高温辉石麻粒岩；$D(X) < 0$，角闪麻粒岩亚相。

本区镁铁质岩中斜方辉石的 $D(X)$ 均小于 0，应为角闪麻粒岩相的产物。

3. 单斜辉石

单斜辉石(表 4-5)仅见于石榴辉石岩和石榴二辉麻粒岩中，明显存在两个世代的产物。第一世代单斜辉石与石榴石共生，结晶粗大；第二世代者产于后成合晶中，是交代石榴石的产物，颗粒细小，呈蠕虫状。电子探针分析结果显示，工作区镁铁质变质岩中的单斜辉石均为透辉石，但不同世代的单斜辉石的 Al_2O_3 和 Na_2O 变化较大：第一世代的单斜辉石富 Al_2O_3(6.50%)，并含有较高的 Na_2O(0.47%~0.67%)，含 Jd(2.87%~5.44%)分子和较高的 CaTs(5.06%)分子。第二世代的单斜辉石 Al_2O_3(4.38%~0.79%)明显要低，且变化较大，反映了滑变反应的存在，Na_2O 含量亦明显降低，基本上不含 Jd 分子，这种成分变化显然与降压反应有关。

4. 石榴石

石榴石主要以两种方式产出，一是在变质镁铁质岩中产出，多为被斜长石＋斜方辉石±单斜辉石的后成合晶交代的残晶，一般呈孤岛状，内部含石英、金红石和单斜辉石矿物包裹体(图 4-16、图 4-17)；二是在变质表壳岩中和花岗质片麻岩中产出，成为变斑晶，有时可见堇青石冠状边。目前仅对镁铁质变质岩中的石榴石进行了测试分析。由表 4-6 可见，不同样品中的石榴石和由石榴石核部到边缘成分有一定的变化，前者反映了原岩组成对石榴石成分的影响，后者则与麻粒岩相的退变质有关。在样品 0312 中，成分环带不明显，石榴石较富 CaO(11.64%~11.73%)，但相对低 MgO(3.77%~4.11%)。在样品 278-4 中，石榴石显示出较明显的环带构造，核部成分均一，相对于 0312 中，较富 MgO(5.53%~4.94%)，低 CaO(8.14%~9.63%)，边缘有一宽约 1000μm 的反应环带，MgO(2.99%)、CaO(7.41%)含量均有明显的降低。石榴石核部的主要端元组分变化范围为 Alm=50.97%~56.19%，Gro=19.06%~28.3%，Pyr=14.57%~20.50%，与巴基斯坦境内发现的榴辉岩(Pognante, Spencer, 1991)中的石榴石的成分十分一致，在 Winkler(1979)的 Alm+Sps-Cro+And+Ua-Pyr 图中，落在 B 型和 C 型榴辉岩的重叠区内。石榴石边缘的反应环带为 Alm=63.73%、Gro=16.70%、Pyr=12.07%，成分投点落在榴辉岩与麻粒岩的重叠区。

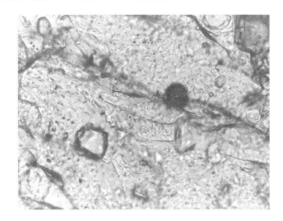

图 4-16　石榴石中含金红石和富铝单斜辉石包裹体
(75×，单偏光)

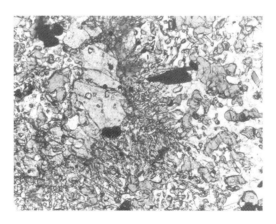

图 4-17　后成合晶中石榴石的交代成因
(75×，单偏光)

表 4-6 石榴石的电子探针分析结果（%）

样品号	0312		278-4			
结构	交代残晶		残晶中心至边缘			
SiO_2	36.74	36.66	37.35	39.25	38.49	37.52
TiO_2	0.09	0.10	0.03	0.06	0.01	0.00
Al_2O_3	21.99	22.00	21.92	20.08	22.20	21.41
Cr_2O_3	0.05	0.08	0.00	0.13	0.00	0.00
FeO	25.04	24.89	25.90	24.44	25.27	28.20
MnO	0.59	0.50	0.59	0.51	0.47	1.18
MgO	3.77	4.11	5.53	5.43	4.94	2.99
CaO	11.73	11.64	9.02	9.63	8.14	7.41
Na_2O	0.00	0.00	0.00	0.00	0.00	0.00
K_2O	0.00	0.00	0.00	0.00	0.00	0.00
总量	100.00	99.98	100.34	99.53	99.52	98.71
Si	2.87	2.86	2.86	2.96	2.98	2.98
Ti	0.01	0.01	0.00	0.00	0.00	0.00
Al^{IV}	0.13	0.14	0.14	0.04	0.02	0.03
Al^{VI}	1.90	1.88	1.84	1.74	2.00	1.97
Fe^{3+}	0.08	0.08	0.09	0.09	0.09	0.10
Fe^{2+}	1.56	1.54	1.66	1.73	1.64	1.87
Cr	0.00	0.01	0.00	0.01	0.00	0.00
Mn	0.04	0.03	0.04	0.03	0.03	0.08
Mg	0.44	0.48	0.63	0.61	0.57	0.35
Ca	0.98	0.97	0.74	0.78	0.68	0.63
Na	0.00	0.00	0.00	0.00	0.00	0.00
K	0.00	0.00	0.00	0.00	0.00	0.00
Alm	51.56	50.97	53.99	54.96	56.19	63.73
And	4.12	4.11	4.51	4.94	4.12	4.73
Gro	28.30	27.79	19.65	19.30	19.06	16.76
Pyr	14.57	15.79	20.60	19.35	19.57	12.07
Spe	1.30	1.09	1.25	1.03	1.06	2.71
Uva	0.16	0.25	0.00	0.42	0.00	0.00

注：表中数据由中国地质大学（武汉）电子探针室测试。

5. 斜长石

斜长石是各类变质岩中分布最广的矿物，这里仅对镁铁质变质岩-石榴辉石岩和二辉麻粒岩中的斜长石进行了分析（表 4-7，图 4-18），镁铁质变质岩中的斜长石是麻粒岩相退变质阶段的产物，均为基性斜长石，但成分变化较大，不仅与样品有关，在同一样品中的不同产出部位也有明显的变化。在样品

表 4-7 斜长石的化学成分表(%)

样品号	0312-4			278-4
产状	后成合晶			Cpx 内
SiO_2	53.76	47.46	49.10	55.29
TiO_2	0.11	0.00	0.00	0.00
Al_2O_3	29.72	33.66	32.64	29.21
FeO	0.11	0.32	0.21	0.48
MnO	0.01	0.00	0.00	0.02
MgO	0.00	0.00	0.00	0.00
CaO	11.24	18.39	15.49	10.72
Na_2O	5.11	1.10	3.00	4.16
K_2O	0.05	0.01	0.08	0.29
总量	100.11	100.94	100.52	100.18
Si	4.85	4.36	4.49	4.93
Ti	0.01	0.00	0.00	0.00
Al^{IV}	3.16	3.64	3.51	3.07
Fe^{3+}	0.00	0.00	0.00	0.00
Fe^{2+}	0.01	0.03	0.02	0.04
Mn	0.00	0.00	0.00	0.00
Ca	1.09	1.81	1.52	1.69
Na	0.89	0.20	0.53	0.72
K	0.006	0.001	0.009	0.03
Ab	45.00	9.80	25.90	29.40
An	54.70	90.20	73.70	69.20
Or	0.30	0.00	0.40	1.30

0312 中,斜长石仅在 Opx+Cpx+Pl 后成合晶中出现,为 An=54.70% 的拉长石。在样品 278-4 中,斜长石既存在于石榴石周围的 Opx+Pl 后成合晶中,也出现在被交代的单斜辉石内部。前者随着与石榴石距离的增加 An 分子降低,在靠近石榴石的放射状后成合晶中,An 大于 90%,为罕见的原钙长石。在距离石榴石较远的蠕状后成合晶中为培长石(An=73.70%),而在单斜辉石内部由单斜辉石分解出来的斜长石为拉长石(An=69.2%)。可见,斜长石的成分对所交代的矿物也有一定的继承性,其组成的较大变化也表明在降压抬升期间的反应尚未达到平衡。

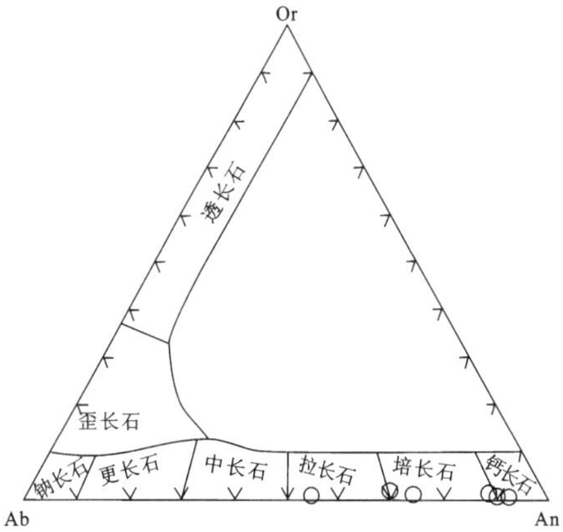

图 4-18 斜长石分类命名图
(据 Klein 和 Hurlbut,1993)

6. 角闪石

角闪石(表 4-8)主要见于镁铁质和超镁铁质变质岩中,为后期角闪岩相退变质的产物,一般交代麻粒岩相阶段的单斜辉石。在超镁铁质变质岩中,角闪石均属于 Leake(1978)的钙质角闪石中的镁角闪石,较富 Al_2O_3(8.84%~10.03%),含少量的

表 4-8 镁铁质、超镁铁质岩中角闪石电子探针分析结果(%)

样品号	277-5						0312-4		
SiO_2	53.99	51.17	50.04	50.43	48.38	49.97	40.66	45.31	45.29
TiO_2	0.17	0.43	0.77	0.49	0.33	0.38	0.22	1.18	1.38
Al_2O_3	5.46	9.43	10.03	8.84	9.34	9.63	14.92	9.27	9.86
FeO	4.71	5.80	5.81	5.58	5.13	4.98	20.78	16.07	17.38
Cr_2O_3	0.07	0.13	0.25	0.02	0.30	0.31	0.21	0.03	0.09
MnO	0.07	0.01	0.04	0.10	0.00	0.00	0.18	0.30	0.31
MgO	21.13	19.96	18.13	19.87	19.39	19.41	6.87	11.56	11.22
CaO	11.93	12.40	11.92	11.90	12.40	12.66	11.81	11.71	11.11
Na_2O	0.21	0.44	0.54	0.40	1.08	1.04	0.98	0.83	0.93
K_2O	0.07	0.15	0.06	0.03	0.13	0.06	0.69	0.85	0.98
Total	97.81	99.92	97.59	97.66	96.48	98.44	97.31	97.10	98.51
Si	7.37	6.89	6.94	6.92	6.79	6.88	6.12	6.67	6.58
Ti	0.02	0.04	0.08	0.05	0.04	0.04	0.03	0.13	0.15
Al^{IV}	0.63	1.11	1.06	1.08	1.21	1.13	1.88	1.33	1.42
Al^{VI}	0.25	0.38	0.58	0.35	0.34	0.44	0.77	0.29	0.27
Cr	0.01	0.01	0.03	0.00	0.03	0.03	0.81	0.67	0.94
Fe^{3+}	0.33	0.51	0.34	0.51	0.49	0.39	1.81	1.32	1.17
Fe^{2+}	0.21	0.14	0.33	0.13	0.11	0.18	0.03	0.00	0.01
Mg	4.30	4.01	3.75	4.07	4.06	3.98	0.02	0.04	0.04
Mn	0.00	0.00	0.00	0.01	0.00	0.00	1.54	2.55	2.43
Ca	1.75	1.79	1.77	1.75	1.87	1.87	1.91	1.86	1.73
Na	0.06	0.12	0.15	0.11	0.29	0.28	0.28	0.23	0.26
K	0.01	0.03	0.01	0.01	0.02	0.01	0.13	0.16	0.18

注:表中数据由中国地质大学(武汉)电子探针室测试。

$Na_2O(0.44\%\sim1.08\%)$。在镁铁质变质岩中,角闪石主要为镁普通角闪石,个别为镁钙闪石,成分投点均投在角闪岩相区(图 4-19)。可见,角闪石的成分明显受寄主岩石成分的制约。

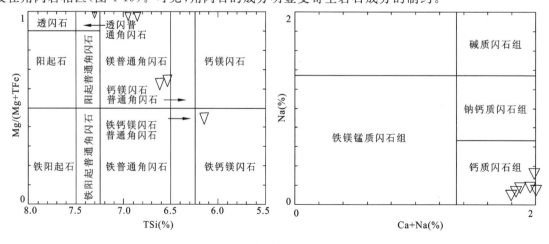

图 4-19 角闪石分类命名图

(据 Leake,1978)

7. 尖晶石

尖晶石是超镁铁质岩中的常见副矿物，含量可达3%，单偏光下呈暗绿色，化学成分为 Al_2O_3 58.84%、Cr_2O_3 3.54%、FeO 17.54%、MgO 18.78%，属镁铝尖晶石，是超镁铁质堆晶岩和玄武岩中B(Ⅱ)型包体中的常见类型。

（三）区域变质岩的岩石地球化学及原岩建造

1. 变质表壳岩

表4-9、表4-10中列出了高喜马拉雅变质岩中表壳岩的岩石化学和地球化学测试数据，由图4-20可见，其原岩主要为砂岩和泥质岩，亦含有少量的中酸性火山岩。结合野外产状和岩相学分析，初步认为喜马拉雅结晶岩系中的表壳岩可能存在两种不同构造环境的组合，即下部层位以石英岩、大理岩及片岩和片麻岩组合为代表，原岩应为一稳定环境的陆源碎屑岩-碳酸岩组合，上部为由正副片麻岩、片岩为代表，原岩应为一套反应活动环境的杂砂岩、泥质-酸性火山岩。

表4-9 喜马拉雅表壳岩的常量元素组成(%)

样品号	0324-3-4	0311-2-1	R2001-2	B0309	B2515	R2001-1	B0312-5-1	B5502-1	0324-2-8	B2505-1
原岩	火山岩			砂岩					泥质砂岩	泥质岩
SiO_2	68.23	67.72	72.89	74.17	87.34	68.7	83.92	70.72	71.5	72.05
TiO_2	0.59	0.74	0.17	0.37	0.25	0.8	0.3	0.84	0.68	0.62
Al_2O_3	14.36	14.17	14.7	12.3	3.57	13.65	7.71	13.83	12.27	12.4
Fe_2O_3	0.73	0.47	0.1	0.11	0.02	1.85	0.1	0.18	0.21	0.44
FeO	4.08	3.93	0.98	2.12	1.98	4.82	1.63	5.8	4.8	3.53
MnO	0.06	0.07	0.02	0.03	0.06	0.04	0.03	0.09	0.06	0.04
MgO	1.83	1.66	0.5	0.81	1.09	2.22	0.65	1.81	2.98	2.57
CaO	2.03	3.32	0.92	2.11	4.83	0.5	0.56	1.02	0.7	1.65
Na_2O	2.24	3.02	3.63	2.52	0.1	0.83	1.47	1.88	3.24	3.03
K_2O	4.32	3.59	4.75	4.48	0.04	3.93	2.71	2.65	2	2.28
P_2O_5	0.07	0.2	0.14	0.1	0.04	0.17	0.05	0.08	0.12	0.11
CO_2	0.07	0.09	0.09	0.13	0.26	0.04	0.09	0.07	0.07	0.06
H_2O^+	1.16	0.8	0.89	0.58	0.31	2.21	0.63	0.82	1.23	1.01
总量	99.7	99.69	99.69	99.7	99.63	99.72	99.76	99.72	99.79	99.73

表4-10 喜马拉雅表壳岩的微量元素、稀土元素分析结果

样品号	0324-3-4	0311-2-1	R2001-2	B0309	B2515	R2001-1	B0312-5-1	B5502-1	0324-2-8	B2505-1
原岩	火山岩			砂岩					泥质砂岩	泥质岩
稀土元素含量($\times 10^{-6}$)及特征参数值										
La	57.83	75.13	18.61	35.77	9.89	40.32	20.06	51.26	30.06	32.68
Ce	130	153.9	39.91	71.85	25.32	95.41	44.96	111	63.37	68.5
Pr	15.8	17.55	4.41	7.43	3.01	11.08	5.39	13.32	8.48	7.74
Nd	50.27	54.91	16.14	25.95	14.54	40.03	18.66	45.03	29.27	28.2
Sm	10.7	10.5	3.62	4.08	2.26	7.64	4.05	9.64	6.36	5.38
Eu	1.21	1.6	0.59	1.01	0.41	1.4	0.89	1.58	1.2	1.05
Gd	7.97	8.68	2.97	3.11	2.21	6.82	3.53	8.32	5.61	4.97

续表 4-10

样号	0324-3-4	0311-2-1	R2001-2	B0309	B2515	R2001-1	B0312-5-1	B5502-1	0324-2-8	B2505-1
原岩	火山岩	火山岩	火山岩	砂岩	砂岩	砂岩	砂岩	砂岩	泥质砂岩	泥质岩
Tb	1.18	1.4	0.39	0.44	0.34	1.06	0.61	1.41	0.92	0.78
Dy	5.37	7.15	1.68	2.26	1.9	6.14	3.29	7.76	5.01	4.54
Ho	1.1	1.32	0.27	0.43	0.38	1.24	0.69	1.67	1.02	0.92
Er	3.37	3.98	0.63	1.11	1.08	3.45	1.98	4.76	2.89	2.65
Tm	0.52	0.58	0.09	0.16	0.17	0.56	0.31	0.74	0.44	0.43
Yb	3.27	3.65	0.53	0.93	1.13	3.7	2.02	4.79	2.86	2.8
Lu	0.5	0.55	0.08	0.14	0.18	0.55	0.31	0.72	0.43	0.42
Y	32.15	38.84	7.74	12	11.41	36.49	18.96	46.08	28.33	26.29
总量	289.09	340.9	89.92	154.67	62.82	219.4	106.75	262	157.92	161.06
δEu	0.39	0.50	0.54	0.74	0.56	0.59	0.71	0.53	0.61	0.62
$(La/Yb)_N$	11.65	13.56	23.13	22.77	5.77	7.18	6.54	7.05	6.92	7.69
微量元素含量($\times 10^{-6}$)										
Rb	159	202	356	171	4	234	96	137	87	121
Ba	723	666	368	527	47	536	450	731	212	437
Th	36.9	30.3	11.7	15.7	4.9	21.3	16.2	23.1	12.4	15.6
U	2.8	2.2	3.1	1.1	1	3.5	1.9	2.5	2.9	2.2
Ta	1.8	2.9	1	1	0.7	2.7	0.8	1.7	0.5	1.4
Nb	16.8	16.9	13.2	11.4	5.5	19.9	7.6	23.1	12.1	13.9
Sr	66	11	83	96	42	23	148	140	55	80
Hf	7.4	7.6	2.8	6.9	4.7	7.3	8.3	9.6	6.6	7.5
Zr	243	280	76	163	144	223	295	333	252	204
Ga	18.7	21.5	28.6	15.5	3.9	16.1	8.6	21.4	18.6	15.7
Be	1.5	3.2	8.7	1.5	1.3	4.3	0.8	1.1	1.6	3
B	1.6	1.6	24	3	10.9	1086	8.8	1.2	4.3	271
F	760	1267	1518	696	174	1134	355	776	874	773
Cl	3200	1100	60	138	25	68	100	100	100	216
Cr	45.8	32.1	18.6	8.8	13	79	40.7	63.2	67.7	64.6
Co	12.5	11.3	3.1	4.7	3.4	10.2	6.2	17.2	13.5	8.5
Ni	23.3	26.6	8	5.7	6	39.4	14.1	35.5	41.1	25.9

图 4-21、图 4-22 显示，马卡鲁杂岩的表壳岩的稀土元素特征较稳定，不同样品的稀土总量和配分型式基本上没有变化，配分型式为轻稀土弱富集型，具较明显的 Eu 负异常，更接近于晚太古代泥质沉积岩的特点，与马卡鲁花岗质片麻岩(图 4-23)具很大的相似性。扎西惹嘎岩组的层状变质岩的稀土丰度和配分型式具较大的变化，显示出了较强的稀土分馏特征，可能反映了地壳向高成熟度演化的特点。微量元素的分布特征如图 4-24、图 4-25 所示，二者具相似的分布型式，与太古宙沉积岩相比存在较大的差异，均显示出较明显的 Sr、Ti 负异常，且具有 Th 正异常。

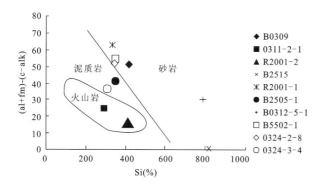

图 4-20 喜马拉雅表壳表质岩原岩恢复图

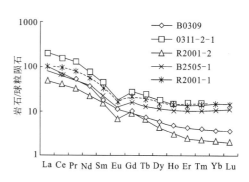

图 4-21 扎西惹嘎岩组片麻岩、片岩稀土元素配分曲线图

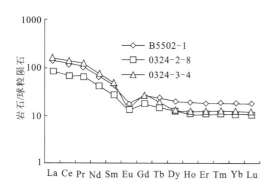

图 4-22 马卡鲁表壳片麻岩稀土元素配分曲线图

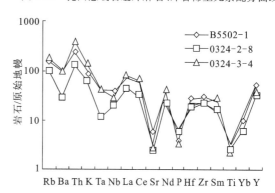

图 4-23 马卡鲁杂岩表壳片麻岩微量元素蛛网图

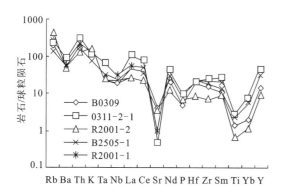

图 4-24 扎西惹嘎岩组片岩、片麻岩微量元素蛛网图

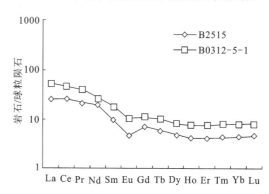

图 4-25 扎西惹嘎岩组石英岩稀土元素配分曲线图

扎西惹嘎岩组中的石英岩和黑云石英岩具较平坦的稀土配分型式和较低的稀土丰度(图 4-26),但与大洋硅质岩相比,其轻稀土弱富的配分型式和较高的稀土丰度不同于硅质岩。微量元素上,石英岩和黑云石英岩总体上具较平坦的分布型式,黑云石英岩表现出 K、Rb、Ba、Th 的明显富集,总的来说具石英砂岩或含泥质杂基的石英砂岩的特点。

2. 镁铁质及超镁铁质变质岩

(1) 岩石化学

由图 4-27 可见,测区的镁铁质和超镁铁质变质岩原岩分别为基性火成岩和超镁铁质的火成岩。其中超镁铁质岩 SiO_2 介于 44.44%～53.43%之间,属超基性到基性岩范围。岩石富 MgO(17.23%～26.34%),Mg'(0.79～0.86)接近于原始地幔岩,区别于一般镁铁质侵入岩,但同时具较高的 Al_2O_3(3.62%～9.73%)、CaO(6.12%～13.22%),区别于地幔橄榄岩,总的化学成分特征与超镁铁质堆晶岩者相似,可与蛇绿岩带中的堆晶辉石岩对比,在 Jensen(1976)的 ACM 图中(图 4-28),位于超镁铁质堆晶岩的范围。镁铁质变质岩 SiO_2 介于 48.69%～50.11%之间,均属基性岩范围,但 Mg'(0.39～0.59)

低,明显低于一般幔源原生岩浆的范围(0.68),具进化岩浆的特点。图 4-29 显示,测区镁铁质变质岩和超镁铁质变质岩同属拉斑玄武岩系列。在 Mg' 与主要氧化物图解上(图 4-30),二者具较好的线性趋势,即从超镁铁质岩到镁铁质变质岩,随 Mg' 的增加,Al_2O_3、TiO_2、K_2O、Na_2O 等均表现为明显的降低,表明它们可能是同源岩浆演化的产物。

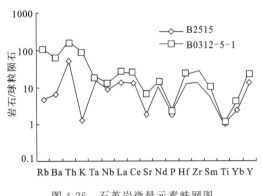

图 4-26 石英岩微量元素蛛网图

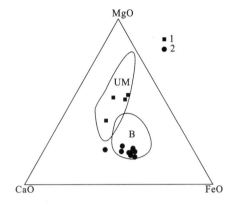

图 4-27 正负镁铁质和超镁铁质变质岩判别图
1.测区超镁铁质变质岩;2.镁铁质变质岩;
B.变基性火成岩;UM.变超镁铁质火成岩

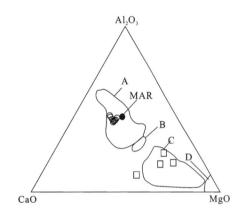

图 4-28 镁铁质—超镁铁质变质岩 ACM 图
A.镁铁质堆晶岩;B.科马提岩;
C.超镁铁质堆晶岩;D.变质橄榄岩;
MAR.平均洋中脊玄武岩;投点为本区的超镁铁岩

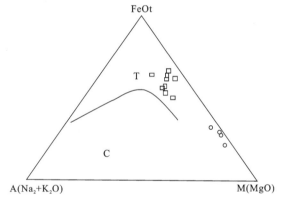

图 4-29 镁铁质及超镁铁质变质岩的 AFM 图
T.拉斑玄武岩系列;C.钙碱性系列

(2) 地球化学

超镁铁质岩的稀土元素的配分曲线(图 4-31)和 ΣREE 显示出较大的变化,角闪岩化尖晶石橄榄方辉岩具有平坦的稀土配分型式,$(La/Sm)_N$ 介于 1.36~1.91,ΣREE 很低($15.84 \times 10^{-6} \sim 28.13 \times 10^{-6}$)。到尖晶石橄榄方辉角闪岩渐变为轻稀土弱富集型,$(La/Sm)_N$ 渐至 1.81~6.29,稀土总量增加($\Sigma REE = 56.84 \times 10^{-6} \sim 112.4 \times 10^{-6}$),反映了分离结晶作用的影响。所有样品均具有较明显的 Eu 负异常 ($\delta Eu = 0.38 \sim 0.65$),这一现象亦表明存在较明显的分离结晶作用,可能与 Eu 趋向于在岩浆演化晚期的富斜长石组分的残余岩浆中富集有关。镁铁质变质岩亦具平坦的稀土配分型式(图 4-32),$(La/Sm)_N$ 介于 0.89~2.18 之间,个别样品具轻稀土弱亏损的特征,稀土总量低,介于 $33.93 \times 10^{-6} \sim 106.59 \times 10^{-6}$ 之间。δEu 为 0.83~1.15,大部分样品具 Eu 正异常,与堆晶超镁铁质岩形成 Eu 的互补关系,亦表明它们间具同源演化关系。总的来看,本区超镁铁质岩和镁铁质变质岩的微量元素具较平坦的分布型式,与过渡型或富集型洋脊拉斑玄武岩的特征相似。此外,不同样品之间微量元素的丰度也显示出一定的变化(图 4-33、图 4-34)。如在超镁铁质岩中,从角闪岩化尖晶橄榄方辉岩到尖晶石橄榄二辉岩 K、

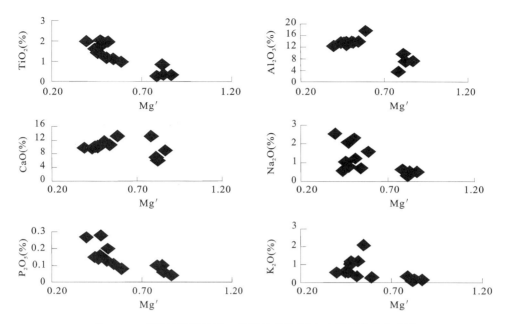

图 4-30 喜马拉雅镁铁质—超镁铁质岩 Mg'-主要氧化物关系图

Rb、Sr、Ba、La、Ce、Zr、Hf 的富集程度增加,由接近原始地幔的丰度变化到为原始地幔丰度的 5～38 倍,U、Th 出现明显的正异常,亦由从原始地幔的 20 倍变化到 70 倍;过渡族元素中地幔相容 Cr(1249×10^{-6}～3585×10^{-6})丰度极高,高于 Bougault 的原始地幔丰度,Ni(233.6×10^{-6}～1424×10^{-6})、Co(15.3×10^{-6}～88×10^{-6})丰度亦较高,角闪岩化尖晶石橄榄方辉岩接近原始地幔橄榄岩的丰度,其他样品也高于一般幔源玄武质原生岩浆的丰度(Green,1971)。Cr、Ni、Co 与不相容元素之间存在明显的负相关关系。这些特征也表明,本区超镁铁质岩的原生岩浆是地幔高度部分熔融的产物,在堆晶作用过程中伴有不相容元素的富集和相容元素的亏损。镁铁质岩的微量元素分布型式(图 4-33)除部分样品的个别元素(Rb、U)可能受后期改造具有较明显的异常外,总体显示出平坦型的配分型式,与大洋拉斑玄武岩相似。由超镁铁质堆晶岩到镁铁质变质岩,不相容元素的丰度略有增加,但相容元素 Cr、Co、Ni 的丰度显著降低,亦显示出分离结晶作用的影响。

(3)原岩建造及构造环境分析

岩相学及岩石化学和地球化学资料表明,测区马卡鲁杂岩中的超镁铁质变质岩原岩应为超镁铁质堆晶岩,镁铁质变质岩则为拉斑玄武岩系列的基性火成岩,结合其野外呈断续相连的透镜体产出的特征,分析其应为拉斑玄武岩或辉绿岩脉。稀土元素平坦的配分型式和微量元素上与大洋拉斑玄武岩的分布型式相似,表明其应为大洋拉斑玄武岩。由图 4-35、图 4-36 可见,本区超镁铁质岩和镁铁质岩应属大洋板内环境。

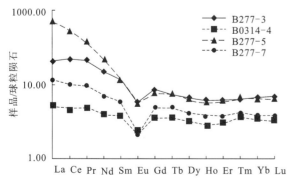

图 4-31 超镁铁质岩的稀土元素配分曲线图

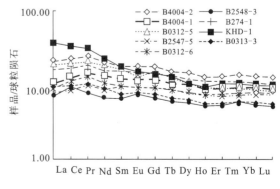

图 4-32 镁铁质岩的稀土元素配分曲线图

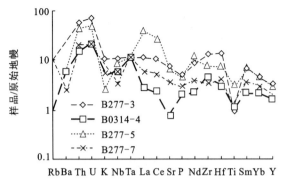

图 4-33 超镁铁质岩的微量元素蛛网图

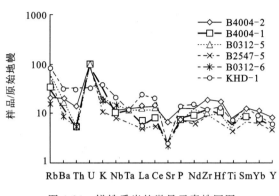

图 4-34 镁铁质岩的微量元素蛛网图

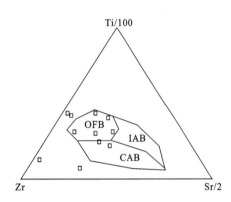

图 4-35 玄武岩构造环境判别图
OFB. 洋底玄武岩;IAB. 岛弧玄武岩;CAB. 钙碱性玄武岩

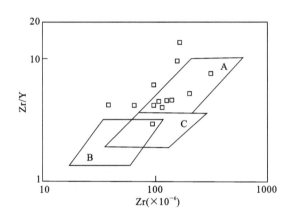

图 4-36 玄武岩构造环境判别图
A. 板内玄武岩;B. 火山弧玄武岩;C. 洋中脊玄武岩

3. 花岗质片麻岩

中酸性的片麻岩是马卡鲁杂岩的主体岩性,在测区还没有物质成分的研究资料,《西藏自治区岩石地层》将其归入聂拉木群曲乡组,认为其主要为一套富铝硅酸盐的副片麻岩,本次研究在详细的野外调查和大量的测试分析基础上对该套片麻岩进行了重新认识,认为其主体岩性应为花岗质片麻岩,物质成分上具有新太古代 TTG 片麻岩的特征。

1) 岩石化学

本研究对马卡鲁杂岩中的 14 个片麻岩样品进行了系统的化学成分分析,如图 4-37 所示,其中 11 个样品(表 4-11)属于由火成岩变质成因的正片麻岩,结合野外产状上呈面状分布的特点可知,它们的原岩应为一套花岗质的侵入岩。在标准矿物 QAP 图解和 An-Ab-Or 图解中(图 4-38、图 4-39),马卡鲁花岗质片麻岩分别主要投在花岗闪长岩和二长花岗岩区域,部分投点位于奥长花岗岩和英云闪长岩区域,可见这套灰色片麻岩具有奥长花岗岩+英云闪长岩+花岗闪长岩+二长花岗岩的组合,与太古宙灰色片麻岩相似,但不同的是测区目前发现的奥长花岗岩和英云闪长岩单元很少,而以后两种岩性为主。

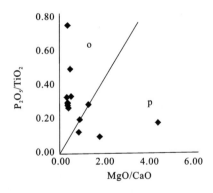

图 4-37 马卡鲁杂岩正副片麻岩判别图解
o. 正片麻岩;p. 副片麻岩

表 4-11 马卡鲁花岗质片麻岩的常量元素分析结果(%)

样品号	0320-1	0320-2	0321-1	0322-1	0322-2	0322-4	0322-5	0324-1-2	B2513	B2551	B3093-1
SiO_2	70.77	71.04	69.64	70.71	66.72	68.38	71.03	63.18	68	72.79	73.66
TiO_2	0.49	0.51	0.55	0.47	0.75	0.65	0.53	0.89	0.62	0.41	0.18
Al_2O_3	14.21	13.46	13.92	15.34	14.68	14.33	13.46	15.92	14.9	13.09	14.31
Fe_2O_3	0.44	0.81	0.53	0.21	0.88	0.83	0.47	0.39	0.18	0.1	0.1
FeO	2.85	2.4	3.1	3.88	3.65	3.35	2.82	5.95	4.37	3.3	1.17
MnO	0.08	0.04	0.08	0.07	0.06	0.05	0.05	0.11	0.04	0.04	0.03
MgO	1.15	1.02	1.2	1.22	1.49	1.36	0.94	2.73	1.34	0.77	0.43
CaO	2.82	2.29	2.71	0.95	2.7	2.58	2.35	2.97	3.24	2.06	1.09
Na_2O	3.67	2.49	3.12	1.93	2.69	3.17	2.75	2.43	2.74	2.97	3.52
K_2O	2.12	4.61	4.07	4.2	4.59	3.59	4.43	3.79	3.35	3.55	4.7
P_2O_5	0.14	0.13	0.14	0.13	0.24	0.31	0.15	0.17	0.17	0.13	0.13
CO_2	0.13	0.15	0.13	0.09	0.15	0.09	0.11	0.06	0.04	0.04	0.04
H_2O^+	0.95	0.84	0.6	0.59	1.04	1.1	0.68	1.14	0.77	0.54	0.43
总量	99.69	99.64	99.66	99.7	99.49	99.7	99.66	99.67	99.72	99.75	99.75
Al^I	1.30	1.20	1.16	1.78	1.24	1.25	1.17	1.47	1.34	1.23	1.20
Mg^I	0.39	0.37	0.37	0.35	0.37	0.37	0.34	0.44	0.35	0.29	0.38

注:样品由湖北省地质矿产局中心实验室测试。

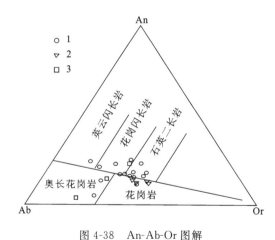

图 4-38 An-Ab-Or 图解

1.马卡鲁花岗质片麻岩;2.拉轨岗日花岗质片麻岩;
3.马卡鲁杂岩中的晋宁期片麻状花岗岩

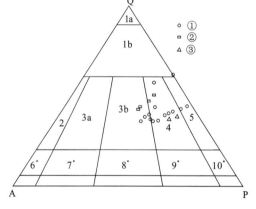

图 4-39 标准矿物 QAP 图解

1a.硅英岩;1b.富石英花岗岩;2.碱长花岗岩;
3a.正长花岗岩;3b.二长花岗岩;4.花岗闪长岩;
5.英云闪长岩;6*.石英碱长正长岩;7*.石英正长岩;
8*.石英二长岩;9*.石英二长闪长岩/石英二长辉长岩;
10*.石英闪长岩/石英辉长岩/石英斜长岩
①马卡鲁花岗质片麻岩;②拉轨岗日花岗质片麻岩
③马卡鲁杂岩中的晋宁期片麻状花岗岩

化学成分上,测区马卡鲁花岗质片麻岩的 SiO_2 变化于 63.18%～73.86% 之间,属中偏酸性-酸性范围,岩石富铝(Al_2O_3＝13.09%～15.94%,Al＝1.17～1.78),属铝过饱和类型,FeOt、MgO(MgO＋FeOt＝4.12%～5.94%,英云闪长岩可达 9%)含量高,同时具较高的 CaO 含量(除个别二长花岗岩外均大于 2.0%),这些特征均与 TTG 组合的特征相似,而与显生宙的花岗岩明显不同。另一方面测区花岗片麻岩还同时具有较高的 K_2O 含量,$K_2O>Na_2O$(K_2O/Na_2O＝0.54～2.03),这一特征不同于典型的太古宙 TTG,但由于本区花岗质片麻岩普遍受到过后期混合岩化作用的改造,不排除有后来的 K_2O 加入。不同岩性之间 SiO_2 与主要氧化物之间具较好的线性关系(图 4-40),表明具同源演化的特征,随 SiO_2 增加,$FeOt$、MgO、CaO 均呈降低趋势,K_2O、Na_2O 增加,与一般同源花岗岩的演化趋势一致。在 AFM 图中(图 4-41),测区花岗质片麻岩具明显的钙碱性系列的演化趋势,在 K-Na-Ca 图解(图 4-42)中,测区花岗质片麻岩位于钙碱性系列和西格陵兰新太古代的 Nuk 灰色片麻岩(TTG)的演化线之间,而与西格陵兰古太古代 TTG 存在较大的差别。

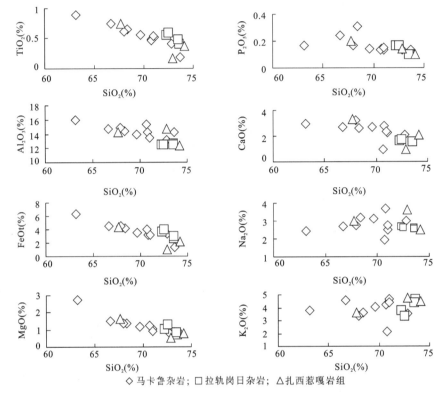

◇ 马卡鲁杂岩; □ 拉轨岗日杂岩; △ 扎西惹嘎岩组

图 4-40 测区花岗质片麻岩哈克图解

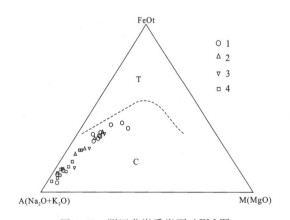

图 4-41 测区花岗质岩石 AFM 图

T.拉斑玄武岩;C.钙碱性玄武岩;
1.马可鲁花岗质片麻岩;2.晋宁期花岗岩;
3.拉轨岗日花岗质片麻岩;4.喜马拉雅期淡色花岗岩

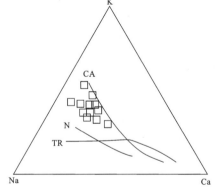

图 4-42 马卡鲁花岗质片麻岩 K-Na-Ca 图

CA.钙碱性系列;N.西格陵兰 Nuk 灰色片麻岩;
TR.奥长花岗岩系列

2) 地球化学

由表 4-12 可见,测区花岗质片麻岩的稀土配分型式除个别样品外,均具有中等程度的轻重稀土分异[$(La/Sm)_N$＝2.51～5.32]和较明显的 Eu 负异常(0.44～0.63),较明显的轻重稀土分异(图 4-43),

表 4-12 马卡鲁花岗质片麻岩稀土元素、微量元素分析结果

样品号	0320-1	0320-2	0321-1	0322-1	0322-2	0322-4	0322-5	0324-1	B2513	B2551	B3093-1
稀土元素含量($\times 10^{-6}$)及特征参数值											
La	37.3	77.95	38.98	29.35	64.59	31.21	17.17	49.44	38.61	35.41	16.51
Ce	80.7	160.7	87.11	63.04	171.5	68.48	35.63	106.9	96.67	76.03	41.67
Pr	8.6	17.14	9.42	7.12	18.92	8.07	4.22	12.35	11.13	8.64	4.93
Nd	32.13	56.86	33.62	27.71	70.84	31.38	15.9	43.23	38.88	31.22	17.05
Sm	6.2	8.9	6.16	5.52	11.36	6.55	3.62	8.17	7.02	6.13	3.99
Eu	0.99	1.11	1.04	1	1.59	1.17	1.1	1.6	1.24	0.91	0.65
Gd	5.74	6	5.51	5.51	8.05	6.99	3.7	7.27	5.97	6.08	3.9
Tb	0.93	0.81	0.82	0.97	1.01	1.13	0.57	1.08	0.77	0.96	0.59
Dy	5.55	3.81	4.87	6.15	4.62	7.04	3.19	6.14	3.45	5.42	2.76
Ho	1.1	0.73	0.95	1.14	0.85	1.4	0.59	1.18	0.6	1.01	0.47
Er	3.19	1.76	2.69	3.21	2.07	3.83	1.61	3.3	1.31	2.79	1.1
Tm	0.49	0.26	0.41	0.49	0.31	0.58	0.23	0.51	0.18	0.42	0.17
Yb	3.26	1.43	2.65	3.14	1.9	3.78	1.39	3.29	0.94	2.6	0.98
Lu	0.48	0.2	0.39	0.46	0.3	0.56	0.2	0.49	0.13	0.38	0.14
Y	33.38	18.71	28.06	34.94	23.89	40.1	17.47	33.6	16.13	30.06	13.95
总量	186.66	337.66	194.62	154.81	357.91	172.17	89.12	244.95	206.9	178	94.91
δEu	0.5	0.44	0.54	0.55	0.49	0.53	0.92	0.63	0.58	0.45	0.5
$(La/Sm)_N$	3.66	5.32	3.85	3.23	3.45	2.89	2.88	3.68	3.34	3.51	2.51
微量元素含量($\times 10^{-6}$)											
Rb	171	199	221	197	239	205	205	221	161	195	281
Ba	289	514	540	485	811	487	649	797	605	455	352
Th	26	35.4	26.1	13.5	46.9	6.9	12.7	26.1	20.1	20.4	14.1
U	2.8	1.3	3.3	3	2.7	2.3	0.7	2.3	2.8	3.6	10.9
Ta	2.1	0.7	2.9	2.1	1	2.3	1.2	1.9	1.9	2.6	2
Nb	13.3	13.5	13.8	16.7	18	16.4	14.7	19.9	17.3	14.5	14.6
Sr	95	96	109	109	132	109	105	230	163	81	89
Hf	7.1	6.4	7.4	6	7.9	4	8.1	6.4	7	6.6	3
Zr	181	182	184	157	261	216	226	188	183	159	87
Ga	17	15.3	23.6	28.4	25.5	24.1	18.1	27.4	17.5	17.9	22.2
Be	3.6	2.3	3	0.8	2.5	3.6	2.1	2.6	2.2	2.7	14.3
B	6.2	2.3	3.1	3.8	568	16.9	6.9	1	1.1	2.5	173
F	959	769	1119	697	1002	1161	998	1431	1102	1122	810
Cl	146	197	130	72	330	260	205	111	138	209	25
Cr	18	10.7	29.4	50.9	20.3	45.5	18	87.6	55.5	18.7	11.3
Co	6.7	6.2	7.9	10.8	7.3	7.3	7.2	20.2	9	5.8	2.1
Ni	7.8	4.7	7.9	21.2	10.4	8.7	6.7	42.1	12.5	6.2	2.7

注:样品由湖北省地质矿产局中心实验室测试。

轻稀土间的分异较明显,而重稀土分异程度较低。其中奥长花岗岩与典型的太古宙奥长花岗岩可对比,但英云闪长岩稀土的分馏程度不如太古宙英云闪长岩明显。稀土总重介于 $89.6×10^{-6}$ ~ $337.6×10^{-6}$ 之间,显示出较大的变化范围,以英云闪长岩含量最高,与太古宙英云闪长岩相近,其次为花岗闪长岩,二长花岗岩较低。并存在由英云闪长岩到二长花岗岩降低的趋势。稀土元素相似的配分型式和渐变的总丰度特征亦表明测区的花岗质片麻岩可能为同源岩浆演化的产物。

测区不同类型花岗质片麻岩亦具有相似的微量元素分布型式(图4-44),显示出同源演化的特征,强不相容元素 Rb、Ba、Th、K、La、Ce 等具较明显的富集,尤其是 Th、U 的富集显示出与太古宙 TTG 有较明显的差异,Nb、Ta、Sr、Ti 存在明显的负异常,这一特征与显生宙的英云闪长岩的特征相似。另一方面,与 MgO、FeOt 含量较高的特征一致,测区花岗质片麻岩亦具较高的地幔相容元素 Cr($11.3×10^{-6}$ ~ $87.6×10^{-6}$)、Co($2.1×10^{-6}$ ~ $20.2×10^{-6}$)、Ni($2.1×10^{-6}$ ~ $42.1×10^{-6}$)含量。

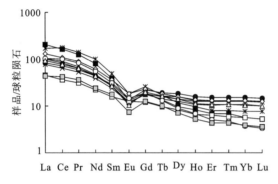

图 4-43 马卡鲁花岗质片麻岩稀土元素配分曲线图

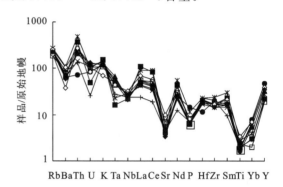

图 4-44 马卡鲁花岗质片麻岩微量元素蛛网图

3) 原岩建造形成时代及成因讨论

(1) 原岩建造及形成时代

测区马卡鲁杂岩中的花岗质片麻岩以往被当作"聂拉木群"的组成部分,对这套片麻岩的野外地质产状和物质组成的研究以前十分匮乏,一般将其归入副片麻岩。本次调查表明其主体岩性的原岩应为花岗质的侵入岩,其岩性组合为奥长花岗岩、英云闪长岩、花岗闪长岩,与一些古老的变质地体(太古宙—古元古界)中的灰色片麻岩(TTG)的岩石组合相似。与世界上典型地区如西格陵兰区的高级片麻岩对比,本区花岗质片麻岩以含大量的富钾的花岗闪长岩、二长花岗岩及在岩石化学和地球化学上高钾和富不相容元素为特征,尤其是具 U、Th 正异常的特征不同于早西格陵兰区古太古代的 Amitsoq 贫钾灰色片麻岩组合,更接近于新太古代—古元古代 Nuk 灰色片麻岩—Qotqut 钾质花岗岩的特征。

本次研究对卡达地区的花岗闪长质片麻岩进行了锆石的 SHRIMP 法测年(见第五章),获得年龄值为 1900Ma。区域上卫管一(1986)认为聂拉木群有 2 组变质年龄,一组集中在 664~644Ma,另一组为 94.92~8.59Ma;Mehte(1975)在图幅邻区获得花岗片麻岩的 Rb-Sr 全岩等时年龄 581±9Ma(这一年龄值可能与本次调查在马卡鲁杂岩中发现的晋宁期花岗岩的年龄相当);李光岑(1988)在亚东的石榴石黑云母片麻岩中,用单矿物锆石 U-Pb 法,测得年龄值 718±158Ma,在尼泊尔的纳瓦科特推覆体的白云石英岩中,用白云母法测得年龄值为 739±2Ma(均可能反映了晋宁期的变质年龄);在北喜马拉雅玛纳理—查里帕地区的云母片岩中获年龄值 730±20Ma;在印度锡金邦的查尔群中获年龄值 819±80Ma;许荣华(1985)在聂拉木县亚里的黑云母片麻岩中获锆石 U-Pb 年龄 1250Ma;Thaker(1977)和 Saini(1982)在库蒙地区得到过 1800±100Ma 的全岩等时年龄;Alleger 等(1982)基于 Manaslu 花岗岩中低 $^{143}Nd/^{144}Nd$ 比值的特点推测高喜马拉雅存在 1000~2000Ma 的结晶基底;许荣华(1986)曾在聂拉木群中获一个最老的锆石 U-Pb 年龄 2250Ma。由这些资料可以看出,"聂拉木群"由于多期变质事件的强烈改造,原岩建造的形成年龄实际上已很难获取,其中最老的年龄 2250Ma 应是原岩建造形成的上限年龄,明显老于卡达地区花岗质片麻岩的形成年龄,表明测区马卡鲁杂岩的花岗质片麻岩的源区很可能是新太古代到古元古代的产物。

有意义的是在高喜马拉雅印度境内的 Bandal 花岗质片麻岩中, Miller 等(1999)获得的锆石 U-Pb 年龄为 1800Ma, Sharma 等(2001)对该套片麻岩的研究表明,其主要为一套高钾的二长花岗质片麻岩,本书通过对比发现,其与本区高喜马拉雅结晶岩系中的花岗质片麻岩在岩石地球化学特征上具很大的相似性。本次研究还同时对测区拉轨岗日构造带中的花岗质片麻岩中的锆石用 SHRIMP 法进行了测年,获得年龄值为 2050Ma,在岩石地球化学特征上其与高喜马拉雅花岗质片麻岩也完全可以对比。由此可见,包括测区高喜马拉雅结晶岩系花岗质片麻岩在内的这些正片麻岩应该来自印度板块的统一基底。

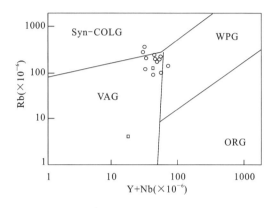 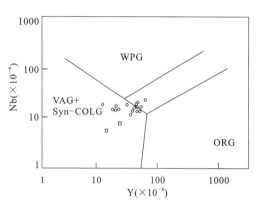

图 4-45　马卡鲁花岗质片麻岩构造环境判别图
VAG. 火山弧花岗岩;Syn-COLG. 同碰撞花岗岩;
WPG. 板内花岗岩;ORG. 洋中脊花岗岩

图 4-46　马卡鲁花岗质片麻岩构造环境判别图
(图例同图 4-45)

(2) 花岗质片麻岩原岩的成因及构造背景

关于古老结晶基底中灰色片麻岩具有多种不同的成因观点,本书初步认为测区马卡鲁杂岩中花岗质片麻岩的原花岗质侵入岩是变质表壳岩深熔作用的产物,其主要证据如下。

a. 花岗质片麻岩中矿物成分中常含石榴石等富铝矿物,化学成分上具铝过饱和的特征,富钾,稀土元素分馏不明显,具显生宙 S 型花岗岩的特征,表明其物质成分主要来源于变质沉积岩。

b. 马卡鲁杂岩中表壳岩系的片麻岩在物质组成上与花岗质片麻岩具很大的相似性(见表壳岩系部分),花岗质片麻岩明显地体现对其物质成分的继承性。另外残存的表壳岩系中的黑云片岩、黑云斜长片麻岩都不同程度地受到了深熔作用的改造,岩性和构造上与花岗质片麻岩存在渐变过渡关系。

c. 在花岗质片麻岩中存在大量的基性变质岩残留体,它们在物质组成和变质变形特征上与表壳岩系中的变质基性岩相同,推测应是表壳岩系深熔的残留体。

钙碱性花岗质岩石尤其是 S 型花岗岩是显生宙造山带的重要组成部分,以将今论古的原则,本书尝试用显生宙花岗岩构造环境判别图解对测区马卡鲁杂岩中花岗质片麻岩的构造环境进行判别,如图 4-45～图 4-47 所示,均表明为同造山期的产物。

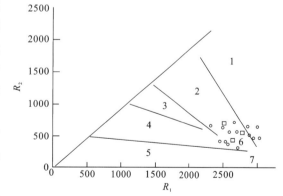

图 4-47　马卡鲁花岗质片麻岩构造环境判别图
1. 地幔斜长花岗岩;2. 碰撞前花岗岩;3. 碰撞后隆起的花岗岩;
4. 造山晚期花岗岩;5. 非造山的花岗岩;
6. 同碰撞花岗岩;7. 造山期后花岗岩

二、拉轨岗日区域变质岩

拉轨岗日区域变质岩分布于拉轨岗日变质核杂岩的核部,岩石组合与高喜马拉雅区域变质岩相似,但目前尚未发现超镁铁质变质岩、石墨片岩和麻粒岩相的变质岩。据其地质产状可分为变质表壳岩和花岗质片麻岩两个组合,其中花岗质片麻岩目前仅发现二长花岗片麻岩和花岗闪长质片麻岩,表壳岩系按化学特征可分为中酸性、基性、钙质和富硅岩石四大化学类型(表 4-13)。

表 4-13 拉轨岗日区域变质岩岩石类型

岩石组合	变质表壳岩	花岗质片麻岩
中酸性	黑云片岩 二长黑云片岩 黑云斜长片麻岩 黑云二长片麻岩 二云二长片麻岩(变拉岩)	二长花岗质片麻岩 花岗闪长质片麻岩
基性	斜长角闪岩 石榴斜长角闪岩	
大理岩(钙质)	大理岩 含石墨透辉石大理岩	
石英岩(富硅岩石)	黑云石英岩 石榴白云母石英岩 黑云石英片岩	

(一)岩相学特征

1. 表壳岩组合

(1) 中酸性岩

a. 黑云片岩:主要矿物组成为黑云母 40%~65%、石英 30%~50%、斜长石 5%~15%、钾长石 2%~10%、石榴石 0~8%,副矿物可含磷灰石和圆粒状的锆石,当长石含量大于 10% 称为长石黑云片岩,含石榴石时称为石榴石黑云片岩。黑云片岩多遭到了混合岩化改造,形成基体为黑云片岩的条带状混合岩。黑云片岩主要分布在抗青大岩组内。

b. 黑云斜长片麻岩:矿物组成为黑云母 25%~40%、斜长石 25%~35%、钾长石 2%~5%、石英 15%~35%,可有少量的角闪石、石榴石,副矿物有磷灰石和磁铁矿,有时可见锆石。含石榴石者,称为石榴石黑云斜长片麻岩,岩石亦多遭到了混合岩化改造,变形强烈,常发育有手标本尺度的顶厚流变褶皱。在拉轨岗日杂岩的表壳岩中和抗青大岩组内均有分布。

c. 黑云二长片麻岩:主要矿物组成与黑云斜长片麻岩相似,但钾长石含量增加,主要见于拉轨岗日杂岩的表壳岩内,岩石亦多遭到了混合岩化改造,变形强烈,常发育有手标本尺度的顶厚流变褶皱。与黑云斜长片麻岩成互层状产出。

d. 二云二长片麻岩(变粒岩):岩石具细粒鳞片花岗变晶结构,条带状(变余层理?)构造,与黑云斜长片麻岩或黑石英片岩成宽 2~4cm 的相间条带状产出,具似层状特征,由石英(40%~50%)、斜长石(8%~15%)、钾长石(5%~20%)、黑云母(15%~25%)、白云母(5%~15%)组成,含磷灰石、锆石等副矿物。

(2) 钙质岩

含透辉石大理岩：具粗粒粒状变晶结构、块状构造，主要矿物为方解石（>98%），含少量的透辉石（<2%），后者具浅绿色多色性，主要产于抗青大岩组内。

(3) 石英岩

a. 石英岩：中—粗粒变晶结构，块状—条带状构造，由石英（90%~98%）和少量的黑云母（1%~5%）、斜长石（0~3%）组成，黑云母有时局部集中成宽1~4mm的条带状分布。仅见于抗青大岩组内。

b. 石英片岩：具细—中粒鳞片粒状变晶结构，定向构造，由石英（60%~80%）、黑云母（15%~35%）、白云母（0~4%）、斜长石（0~5%）、角闪石（0~2%）组成，含磷灰石、圆粒状锆石，仅见于抗青大岩组内。

c. 石榴白云母石英岩：具细—中粒鳞片粒状变晶结构，定向构造，由石英（80%~90%）、黑云母（0~4%）、白云母（5%~15%）、石榴石（2%~4%）组成（成粗大的变斑晶产出）。仅见于抗青大岩组内。

(4) 基性岩

斜长角闪岩：具细粒柱状变晶结构、定向构造，由角闪石（60%~70%）、斜长石（25%~35%）、石英（2%~5%）、黑云母（2%~5%）、石榴石（0~10%）组成，含磷灰石、锆石。石榴石多成变斑晶产出，其粒径达5~10mm，边缘常见斜长石冠状边。

2. 花岗质片麻岩

花岗质片麻岩是拉轨岗日杂岩的主体岩性，据原岩石化学组成分析，应为一套正片麻岩，据岩石化学成分分类具有花岗闪长质、二长花岗质两种岩性。

(1) 花岗闪长质片麻岩：在拉轨岗日杂岩中广泛分布，是主体岩性。岩石为浅灰色，鳞片花岗变晶结构，片麻状构造。暗色矿物成条带状、条痕状定向分布。矿物组成为石英20%~25%、斜长石30%~35%、钾长石10%~15%、黑云母15%~20%，含少量的石榴石1%~3%，副矿物有锆石和磷灰石。其中斜长石为更长石，钾长石为隐条纹长石。

(2) 二长花岗质片麻岩：在拉轨岗日杂岩中亦有大量分布，岩石亦为浅灰色，粗粒鳞片花岗变晶结构，片麻状构造、眼球状—条带状构造。矿物组成为石英20%~30%、钾长石25%~35%、斜长石30%~40%、黑云母5%~15%，少量白云母1%~2%。其中斜长石为酸性斜长石，钾长石具格子双晶，属微斜长石，常呈眼球状斑晶产出。副矿物有锆石和磷灰石。

(二) 岩石化学及地球化学

1. 岩石化学

这里仅对性质不明的花岗质片麻岩的主量元素、微量元素和稀土元素进行了分析（表4-14），由图4-48可看出，拉轨岗日核部的中酸性片麻岩主要为正片麻岩，据其块状产出的特征表明其原岩为花岗岩。图4-49、图4-50表明其岩性为花岗闪长岩和二长花岗岩，与高喜马拉雅花岗质片麻岩的偏酸性端元一致。图4-51中其投点位置与高喜马拉雅马卡鲁杂岩的二长花岗岩投点的位置一致，但显示出稍富碱性长石。化学成分上拉轨岗日杂岩中的花岗质片麻岩SiO_2（72.23%~73.56%），变化范围较窄，富$FeOt+MgO$（3.44%~5.10%）、CaO（1.55%~1.72%）的特征可与太古宙TTG对比。但同时具有与太古宙TTG不同而与显生宙S型花岗岩相似的高K_2O（3.37%~4.61%）特征，$K_2O/Na_2O>1$，富Al_2O_3（12.45%~12.70%），$Al'=1.18~1.31$，属与显生宙S型花岗岩相似的过铝质类型。在K-Na-Ca图解（图4-51）中与高喜马拉雅的灰色片麻岩相似，也属于正常的钙碱性系列，只能与新太古代或后太古代的花岗岩对比。总之，从岩石化学成分上看，拉轨岗日花岗质片麻岩属正片麻岩，其化学成分特征与太古宙TTG相比既有相似性，也有明显的差异，同时也不同于显生宙的花岗岩，而与新太古代或古元古代的高钾花岗岩的特征相似。

表 4-14　拉轨岗日花岗质片麻岩地球化学分析结果

样品号	B2611-1	B263-1	1746-1	1749-1
岩石化学含量(%)及特征参数值				
SiO_2	72.23	72.5	73.56	73.48
TiO_2	0.56	0.59	0.41	0.48
Al_2O_3	12.49	12.45	12.7	12.55
Fe_2O_3	0.21	0.21	0.82	0.71
FeO	3.4	3.8	1.95	2.37
MnO	0.06	0.06	0.04	0.05
MgO	1.06	1.3	0.72	0.87
CaO	1.68	1.72	1.55	1.59
Na_2O	2.71	2.6	2.63	2.58
K_2O	3.79	3.37	4.61	4.43
P_2O_5	0.17	0.17	0.1	0.1
CO_2	0.09	0.09	0.05	0.05
H_2O^+	0.88	0.97	0.75	0.62
总量	99.24	99.74	99.84	99.83
Al'	1.24	1.31	1.18	1.20
稀土元素含量($\times 10^{-6}$)及特征参数值				
La	41.82	40.2	36.47	44.84
Ce	88.27	94.41	74.05	93.15
Pr	10.92	11.65	8.96	10.53
Nd	38.53	41.69	30.99	36.22
Sm	8.69	9.51	7.03	7.84
Eu	1.11	1.04	0.96	0.95
Gd	8.68	9.17	6.36	7.02
Tb	1.56	1.58	1.06	1.16
Dy	9.09	8.98	6.78	7.37
Ho	1.91	1.74	1.31	1.4
Er	5.65	5.5	4.09	4.36
Tm	0.86	0.83	0.63	0.67
Yb	5.59	5.32	4.12	4.35
Lu	0.81	0.78	0.59	0.66
总量	223.49	232.4	183.4	220.52
δEu	0.39	0.34	0.43	0.39
$(La/Sm)_N$	2.93	2.57	3.16	3.48

续表 4-14

样品号	B2611-1	B263-1	1746-1	1749-1
微量元素含量($\times 10^{-6}$)				
Rb	265	234	219	223
Ba	478	411	907	874
Th	28.9	32.2	21.9	24.3
U	2.5	4	3.5	4.4
Ta	2.1	1.3	1.7	1.4
Nb	15.6	16.3	18.5	18.9
Sr	134	61	68.6	69.9
Hf	7	8.3	5	5.4
Zr	237	270	206	236
Y	54.67	53.9	39.4	42.32
Ga	20.6	21.5	14.8	14.7
Be	3	3	2.2	2.5
B	10.6	1.4	6	5.2
F	1272	1200	688	925
Cl	100	400	205	135
Cr	28.4	21.1	11.6	13.1
Co	6.8	9.3	5.7	7.5
Ni	13.2	19.6	7.9	9.8

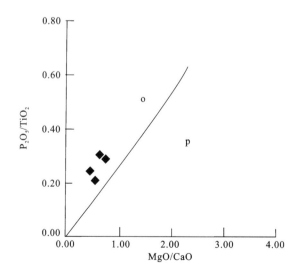

图 4-48 正副片麻岩判别图
o. 正片麻岩；p. 副片麻岩

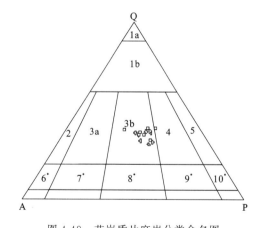

图 4-49 花岗质片麻岩分类命名图
1a. 硅英岩；1b. 富石英花岗岩；2. 碱长花岗岩；
3a. 正长花岗岩；3b. 二长花岗岩；4. 花岗闪长岩；
5. 英云闪长岩；6*. 石英碱长正长岩；7*. 石英正长岩；
8*. 石英二长岩；9*. 石英二长闪长岩/石英二长辉长岩；
10*. 石英闪长岩/石英辉长岩/石英斜长岩

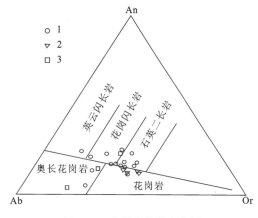
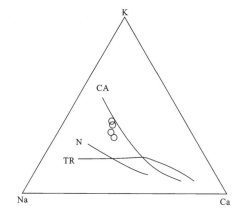

图 4-50 花岗岩分类命名图
1.马卡鲁花岗质片麻岩；2.拉轨岗日花岗质片麻岩；
3.马卡鲁杂岩中的晋宁期片麻状花岗岩

图 4-51 拉轨岗日花岗质片麻岩 K-Na-Ca 图
CA.钙碱性系列；N.西格陵兰 Nuk 灰色片麻岩；
TR.奥长花岗岩系列

2. 地球化学

拉轨岗日花岗质片麻岩的稀土元素特征与高喜马拉雅花岗质片麻岩者非常相似，其稀土元素配分曲线具较平坦的轻稀土弱富集的型式[$(La/Sm)_N=2.57\sim3.48$]，重稀土基本上未发生分馏，与典型的太古宙 TTG 片麻岩强分馏的特征不同。稀土总量($183.4\times10^{-6}\sim232.4\times10^{-6}$)略低于中酸性岩的世界平均值，但明显高于典型的太古宙英云闪长岩。具较明显的 Eu 负异常($0.34\sim0.43$)，亦不同于太古宙的英云闪长岩。

拉轨岗日花岗质片麻岩的稀土元素分布型式(图 4-52)亦与马卡鲁花岗质片麻岩(图 4-43)一致，表现为强不相容元素 Rb、Ba、Th、K、La、Ce 等具较明显的富集，尤其是 Th、U 的富集显示出与太古宙 TTG 有较明显的差异，Nb、Ta、Sr、Ti 存在明显的负异常，这一特征与显生宙的英云闪长岩的特征相似。另一方面，与 MgO、FeOt 含量较高的特征一致，拉轨岗日花岗质片麻岩亦具较高的地幔相容元素 Cr($11.6\times10^{-6}\sim28.4\times10^{-6}$)、Co($5.7\times10^{-6}\sim93\times10^{-6}$)、Ni($13.2\times10^{-6}\sim98\times10^{-6}$)含量，与显生宙的 S 型花岗岩相比，显示出较大的差别。

原始地幔标准化的微量元素分布型式与显生宇岛弧花岗岩的特征相似(图 4-53)，表现为明显的大离子元素 Rb、Ba、K、Th、U 富集和 Sr、Nb、Ta、Ti 负异常，其中 Th、U 的富集与典型的太古宙 TTG 的亏损明显不同，但与显生宙的同类花岗岩(高钾过铝质花岗岩)相比地幔相容元素 Cr($11.6\times10^{-6}\sim28.4\times10^{-6}$)、Co、Ni 的丰度偏高。

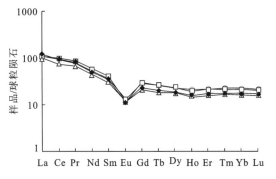
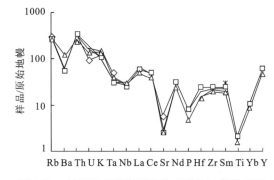

图 4-52 拉轨岗日花岗质片麻岩稀土元素配分曲线图

图 4-53 拉轨岗日花岗质片麻岩微量元素蛛网图

3. 拉轨岗日杂岩的原岩建造及形成环境分析

岩相学特征分析，拉轨岗日杂岩的表壳岩石及其上部的抗青大岩组是由一套石英砂岩、灰岩和富泥细砂—泥质粉砂岩组合，含玄武岩或玄岩质岩脉，与高喜马拉雅基底变质岩的表壳岩的原岩建造基本上可进行对比，均代表了一种稳定伸展环境的产物。花岗质片麻岩亦可与高喜马拉雅基底变质岩系对比，共同组成古印度地块的结晶基底(Liao et al,2008)。这套岩石与太古宙的 TTG 组合以高钾特征相区别,而与晚太古代的钙碱性花岗岩的特征基本一致。从岩石化学和地球化学特征上看,这套花岗岩具 S 型花岗岩的特征,形成于活动构造环境,应是造山作用的产物。由图 4-54、图 4-55 可见,拉轨岗日花岗质片麻岩的投点位于同碰撞造山(或岛弧)到板内花岗岩的交界处,其形成环境很可能为板内造山的伸展构造环境。

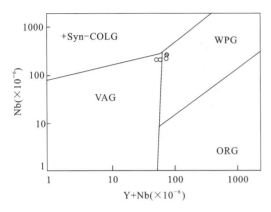 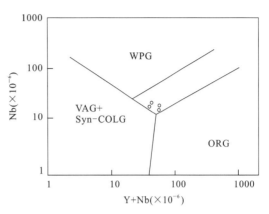

图 4-54 拉轨岗日花岗质片麻岩构造环境判别图
VAG.火山弧花岗岩;Syn-COLG.同碰撞花岗岩;
WPG.板内花岗岩;ORG.洋中脊花岗岩

图 4-55 拉轨岗日花岗质片麻岩构造环境判别图
(图例同图 4-54)

第三节 动力变质岩

一、动力变质岩的类型与特征

动力变质岩主要是指糜棱岩系列的构造岩。测区韧性剪切带和拆离断层发育,为糜棱岩的形成提供了良好的地质背景。根据岩石中碎斑和基质的性质、大小、含量及岩石的结构,测区糜棱岩可分为糜棱岩化岩石、初糜棱岩、糜棱岩、超糜棱岩、变晶糜棱岩和碎裂糜棱岩等。

糜棱岩化岩石仅经受轻微的糜棱岩化作用,其中基质含量小于 10%,有较弱的拉长和定向特征;碎斑晶占绝大部分,碎斑细粒化程度不高,外形多为不规则状、圆状、椭圆状,局部显示一定的定向性,常见波状消光、扭折带和双晶。糜棱岩化岩石一般分布在拆离断层带下部边缘和韧性剪切带的外侧,此外,在花岗岩体边缘也出现糜棱岩化花岗岩。

初糜棱岩基质含量在 10%~50%之间,主要是石英、绢云母等矿物;碎斑主要是长石、还有少量的石英,颗粒较大,有的可达厘米级,呈眼球状、透镜状产出。测区眼球状糜棱岩基本上都是初糜棱岩。在拉轨岗日杂岩和马卡鲁杂岩的正片麻岩中常见眼球状初糜棱岩(图 4-56),岩石的矿物组成与正常花岗质片麻岩基本一致,新生矿物较少,以长石斑晶呈眼球状为特征。眼球状片麻岩中发育旋转碎斑系和 S-C 组构,S 面与 C 面的夹角为 15°~30°。

糜棱岩基质含量在 50%~90%,主要是细粒化的石英和细片状云母,石英多为新生颗粒,定向性好;碎斑主要是石英、长石、方解石等矿物,取决于原岩类型。在拉轨岗日和高喜马拉雅隆起带基底含石榴黑云母石英片岩和石英岩基础上发育的韧性剪切带中常见糜棱岩(图 4-57),石英斑晶内部普遍出现亚颗粒,有的石英斑晶与基质一起构成不对称的 δ 型旋转碎斑系,两侧常具有由细粒石英和云母组成的不对称拖尾,常构成 S-C 组构,其锐夹角在 10°~25°之间。还可见云母鱼和石榴石雪球状构造。

在测区超糜棱岩局部发育,其中长石少,石英多,基质含量大于 90%,大多为重结晶细粒化的石英,显著拉长,定向性好,显示拔丝结构和流动构造。碎斑主要是石英和长石,颗粒粒径一般小于 0.1mm,也显示一定的拉长现象和定向分布特征。

测区很多条带状、条痕状片麻岩具有变晶糜棱岩的特征,是在先期已形成的糜棱岩的基础上发生静态重结晶,显示变余糜棱结构,重结晶后的颗粒变粗,呈多边形、矩形和长条形,原有的糜棱结构大部分已破坏,局部可见糜棱岩的碎斑与后期重结晶形成的无应变长石、石英颗粒共存,总体上矿物定向排列清楚。

碎裂糜棱岩出现在测区拆离断层带,特别是基底拆离断层系。它是先期形成的糜棱岩随着地壳上升后叠加脆性或脆韧性变形,发生碎裂作用,原有的糜棱结构被破坏,碎斑和基质都受到改造,矿物定向性不明显,局部仍可见少量的长石残碎斑晶。

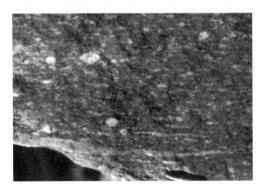
图 4-56　马卡鲁杂岩中眼球状初糜棱岩

图 4-57　拉轨岗日扣乌石英糜棱岩

二、动力变质岩的分布

研究区糜棱岩系列的动力变质岩主要分布在基底变质岩系韧性剪切带和多层次拆离断层带中。各自显示出糜棱岩的分带性。

(一) 韧性剪切带中动力变质岩的分布

测区基底变质岩系中韧性剪切带十分发育,主要有三种分布型式:高喜马拉雅变质岩系中近 EW 向韧性剪切带、NNE-SSW 向韧性剪切带和普弄抗日变质核杂岩的变质核中拉轨岗日杂岩与抗青大岩组之间近环形分布的韧性剪切带。

高喜马拉雅近 EW 向的韧性剪切带形成较早,改造较强,仅在尤帕—驮那龙一带保存较好,为逆冲式韧性剪切带。该韧性剪切带中发育变晶糜棱岩和初糜棱岩,还残存少量糜棱岩甚至超糜棱岩,被后来的静态重结晶作用所改造。

高喜马拉雅 NNE-SSW 向韧性剪切带形成较晚,十分显著。韧性剪切带的宽度一般为几十米至上千米,以数百米宽的韧性剪切带居多。在规模较大的韧性剪切带中出现糜棱岩分带现象。如康工-查尘洼 NNE 向大型韧性剪切带由剪切带边缘向中心不同程度地发育糜棱岩化岩石(图 4-58、图 4-59)、初糜棱岩、糜棱岩和超糜棱岩,以初糜棱岩为主,往往表现为眼球状糜棱岩。各糜棱岩带不同程度地发育变晶糜棱岩。它们普遍发生退变质作用,出现绿片岩相矿物组合。

图 4-58　糜棱岩化岩石
浦多(+),40×

图 4-59　糜棱岩
浦多(+),40×

普弄抗日变质核杂岩近环形分布的韧性剪切带主要发育在拉轨岗日杂岩花岗质片麻岩与抗青大岩组石英岩和片岩之间。如果按成分可分为石英（或硅质）糜棱岩和长英质糜棱岩。从结构上划分为糜棱岩化岩石、初糜棱岩和糜棱岩。原岩为正片麻岩的初糜棱岩为眼球状花岗质糜棱岩,发育旋转碎斑系和S–C组构。

（二）拆离断层中动力变质岩的分带性

研究区发育在基底与盖层之间及盖层内部。基底拆离断层规模大,导致地层缺失和减薄,在拆离断层下盘顶部形成韧性剪切带,发生脆韧性转换,出现构造岩分带现象,从上到下为断层泥带、碎裂岩带、碎裂糜棱岩带和糜棱岩带,糜棱岩带宽度一般为数米至数百米,以长英质糜棱岩为主,长石多呈旋转碎斑状,石英常呈拔丝状,云母局部集中并围绕碎斑定向分布,形成不对称拖尾,构成旋转碎斑系,指示为正断式韧性剪切带。

盖层中拆离断层规模较小,主要拆离断层沿着肉切村群与甲村组之间、甲村组与石器坡组或普鲁组之间、白定浦组与吕村组之间顺层发育,拆离断层的构造岩分带性不如基底拆离断层明显,具有构造岩脆韧性转换特征,但是,构造岩带较薄,厚度往往小于50m,糜棱岩带、碎裂糜棱岩带、碎裂岩带、构造角砾岩带及断层泥带发育不完整。例如,拉轨岗日变质核杂岩盖层白定浦组与吕村组之间的拆离断层构造岩只有几米厚,以碎裂岩和糜棱岩化岩石为主。

第四节　混合岩

据中深变质岩区混合岩构造分析的原理,结合测区混合岩与构造的关系,可将测区的混合岩分为三期。

第一期为新太古代—古元古代的区域混合岩化（图4-60、图4-61）,主要对马卡鲁杂岩和拉轨岗日杂岩的表壳岩系进行了强烈的改造,混合岩化程度对不同岩性具有选择性,尤其是对表壳岩石中的片麻岩和片岩的改造更为明显,形成顺片理、片麻理方向贯入的长英质脉体。长英质新成体的含量一般为10%～50%,强者可达80%,局部形成似层状的混合花岗岩,新成体主要为石英和长石,有时可见黑云母、白云母、石榴石。古成体为黑云片岩、黑云斜长片麻岩（或变粒岩）,改造强烈者古成体的岩性已不可识别,主要为黑云母,有时可见角闪石。该期混合岩新成脉体受晋宁期和喜马拉雅期构造变形的改造,形成了复杂的褶皱变形,其中以不同尺度的不对称顶厚流变褶皱为特征。在扎西惹嘎剖面上和日屋一带的路线调查中发现,这期混合岩脉体被限制在马卡鲁杂岩的表壳岩中,而上部的扎西惹嘎岩组未受改造。可见,该期混合岩化作用应发生在扎西惹嘎岩组的变质之前。从成因上看,该期混合作用应与马卡鲁杂岩中的花岗质片麻岩侵位的深熔事件有关,马卡鲁花岗质片麻岩的成因研究表明,其主要是表壳岩重熔的产物,在图4-62中显示出混合花岗岩（原地花岗岩）投点分散,远离低温槽的特点。

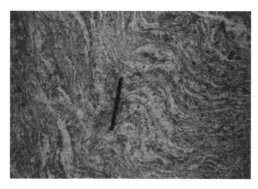

图4-60　古元古代条带状混合岩（一）

图4-61　古元古代条带状混合岩（二）

第二期混合岩化作用是新元古代晋宁期的区域混合岩化的作用(图4-63、图4-64),测区的前震旦系变质岩均受到不同程度的改造,其形成时间可能与区域上的820~600Ma的变质年龄(其中包括混合岩的Sm-Nd等时线年龄)相当,该期混合岩化作用除对包括扎西慈嘎岩组和拉轨岗日带的抗青大岩组进行强烈的改造,形成了顺片理和片麻理方向贯入的新成长英质脉体外,对早期的花岗质片麻岩也有一定的影响。在表壳岩石中新成脉体多呈不规则的条带状、眼球状分布,由长石和石英组成,很少见有暗色矿物。古成体为黑云片岩、黑云石英片岩和黑云斜长片麻岩。脉体含量变化不等,最高者达60%~70%。该期混合岩化作用还对表壳岩中的石英岩有一定的影响,局部可见大量的外来长英质脉体贯入。该期混合岩化作用对早期花岗质片麻岩的影响主要表现为使部分花岗质片麻岩的暗色矿物和浅色矿物发生分异,形成条带状构造,普遍发育有晚期贯入的长英质脉体。从成因上看,该期混合岩化作用可能与测区晋宁期的花岗岩形成的热事件有关,研究表明,测区晋宁期花岗岩的物源亦为基底的表壳变质岩。

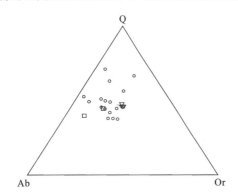

图4-62 马卡鲁花岗质片麻岩在Q-Ab-Or相图中的投点

图4-63 晋宁期条带状混合岩

第三期混合岩化作用为喜马拉雅期(图4-65),与基底的绝热降压隆升和剪切深熔作用有关,混合岩化作用影响较局限,主要局限在表壳变质岩中,在基底与盖层间的拆离断层带附近表现较为强烈。新成脉体主要由长石和石英组成,含少量的白云母,有时可见电气石和石榴石。脉体分布不均匀,形态不规则。呈条带状、网脉状、似层状和囊状,含量一般小于10%,局部可达40%,形成角砾状混合岩。古成体由黑云片岩、黑云石英岩及黑云斜长片麻岩、黑云二长片麻岩等组成,有时可见到中性麻粒岩。脉体可切割寄主岩片理和片麻理,本身未见变形,局部可发育糜棱岩化面理。该期混合岩化作用从时间上看,它与喜马拉雅期的淡色花岗岩的形成时间相当,物质成分上,混合岩脉体与淡色花岗岩的成分一致,空间分布上亦与淡色花岗岩的分布一致,在岩体周围较发育,可见其成因应与淡色花岗岩形成的热事件有关,据喜马拉雅期花岗岩的成因研究表明,其主要是基底隆升的降压效应导致的局部熔融的结果。

图4-64 晋宁期眼球状混合岩

图4-65 喜马拉雅期混合岩

第五节 接触变质岩

一、拉轨岗日穹隆周边的接触变质证据

测区接触变质岩主要分布在拉轨岗日穹隆构造的周边古生代地层中,环绕基底变质岩发育有宽3~5km的接触变质带,其岩性为绿泥石绢云千枚岩、红柱石绢云千枚岩、石榴石绢云千枚岩、黑云片岩、细粒黑云石英岩、石榴石黑云片岩、绿帘石大理岩等。《西藏自治区岩石地层》将其归入拉轨岗日群,这次调查将其归入古生代地层接触变质的产物,主要依据如下。

(1) 虽然这套变质岩较周围的古生代地层变质程度要高,但与周围的板岩和千枚岩地层之间变质程度存在明显的渐变过渡关系,向穹隆一侧存在短距离内的递进变质的特点,符合于接触变质的特征。

(2) 这套变质岩变质程度和变形特征与拉轨岗日的基底变质岩之间存在显著的差别,接触变质岩的变质程度相当于钠长绿帘角岩相—角闪角岩相,原始层理保存完好,除有基本上与 S_0 一致的片理化定向外,基本上未见其他变形。基底中普遍发育的混合岩化变质在接触变质岩未见。基底变质岩的变质程度均一,均达角闪岩相,普遍发育有混合岩化变质,岩石变形强烈,广泛发育有剪切流变褶皱。

(3) 在这套接触变质岩中普遍含有典型的接触变质矿物,如红柱石、绿泥石、铁铝石榴石等。

二、接触变质带

据野外调查和室内薄片分析,拉轨岗日周边的接触变质岩大多是叠加在区域变质岩之上的,因此有着比较复杂的矿物组合,变质分带依然明显(袁晏明等,2003)。

(一) 拉轨岗日周边变质岩分带

下面以萨迦县麻布加 46-47、42-45 剖面为主,将拉轨岗日周边变质岩分为 3 个带(见图 4-66)。即由外向内为:①绿泥石带,千枚状板岩千枚岩带;②黑云母带,大理岩+钙质板岩带;③石榴石带,片岩和细粒石英岩+片麻岩带。各带岩性如下。

(1) 绿泥石带:为千枚状板岩和千枚岩。可分为两个亚带,上部为含绿泥石千枚岩和千枚状板岩亚带;下部为黑色含石榴石千枚岩和千枚状板岩亚带。具千枚状构造和板状构造。微晶鳞片变晶结构。

(2) 黑云母带:是一套薄层含白云母石英大理岩。变余层理构造,细粒状变晶结构。底部为少量二云母片岩,片状构造,鳞片变晶结构。

(3) 石榴石带:下部是一套钙质板岩夹片岩,板状构造和片状构造,细鳞片变晶结构。中部为石榴石二云母片岩、细粒黑云母片岩、夹石榴石黑云细粒大理岩、含二云母细粒石英岩、白云母细粒石英岩、黑云母细粒石英岩。片状构造,变余层理构造,粒状鳞片变晶结构和粒状变晶结构。片麻岩带为一套含石榴石混合片麻岩组合,具有条带状、眼球状、片麻状构造,鳞片粒状变晶结构。

(二) 各带矿物组合特征

拉轨岗日周边各变质带中具有各不相同矿物组合,它们反映了该地区变质条件的差异,各带矿物组合特征如下。

(1) 绿泥石带:含绿泥石千枚状板岩和千枚岩亚带,石英+绢云母+绿泥石、石英+绢云母、石英+绢云母+绿泥石+碳质。

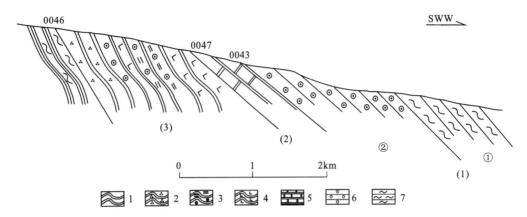

图 4-66 麻布加接触变质分带图

1.片麻岩;2.石英岩;3.石榴石二云母片岩;4.钙质片岩;5.大理岩;6.石榴石千枚岩;7.绿泥石千枚岩;
(1).绿泥石带;(2).黑云母带;(3).石榴石带;①绿泥石千枚岩亚带;②石榴石千枚岩亚带

含石榴石千枚岩和千枚状板岩亚带:石英+白云母+碳质+石榴石。

(2)黑云母带:方解石+石英+白云母+黑云母、石英+白云母+黑云母。

(3)石榴石带:方解石+石英+白云母+黑云母+石榴石、石英+黑云母+白云母+石榴石、石英+黑云母+白云母、石英+黑云母+白云+钙镁铁闪石、钾长石+斜长石+黑云母+白云母、钾长石+斜长石+黑云母+白云母+石榴石。

(三)各带主要矿物化学成分特征及变质成因讨论

选取麻布加接触变质带中白云母、黑云母、石榴石、钾长石、斜长石、绿泥石、角闪石等矿物做电子探针分析,为了便于分析,特计算出各矿物的原子系数,结果见表 4-15～表 4-17。各矿物化学特征分述如下。

1. 白云母化学成分特征及成因分析

白云母在麻布加三个变质带均有产出,但各带白云母粒度是有差异的,绿泥石带中颗粒最小,小于 0.25mm×0.025mm,可见到小揉皱,含量可达 40%;黑云母带次之,粒径大于 0.3mm,但含量不高;石榴石带最大,粒径大于 0.5mm(石英岩中颗粒较小)。

表 4-15 列出了实测剖面中白云母各组成的原子系数,表中数据的排列由上向下代表拉轨岗日变质带由内带向外带的排列。

根据兰伯特(1959)研究的公式:

$$T=121.568+47.767(par)-1.565(par)\times(par)+0.0214(par)\times(par)\times(par)$$

计算的温度见表 4-16,从结果上看,总体温度偏高,温度变化较为复杂,存在多期变质作用,这一点在显微镜下也能证实,在部分薄片中能见到形态和大小不同的白云母,反映了该地区变质作用的多期性,但总趋势由内带向外,温度是逐渐降低的。

根据 Velde(1927)实验室的结果,白云母形成的压力是与其形成的温度和 Si 离子数有关。据此推测的压力见表 4-15,从表中可以看出,拉轨岗日周边变质岩形成的压力,也是比较复杂的,但也可以分为两个带,黑云母带高于其他两个变质带,后者多小于 1.2kb(1kb=10^8Pa)。这有可能是后期热穹隆的改造,使能反映压力的白云母成分发生了改变的结果;绿泥石带压力普遍偏高,多大于 2kb。

第四章 变质岩

表 4-15 白云母化学成分（原子系数）

样品号	名称	Si	Ti	Al^{IV}	Al^{VI}	Fe	Mg	Na	K	Na/(Na+K)	Fe+Mg	Mg/(Mg+Fe)	T(℃)	P(kb)	gar T(℃)	岩性	变质带
1744-1	mus	3.068	0.019	0.913	1.933	0.078	0.043	0.245	0.628	28.064	0.121	0.355	702.5	<1		二云母片麻岩	石榴石
1747-3	mus	3.060	0.043	0.897	1.888	0.101	0.049	0.045	0.888	4.823	0.150	0.327	318.0	<1		二云母片麻岩	石榴石
b46-1	mus	3.154	0.064	0.782	1.675	0.260	0.147	0.027	0.916	2.863	0.407	0.361	246.0	<1		二云母片麻岩	石榴石
b46-2	mus	3.095	0.024	0.881	1.881	0.087	0.077	0.183	0.714	20.401	0.164	0.470	626.4	3.5 (6.0)	576.0	石榴石二云母片岩	石榴石
b46-4	mus	3.045	0.019	0.936	1.914	0.099	0.053	0.279	0.609	31.419	0.152	0.349	741.2	1.2(5,5)	571	石榴石二云母片岩	石榴石
b46-8	mus	3.077	0.017	0.906	1.880	0.087	0.064	0.118	0.846	12.241	0.151	0.424	511.0	1.2		二云母细粒石英岩	石榴石
b46-12	mus	3.077	0.008	0.915	1.860	0.149	0.053	0.124	0.782	13.687	0.202	0.262	537.0	1.3 (5.0)	562.0	含白榴石二云母片岩	石榴石
b46-16	mus	3.160	0.038	0.802	1.741	0.214	0.129	0.035	0.842	3.991	0.343	0.376	288.6	<1		含白云母绿泥石片岩	石榴石
b46-20	mus	3.090	0.015	0.895	1.886	0.067	0.081	0.077	0.859	8.226	0.148	0.547	420.5	1.2 (4.0)	524.8	石榴石二云母片岩	石榴石
b42-1	mus	3.171	0.050	0.779	1.627	0.254	0.321	0.017	0.707	2.348	0.575	0.558	225.4	<1		白云母片岩	红柱石
b42-2	mus	2.945	0.015	1.040	1.465	0.546	0.442	0.036	0.633	5.381	0.988	0.447	336.6	<1		白云母片岩	红柱石
b42-4	mus	3.195	0.016	0.789	1.840	0.086	0.135	0.041	0.786	4.958	0.221	0.611	322.5	1.0		白云母片岩	红柱石
b42-5	mus	3.172	0.013	0.815	2.021	0.044	0.059	0.059	0.481	10.926	0.103	0.573	484.6	2.8		白云母片岩	红柱石
b42-3	mus	3.253	0.050	0.697	1.724	0.139	0.197	0.006	0.841	0.708	0.336	0.586	154.6	<1		二云母石英大理岩	红柱石
b42-6	mus	3.253	0.040	0.707	1.756	0.056	0.244	0.005	0.835	0.595	0.300	0.813	149.5	<1		白云母石英大理岩	红柱石
b42-8	mus	3.188	0.003	0.809	1.99	0.076	0.062	0.067	0.493	11.964	0.138	0.449	505.7	3.5		白云母石英大理岩	红柱石
b43-1	mus	3.191	0.009	0.800	1.954	0.053	0.086	0.091	0.571	13.746	0.139	0.619	538.0	4.0		石榴石白云母炭质千枚岩	绿泥石
b43-2	mus	3.233	0.011	0.756	1.933	0.047	0.072	0.106	0.613	14.743	0.119	0.605	554.2	5.0		石榴石白云母炭质千枚岩	绿泥石
b43-3	mus	3.176	0.009	0.815	1.627	0.045	0.043	0.118	0.748	13.626	0.088	0.489	536.0	4.0		白云母白云母炭质千枚岩	绿泥石
b43-6	mus	3.050	0.010	0.940	1.950	0.050	0.050	0.170	0.760	18.280	0.100	0.500	602.5	1.8		石榴石绢云母炭质千枚状板岩	绿泥石
b43-10	mus	3.178	0.010	0.812	1.982	0.074	0.066	0.036	0.550	6.143	0.140	0.471	360.9	1.3		石榴石绢云母炭质千枚岩	绿泥石
b43-13	mus	3.070	0.000	0.930	1.910	0.090	0.080	0.100	0.770	11.494	0.170	0.471	496.3	<1		绿泥石绢云炭质千枚岩	绿泥石
b43-17	mus	3.100	0.010	0.890	0.890	1.920	0.070	0.050	0.130	0.770	14.444	0.120	417.0	549.5	1.8	绿泥石绢云砂质千枚岩	绿泥石
b43-19	mus	3.185	0.010	0.805	0.805	1.983	0.064	0.070	0.059	0.519	10.208	0.134	522.3	468.9	2.5	绢云母板岩	绿泥石
b43-20	mus	3.108	0.011	0.881	0.881	2.038	0.042	0.036	0.086	0.514	14.333	0.078	462.2	547.7	2.0	绢云母板岩	绿泥石
b43-22	mus	3.430	0.010	0.560	0.560	1.860	0.030	0.080	0.110	0.650	14.474	0.110	727.0	550.0	8.0	绿泥石绢云母板岩	绿泥石
b43-22	mus	3.242	0.010	0.748	0.748	1.928	0.050	0.131	0.061	0.542	10.116	0.181	724.6	466.8	3.0	绿泥石绢云母板岩	绿泥石

表 4-16 黑云母、绿泥石化学成分（原子系数）

样品号	名称	Si^{4+}	Ti^{4+}	Al^{3+}	Fe^{2+}	Mn^{2+}	Mg^{2+}	Ca^{2+}	Na^+	K^+	Cr^{3+}	$Fe/(Fe+Mg)$	$Mg/(Mg+Fe)$	变质带
1744-1	Gar	2.971	0.000	2.101	2.160	0.093	0.408	0.245	0.000	0.000	0.000	0.841	0.159	石榴石
b46-2	Gar	2.965	0.000	2.081	2.165	0.054	0.377	0.352	0.000	0.000	0.000	0.852	0.148	石榴石
b46-4	Gar	2.967	0.000	2.089	2.121	0.172	0.383	0.257	0.000	0.000	0.000	0.847	0.153	石榴石
b46-12	Gar	2.984	0.003	2.051	1.806	0.410	0.270	0.464	0.000	0.000	0.000	0.870	0.130	石榴石
b46-20	Gar	2.973	0.002	2.098	1.985	0.099	0.239	0.581	0.000	0.000	0.000	0.893	0.107	石榴石
b43-1	Gar	3.038	0.002	1.990	2.164	0.210	0.077	0.484	0.000	0.000	0.000	0.966	0.034	绿泥石
b43-3	Gar	3.064	0.002	1.997	2.053	0.188	0.060	0.569	0.000	0.000	0.000	0.972	0.028	绿泥石
b43-6	Gar	3.000	0.000	2.060	2.070	0.220	0.100	0.520	0.000	0.000	0.000	0.954	0.046	绿泥石
b43-10	Gar	2.960	0.010	2.070	2.100	0.220	0.100	0.530	0.000	0.000	0.000	0.955	0.045	绿泥石
1746-1	Bi	2.727	0.149	1.591	1.510	0.026	0.816	0.000	0.000	1.010	0.003	0.649	0.351	石榴石
1747-3	Bi	2.718	0.176	1.709	1.493	0.022	0.632	0.000	0.007	0.997	0.000	0.703	0.297	石榴石
1749-1	Bi	2.689	0.170	1.532	1.634	0.022	0.796	0.004	0.000	1.046	0.002	0.672	0.328	石榴石
b46-1	Bi	2.747	0.173	1.575	1.344	0.003	0.963	0.000	0.000	0.975	0.000	0.583	0.417	石榴石
b46-4	Bi	2.703	0.095	1.740	1.096	0.000	1.219	0.000	0.065	0.895	0.000	0.473	0.527	石榴石
b46-8	Bi	2.744	0.075	1.805	1.228	0.000	1.023	0.000	0.033	0.773	0.000	0.546	0.454	石榴石
b46-12	Bi	2.663	0.079	1.686	1.249	0.011	1.195	0.002	0.035	0.875	0.050	0.511	0.489	石榴石
b46-16	Bi	2.732	0.161	1.535	1.209	0.011	1.183	0.000	0.008	1.008	0.000	0.505	0.495	石榴石
b46-20	Bi	2.868	0.041	2.337	0.615	0.000	0.593	0.000	0.040	0.897	0.000	0.509	0.491	石榴石
b42-1	Bi	2.798	0.081	1.675	1.063	0.009	1.168	0.002	0.032	0.938	0.003	0.476	0.524	黑云母
b42-3	Bi	2.821	0.121	1.467	0.839	0.000	1.604	0.000	0.001	0.946	0.000	0.343	0.657	黑云母
b42-8	Bi	2.951	0.095	1.404	0.606	0.000	1.803	0.015	0.000	0.758	0.000	0.252	0.748	黑云母
1744-1	Chl	2.216	0.002	2.109	1.881	0.009	1.508	0.000	0.000	0.007	0.000	0.555	0.445	石榴石
b43-13	Chl	2.050	0.000	2.370	2.190	0.010	1.130	0.050	0.030	0.000	0.000	0.660	0.340	绿泥石
b43-19	Chl	2.110	0.000	2.320	2.080	0.000	1.160	0.000	0.010	0.000	0.000	0.642	0.358	绿泥石
b45-1	Chl	2.090	0.000	2.450	1.980	0.010	1.150	0.000	0.000	0.030	0.000	0.633	0.367	绿泥石

第四章 变质岩

表 4-17 拉轨岗日二长石化学成分(原子系数)

样品号	名称	Si	Ti	Al	Fe	Mn	Mg	Ca	Na	K	Cr	Na/(Na+K+Ca)	Xk/Xp	$T(℃)$
1746-1	Kf	2.937	0.000	1.049	0.000	0.000	0.000	0.000	0.088	1.014	0.000	7.985	−2.270	456.1
1747-2	Kf	2.941	0.000	1.048	0.000	0.001	0.000	0.001	0.099	0.988	0.000	9.099	−2.186	468.8
1747-3	Kf	2.945	0.000	1.044	0.002	0.000	0.000	0.000	0.150	0.934	0.000	13.838	−1.763	546.3
1749-1	Kf	2.977	0.000	1.030	0.000	0.000	0.000	0.000	0.117	0.885	0.000	11.677	−1.823	533.8
1746-1	Pl	2.735	0.000	1.274	0.000	0.000	0.000	0.214	0.792	0.019	0.000	77.268		
1747-3	Pl	2.765	0.000	1.218	0.002	0.000	0.000	0.191	0.882	0.016	0.000	80.992	−1.767	545.4
1748-1	Pl	2.776	0.000	1.209	0.002	0.000	0.000	0.193	0.866	0.015	0.000	80.633	−1.763	546.3
1749-1	Pl	2.758	0.000	1.272	0.000	0.000	0.000	0.240	0.659	0.013	0.000	72.259	−1.823	533.8
1749-2	Pl	2.748	0.000	1.261	0.000	0.000	0.000	0.256	0.702	0.010	0.000	72.521	−1.826	533.1
b4084-2	Hb	6.038	0.031	3.330	2.552	0.010	1.296	1.800	0.340	0.073	0.000			

2. 黑云母化学成分特征及成因分析

拉轨岗日麻布加接触变质岩中的黑云母主要分布在黑云母带和石榴石带中，黑云母带中黑云母粒径大于 0.3mm。而石榴石带中黑云母粒径大于 0.5mm（石英岩中颗粒较小）。在黑云母矿物中，有三种元素表现为强烈的分带性，即 Ti^{4+}、Fe^{2+}、Mg^{2+}。其中，Ti^{4+} 和 Fe^{2+} 表现为由内向外是逐渐降低。Ti^{4+} 含量由 0.195 降为 0.081；Fe^{2+} 含量由 1.634 降为 0.606；Mg^{2+} 的含量表现与前两者相反，即由内向外是逐渐增高的，由 0.632 增至 1.819。由于黑云母中 Fe^{2+} 的含量是温度的函数（Perchuk L L，1981），即随温度的降低，Fe^{2+} 的含量是降低的。该变质带中 Fe^{2+} 含量的变化规律，说明拉轨岗日周围变质岩由内向外，温度是由高降低。由黑云母和石榴石矿物对（Perchuk L L，1981）计算的温度（表 4-16）就证明了这个规律，576～524℃。由该矿物对计算的压力较高，4～6kb，这种压力计可信度高。可能是该矿物对形成于早期区域变质作用阶段，而晚期受热穹隆影响，在黑云母带和石榴石带内形成的白云母，压力较低。而绿泥石带的白云母由于远离热穹隆，受热烘烤较弱，保留了区域变质岩的特征，表面上压力较内带高。

3. 石榴石化学成分特征及成因分析

石榴石均为铁铝榴石，在绿泥石带和石榴石带有产出，只是绿泥石带岩石中不含黑云母，颗粒也较粗大（>2mm），围绕石榴石有交代反应，针状矿物垂直石榴石表面交代石榴石。石榴石带中石榴石颗粒较小，0.3mm 左右，含量也低于绿泥石带，小于 2%。铁铝榴石化学数据见表 4-17。从表中可以看出，两个变质带铁铝榴石的 Si^{4+}、Al^{3+}、Fe^{2+}、Mg^{2+}、Ca^{2+}、Mn^{2+} 均有差异，石榴石带 Si^{4+} 低，2.963～2.984；Al^{3+} 高，2.089～2.115；Fe^{2+} 高，1.806～2.192，多在 2.100 以上；Mg^{2+} 高，0.239～0.408；Mn^{2+} 低，0.054～0.172；Ca^{2+} 低，0.245～0.464。而绿泥石带与之相反：Si^{4+} 高，3.000～3.064；Al^{3+} 低，1.990～2.070；Fe^{2+} 低，2.070～2.100；Mg^{2+} 低，0.188～0.220；Mn^{2+} 高，0.099～0.220；Ca^{2+} 高，0.450～0.569。由于 Fe^{2+}、Mg^{2+}、Mn^{2+}、Ca^{2+} 均是温度的函数（Perchuk L L，1981），Fe^{2+}、Mg^{2+} 高则温度高；Mn^{2+}、Ca^{2+} 低则温度高。因此这种变化规律，反映了变质带温度的变化规律，即千枚岩带形成温度低于内带。

4. 其他矿物的化学成分特征及成因分析

绿泥石：本剖面上的绿泥石为假鳞绿泥石或鳞绿泥石，主要分布在绿泥石带中，石榴石带有少量，形成于后期蚀变。其化学成分见表 4-17。由表可以看出，石榴石带中绿泥石的 Fe^{2+} 含量低，而绿泥石带中 Mg^{2+}、Si^{4+} 含量高。

钾长石和斜长石：产于石榴石带下部，颗粒较大，可达 2cm 以上，化学成分见表 4-18，斜长石为更长石。利用巴尔特（1951）的二长温度计公式：

$$\ln K = 0.8 - 1400/T$$

计算的温度见表 4-16，为 456～568℃。因为这个矿物对是晚期形成的矿物，实际岩石形成温度可能要高于这个数。

角闪石：产于石榴石带中上部，矿物呈蓝绿色，自形程度完好，长柱状晶形，含量约 8%，粒径 15mm×2mm，为钙镁铁闪石，化学成分见表 4-18，角闪石中六次配位 Al^{3+} 和四次配位 Al^{3+} 与变质相有关系（薛君治，1974），据此，可以证明产于石榴石带中的钙镁铁闪石表现为中级变质相。

综上所述，麻布加拉轨岗日周边接触变质岩分带清楚，主要表现为岩石的构造、矿物组合特征、矿物化学成分及形成温度压力的差异。该变质带可分为 3 个大带：①绿泥石带；②黑云母带；③石榴石带。绿泥石带又可分为绿泥石千枚岩亚带和石榴石千枚岩亚带。其中石榴石带变质温度最高，大于 524℃，压力小于 1.2kb（不考虑区域变质作用的压力）；黑云母带变质温度小于 505℃，压力由于区域变质作用的叠加，与绿泥石带一样不能确定，后者的温度也不能确定，它们的划分是根据该地区岩石构造、矿物组合及矿物成分综合而来的。同一岩石中同种矿物计算的温度和压力的差异及同一岩石中不同矿物计算的温度和压力的差异反映了该地区变质作用的多次叠加。由多硅白云母推出的压力,反映该地区可能存在高压低温变质带。

测区其他地点接触变质岩有着不同矿物组合的分带,如萨加县荣乡的绿泥石带分为红柱石亚带和石榴石亚带,带中特征矿物颗粒较大,见图4-67和图4-68,其他各带矿物组合与麻布加各带矿物组合相近。

图4-67 萨加县荣乡红柱石亚带中

图4-68 萨加县荣乡石榴石亚带中石榴石

第六节 高喜马拉雅与拉轨岗日基底变质岩变质演化

一、五台旋回

变质时间应在古元古代(或新太古代),由于后期变质事件的多次叠加,该期的变质记录已保存很少,据以下两个事实可证实有五台期变质事件的存在。

(1) 野外证据表明,在扎西惹嘎岩组固结发生褶皱变质之前,马卡鲁杂岩的表壳岩系已经历过一次较强烈的混合岩化变质事件,在定结县日屋一带表现明显,上部的扎西惹嘎岩组层状特征保存完好,完全未见混合岩化变质,下部的马卡鲁杂岩的表壳岩不仅变形强烈,而且发育有大量的混合岩脉体。这表明五台旋回的变质作用发生在扎西惹嘎岩组之前。

(2) 已经证明马卡鲁杂岩和拉轨岗日杂岩中的花岗质片麻岩的原岩是一套壳源的花岗岩,具有原地—半原地花岗岩的特征,物源是马卡鲁杂岩和拉轨岗日的表壳变质岩,物质成分上可以与典型地区的古元古代钙碱性的花岗质片麻岩对比,在相邻的聂拉木地区,许荣华(1998)曾从花岗质片麻岩中获得2250Ma的锆石U-Pb年龄,高喜马拉雅印度境内的Bandal花岗质片麻岩中,Miller等(1999)获得的锆石U-Pb年龄为1800Ma,本次研究对卡达地区的花岗闪长质片麻岩进行了锆石的SHRIMP法测年(见第五章),所选锆石为透明的长柱状自形晶体,为岩浆锆石,获得年龄值为1900Ma。同时对测区拉轨岗日构造带中的花岗质片麻岩中的锆石用SHRIMP法进行了测年,获得年龄值为2050Ma。由此可见,在古元古代马卡鲁杂岩和拉轨岗日杂岩就经历了一次较强的热事件,在区域混合岩化作用的同时,发生了大规模的深熔作用。其变质温度条件应达到了角闪岩相。

二、晋宁旋回

晋宁旋回的变质记录在测区表现不明显,但以下证据可证明测区存在过晋宁期的热事件:首先是在区域上高喜马拉雅结晶岩系中存在有600～820Ma的变质年龄记录,如Mehte(1975)在图幅邻区获得花岗片麻岩的Rb-Sr全岩等时线年龄581±9Ma;李光岑(1988)在亚东的石榴石黑云母片麻岩中,用单矿物锆石 U-Pb 法,测得年龄值 718±158Ma,在尼泊尔的纳瓦科特推覆体的白云石英岩中,用白云母法测得年龄值为 739±2Ma;在北喜马拉雅玛纳理—查里帕地区的云母片岩中获年龄值 730±20Ma;在印度锡金邦的查尔群中获年龄 819±80Ma;这些年龄应该是记录的晋宁期变质年龄。第二个方面的证据是,在测区新发现了晋宁期的花岗岩体,尽管目前还未获得岩体形成的同位素年龄,但地质证据和变形特征分析表明,其形成时间应在马卡鲁花岗质片麻岩之后和喜马拉雅期淡色花岗岩侵位之前。第三个方面的证据是,测区 HHC 中明显可识别出三期混合岩化的长英质脉体,不同期的脉体在成因和变形特征上存在明显的差异。综合分析这些证据,可以初步确定测区有过晋宁期的变质事件,该期变质事件主要表现为区域性的角闪岩相变质和混合岩化作用,扎西惹嘎岩组固结,其热事件还导致了地壳的深熔作用,形成了晋宁期花岗岩。

三、喜马拉雅旋回

喜马拉雅旋回的变质记录保存完好,可分为 3 个变质事件。

(一)早期与陆内碰撞有关的变质事件(M3)

该变质事件以高压麻粒岩相变质的残余为代表,据区域上高压变质的时间分析,其时间可能为 40～60Ma,现存的矿物组合为石榴石+单斜辉石+金红石+石英,其中石榴石富 Pyr 和 Gro 分子,单斜辉石富 Al_2O_3,表明是高压变质的产物。本文用 Powell(1985)的石榴石-单斜辉石温度计计算得到的温度为 899～984℃,由于退变质形成的二辉麻粒岩的最高压力达 1.21GPa,因此推测该期变质事件的压力应大于 1.21 GPa,Lombardo 和 Franco(2000)认为该矿物组合可能是榴辉岩退变质的残余,其最小压力应不低于 12～14kb。初步认为该期变质事件与碰撞造山导致的地壳加厚有关。据高压麻粒岩的锆石 SHRIMP U-Pb 法测年,获得表面年龄 21Ma,与该期麻粒岩相变质相伴的是形成区域性的东西向挤压性的构造面理和向北逆冲的东西向糜棱岩带。值得指出的是,在西构造结印度和巴基斯坦境内发现的与碰撞有关的榴辉岩的形成年龄为 39～48Ma,压力达 23～24kb,但温度明显低于本区的高压麻粒岩,仅为 580～600℃。这表明在高喜马拉雅带中段,无论是在陆-陆碰撞时间上还是在碰撞方式上,都可能与西构造结存在差异。

(二)喜马拉雅晚期与隆升有关的麻粒岩相-角闪岩相退变质事件(M4)

高喜马拉雅结晶岩系中的一些退变质作用主要属于该期,该期变质作用实际上是一次近绝热降压的连续的退变质反应过程。在镁铁质变质岩中,早期高压变质形成的石榴石辉石岩首先转变为成分变化较大的低 Al_2O_3,单斜辉石+斜方辉石+斜长石的麻粒岩相组合,随后转变为角闪石+斜长石+石英±黑云母的角闪岩相组合,中期麻粒岩相变质阶段的代表矿物组合为石榴石(边缘)+斜方辉石+单斜辉石(低铝)+斜长石,本文用 Powell(1985)的石榴石-单斜辉石温度计和 Niekl(1985)的二辉石温度计进行了温度计算,样品 0312 的 Ga-Cpx 温度计算结果为 855～884℃,二辉石温度计算结果为 739～766℃,样品 278-4 两种温度计计算的结果分别为 937～993℃和 928～955℃。岩相学特征显示,在麻粒岩相阶段存在 Ga+Cpx+Q→Opx+Pl 的反应,其压力可用 Paria(1988)的石榴石(边缘)-斜方辉石-单斜辉石(低铝)-斜长石压力计计算,获得样品 0312 的压力为 0.80～0.96GPa,样品 278-4 压力为 0.90～1.21GPa。另外,在中酸性变质岩中局部发现有紫苏辉石+斜长石+黑云母+石英和石榴石+矽线石+斜长石+钾长石的中压麻粒岩组合并发现石榴石转变为堇青石的降压反应。显然该期变质事件主要与喜马拉雅的降压隆升作用有关,与该变质有关的是形成北东向的伸展成因的韧性剪切带,局部的混合岩化作用,并伴有基底降压熔融形成的喜马拉雅期淡色花岗岩。

(三)喜马拉雅晚期的钠长绿帘角岩相—角闪角岩相的接触变质作用

在拉轨岗日变质杂岩周围表现较明显,据野外调查和室内薄片分析,拉轨岗日周边的接触变质岩由外向内可分为 3 个矿物相带。

1. 绿泥石(红柱石)带

绿泥石(红柱石)带代表矿物组合为绿泥石＋绢云母＋石英,带宽 1～3km。代表岩石为吕村组的绿泥绢云千枚岩、红柱石绢云千枚岩、石榴石绢云千枚岩、千枚状绿泥石二云片岩、千枚状绿泥石二云石英片岩,与区域变质的吕村组千枚岩、千枚状板岩成渐变过渡关系。

2. 黑云母带

黑云母带代表性的矿物组合为黑云母＋白云母＋方解石,在少岗组的大理岩中,其矿物组合为绿帘石＋方解石＋石英。代表性的岩石为二云片岩、绿帘石岩和绿帘石大理岩。该带宽 0.5～1.5km。

3. 石榴石带

石榴石带代表性的矿物组合为石榴石＋黑云母＋白云母＋石英＋斜长石±钾长石,岩性为石榴石黑云母片岩、石榴石二云片岩、石榴石二云斜长片麻岩(变粒岩),带宽 1～3km。

接触变质带的出现表明基底与拆离盖层的相对位置已基本保持稳定,由盖层拆离所体现的基底隆升作用已基本结束。

第五章 地质构造及构造演化史

第一节 构造背景

一、区域构造背景

测区位于青藏高原南部喜马拉雅造山带中段(图5-1),构造典型,变形强烈,地层齐全,岩浆岩发育,盆山结构清楚,构造演化复杂,晚新生代构造隆升十分显著。

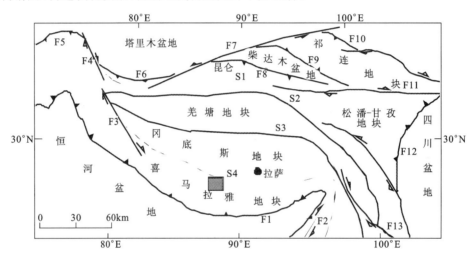

图 5-1 测区地质构造背景示意图

S1.南昆仑缝合带;S2.拉竹龙-金沙江缝合带;S3.班公湖-怒江缝合带;S4.雅鲁藏布江缝合带;F1.主边缘逆冲断层;
F2. Sagaing-Mingun 走滑断层;F3.喀喇昆仑走滑断层;F4.西昆仑走滑断层;F5.帕米尔逆冲断层;
F6.西昆仑北缘逆冲断层;F7.阿尔金走滑断层;F8.柴南缘逆冲断层;F9.柴北缘逆冲断层;
F10.祁连山逆冲断层;F11.东昆仑走滑断层;F12.龙门山逆冲断层;F13.鲜水河-红河走滑断层

测区北部与雅鲁藏布江蛇绿岩混杂岩带相接,主体在喜马拉雅造山带核部和北翼。因此它与青藏特提斯构造域的构造演化和青藏高原的整体隆升密切相关。

青藏高原具有清晰的三阶段构造演化过程(李德威,2008)。基底形成阶段可能与古元古代哥伦比亚超大陆和中—新元古代罗迪尼亚的裂解与聚合有关。青藏特提斯构造域演化阶段可分为原特提斯消减与古特提斯扩张、古特提斯消减与中特提斯扩张、中特提斯消减与新特提斯扩张、新特提斯消减与现代特提斯(印度洋)扩张的同步有序演化序列。

青藏高原板内构造演化经历了 180~7Ma 以迁移式构造隆升、水平运动、地质作用为特征的板内造山阶段和 3.6Ma 以来以脉动式快速隆升、垂直运动、地理作用为特征的均衡成山阶段(Li,2010)。综合前人资料和我们的研究成果,青藏高原板内隆升过程可概括如下(图5-2):青藏高原板内造山时空分布规律显示 180~120Ma→65~30Ma→23~7Ma 自青藏高原北部→青藏高原中部→青藏高原南部的有序演变,表现为广泛的板内构造变形、块体运动、岩浆活动和金属成矿,板内造山与同步的板内成盆是下地壳热融化溢出管流岩浆的高密度热流物质在重力作用下顺层流动引起的地壳分层作用和盆山作用(李德威,1993,1995,2003a),这一大陆动力学过程受控于更南侧同步向南迁移的特提斯洋陆转换过程中俯冲板块上盘地幔底辟引起盆地莫霍面上弯及下地壳热软化物质侧向流动,与板块碰撞无关,而与相邻的盆地有关。青藏高原北部祁连山、阿尔金山、昆仑山燕山期的构造隆升与相邻的酒泉盆地、塔里木盆地、柴达木盆地的断陷和沉降同步,柴达木盆地构造-沉积组合较好地反映了从裂陷至沉陷再到压陷的板内盆地演化规律(李德威,2003b;李德威等,2008)。始新世青藏高原中部发育的板内盆山体系叠加和改造了古-中特提斯构造,唐古拉山强烈隆升,相关的陆相沉积盆地沉降。例如:理塘热鲁一带始新世红色陆相碎屑沉积盆地叠加在古特提斯构造之上;贡觉盆地、伦坡拉等盆地叠加在中特提斯构造之上。伦坡拉盆地主要受高角度正断层控制,发育约4000m厚的古近系陆相碎屑岩,由始新统牛堡组和渐新统丁青湖组组成,后期北缘边界断层反转逆冲。青藏高原南部喜马拉雅和冈底斯的板内造山主要发生在23～7Ma,与恒河盆地的形成和演化密切相关(李德威等,2008)。

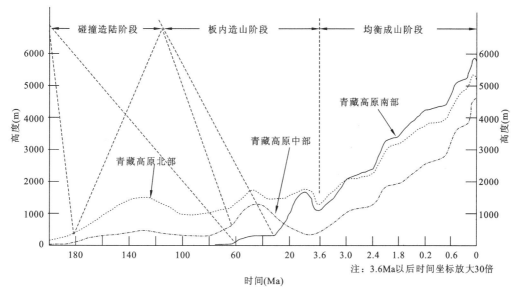

图 5-2　青藏高原分区块、分阶段隆升曲线示意图
(据 Li,2010)

青藏高原真正形成于3.6Ma以来构造地貌阶段的均衡成山作用,以地壳尺度的垂直运动及其青藏高原整体快速隆升、周边盆地边缘拗陷带均衡沉降、地貌及环境巨变为特征。青藏高原整体快速隆升在周边沉积盆地的边缘拗陷带出现相应的记录,塔里木盆地南缘拗陷带、四川盆地西部拗陷带、喜马拉雅南侧锡瓦利克拗陷带以及临夏盆地、贵德盆地、酒西盆地、柴达木盆地普遍发育3.6Ma左右的盆山转换型磨拉石建造,与下伏地层呈角度不整合接触,向山体方向延伸。青藏高原3.6Ma整体隆升之后,相继发生2.5Ma、1.8～1.2Ma、0.8Ma、0.15Ma等一系列脉动式成山作用,通过地壳物质的重力均衡调整,将相对独立的喜马拉雅、冈底斯、唐古拉山、龙门山、昆仑山、祁连山、阿尔金山组成一个完整的复合造山带,形成具有青藏高原统一山根的地壳透镜体(Li,2010)。青藏高原整体快速成山与周边盆地同步沉降造成中国西部地貌、水系、生态、环境和气候的巨大变化。

二、深部构造背景

直接涉及测区的地球物理探测只有较早完成的卫星重磁测量和近年来由航空物探遥感中心完成的青藏高原中西部1:100万航磁调查。此外测区东部亚东—江孜一带作了大量地球物理工作,对位于同一个构造带的测区来说有借鉴作用。

(一)重力场特征

地球重力场包含了地球内部所有物质的综合信息,能够宏观反映岩石圈构造及其物质分布的不均匀性。

1. 布格重力异常

经过纬度、高度和中间层改正后获得的布格重力异常排除了地球正常椭球体的引力,消除了大地水准面与观测点之间的物质影响,基本上能够反映岩石圈内部由岩石密度差异造成的不均匀地质体。

区域重力场的变化可以反映莫霍面的总体形态。青藏高原1°×1°布格重力异常图清楚地显示青藏高原腹部存在一个巨大、完整、宽缓、封闭的负异常,说明有大量的地壳低密度物质存在,地壳厚度大。重力梯度带位于青藏高原与周边盆地的过渡带(图5-3)。喜马拉雅位于这个"重力盆地"南缘梯度带,重力值变化大,指示喜马拉雅处于莫霍面斜坡带,地壳厚度变化较大,由南向北地壳增厚。

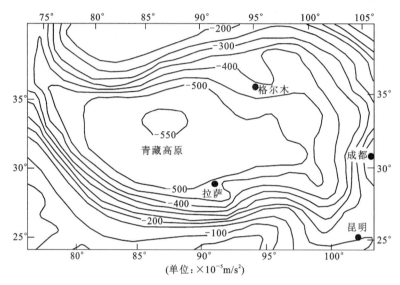

图 5-3 青藏高原1°×1°布格重力异常图
(据杨华等,1987)

2. 均衡异常

经过正常场、高度及均衡改正后获得的均衡异常动态地反映了由于地壳运动产生的对静力平衡的偏离,能够提供新构造运动的信息。

青藏高原及邻区1°×1°均衡异常图(图5-4)清楚地反映青藏高原腹部地区均衡异常不明显,为$(-20\sim20)\times10^{-5}\mathrm{m/s^2}$的低缓值,说明青藏高原内部基本处于均衡状态。而青藏高原南北两侧造山带存在正均衡异常,是质量过剩的构造隆升带,其中喜马拉雅造山带明显缺失山根,晚新生代强烈隆升的喜马拉雅造山带不是位于地壳最厚的地区,而是正好处于向北倾斜的莫霍面斜坡带上。青藏高原周边盆地显示负均衡异常,表现为质量亏损的沉降拗陷带,说明地壳深部可能存在物质流失。

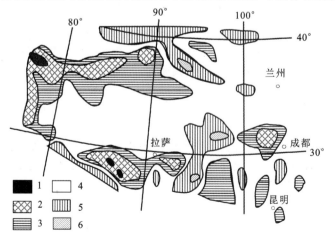

图 5-4 青藏高原1°×1°均衡异常图
(据肖序常等,1988)

1.$>60\times10^{-5}\mathrm{m/s^2}$;2.$60\sim20\times10^{-5}\mathrm{m/s^2}$;3.$(20\sim0)\times10^{-5}\mathrm{m/s^2}$;
4.$(0\sim-30)\times10^{-5}\mathrm{m/s^2}$;5.$(-30\sim-60)\times10^{-5}\mathrm{m/s^2}$;6.$<-60\times10^{-5}\mathrm{m/s^2}$

3. 自由空气异常

经过正常场和高度改正的自由空气异常可以为研究区域构造和物质分布提供重要依据。青藏高原 1°×1°自由空气异常图的整体形态与青藏高原 1°×1°均衡异常图十分相似(图 5-5),羌塘是自由空气低异常区,喜马拉雅造山带和昆仑造山带表现为正自由空气异常。青藏高原 5°×5°自由空气异常(图 5-6)的波长为数百千米,异常源深度大约为 200km,其异常形态正好与青藏高原 1°×1°自由空气异常图相反,喜马拉雅相对于青藏高原中部地区为自由空气低异常区,说明喜马拉雅核部为相对高密度的地壳物质。

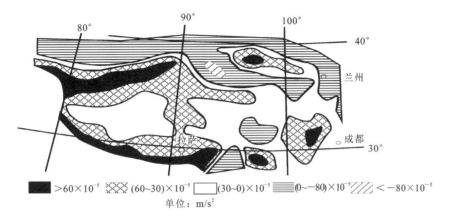

图 5-5 青藏高原 1°×1°自由空气异常图

(据肖序常等,1988)

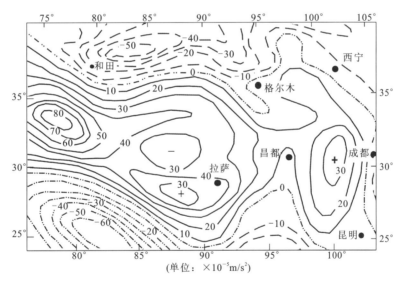

图 5-6 青藏高原 5°×5°自由空气异常图

(据肖序常等,1988)

(二) 磁场特征

卫星磁测资料显示青藏高原主体为巨大的负磁异常,磁场具有明显的分区性(图 5-7)。

青藏高原北部边界地区为近东西向的高磁异常带,西昆仑正磁异常值达 6nT;羌塘地块为低磁场区;冈底斯地块为中磁场区;青藏高原南部的喜马拉雅造山带是负异常带,强度在 -10nT 左右。青藏高原这种磁异常分区现象可能是由于地壳下部温度变化造成的,包括喜马拉雅在内的青藏高原南部为热壳,北部为冷壳,藏南地壳温度较高造成居里面抬升,地壳下部物质受热消磁,导致磁性地壳的厚度减薄,出现强负磁异常。青藏高原北部边缘地壳相对较冷,所以出现高值磁异常。

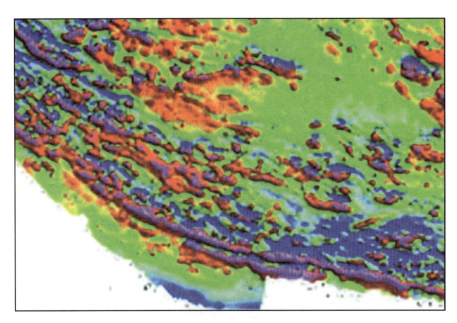

图 5-7 青藏高原南部航磁图
(据熊盛青等,2007)

近年来进行的 1:100 万航磁调查覆盖测区中部和北部。总体而言,喜马拉雅以平静的负磁异常为特征,局部磁异常较少,梯度变化为 5~10nT/km。高喜马拉雅基底变质岩系以及侵入其中的淡色花岗岩为弱磁性或无磁性岩石,异常强度一般在 -70~-30nT。航磁化极分别上延 5km、10km、20km 后显示为磁性降低的负磁异常区。

拉轨岗日带在弱磁场背景下显示出东西向线性延伸的串珠状磁异常带。这类异常幅值一般在 30~60nT,应该是由花岗岩体引起的。

周伏洪等人(2001)根据 1:100 万航磁结果认为雅鲁藏布江存在南北 2 条蛇绿岩带,这一推断性解释尚需用扎实的野外地质事实来检验,从区域地质和构造格局来看,可能有一条磁异常带不是蛇绿岩造成的,而与火山岩或花岗岩的分布有关。

(三) 波速结构

天然地震研究表明,青藏高原地震的断层面解所得主应力轴的方向为 SN 和 NE,主应力轴与水平面的夹角一般均小于 40°,说明青藏高原是在水平挤压的构造背景下形成的。喜马拉雅地震带的断层面遥感解译结果也具有压性特征。

青藏高原地壳平均 P 波速度是 6.2~6.3km/s。地壳内部普遍存在强地震反射带(层),特别是下地壳,具有低 Q 值、低泊松比、低黏度特征,表明地震能量被强烈吸收和衰减,可能与基性成分增多、热活动加剧、韧性剪切变形极强有关。远震 P 波和 S 波出现极大的走时差;天然地震波谱中缺失等震相或震相极不明显。喜马拉雅地壳强反射带与广角地震速度结构分析显示的低速层一致。这些现象反映青藏高原,特别是喜马拉雅存在壳内软层,具有不同程度的高温部分熔融和塑性流变。

INDEPTH 爆炸地震试验表明,青藏高原南部壳内低速层十分发育,高喜马拉雅一般出现两个低速层,上部低速层深度为 15~30km,一般厚 3~7km,P 波速度主要在 5.8~5.9km/s,可能与 MBT、MCT 和 MFT 的汇集和延伸形成 MHT(图 5-8),并发生脆韧性转换有关;另一个分布在下地壳,深度在 50km 左右,厚度较大,P 波速度主要在 7.2~7.4km/s。在北喜马拉雅拗陷带,上地壳出现向北倾的反射带,深度为 6~18km(图 5-9),也可能与基底拆离断层有关。康马穹隆为宽约 25km 的高阻体,在康马岩体底部存在一个低速高导层,可能是一个韧性剪切滑脱带。

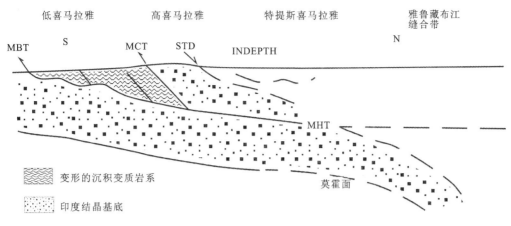

图 5-8 横过喜马拉雅的地震综合解释剖面
(据赵文津等,2001)

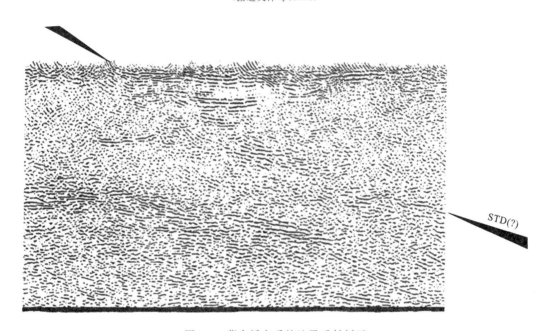

图 5-9 藏南拆离系的地震反射剖面
(据赵文津等,2001)

(四) 电性结构

探测地壳深部电性结构最有效的方法是大地电磁测深,由于它对低阻层的分辨率高,能发现埋藏很深的低阻层,而深部岩石的电性特征是研究深部的物质组成、状态、温度、压力等的重要参数。

1987—1990 年原地质矿产部、中国科学院等单位合作,共同完成了亚东-格尔木地学断面研究(吴功建,1989,1991;郭新峰等,1990)。南起亚东,中经康马、拉萨、羊八井、安多、沱沱河和格尔木,全长 400km。沿断面共作了 29 个大地电磁测深点(图 5-10)。在通过二维反演得到的地电模型上可以看出,本区地壳-上地幔电性结构可以从纵向划分为 5 个电性主层,而横向可以分为 6 个区块,区块之间为断裂所切割(图 5-11)。

大地电磁测深反映具有如下规律。①纵向分层:第一电性层以电性和厚度变化剧烈为特征,是相对低的电阻率;第二电性层具有明显的横向不均匀性,常表现为电阻率大小的相间突变,第一、二电性层相当于上地壳;第三电性层为壳内低阻层;第四电性层为壳幔高阻层,横向变化相对较小,层厚巨大,达 190km;第五电性层为幔内低阻层,推测为岩石圈的底界,最大深度约 210km,两侧逐渐变浅,约为 130km。在雅鲁藏布江附近存在一个软流圈上隆点,其埋藏深度为 100km 左右。②横向分块:青藏高原电性结构横向变化大,构造复杂,断裂发育。可划分出喜马拉雅、冈底斯、羌塘、昆仑、柴达木等多个块体。冈底斯带盖层电阻率和厚度均变化较大,上地壳电阻率相对较小,存在着上、下两个壳内低阻层;在羊八井存在贯穿两个壳内低阻层的垂直电性异常带;上地幔低阻层明显上隆,形成了本剖面岩石圈最薄的态势,厚度仅110km左右,在雅鲁藏布江附近有贯穿整个岩石圈的垂直分界面显示。喜马拉雅造山带盖层电阻率较高,有一近连续分布壳内低阻层,地幔高阻层电阻率明显增高。③低阻层分布:从喜马拉雅向冈底斯方向,壳内低阻层向北倾斜。在定量的地电模型上,低阻层似乎被断裂切割和错动。在定性的深度-视电阻率断面图上则表现为等值线密集的直立梯度带。

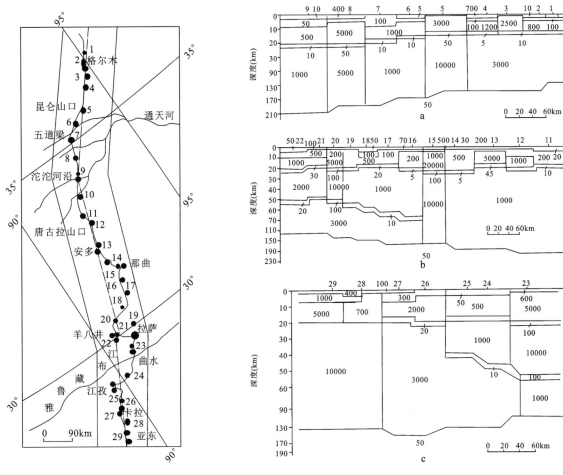

图5-10 亚东-格尔木MT点位布置图
(据郭新峰等,1990)

图5-11 亚东-格尔木大地电磁成果解释图
(据郭新峰等,1990)

(五)地壳结构及莫霍面形态

青藏高原岩石圈存在"厚壳薄幔"结构,高原内部莫霍面埋深大多在80~100km之间,而岩石圈厚度一般为100~200km。青藏高原尽管具有双倍于正常地壳的厚度,但是并不存在双地壳结构,也就是说青藏高原地壳是分层增厚的,最大地壳厚度出现在青藏高原中央腹部,近80km,而青藏高原周边隆升最高喜马拉雅造山带地壳厚度只有50~70km,因而青藏高原存在巨大的壳根,而喜马拉雅造山带则缺失山根。

地壳厚度从锡瓦利克拗陷带的35~40km急剧上升到喜马拉雅的70km左右,同时还伴随着喜马拉雅造山带的强烈剥蚀和揭顶,以及锡瓦利克盆地的快速充填和沉积,说明在地壳深部应该存在黏塑性物质的横向迁移。

第二节 构造单元

一、构造单元划分原则与基本方案

(一) 前人认识与最新动向

大陆造山带具有一定的结构体系和组成部分,但是由于受造山带本身的复杂性、地学理论和人们认识水平的限制,不同时期对某一构造区带的构造单元划分方案存在显著的差异。测区内前人所作工作不多,但是包含测区在内的喜马拉雅却备受国内外地学工作者的关注。主要有如下认识。

(1) 地质力学——歹字型构造体系。按中国地质科学院于1975年主编的《1:400万中华人民共和国构造体系图》,测区处于青藏歹字型构造体系与帕米尔-喜马拉雅歹字型构造体系的斜接复合部位。

(2) 槽台学说——喜马拉雅褶皱系。根据黄汲清(1987)关于中国大地构造单元的划分方案,测区属于特提斯-喜马拉雅构造域喜马拉雅褶皱带,以地槽褶皱回返和复背斜为特征。

(3) 板块学说——印度板块。大多数学者将喜马拉雅作为印度板块的一部分,但其北部边界则分歧很大,不同学者分别将雅鲁藏布江、班公湖-怒江、双湖-澜沧江、拉竹龙-金沙江、昆仑等蛇绿岩带作为印度板块与欧亚板块的缝合带。马文璞(1992)则将槽台学说与板块学说相结合,认为喜马拉雅是印度地台北部大陆边缘,进一步划分为低喜马拉雅震旦纪—古生代浅变质岩带、高喜马拉雅前寒武系结晶岩带和喜马拉雅北坡古生代浅海沉积带。

(4) 地体学说——喜马拉雅地体。少数学者将喜马拉雅作为外来地块,与羌塘、冈底斯等一起作为地体。

(5) 后板块阶段——多样化。板块构造其后的发展有两种趋势:一是从板块构造学说出发进行修正,如《西藏自治区区域地质志》(1993)采用喜马拉雅板片一词,进一步分为小(低)喜马拉雅中陆壳片和大喜马拉雅陆棚壳片,后者再划分为高喜马拉雅基底集成(次)壳片和北喜马拉雅盖层滑脱(次)壳片;二是按大陆动力学的思路重新认识青藏高原及喜马拉雅的构造单元,大陆基本构造单元是造山带和沉积盆地(李德威,1993),大陆一般经历前寒武基底构造演化阶段、板块体制下洋陆构造演化阶段和板内盆山构造演化阶段(李德威,1995,2008),大陆地区必须按动态的观念分阶段划分构造单元。喜马拉雅不是经典的碰撞造山带,而是板(陆)内造山带。这正是当代地学研究的前沿领域。

(二) 动态构造单元划分的基本原则

1. 强调青藏高原构造演化的阶段性

大量的地质和地球物理资料表明,青藏高原现今构造格局是经过不同构造阶段由不同构造作用逐步演化而成的。青藏特提斯洋盆的裂解是造洋过程,从古生代到中生代至新生代青藏特提斯构造域中原特提斯、古特提斯、中特提斯和新特提斯有从北向南逐渐迁移的演化规律。一般认为特提斯洋盆的闭合及板块碰撞是碰撞造山作用,实际上这个洋陆转换过程应当是造陆作用(李德威,1995,2004,2008),表现为昆仑、羌塘、松潘-甘孜、冈底斯、喜马拉雅等微板块(陆块)先后拼贴成镶嵌结构、蛇绿岩和有关的海相沉积地层强烈挤压变形、地壳及岩石圈由过薄状态恢复到正常厚度。青藏特提斯构造演化阶段的构造格局总体上是近东西走向的条带,由长条形微板(陆)块和线性缝合带组成。其大地构造单元由岩石圈尺度的离合断裂系统来划分。

青藏高原的整体隆升是在青藏特提斯洋陆转换的基础上进行的板内构造过程,形成一个似盆状结构体系和地貌形态,并与周缘沉积盆地同步发展。在青藏高原隆升过程中特提斯构造格局受到强烈改造,青藏高原的大地构造单元应该由地壳尺度的隆升断裂系统来划分。

2. 从大陆基本构造单元——盆山体系入手

板块构造学说在阐述大陆地质问题时,割裂了盆地与造山带的内在联系。大陆的基本构造单元是造山带和沉积盆地,大陆造山带与沉积盆地相伴而生、共同发展,二者在空间上相互依存,物质上相互转换,构造上相互作用,与大陆岩石圈的解体及其分层耦合密切相关,板内盆山作用、圈层耦合是大陆动力学的核心(李德威,1993、1995、2003a、2004、2006、2008;李德威等,2008)。

青藏高原及其周缘造山带的隆升与周边沉积盆地的耦合作用是在青藏特提斯构造域洋陆转换这一岩石圈动力学过程基础上进行的。巨大的青藏高原可以看作是由多阶段构造演化形成的具有多体多山多层结构的造山复合体,这个造山复合体并不是沿近东西向展布的蛇绿岩带呈线形分布,它整体显示完整独立的结构,但其内部结构极不均一,不同阶段、不同类型、不同性质、不同尺度的地质体组合在一起。与青藏高原形成有关的构造形迹占主导地位,表现为青藏高原周缘造山带与周边盆地协调分布,盆山过渡带发育倾向腹陆式叠瓦状逆冲断层系。

青藏高原盆山结构叠加和改造了多块体镶嵌结构,因此不能用缝合带作为构造边界划分青藏高原的大地构造单元,它只能作为青藏特提斯构造域的大地构造单元划分标志。

(三) 青藏高原构造单元划分

1. 青藏高原的一级构造单元划分

青藏高原作为一个复合造山带,不仅具有整体完整性,而且显示内部不均一性和与周边盆地的密切相关性。从盆山作用及其隆升构造出发,初步设想将青藏高原及邻区的盆山原体系划分为4个部分(图5-12):①原中央,即青藏高原腹部的羌塘地区,以地势较平坦、地壳巨厚为特征;②原内带,由冈底斯、松潘-甘孜、巴颜喀拉、可可西里组成,是原中央与青藏高原周缘造山带(原缘山)的过渡带;③原缘山,指喜马拉雅、龙门山、东昆仑、西昆仑等造山带,地势高,但地壳并不是最厚;④原外盆,包括环绕青藏高原的锡瓦里克、川西、柴达木、塔里木等前陆盆地,它们地势低,充填快,地壳薄(李德威,2003b)。

青藏高原可划分出南部、东部和北部3个盆山原体系,相邻盆山原之间以横断山、东昆仑-西秦岭、帕米尔3个转换带相连。

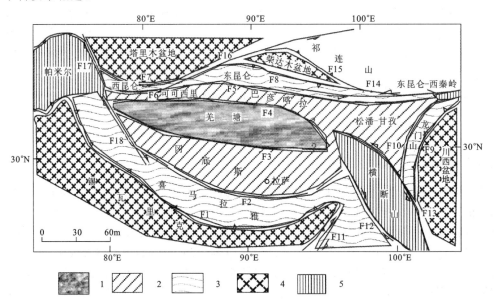

图5-12 青藏高原及邻区构造单元略图

1.原中央;2.原内带;3.原缘山;4.原外盆;5.转换带

F1.MBT;F2.札达-拉孜-邛多江断裂;F3.羌塘南缘断裂;F4.羌塘北缘断裂;F5.布青山-阿尼玛卿南缘断裂;
F6.郭扎错-若拉岗日-得雨错-岗扎日断裂;F7.塔里木南缘逆冲断层;F8.柴南缘断裂;F9.龙门山山前逆冲断层;
F10.青川-茂县断裂;F11.Sagaing-Mingun走滑断层;F12.红河走滑断层;F13.鲜水河走滑断层;F14.东昆仑走滑断层;
F15.柴北缘走滑断层;F16.阿尔金走滑断层;F17.喀喇昆仑走滑断层北段;F18.喀喇昆仑走滑断层

2. 盆山原构造边界及其转换带

青藏高原南部盆山原结构清晰,构造地貌差异十分显著。喜马拉雅造山带与锡瓦利克前陆盆地之间由 MCT、MBT 和 MFT 组成结构典型的逆冲断层系统,呈叠瓦状倾向腹陆式产出,以前展式方式扩展。MBT 是盆山主边界断层。

原内带南部的冈底斯与其南缘喜马拉雅之间的边界断层可能是位于拉轨岗日构造带北侧的札达-拉孜-邛多江断裂带。该断层具早期挤压逆冲和晚期伸展拆离的特点,局部还兼有平移断层性质。

青藏高原东部盆山原体系具有与其南部盆山原体系相似的几何结构和地质特征。龙门山与川西盆地之间的逆冲推覆构造十分发育,主要有北川-映秀-小关子断层和广元-彭县-灌县-双石逆冲断层,山前还有隐伏的逆冲断层。初步将后者作为盆山主边界断层。

青藏高原北部盆山原结构较复杂,阿尔金构造带将其分为两个次级的盆山原系统——西部的塔里木盆地-西昆仑造山带-可可西里组合和东部的柴达木盆地-东昆仑造山带-巴颜喀拉组合。

西昆仑与塔里木盆地之间为叠瓦状逆冲断层系,主要断层自北而南为杜瓦-阿卡孜断裂、奥依塔格-他龙-库尔浪断裂和盖孜-康西瓦-布伦口断裂,基底变质岩上下两侧分别显示伸展拆离和叠瓦状逆冲的特点,组成楔状挤出构造。杜瓦-阿卡孜断裂将元古宇埃连卡特岩群大理岩和石炭系灰岩逆冲到白垩系—古近系红层之上,可能是主边界断层。

西昆仑造山带与可可西里盆地的构造边界是盆山之间的高角度正断层,具有左行走滑性质,地震活动频繁。断层北侧昆仑造山带构造隆升作用强,变质作用较深,出露下地壳深变质岩,岩浆活动强烈,燕山期构造成矿作用明显;断层南侧地层较简单,发育古近纪的陆相沉积地层,中新世高钾埃达克质火山岩分布较广泛。

关于青藏高原东北缘的边界,目前仍有争议,主要有两种意见:其一认为北祁连北缘断裂;其二为柴达木南缘断裂,均为向盆逆冲的逆冲推覆构造。考虑柴达木盆地与青藏高原周边其他盆地的结构不同,而且祁连山与青藏高原整体隆升有关,因此,青藏高原东北部边界应当是北祁连逆冲断层系。

青藏高原东北部原缘山与原内带的分界线可能是布青山-阿尼玛卿南缘断裂,它分割了东昆仑与巴颜喀拉。该断层晚新生代以来至少存在两次明显的活动,早期向南逆冲推覆于巴颜喀拉山浊积盆地及新近系贵德群之上;晚期表现为正断式反滑,具伸展构造性质。

位于原中央的羌塘南北两侧的边界在其中段似乎与两侧的蛇绿岩带一致,晚新生代构造以裂陷盆地和继承性断裂为特征,叠加在蛇绿混杂带之上。其东西两侧如何延伸,有待进一步研究。

青藏高原三个盆山原体系之间的转换带——横断山、东昆仑-西秦岭和帕米尔构造结既是盆山原系的一级重大构造边界,又是具有挤压和走滑特征的线形山系,普遍发育与青藏高原隆升基本同步的大型走滑断层,在盆山转换带呈共轭型式分布,对青藏高原盆山耦合起调节作用。

二、测区构造单元划分方案

我们的区域地质调查研究表明,喜马拉雅造山带记录了不同地质时期的构造形迹和物质成分,基底形成、特提斯演化和喜马拉雅隆升显示出截然不同的构造面貌。在测区构造单元划分问题上,我们采取以下原则:一是以主期构造变形所产生的构造格局为基础,在测区喜马拉雅期构造作用强烈,构造形迹保存完好,是划分该区构造单元的主要依据;二是同一级别的构造单元的边界构造是同期形成,并且具有相同的构造性质。据此,测区构造单元划分如下(表 5-1,图 3-1)。

表 5-1 测区构造单元划分

一级	二级	三级
雅鲁藏布江蛇绿混杂带	拉孜-萨迦褶冲带	
		萨迦逆冲断层
喜马拉雅造山带	拉轨岗日热隆伸展带	
		定日-岗马逆冲断层
	大喜马拉雅构造带	北喜马拉雅拗陷带
		藏南拆离系主干断层
		高喜马拉雅隆起带

三、构造单元的基本特征

测区主体位于喜马拉雅造山带中段的北侧,雅鲁藏布江蛇绿混杂带的地层在测区分布极为有限。测区总体构造轮廓是中央的北喜马拉雅定日-岗巴拗陷带被北部的拉轨岗日和南部的高喜马拉雅两个隆起带所夹持(图5-13),类似于青藏高原内部次一级的盆山结构,晚新生代的变形以伸展构造为特征。

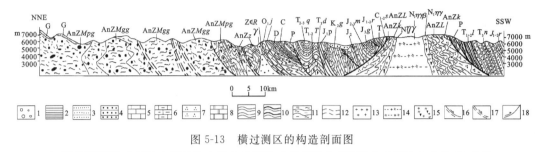

图5-13 横过测区的构造剖面图

1.第四纪沉积物;2.页岩;3.粉砂岩;4.砂岩;5.灰岩;6.泥灰岩;7.石英岩;8.大理岩;9.片岩;10.板岩;
11.片麻岩;12.千枚岩;13.淡色花岗岩;14.片麻状黑云二长花岗岩;15.二云二长花岗岩;16.拆离断层;
17.韧性剪切带;18.逆冲断层(地层代号说明详见第二章)

(一)雅鲁藏布江蛇绿混杂带

雅鲁藏布江蛇绿混杂带近东西向展布于冈底斯与喜马拉雅之间,长度达千余千米,不同程度地发育蛇绿岩带、混杂岩带和高压变质带。雅鲁藏布江蛇绿岩带规模大、出露较完整、变形强烈、含矿性好,这套蛇绿岩序列自上而下由放射虫硅质岩、枕状熔岩、席状岩床(墙)、堆晶岩和变质橄榄岩组成。蛇绿岩的主体部分是强烈变形的透镜状、扁豆状、长条状变质橄榄岩岩体。蛇绿岩经历了地幔韧性剪切、挤压透镜体化和脆性断层改造,呈现复杂的变形面貌,蛇绿岩边界及其内部主要岩性界面之间均为逆冲断层接触。中侏罗世—白垩纪特提斯海相地层中伴生大量的玄武岩、细碧岩、安山岩。蛇绿岩中段南侧江孜至昂仁一带广泛出露混杂岩和高压变质带,呈窄带状分布。混杂岩的基质一般为蛇纹石化岩石和泥砂质岩类,不同时代的外来岩块成分复杂。高压低温变质带自北而南可划分为含蓝闪石类或黑硬绿泥石的蓝片岩带和含硬绿泥石的绿片岩带,具有压力降低、温度升高的趋势。

该带在测区出露极少,仅见于图幅北部萨迦县城北,没有出现蛇绿岩组合,为朗杰学群一套浅海-陆棚沉积,主要是板岩、千枚岩夹长石石英砂岩、灰岩,砂岩和灰岩常呈透镜体状产出。

(二)拉轨岗日热隆伸展带

拉轨岗日山系又称为藏南低分水岭,该构造带东西长约200km,宽约50km,地势高,地形起伏大,平均海拔高度约5000m,最高峰海拔高度为6457m。由于受自然地理条件限制,至今为止直接在拉轨岗日带进行的地质调查和科学研究极少,只有1:100万日喀则-亚东幅区域地质调查和笔者早先所作的路线地质调查,因而对该区的地质认识近于空白。

根据我们进行的区域地质调查,拉轨岗日构造带作为喜马拉雅造山带的一个重要组成部分,不仅处于独特的构造位置,而且具有特定的构造地貌和结构型式,表现为在变形变质十分强烈的核部杂岩中发育花岗岩体的短轴状热穹隆体系,组成的链状隆起带,这种短轴状"热穹隆"实际上是具有伸展构造性质的变质核杂岩。

拉轨岗日变质核杂岩带由阿马、总布容和普弄抗日3个平面上呈穹状、短轴状的变质核杂岩组成,不同程度地被后期NNE向左行平移断层切割,较好地剥露出中、上地壳的天然剖面,显示典型的三层结构型式:①代表中下地壳的拉轨岗日变质杂岩组成变质核,有大量的淡色花岗岩侵入其中;②围绕变质核顺"层"分布的多层次拆离断层,具有韧脆性转换特征,基底主干拆离断层具有顺"层"发育特征;

③具有弱变质和轻微变质的上古生界和中生界盖层。

(三) 大喜马拉雅构造带

大喜马拉雅构造带由高喜马拉雅隆起带和北喜马拉雅拗陷带组成。高喜马拉雅隆起带基底变质岩系与北喜马拉雅拗陷带古生代沉积盖层之间以大规模的拆离断层接触。

1. 高喜马拉雅隆起带

高喜马拉雅隆起带呈东西向分布,在测区中西部叠加近 SN 向的日玛那穹状隆伸构造,发育与之配套的正断式韧性剪切带和高角度正断层。高喜马拉雅隆起带核部为马卡鲁杂岩,由大量正片麻岩和少量副片麻岩及表壳岩系和极少量镁铁质、超镁铁质变质岩组成,内部发育不同类型的韧性剪切带,是喜马拉雅变质核杂岩的核心部分,喜马拉雅变质核杂岩是目前已发现的世界上最大的变质核杂岩,在核部杂岩中出现大量片麻状花岗岩和壳源 S 型二云母花岗岩(淡色花岗岩)。在马卡鲁杂岩构成的基底结晶岩系之上是以扎西惹嘎岩组为代表的褶皱基底,为一套大理岩、石英岩和片岩组合,发育强烈的流变褶皱,具相似褶皱和顶厚褶皱特征。

2. 北喜马拉雅拗陷带

北喜马拉雅拗陷带由两部分沉积物组成:一是在古大陆边缘和特提斯形成过程中沉积的海相地层;二是在喜马拉雅晚新生代构造隆升过程中从高喜马拉雅和拉轨岗日两个隆起带剥蚀而来的近源碎屑沉积。从而出现晚新生代陆相沉积盆地叠加在先期形成的海相沉积盆地之上的构造局面。

在北喜马拉雅拗陷带南侧,受高喜马拉雅变质核杂岩及藏南拆离系伸展作用的影响,古生代陆棚-台地型沉积地层基本上较稳定地向北倾斜,沿着重大岩性界面发育多条顺层拆离断层,导致古生代地层不同程度地构造减薄或局部构造缺失,特别是下古生界表现突出,如红山头组常常缺失。而在北喜马拉雅拗陷带北部出露的中生代海相沉积地层,仍保留早期与新特提斯闭合有关的压扁褶皱和逆冲断层。

北喜马拉雅拗陷带中第四系沉积物分布较广,主要是湖相沉积,出现大量的湖积阶地,分布规律明显,向高喜马拉雅方向抬高,现代湖盆向拗陷带中心萎缩,湖盆迁移反映了盆山耦合作用。除湖积物外,还有冲积物、洪积物、冰川堆积等。

总体而言,测区现今的主控构造是在晚新生代伸展构造体制下形成的喜马拉雅变质核杂岩和拉轨岗日变质核杂岩带,由此构成两个热隆伸展构造带,其间为控制大量第四系分布的拗陷带。这一构造格局形成在多期构造演化的基础上。

第三节 构造边界

构造边界不仅是划分构造单元的基础,而且是认识区域构造格架和构造演化的依据。不同尺度的构造边界与不同级别的构造单元构成有机组合的构造系统。

构造单元和构造边界的级次是相对的。雅鲁藏布江蛇绿岩带作为青藏特提斯构造域的一级构造边界,分割了喜马拉雅和冈底斯 2 个一级构造单元。它们各自可进一步划分出多个二级构造单元。

测区主体位于喜马拉雅造山带中段的北部,以喜马拉雅造山带作为一级构造,从 1:25 万区域地质调查尺度出发,测区的一级构造边界是萨迦北侧的棍打吓-帕这狼-尼日啊逆冲断层和定日-岗巴逆冲断层;测区的二级构造边界为藏南拆离系主干断层,测区东部称为古玛-雅那达-边日莫波拆离断层,定结以西为萨迦北侧的棍打吓-帕这狼-尼日啊逆冲断层、雄布-定嘎-雅色颇拆离断层(图 5-14)。

图 5-14 定结县幅构造纲要略图

1.第四系；2.第三系；3.白垩系；4.侏罗系；5.三叠系；6.二叠系；7.石炭系；8.泥盆系；9.志留系；10.奥陶系；11.肉切村群；12.前震旦系；13.拉轨岗日杂岩；14.扎西惹嘎岩组；15.抗青大岩组；16.马卡鲁杂岩；17.正断层；18.逆断层；19.拆离断层；20.韧性剪切带；21.平移断层；22.逆冲断层；23.性质不明断层；24.推测断层；25.背斜；26.向斜；27.超铁镁质岩；28.花岗岩

一、测区一级构造边界

（一）棍打吓-帕这狼-尼日啊逆冲断层

棍打吓-帕这狼-尼日啊逆冲断层是区域上札达-拉孜-邛多江逆冲断层的一小部分。札达-拉孜-邛多江逆冲断层在区域上近东西向分布，向北缓倾，长约1000km，遥感图像上线形影像构特征十分清晰，构成雅鲁藏布江蛇绿混杂带的南界。

在测区内的棍打吓-帕这狼-尼日啊逆冲断层长近20km，总体上近东西向展布，呈向南凸出的弧形。断层面向北低角度倾斜，上盘为雅鲁藏布江地层分区的朗杰学群（T_3L），为一套板岩、千枚岩夹透镜状长石石英砂岩和灰岩，断层下盘为拉轨岗日分区维美组（J_3w）石英砂岩和页岩、灰岩。朗杰学群逆冲到维美组之上。

该断层岩石脆性变形强,发育断层角砾岩和碎裂岩,常形成宽数十米的断裂破碎带,其内发育石英脉。

(二)定日-岗巴逆冲断层

定日-岗巴逆冲断层是吉隆-定日-岗巴逆冲断层的主体部分,近东西向横贯测区,构成拉轨岗日热隆伸展带与北喜马拉雅拗陷带的边界。

1. 定日-岗巴逆冲断层的结构

沿着定日-岗巴逆冲断层走向,断层两盘地层组成和次级断层发育程度明显不同,以近南北向的高角度正断层为界,在测区内定日-岗巴逆冲断层大致可分为三段。

(1)定日-岗巴逆冲断层西段

该段位于加查-鲁鲁正断层以西。主干逆冲断层分布在定日县城以北,断层面向北以 $30°\sim45°$ 的角度倾斜,上盘加不拉组($K_{1+2}j$)页岩与砂岩逆冲到岗巴群($K_{1-2}G$)之上。上盘推覆体中次级的吉林麻-加错拉逆冲断层造成维美组(J_3w)和陆热组(J_2lu)逆冲到加不拉组之上,在加不拉组之上残存由维美组厚层石英砂岩组成的飞来峰(图 5-15)。根据飞来峰及其后缘逆冲断层判断该次级逆冲断层的位移量至少是 5km,据此推断定日-岗巴逆冲断层的位移量应该远大于 5km。

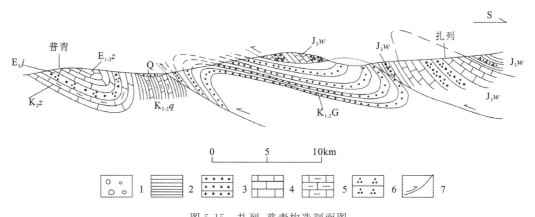

图 5-15 扎列-普青构造剖面图
1.砂砾岩;2.砂岩;3.石英砂岩;4.泥灰岩;5.页岩;6.砂岩;7.逆冲断层

(2)定日-岗巴逆冲断层中段

该段位于加查-鲁鲁正断层和宗格错-定结县正断层之间,近东西向展布,长约 60km。进一步可分为两小段。

在甲布-长所区段定日-岗巴逆冲断层出露好,断层清楚,断裂从拉轨岗日地层分区和北喜马拉雅地层分区的两套侏罗系浅海沉积岩层中通过,断层面向北以 $34°\sim55°$ 的角度倾斜,上盘日当组($J_{1-2}r$)页岩和泥灰岩向南逆冲到古错村组(J_3g)岩屑杂砂岩之上。断层面呈铲式或台阶状,上陡下缓,伴生大量轴面与断面近于平行的牵引褶皱。

由于一方面受拉轨岗日和高喜马拉雅晚新生代形成的伸展构造的改造,另一方面受第四系覆盖的影响,定日-岗巴逆冲断层在长所至查布区段出露较差,仅在勒波切一带可见该断层从拉轨岗日地层分区的中—下三叠统吕村组与北喜马拉雅地层分区的中—上三叠统曲龙共巴组之间通过,东西两侧均被第四系覆盖。

(3)定日-岗巴逆冲断层东段

该段位于宗格错-定结县正断层以东,由近东西向逐渐变为 SEE 向,长约 70km,但是在多不榨以东几乎全部被第四系覆盖,在萨拉岗日至武日一带沿吉龙藏布分布。

断层面向北以 $30°\sim45°$ 的角度倾斜,上盘为拉轨岗日地层分区的上三叠统涅如组(T_3n)板岩、千枚岩和变质砂岩,下盘与北喜马拉雅地层分区的中生代不同时代的地层接触,从西到东由老到新,为德日荣组(T_3d)、普普嘎组(J_1p)、聂聂雄拉组(J_2n)、拉弄拉组(J_2l)、门卡墩组($J_{2-3}m$)、古错村组(J_3g)和察且拉组($K_{1-2}c$)。主干逆冲断层上盘涅如组中出现同向倾斜的次级逆断层,组成叠瓦状逆冲系。主干逆冲断层下盘褶皱发育,为轴面向北倾斜的倒转褶皱,与逆冲断层作用有关。

2. 定日-岗巴逆冲断层的变形

尽管定日-岗巴逆冲断层沿着走向分段性明显,但是在产状、性质和规模上没有太大的差异,表现在断裂带构造变形方面也具有相似的特点,显示脆性变形特征,而不是所谓的"壳内型韧性推覆剪切带",推覆距离也远远没有达到100km。

定日-岗巴逆冲断层具有如下变形特征。

(1) 主干逆冲断层沿着拉轨岗日地层分区与北喜马拉雅地层分区不同地层的倒转背斜或斜歪背斜,断层下盘出现轴面与断层面近于平行的倒转向斜或斜歪向斜,它们都是平行褶皱,褶皱转折端圆滑。

(2) 逆冲断层带发育脆性构造岩,构成宽度为50~120m的构造破碎带,主要由碎裂岩、断层角砾岩和断层泥组成,局部地段还见构造透镜体,其AB面指示该断层上盘向上逆冲。

(3) 断裂带及其影响带变形岩石中不同程度地发育节理和裂隙,部分充填有方解石脉和石英脉,沿着断层滑动面出现擦痕、构造薄膜和矿物生长线理,有些地方可见阶步,指示逆冲断层性质。

(4) 断裂带不同程度地出现铁质浸染和炭质集中现象。

(5) 少数观察点上可见断裂带中存在劈理,与断层面呈小角度相交,指示断层上盘向上运动。

3. 定日-岗巴逆冲断层的形成与演化

定日-岗巴逆冲断层经历了复杂的构造发展过程,在冈瓦纳古大陆边缘形成于青藏特提斯裂解阶段,它控制了北喜马拉雅和拉轨岗日的构造古地理面貌和沉积环境。从寒武纪至泥盆纪,北喜马拉雅处于冈瓦纳北部古大陆边缘的陆缘浅海沉积环境,而拉轨岗日为古隆起,缺失沉积地层。到石炭纪和早二叠世,拉轨岗日也发生沉陷,与南侧的北喜马拉雅连通构成统一的海域。从晚二叠世开始,拉轨岗日与北喜马拉雅再度发生分异,北喜马拉雅相对较稳定,而拉轨岗日垂向运动加剧,晚二叠世的隆起和三叠纪至侏罗纪的拗陷可能通过定日-岗巴断层来调节,当时该断层为正断层,可能还有同沉积断层的性质。

在特提斯封闭阶段(大约90~40Ma),地壳大规模缩短,该区特提斯沉积普遍发生强烈的褶皱作用和断裂作用,先期在特提斯裂解过程中形成的控盆正断层发生反转,变成由北向南运动的逆冲断层,这是印度板块与欧亚板块碰撞的结果。

二、测区二级构造边界——藏南拆离系主干断层

大喜马拉雅构造带中北喜马拉雅拗陷带与高喜马拉雅隆起带之间以藏南拆离系主干断层为边界,主干拆离断层出现在扎西惹嘎岩组与肉切村群之间。

藏南拆离系主干断层总体向北缓倾,平面上常呈弯曲的弧形,在测区东部断层近东西向展布,受近SN向的日玛那穹状隆伸构造的影响,在测区西部该断层走向变为NE-SW向。

藏南拆离系主干拆离断层具有如下特征:①拆离断层沿着岩层界面或构造面理顺"层"发育,往往是从肉切村群板岩或灰岩与扎西惹嘎岩组片岩、石英岩之间通过,拆离断层面往往与上、下岩层的变形面平行一致;②表现出低角度特征,上陡下缓呈铲式,基底拆离断层倾角一般为20°~40°(图5-16);③拆离断层上、下盘地层构造拉伸减薄,在玖曲一带肉切村群的厚度不到300m,基底拆离断层下盘顶部普遍出现顺层剪切流变现象,导致变质岩层伸展减薄;④基底拆离断层下盘顶部岩石塑性变形强,不同程度地发育糜棱岩和糜棱岩化岩石,常见轴面向北倾斜的顺层掩卧褶皱和剪切流变褶皱;⑤基底拆离断层之下为正断式韧性剪切带,发育S-C组构、旋转碎斑系、多米诺骨牌构造等,出现石英定向拉长和拔丝现象,形成矿物拉伸线理,指示拆离断层上盘向下运动;⑥拆离断层构造岩由下向上发生韧脆性转换,常由

糜棱岩过渡到碎裂糜棱岩、碎裂岩、断层角砾岩和断层泥,构造岩的厚度一般为数十厘米至数米;⑦沿拆离断层带有石英脉和长英质脉贯入,往往是雁列式张性石英脉,大多数分布在拆离断层下盘顶部韧性剪切带中;⑧控制一些小型花岗岩体的分布,如勇左爬勒花岗岩、定结花岗岩等岩体,它们沿着拆离断层呈板状分布(图5-17)。

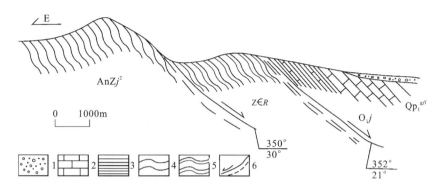

图 5-16 藏南拆离系的基底拆离断层
1.砂砾岩;2.灰岩;3.页岩;4.片岩;5.板岩;6.拆离断层

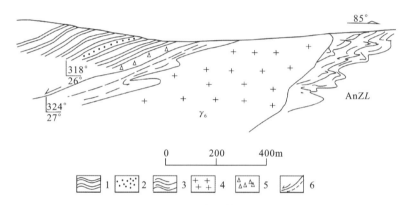

图 5-17 勇左爬勒花岗岩体的基底拆离断层
1.板岩;2.砂岩;3.片麻岩;4.花岗岩;5.断层角砾岩;6.拆离断层

拉轨岗日热隆伸展带由一系列呈穹状隆起的变质核杂岩组成,根据基底拆离断层的分布至少可以划分出3个次级构造单元,构成普弄抗日、阿马和总布容3个变质核杂岩。由于基底拆离断层呈环形分布,核部变质岩系孤零零地分布在拉轨岗日山系的几座高峰上,没有构成连续的区带。随着伸展、隆升、剥蚀作用的持续和加强,拉轨岗日核部变质岩系的分布范围将不断扩大,深部岩石会进一步剥露。

第四节 构造样式

测区主要构造线方向为近东西向,与喜马拉雅造山带的走向一致,在测区西南部叠加了近南北向构造。

测区基底与盖层具有显著不同的构造样式。基底以流变褶皱系统、早期热穹隆系统、韧性剪切系统、透镜网络系统为特征,并被后期脆性断裂系统所改造。盖层以特提斯聚合过程中产生的不同位态的压扁褶皱及其相关的逆断层和逆冲断层,以及在喜马拉雅造山带隆升过程中产生的低角度拆离断层系和高角度平移-正断层为特征。

一、基底构造样式

(一) 流变褶皱系统

测区大面积出露的高喜马拉雅隆起带基底变质岩系和拉轨岗日变质核杂岩核部变质岩系的塑性变形都十分强烈,早期流变褶皱十分发育,组成结晶基底的变质杂岩与构成褶皱基底的石英岩-大理岩-片岩组合在褶皱样式上有所差异。

分布在高喜马拉雅的马卡鲁杂岩和出露在拉轨岗日变质核杂岩核部的拉轨岗日杂岩都是以正片麻岩为主,含表壳岩系的岩石组合,不同程度地发育镁铁质变质岩。马卡鲁杂岩中出现基性麻粒岩和超镁铁质岩。拉轨岗日杂岩因受拉轨岗日变质核杂岩形成过程中强烈的伸展构造作用的改造,在拆离断层带和韧性剪切带附近早期流变褶皱相对保存较差,但是在一些弱改造地段仍十分发育。

测区基底变质杂岩中褶皱具有如下基本特征:①原始层理早已完全置换,以片麻理、成分条带为褶皱变形面,少数地方还可见片麻理和成分条带发生强烈褶皱,出现纵向构造置换(图5-18);②位态上以平卧褶皱为主,倒转褶皱次之,褶皱轴面大多数向北缓倾;③褶皱转折端显著增厚,翼部强烈减薄,为相似褶皱或顶厚褶皱(图5-19);④在有些地方仍保留长英质脉体的肠状褶皱(图5-20)和无根钩状褶皱(图5-21),显示出高温黏塑性流动特征;⑤褶皱枢纽不平直,从弧形到饼状至鞘状均可见(图5-22),后者出现在韧性剪切带中;⑥纵向构造置换作用十分强烈,轴面劈理发育;⑦局部可见褶皱叠加现象,表现为早期近平卧的紧闭同斜褶皱共轴叠加晚期近直立的褶皱(图5-23),反映了近南北向的挤压应力方向没有改变;⑧具有多尺度特征,从连续剖面和露头到手标本和显微镜尺度均可见到流变褶皱,次级褶皱形态与高级别褶皱在形态上具有相似性(图5-24)。

图5-18 片麻理和成分条带褶皱及构造置换图

图5-19 片麻岩中顶厚褶皱

图5-20 片麻岩中长英质脉肠状褶皱

图5-21 花岗质片麻岩中无根钩状褶皱

图 5-22 褶皱枢纽弧形弯曲

图 5-23 叠加褶皱

分布在高喜马拉雅的扎西惹嘎岩组和出露在拉轨岗日变质核杂岩核部外围的抗青大岩组都是一套以角闪岩相为主的石英岩-大理岩-片岩组合,抗青大岩组中早期褶皱保存极差,在大多数情况下变形面基本上与拆离断层及其下面的韧性剪切带糜棱面理一致,扎西惹嘎岩组在离基底拆离断层 2～3km 以外的地区褶皱发育,其褶皱特征如下:①褶皱较紧闭,翼间角通常小于 30°,以平卧褶皱和倒转褶皱为主(图 5-25),轴面大多数向南缓倾;②褶皱转折端显著增厚,翼部有所减薄,以相似褶皱为主(图 5-26);

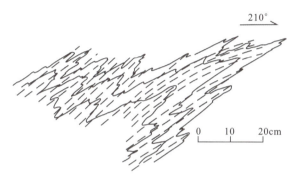
图 5-24 勒布弄拉轨岗日片麻岩中褶皱

③绝大多数褶皱以 S_1 作为变形面,在标志层(如大理岩)发育的地区可见 S_0 发生强烈褶皱,S_0 与 S_1 基本一致;④纵向构造置换作用十分强烈,轴面劈理发育,特别是在片岩之中;⑤具有多尺度特征,从连续剖面和露头到手标本和显微镜均可见到流变褶皱;⑥次级褶皱发育,其形态与高级别褶皱相似;⑦石英岩的褶皱与片岩褶皱往往不协调(图 5-27)。

图 5-25 大理岩平卧褶皱

图 5-26 相似褶皱

图 5-27 石英岩与片岩不协调褶皱

(二)热隆伸展系统

测区晚新生代淡色花岗岩十分发育,主要分布在高喜马拉雅带和拉轨岗日带,大多数花岗岩体侵位到基底变质岩系中,与以变质核杂岩和拆离断层为特征的伸展构造关系密切,彼此之间存在时空关系和成生联系,构成热隆伸展构造系统(图5-28),从喜马拉雅核部向北伸展量逐渐降低(李德威,1992)。

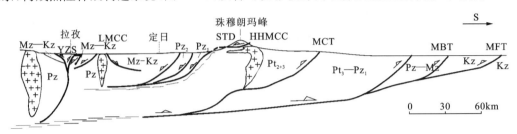

图 5-28 横过喜马拉雅造山带构造剖面图
(据李德威,1992修改)

YZS.雅鲁藏布江缝合带;LMCC.拉轨岗日变质核杂岩(萨迦-康马链状隆升带);STD.藏南(基底)拆离断层;
HHMCC.高喜马拉雅变质核杂岩;MCT.主中央逆冲断层;MBT.主边缘逆冲断层;MFT.主前锋逆冲断层

1. 高喜马拉雅热隆伸展构造

测区南部高喜马拉雅基底变质岩系以变质程度深(出现下地壳麻粒岩)、塑性变形强、花岗岩体多为特征。

高喜马拉雅晚新生代岩浆热事件与伸展构造关系密切,侵入到基底变质岩中的淡色花岗岩和由拆离断层控制的一些小型花岗岩体(如给曲上游6170高地附近的花岗岩体和勇左爬勒花岗岩体等)与喜马拉雅造山带的隆升与揭顶、麻粒岩绝热降压退变质作用、基底低角度正断式韧性剪切带,以及基底与盖层之间的拆离断层同步发生,这个在晚新生代强烈活动的构造热系统,在一定程度上制约了高喜马拉雅山体的快速隆升和藏南拆离系的伸展作用。

叠加在近东西走向的高喜马拉雅构造带之上的日玛那穹状隆起向北突出,核部为片麻状花岗岩,周围是马卡鲁杂岩主体花岗闪长质片麻岩,再向西出现扎西惹嘎岩组石英岩-大理岩-片岩组合,从内向外出现低角度正断式韧性剪切带转为定结-宗格错正断层和康工-活里拉正断层。该穹隆中央隆升幅度大,剥蚀强烈,在马卡鲁杂岩中常见麻粒岩、榴闪岩、斜长角闪岩和超镁铁质岩,呈透镜状产出,显示深层次热隆伸展特征。

2. 拉轨岗日热隆伸展构造

长期以来性质不明的拉轨岗日构造带呈现出多个短轴状"热穹隆"链状分布,曾将这种构造组合称为萨迦-康马链状隆升带(李德威,1992),划为北喜马拉雅伸展剥离构造带的一个重要组成部分。通过1:25万区域地质调查,详细野外工作表明拉轨岗日是一系列具有热隆伸展构造性质的变质核杂岩。

研究区内拉轨岗日带包括阿马、总布容和普弄抗日3个变质核杂岩组成,平面上呈穹状、短轴状,构成一个线性的热隆伸展构造带。不同程度地被后期NNE向左行平移断层和近南北向正断层所切割。

这些变质核杂岩出露中、上地壳剖面,显示典型的三层结构型式(图5-29):①代表中地壳的拉轨岗日变质杂岩组成变质核,有大量的淡色花岗岩侵入其中;②围绕变质核顺"层"分布的多层次拆离断层,具有韧脆性转换特征;③具有弱变质和轻微变质的上古生界和中生界盖层(李德威等,2002)。

变质核和滑脱带的热隆伸展作用非常显著。主体由拉轨岗日变质杂岩组成的变质核分布在拉轨岗日隆起带海拔5300m以上的主脊部位,平面上呈孤零的、直径25～35km的环形、短轴状,组合形态为串珠状,地表构成穹状隆起。

详细的野外地质调查表明,原拉轨岗日群可以解体为两个部分:①上部抗青大岩组,主要岩石类型有云母石英片岩、十字石蓝晶石片岩、石榴云母片岩、石英岩和大理岩;②下部拉轨岗日杂岩,以片麻岩为主,主要岩石类型为眼球状片麻岩、条痕状片麻岩、条带状片麻岩、花岗质片麻岩和混合花岗岩,局部

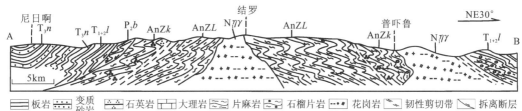

图 5-29 尼日啊-普吓鲁构造剖面图

AnZL. 拉轨岗日杂岩; AnZk. 抗青大岩组; P_2b. 中二叠统白定浦组; $T_{1+2}l$. 中、下三叠统吕村组;
T_3n. 上三叠统涅如组; $N_1\eta\gamma$. 二云母二长花岗岩

夹有透镜状斜长角闪岩、榴闪岩。抗青大岩组片岩-石英岩与拉轨岗日杂岩之间以正断式韧性剪切带接触。

对阿马变质核杂岩核部偏南扎日阿黑云斜长片麻岩样品（2612-1）中的锆石进行离子探针测年分析，得到两组同位素年龄，一组锆石 $^{207}Pb/^{206}Pb$ 年龄变化于 1.86～1.91Ga 之间，具岩浆锆石组成特征，代表正片麻岩原岩形成的时代；另一组 $^{207}Pb/^{206}Pb$ 年龄平均值 $1812\pm7Ma$，代表了变质及其相应的深熔作用的时代，是花岗质岩石变质改造的年龄。从其形成时代、岩石组合和变形变质特征而言，基本上可以与测区南侧高喜马拉雅分布的马卡鲁杂岩进行对比，它们可能是统一的结晶基底。

拉轨岗日变质核杂岩各变质核中心部位出现近等轴状分布的花岗岩体，此外在普弄抗日变质核杂岩的北侧和西侧有沿着基底拆离断层侵位的长条形似板状花岗岩体。花岗岩以二云母花岗岩为主，部分为电气石黑云母花岗岩，其产出构造背景和岩石类型完全可以与高喜马拉雅淡色花岗岩进行对比，通过磷灰石和锆石裂变径迹方法确定花岗岩的年龄为 5.7～17.0Ma，为喜马拉雅期花岗岩。变质核中的花岗岩体边缘片麻理发育，片麻理与接触带平行（图 5-30），在片麻岩中可见淡色花岗岩岩脉，内部含有片麻岩的捕虏体（图 5-31）。花岗岩体的结晶粒度由边缘向中心变粗，定向组构由边缘向中心减弱。

图 5-30 花岗岩与片麻岩的接触关系

图 5-31 花岗岩岩枝及片麻岩捕虏体

3. 滑脱带

变质核强烈变形和变质的基底岩系与盖层之间为大型滑脱断层，由基底拆离断层及其相关的正断式韧性剪切带和糜棱岩组成的滑脱带。韧性剪切带、拆离断层与下盘变质岩的变形面理及上盘地层层理或构造面理平行。普弄抗日变质核杂岩南侧次级拆离断层上盘吕村组经剥蚀后出现滑来峰（图 5-32）。

拉轨岗日变质核杂岩滑脱带具有如下主要构造特征。

（1）基底拆离断层及其相关的韧性剪切带在平面上围绕变质核呈圆弧形分布。

（2）在变质核杂岩不同部位，基底拆离断层上、下两盘直接接触的地层明显不同，反映了伸展拆离程度在不同地方变化明显。例如，普弄抗日变质核杂岩东部变质核中抗青大岩组由北向南分别与石炭系少岗群、下二叠统破林浦组和比聋组、上二叠统康马组和白定浦组接触；北部自东向西表现为抗青大岩组片岩-石英岩与上二叠统康马组和中、下三叠统吕村组接触；南部为抗青大岩组主体与上二叠统白定浦组接触，西端与中、下三叠统吕村组接触；西部则出现拉轨岗日杂岩与中、下三叠统吕村组、上三叠

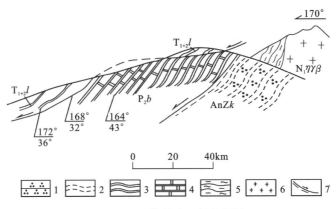

图 5-32 那拉热布日拆离断层

1. 石英岩；2. 千枚岩；3. 板岩；4. 大理岩；5. 片麻岩；6. 花岗岩；7. 拆离断层

统涅如组和中、下侏罗统日当组直接接触。

（3）拆离断层造成地层拉伸流变和强烈减薄，局部地段出现地层构造缺失和岩层构造减薄。

（4）沿着基底拆离断层常有花岗岩体侵位，如普弄抗日变质核杂岩东北部和西侧沿着基底拆离断层出现被动侵位的宗尕和正江电气石白云母花岗岩体。

（5）发育不同类型的断层岩，并出现断层岩分带现象，从上到下为断层泥、碎裂岩、碎裂糜棱岩和糜棱岩，糜棱岩带厚度一般为数米至数十米，以长英质糜棱岩为主，长石多呈旋转碎斑状，石英常呈拔丝状，云母局部集中并围绕变斑晶定向分布。

（6）在野外露头上可见拆离断层与其下的糜棱面理、构造片理或片麻理基本平行，与上盘岩层近于平行或呈微小角度相交。

（7）糜棱岩带普遍发育旋转碎斑系（图 5-33）、S-C 组构、书斜式构造（图 5-34）、云母鱼等剪切指向标志，指示为上盘向下的正断式韧性剪切带，与基底拆离断层配套。

图 5-33　眼球状糜棱岩中旋转碎斑系

图 5-34　剪切带中书斜式构造

（8）拉轨岗日变质核杂岩带总体显示近南北向的区域性伸展，阿马、总布容和普弄抗日等变质核杂岩各自还有放射状伸展特征，较好地反映在拆离断层下盘韧性剪切带糜棱岩的矿物拉伸线理上，长英质糜棱岩中石英呈拔丝状，在 YZ 面上显示出矩形截面，由此显示的拉伸线理产状变化明显，例如在普弄抗日变质核杂岩北部的扣乌一带拉伸线理产状为 NW332°～358°∠12°～23°，而普弄抗日变质核杂岩南部的多结—次君一带拉伸线理的产状为 SE170°～SW193°∠15°～26°。

以变质核杂岩为形式的拉轨岗日热隆伸展构造的形成与岩浆活动关系密切，变质核杂岩体系中花岗岩体有两种产出方式：一是在变质核的中央部位以底辟或气球膨胀等主动方式侵位的花岗岩体，岩体一般呈等轴状，边缘接触带发育糜棱面理和片麻理，新生面理在空间上严格受岩体的控制，而且控制了拆离断层系的分布，与其南侧的藏南拆离系和淡色花岗岩一样，它们的形成时间也一致（详见第四章）；二是花岗岩沿着基底拆离断层以被动方式"顺层"侵位的宗尕和正江花岗岩体，平面上呈长条状，剖面上可能为似板状，岩体边缘糜棱岩化较弱。

拉轨岗日构造带存在两种产出状态的花岗岩体，一是在变质核中底辟式主动侵位，另一种沿拆离断层被动侵位,它们都与伸展构造密切相关,但是因果关系有所不同。

主动侵位的花岗岩体带动核部变质杂岩上升造成,导致其揭顶和剥露,引起基底与盖层之间滑脱拆离,造成从变质核至盖层的热动力变质带递减系列,在拉轨岗日各变质核杂岩中,以花岗岩为中心,从变质核向外,形成环状分布的接触变质带,从内向外为石榴石带、红柱石带和硬绿泥石带。其形成机理大致为岩浆作用改变了地壳热结构和热状态,致使周围岩石热软化、密度降低,导致地壳深部物质上升和中、上地壳伸展,形成变质核杂岩。拆离断层剪切热和剪切脱水作用,以及构造剥蚀的减压作用在地壳浅部导致壳内部分熔融,对于形成变质核杂岩系统的壳源花岗岩起重要作用。这种热隆伸展作用在拉轨岗日构造带占主导地位。受控于基底拆离断层的花岗岩体可能是侵位到上地壳的花岗岩岩浆沿着具有低压空间的拆离断层贯入而成。

(三) 韧性剪切系统

测区基底变质岩系中韧性剪切带十分发育(刘德民等,2003),在高喜马拉雅隆起带和拉轨岗日热隆伸展带的韧性剪切带发育程度和平面形态有明显差异(表5-2)。

拉轨岗日带阿马变质核杂岩核部杂岩穿越路线较少,只是对基底拆离断层下部的正断式韧性剪切带作了较多的调查研究,在拉轨岗日杂岩中可能有大量的韧性剪切带尚未发现。

普弄抗日变质核杂岩的变质核中存在近环形分布的韧性剪切带,主剪切带位于拉轨岗日杂岩与抗青大岩组之间。片麻岩与石英岩之间常为正断式韧性剪切带,广泛发育眼球状糜棱岩、旋转碎斑系(图5-35)、S-C组构和小型韧性剪切带(图5-36)。

高喜马拉雅变质岩系中发育NNE-SSW向和近EW向两组韧性剪切带,其中NNE向韧性剪切带形成较晚,表现最为明显。近EW向的韧性剪切带在尤帕至驮那龙一带保存较好,剪切带以中等角度向北倾斜,发育S-C组构、旋转碎斑系和不对称的剪切褶皱,指示为逆冲式韧性剪切带。

表5-2 测区韧性剪切带基本特征一览表

剪切带名称	编号	长度(km)	产状	发育背景	变形特征	形成时代
甲布弄-错亚囊韧性剪切带	DS1	23	呈弧形,总体向西缓倾	日玛那南部马卡鲁杂岩	发育长英质糜棱岩,具旋转碎斑系,为正断式	喜马拉雅晚期
美多弄-亚勒拉韧性剪切带	DS2	26	呈弧形,总体向南西缓倾	日玛那穹隆南部马卡鲁杂岩中	眼球状长英质糜棱岩中发育S-C组构和旋斑,控制镁铁质变质岩分布	喜马拉雅晚期
强布板孜韧性剪切带	DS3	10	呈弧形,与DS2构成网结状	日玛那穹隆南部马卡鲁杂岩中	眼球状糜棱岩中旋转碎斑系发育,指示为正断式	喜马拉雅晚期
木多拉-活里拉韧性剪切带	DS4	44	呈弧形,总体向北西缓倾	日玛那穹隆马卡鲁杂岩	花岗质糜棱岩带宽,发育拉伸线理,具旋斑等多种剪切标志,为正断式	喜马拉雅晚期
结色拉韧性剪切带	DS5	16.5	向西缓倾	日玛那南部马卡鲁杂岩	发育眼球状糜棱岩及其旋转碎斑系,为正断式	喜马拉雅晚期
生加切鲁韧性剪切带	DS6	20	向北西方向缓倾	日玛那北部马卡鲁杂岩	发育长英质糜棱岩,具旋转碎斑系	喜马拉雅晚期
大乌-活里拉-曲姆机时日韧性剪切带	DS7	60	呈弧形,总体向北西西方向缓倾	日玛那穹隆西侧的马卡鲁杂岩中	发育眼球状长英质糜棱岩,具旋转碎斑系及S-C组构等,为正断式	喜马拉雅晚期
桑穷拉-基塘韧性剪切带	DS8	30	总体向北西方向缓倾	高喜马拉雅马卡鲁杂岩	发育糜棱岩,控制镁铁质变质岩分布,为正断式	喜马拉雅晚期

续表 5-2

剪切带名称	编号	长度(km)	产状	发育背景	变形特征	形成时代
布控-色莫浦韧性剪切带	DS9	20	总体向北西方向缓倾	高喜马拉雅马卡鲁杂岩	糜棱岩中旋斑指示为正断式,控制镁铁质变质岩	喜马拉雅晚期
驮那龙-色莫浦-扎西岗韧性剪切带	DS10	28	总体近东西走向,向北缓倾	高喜马拉雅马卡鲁杂岩	发育长英质糜棱岩,具旋斑、剪切流变褶皱和S-C组构,为逆冲式	喜马拉雅早期或更早
绝麻日韧性剪切带	DS11	18	呈弧形,总体近东西向	高喜马拉雅马卡鲁杂岩	发育长英质糜棱岩,具旋转碎斑系和S-C组构	喜马拉雅晚期
泽江浦韧性剪切带	DS12	12	呈S形,与DS11构成网结状	高喜马拉雅马卡鲁杂岩	长英质糜棱岩发育旋斑和S-C组构,为正断式	喜马拉雅晚期
格木韧性剪切带	DS13	32	呈反S形,向北西缓倾	高喜马拉雅马卡鲁杂岩	长英质糜棱岩中旋转碎斑系指示正断式剪切	喜马拉雅晚期
将曲雄韧性剪切带	DS14	15	向北西西缓倾	高喜马拉雅马卡鲁杂岩	发育长英质糜棱岩及其旋转碎斑系,为正断式	喜马拉雅晚期
卡拉韧性剪切带	DS15	10	向北西方向缓倾	高喜马拉雅马卡鲁杂岩	长英质糜棱岩发育,具旋斑、S-C组构,为正断式	喜马拉雅晚期
岗吉杰韧性剪切带	DS16	10	向北西方向缓倾	高喜马拉雅马卡鲁杂岩	发育长英质糜棱岩,具旋转碎斑系,为正断式	喜马拉雅晚期
普布让控-拉洛扛韧性剪切带	DS17	16	呈向北西突出的弧形	高喜马拉雅马卡鲁杂岩	长英质糜棱岩中发育剪切褶皱和旋斑,为正断式	喜马拉雅晚期
普弄抗日基底韧性剪切带	DS18	80	环形分布,向变质核外缓倾	普弄抗日变质核杂岩核部	眼球状长英质糜棱岩中S-C组构和旋斑指示为正断式	喜马拉雅晚期

NNE-SSW向韧性剪切带测区西南部十分发育,具有如下基本特征:①大多数韧性剪切带向NW方向倾斜,倾角通常小于45°;②以正断式韧性剪切带为主,与日玛那穹隆的隆升可以配套;③为狭长的线形强应变带,韧性剪切带长度远远大于宽度,宽度一般为几十米至上千米,以数百米宽的韧性剪切带居多;④不同程度地发育糜棱岩(图5-37)和糜棱面理,普遍具有矿物拉伸线理,由石英拉长拔丝而成,大多数矿物拉伸线理向NNW方向倾伏;⑤不同程度地发育顺层掩卧褶皱和剪切流变褶皱(图5-38);⑥大量出现剪切运动标志和旋转运动标志,如S-C组构(图5-39)、旋转碎斑系(图5-40)、剪切透镜体(图5-41)、云母鱼(图5-42)、石榴石雪球状构造、书斜式构造等;⑦往往有退变质现象;⑧位于基底顶部的正断式韧性剪切带常与拆离断层伴生,并与高喜马拉雅隆伸构造密切相关。值得特别注意的是,测区许多基性变质岩也卷入到韧性剪切带,呈剪切透镜体产出,具有不对称的拖尾构造,糜棱面理环绕基性变质岩剪切透镜体协调分布(图5-43)。它们反映地壳深层次的韧性剪切作用。

图 5-35 眼球状糜棱岩中旋转碎斑系

图 5-36 眼球状糜棱岩及韧性剪切带

在地壳较浅层次形成的脆-韧性剪切带在测区基底变质岩系中也有表现,有两种类型:一是在滑动面两侧出现拖曳的片麻理或糜棱面理,造成滑动面两侧似断非断,同时显示出正断式位移(图5-44);二是雁行排列的石英脉,往往沿着张节理充填,并叠加在韧性剪切带之上。

图 5-37　眼球状糜棱岩

图 5-38　剪切流变褶皱

图 5-39　S-C 组构

图 5-40　旋转碎斑系

图 5-41　剪切透镜体

图 5-42　云母鱼

图 5-43　镁铁质变质岩剪切透镜体

图 5-44　正断式脆-韧性剪切带

(四) 透镜网络系统

透镜网络是大陆造山带的重要构造型式,特别是在结构和物性不均一的基底变质岩中,发育多尺度透镜网络构造系统,它们是造山带构造演化特定阶段构造变形的产物。

1. 透镜网络的类型

测区基底变质岩系发育不同尺度的透镜网络,由弱应变域和绕其分布的强应变带组成。测区透镜网络初步可分为区域尺度、露头尺度、标本尺度和显微尺度4级。

区域尺度的透镜网络主要出现在高喜马拉雅基底变质岩中,长度一般为数十千米。在日玛那一带较为显著,弱应变域主要是眼球状花岗岩,强应变带为糜棱岩化的花岗闪长质片麻岩。区域地质调查表明,日玛那眼球状花岗岩周边的糜棱面理和片麻理主体走向为NNE向,韧性剪切带交叉、复合形成透镜网络,但是宏观上早期近东西走向的大型花岗岩透镜体依然残存,叠加了近南北向的透镜状构造而呈细颈化。这种长轴近东西走向的透镜体在日玛那眼球状花岗岩体的南侧很发育,但规模相对较小。

露头尺度的透镜网络常见于马卡鲁杂岩和拉轨岗日杂岩中,常成群出现,分段集中。最典型的结构型式由镁铁质变质岩构成透镜体,定向分布,AB面调整到与剪切带压扁面一致,长度一般为数十厘米至数十米。组成透镜状弱应变域的主要岩石包括斜长角闪岩、榴闪岩和麻粒岩,它们变形较弱,岩石内部没有褶皱,在透镜体边缘常见矿物定向分布和弱构造面理,出现颜色较浅的退变质环带(图5-45),在透镜体中央部位变形一般很弱。强应变带为片麻理、片理和糜棱面理,应变局部化十分显著,它们环绕弱应变域协调分布(图5-46)。

图 5-45 麻粒岩透镜体及边缘退变质带   图 5-46 榴闪岩透镜网络

标本尺度的透镜网络常见于拉轨岗日杂岩和马卡鲁杂岩的眼球状片麻岩中,组成弱应变域的斜长石斑晶呈椭球状、眼球状和透镜状,颗粒直径一般为 2~3cm,少数可达 6~8cm。长石变斑晶周围定向分布细粒的石英和黑云母,构成对称结构,反映挤压变形下由于矿物能干性差异而导致变形分解。眼球状片麻岩在韧性剪切带单剪作用下产生不对称结晶尾,形成眼球状糜棱岩。此外,在大理岩中也常见具有剪切特征的透镜体。

显微尺度的透镜网络主要出现在片麻岩和片岩中,在片麻岩中斜长石斑晶构成弱应变域,定向分布细粒的石英和黑云母组成强应变带。在片岩中常见石英构成弱应变域,黑云母组成强应变带。

2. 透镜网络的变形

基底变质杂岩中不同尺度的透镜网络都是由弱应变域和强应变带组成,弱应变域与强应变带之间存在显著不同的变形特征。

透镜状弱应变域具有如下基本特征,①除了区域尺度的透镜网络中呈透镜状产出的眼球状花岗岩具有面理外,其他尺度的透镜体内部结构均匀,中小尺度的透镜体由块状岩石组成。眼球状花岗岩的变形程度也远不如周边的韧性剪切带和花岗闪长质片麻岩。②不同尺度的弱应变域具有相似的形态特征和应变量,露头尺度至显微尺度的透镜体的 $\lambda_1:\lambda_2:\lambda_3$ 为 $(2.3\sim2.8):(1.6\sim2.0):1$。③透镜体边缘的变形比中央强,在一些透镜体的边部出现弱定向构造。④少数透镜状弱应变域中局部出现脆性破裂现象。

强应变带显示如下变形特征:①透入性构造面理环绕透镜状弱应变域协调分布,变形面理常呈弧形弯曲,多次分支与复合,构成网结状构造;②大型透镜体边缘常见糜棱岩和糜棱面理,中小型透镜体边缘也发育构造面理,微型透镜体边缘矿物定向排列。③强应变带中岩石塑性流变强烈,应变量大,为透镜体的数倍以上。

3. 透镜网络的成因

测区基底变质杂岩为非层状地质体,由多种岩石力学性质差异显著的岩石组成,含有从地幔至中、下地壳的岩石,它们在物质成分、物理性质、变形期次等方面都具有显著不同的特征,特别是在岩石力学性质上,榴闪岩、麻粒岩和花岗岩的抗压强度及抗张强度较大,而眼球状糜棱岩、结晶灰岩和片麻岩的抗压强度及抗张强度相对较小(表5-3)。这种岩石结构的不均匀性和物性的不均一性是形成透镜网络的基础。在透镜网络系统中,前者往往透镜体化,构成弱应变域;后者发育片理、片麻理和糜棱面理,形成强应变带。

表5-3 岩石强度实验结果

样品号	岩石名称	采样地点	岩石特征	抗张强度(MPa)	抗压强度(MPa)
4507-1	榴闪岩	查多南	中细粒粒状变晶结构,块状构造	12.1	132.66
2001-2	花岗质糜棱岩	村尔北侧	长石斑晶眼球状,具糜棱结构	3.38	47.79
0351-2	结晶灰岩	荡嘎东	强烈片理化和糜棱岩化	5.09	78.52
0312-1-4	基性麻粒岩	康儿南	灰黑色,块状结构,石榴石具冠状反应边	9.37	90.35
4005-1	片麻状花岗岩	亚莫加西	花岗岩中片麻理发育,长石斑晶粗大	11.5	109.2
4558-1	片麻岩	祝热浦	为花岗质片麻岩,中粗粒鳞片粒状变晶结构	4.72	60.8

由于岩石结构和物性的不均匀性,主要表现在能干性好的岩石构成弱应变域,能干性差的岩石易于发生塑性变形,二者之间存在较大差异。在递进变形过程中发生变形分解作用(图5-47),形成透镜网络,透镜体中央出现无应变域,向外依次为递进缩短应变域和递进剪切应变域。

测区基底变质岩系中上述构造形迹或构造组合不同程度地受到后期伸展构造和活动构造的改造,在晚新生代喜马拉雅山脉隆升过程中发生强烈的构造改造。

二、盖层构造样式

(一) 褶皱

测区盖层中的褶皱基本上分布在拉轨岗日与高喜马拉雅之间的定日-岗巴拗陷带,卷入的地层主要是二叠系至白垩系。从构造纲要图上(图5-14)可见,区域上具有一定规模的褶皱:嘎过背斜(AC1)、吉隆拉背斜(AC2)、切如郎吉背斜(AC3)、扎嘎背斜(AC4)、帕勒向斜(SC1)、那弄勒向斜(SC2)、普鲁向斜(SC3)、拿不龙向斜(SC4)、卧龙向斜(SC5)、哈姆向斜(SC6)。

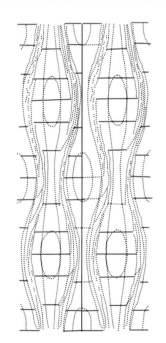

图5-47 构造变形分解原理图
(据Bell,1986)

这些褶皱有如下共同特点:①走向多为NWW-SEE向或近E-W向;②以斜歪倾伏褶皱为主(图5-48),褶皱轴面大多数向北倾斜,轴面倾角一般为40°~60°,枢纽呈波状起伏,枢纽倾伏角一般为1°~5°(图5-49);③转折端与翼部的厚度没有明显的变化,多为平行褶皱;④褶皱组合形式以平行褶皱群为主,平面上基本呈平行的线状分布,背斜与向斜之间的间距不均匀,向斜较紧闭,如那弄勒向斜(SC2);⑤褶皱规模具有多尺度特征,以中小型褶皱为主,如果不考虑断层的破坏和第四系的覆盖,很多褶皱沿着走向可延伸很远,达数十至数百千米;⑥开阔褶皱较少,以紧闭褶皱为主,中常褶皱次之,褶皱两翼夹角大多为30°~45°;⑦常与逆断层伴生,在断层附近发育倒转褶皱,特别是在定日-岗巴逆冲断层带及两侧,断层上下两盘都发育倒转褶皱,特别是在断层上盘(图5-50);⑧多为对称的压扁褶皱,受挤压作用发生变形,不同程度地发育轴面劈理。

图5-48 斜歪褶皱

图5-49 直立倾伏背斜

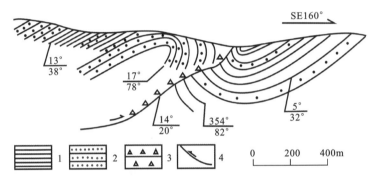

图5-50 吉雄北门卡墩组中与逆断层伴生的褶皱
1.页岩;2.砂岩;3.断层角砾岩;4.逆断层

选择吉隆拉背斜和哈姆向斜作为代表性褶皱描述如下。

(1)吉隆拉背斜:该背斜核部吉隆拉与采窘之间,由门卡墩组砂岩和页岩组成,出露宽度2~3km,两翼对称分布古错村组和岗巴东山组。由于组成该背斜的地层岩性特征,成层性好,在遥感图像上褶皱形态清晰。吉隆拉背斜向西倾伏,东部仰起端被错母折林第四纪断陷湖盆破坏。背斜轴迹呈东西向,由西向东作窄喇叭状撒开,延伸长度约20km。背斜较紧闭,次级褶皱较发育,转折端为"M"形褶皱。背斜两翼地层产状均向北倾斜,南翼地层倒转。背斜北侧为定日-岗巴逆冲断层,倒转背斜的形成可能与作为测区内一级构造边界的定日-岗巴逆冲断层有关。

(2)哈姆向斜:分布于测区东部。核部地层为岗巴东山组,两翼为古错村组和门卡墩组。轴向呈东西向展布。尽管很多地方被第四系覆盖,但是在学不朗一带可清楚地观察到向斜的转折端,转折端圆滑。向斜明显向西部仰起,核部地层向东部变宽。向斜南翼近东西向的次级褶皱非常发育,成群成带出现,以斜歪褶皱为主,少数褶皱倒转,轴面向北倾斜。

(二)断层

测区盖层断裂构造发育,有逆断层、正断层及拆离断层和平移断层三类。

1.逆断层和逆冲断层

受后期伸展构造作用的影响,测区逆断层和逆冲断层在拉轨岗日变质核杂岩带和藏南拆离系附近不发育,主要出现在测区中部的定日-岗巴拗陷带,其次是测区北部边缘。

前面已描述过作为测区一级构造边界的定日-岗巴逆冲断层和棍打吓-帕这狼-尼日啊逆冲断层。此外还有分布在定日-岗巴逆冲断层上盘推覆体中的吉林麻-加错拉逆冲断层,组成叠瓦状构造。表5-4反映了这些逆冲断层的基本特征。

第五章 地质构造及构造演化史

表 5-4 测区逆冲断层基本特征一览表

断层名称	编号	长度(km)	产状	相关地层	变形特征	形成时代
定日-岗巴逆冲断层	TF1	113（测区内）	倾向NNE，倾角18°～45°	$J_{1-2}r$、J_3g、K_2g、K_2z、T_3n、T_3d、J_1p、J_2n、J_2l、$J_{2-3}m$、$K_{1-2}c$	定日和致克为负地貌，断层破碎带宽数百米，发育碎裂岩和构造透镜体，伴生牵引褶皱	喜马拉雅早期
棍打吓-帕这狼-尼日啊逆冲断层	TF2	52（测区内）	倾向N，倾角20°～40°	J_3w、J_2lu、T_3l	断层破碎带宽数十米，岩石脆性变形强，发育碎裂岩和劈理	喜马拉雅早期
吉林麻-加错拉逆冲断层	TF3	28（测区内）	倾向N，倾角15°～30°	J_2lu、J_3w、$K_{1+2}j$、$J_{1-2}r$	为次级逆冲断层，常呈叠瓦状组合，峰带出现飞来峰，断层破碎带发育碎裂岩和断层泥	喜马拉雅早期

除这些大型逆冲断层之外，测区中部的定日-岗巴拗陷带中生代海相沉积地层中普遍发育逆断层。测区逆断层的主要特征见表5-5。

表 5-5 测区逆断层基本特征一览表

断层名称	编号	长度(km)	产状	相关地层	变形特征	形成时代
意拉-朗日逆断层	RF1	20	向N倾斜，倾角35°～45°	J_2n、J_1p、T_3d、$T_{2-3}q$、$T_{1-2}T$、P_2q+Pq、$P_1l+P_{2-3}b$	叠瓦状断层，断面上陡下缓，发育擦痕和碎裂岩	喜马拉雅早期
曲拉逆断层	RF2	16	向NNE倾斜，倾角30°～60°	$T_{1-2}T$	断层带岩石脆性变形强，发育碎裂岩和断层泥	喜马拉雅早期
穷结逆断层	RF3	6	向NE倾斜，倾角35°～55°	K_2g	断层面上具有擦痕和磨光镜面，见断层角砾岩	喜马拉雅早期
甲布日-甲木逆断层	RF4	15	向NNE倾斜，倾角55°左右	T_3n	断层破碎带铁染，发育牵引褶皱、劈理和石英脉	喜马拉雅早期
窨摇-水陆把逆断层	RF5	17	向NW倾斜，倾角35°～55°	J_3w、$J_{1-2}r$	断层面向下变缓，发育碎裂岩，常见擦痕和铁染	喜马拉雅早期
足布穷逆断层	RF6	15	向NNE倾斜，倾角30°～55°	$T_{2-3}q$、T_3d、J_1p	断层带有碎裂岩，断面出现擦痕、磨光镜面	喜马拉雅早期

测区逆断层具有如下特征：①测区逆断层基本上是纵向断层，与区域构造线方向基本一致，近东西向展布，以中等到低角度向北倾斜；②主要发育在普普嘎组(J_1p)、聂聂雄拉组(J_2n)、拉弄拉组(J_2l)、门卡墩组($J_{2-3}m$)和古错村组(J_3g)之中；③断层规模较小，位移量一般小于1km；④逆断层上、下两盘常见牵引褶皱，大多数为轴面向北倾斜的倒转褶皱；⑤次级断层呈叠瓦状组合（图5-51），断层面上陡下缓，有收敛之势。

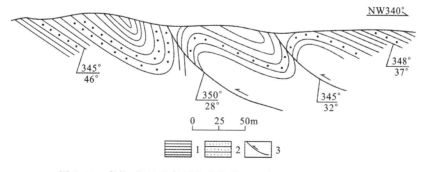

图 5-51 意拉-朗日逆断层在曲龙共巴组中的次级叠瓦状断层
1. 页岩；2. 砂岩；3. 逆断层

2. 正断层和拆离断层

曾作为碰撞造山带典型实例的喜马拉雅山系发育正断层及拆离断层,一直受到国内外学者的关注(Burg et al,1984;Chen Zhiliang et al,1990;Burchfiel et al,1992;潘桂棠等,1990;郭铁鹰等,1991;李德威,1992;王根厚等,1997;张进江等,1999)。这种造山带伸展构造与喜马拉雅的隆升及其淡色花岗岩体侵位密切相关,对认识造山带的成因有重要意义。

高角度正断层和低角度拆离断层是测区主要的断层型式(刘德民等,2003)。前者不仅出现在盖层中,还可延伸到基底;后者主要分布在古生代地层中,但是主干拆离断层沿着基底与盖层的界面分布。

测区正断层规模不等,方向不同,但是它们都形成于晚新生代(表5-6)。

表5-6 测区正断层基本特征一览表

断层名称	编号	长度(km)	产状	相关地层	变形特征	形成时代
定结县-宗格错正断层	NF1	60	倾向SE,倾角70°左右	$Z\eta r$、Qp_3^{gl}、$AnZMgg$、$Z\in R$、$O_1 j$	规模大,地貌标志明显,高大的断崖和断层三角面。发育擦痕和碎裂岩	喜马拉雅晚期
康工-活里拉正断层	NF2	50	倾向SW,倾角80°左右	$AnZM$、$N_1 \eta r$、AnZ、$O_1 j$	发育断崖和断层三角面,断层面上有擦痕和阶步	喜马拉雅晚期
歌木窘-萨迦县-空刷正断层	NF3	52	向N倾斜,倾角75°左右	$J_3 w$、$T_3 l$、$J_2 lu$、$J_{1-2} r$	断层破碎带发育劈理、牵引褶皱、碎裂岩和断层角砾岩	喜马拉雅晚期
帮来-曲西强果正断层	NF4	44	向N倾斜,倾角60°左右	$T_3 d$、$T_{2-3} q$	断层面上发育擦痕、阶步和磨光镜面,铁染较强	喜马拉雅晚期
那雪浦正断层	NF5	44	向N倾斜,倾角65°左右	$T_3 d$、$J_1 p$	断层发育擦痕、断层角砾岩和碎裂岩	喜马拉雅晚期
除马正断层	NF6	37	向北倾斜,倾角60°左右	$J_1 p$、$K_2 g$	断层同劈理,断层面上发育擦痕和阶步	喜马拉雅晚期
亚玛-康东坡正断层	NF7	24	向NW倾斜,倾角约55°	$T_{1-2} T$、$T_{2-3} q$、$P_2 q + Pq$	断层面上发育擦痕、阶步和磨光镜面,铁染较强	喜马拉雅晚期
甲吉浦-茶拉巴正断层	NF9	36	向NW-NE倾斜,倾角60°	$T_{2-3} q$、$T_3 d$	断层带出现碎裂岩,断面发育擦痕和磨光镜面	喜马拉雅晚期
捕姐正断层	NF10	10	向NNW倾斜,倾角66°	$J_1 p$、$T_3 d$	断层带有断层泥和断层角砾岩,节理发育	喜马拉雅晚期
甲弄正断层	NF11	9	向NNW倾斜,倾角60°	$T_3 d$、$T_{2-3} q$	断层带有铁染,劈理发育,断面见擦痕	喜马拉雅晚期
加错拉-甲布正断层	NF12	36	向NW-SW倾斜,倾角45°~75°	$J_3 w$、$J_2 lu$、$J_3 n$、$T_{1+2} l$、$J_{1-2} r$	大多呈负地貌,控制鲁鲁等温泉分布,发育碎裂岩和断层角砾岩	喜马拉雅晚期
岗日阿-亚木拉正断层	NF13	18	向NNE倾斜,倾角80°~85°	$T_3 d$、$T_{2-3} q$	断层面清楚,铁染强、擦痕多、节理发育,控制错母折林湖盆	喜马拉雅晚期
铁翁-昌龙正断层	NF14	23.5	向N倾斜,倾角70°	$T_3 d$、$T_{2-3} m$	断层带劈理发育,断面见擦痕和阶步	喜马拉雅晚期

续表 5-6

断层名称	编号	长度(km)	产状	相关地层	变形特征	形成时代
普鲁正断层	NF15	10	向 W 倾斜，倾角 70°	C_2n、Pj、P_2q+Pq、$T_{1-2}T$、$T_{2-3}q$	断层带发育断层角砾岩，断面见擦痕	喜马拉雅晚期
聂当浦正断层	NF16	7	向 NE 倾斜，倾角 65°	C_2n	断层带劈理发育，断面见擦痕	喜马拉雅晚期
勒拉断层	NF17	10	向 N 倾斜，倾角约 70°	J_2l、K_1g	断层带节理和方解石脉发育，出现断层角砾岩	喜马拉雅晚期
萨迦县-嘎阿正断层	NF18	15	向 W 倾斜，倾角约 75°	$AnZL$、$T_{1+2}l$、T_3n、$J_{1-2}r$、$N_1\eta r\beta$	断层带发育碎裂岩和断层角砾岩。断距约 200m	喜马拉雅晚期
闯挡缸断层	NF19	12	向 W 倾斜，倾角 70°~80°	$J_{1-2}r$、J_3w	断层带铁染严重，断面擦痕和磨光镜面发育	喜马拉雅晚期
罗穷-查纳宁日正断层	NF20	21	向 S 倾斜，倾角约 70°	$T_{1-2}T$、$T_{2-3}m$	断层沿山前分布，断面擦痕发育，泉水点多	喜马拉雅晚期

测区正断层按其走向分为近 SN 向和近 EW 向两组。近东西向正断层比近南北向正断层更为发育，沿着岩层走向和区域构造线方向分布，为走向断层或纵断层。除罗穷-查纳宁日正断层外，其他纵向正断层向北倾斜，断层面倾角为 65°~80°。这些纵向正断层与拆离断层的走向近于一致，具有相同的伸展方向，属于相同的变形体制，但是正断层的伸展量要小得多。值得重视的是，诸如岗日阿-亚木拉正断层还控制了错母折林第四纪断陷湖盆。

近南北向正断层是横切区域构造线的横断层。测区有几条十分重要的横向正断层，如宗格错-定结县和康工-活里拉正断层，它们分布在日玛那穹隆两侧，制约测区局部近南北向盆山格局和构造地貌。

横向正断层具有如下特征：①呈高角度产出，断层面倾角一般大于 70°；②在地貌上常形成断崖和断层三角面，这种现象在分布于晚新生代强烈隆升的日玛那穹隆东西两侧的宗格错-定结县正断层和康工-活里拉正断层上很普遍，断层崖的高度可达 1000m 以上；③断层面上发育擦痕、磨光镜面和阶步，擦痕侧伏角大于 80°；④断裂带显示脆性变形，发育脆性断层岩，主要是断层角砾岩和碎裂岩；⑤控制了第四系盆地（如定结盆地）、河流（如陆布者曲）、湖泊（如羊姆丁错姆、丁木错）、温泉（如鲁鲁温泉）的分布。

测区盖层中低角度拆离断层十分发育（表 5-7），主要分布在高喜马拉雅北侧和拉轨岗日变质核外围，前者属于藏南拆离系的重要组成部分（Burchfiel B C et al,1992），实际上我们最近厘定的拉轨岗日变质核杂岩盖层系统中的拆离断层也应当属于藏南拆离系的范畴，只是以前没作深入的构造研究，当作平行不整合。

表 5-7 测区拆离断层基本特征一览表

断层名称	编号	长度(km)	产状	相关地层	变形特征	形成时代
古玛-雅那达-边日莫波拆离断层	DF1	82	向 N 倾斜，倾角为 15°~30°	$Z\epsilon R$、$AnZz^2$	拆离断层具顺"层"特征，下盘发育长英质糜棱岩及其旋转碎斑系和 S-C 组构	喜马拉雅中晚期
雄布-定嘎-雅色颇拆离断层	DF2	52	向 NW 倾斜，倾角 33°~48°	$Z\epsilon R$、$AnZz^2$	是 DF1 的西延，具有相似的结构和变形特征，糜棱岩中发育长英质脉	喜马拉雅中晚期

续表 5-7

断层名称	编号	长度(km)	产状	相关地层	变形特征	形成时代
甲布弄-节棍巴-拉多拉拆离断层	DF3	82	向 N 倾斜，倾角 18°～25°	$Z\in R$、$O_1 j$	拆离断层带由下向上发生韧脆性转换，由糜棱岩变为碎裂岩，有地层减薄现象	喜马拉雅中晚期
雅拉波-朵白拆离断层	DF4	62	向 NW 倾斜，倾角 38°～52°	$Z\in R$、$O_1 j$	具顺"层"拆离特征，拆离断层造成局部地层减薄	喜马拉雅中晚期
学玛拉-学个那-巴沙浅农拆离断层	DF5	60	向 SE、SW 倾斜，倾角 15°～30°	$Z\in R$、$O_1 j$、$N_1\eta r\beta$	低角度拆离断层受剥蚀影响呈弧形，下盘岩石塑性变形强，发育糜棱岩和剪切褶皱	喜马拉雅中晚期
穷那-从布-爬巴普拆离断层	DF6	72	向 NW 倾斜，倾角 20°～30°	$D_1 l$、$S_1 s+S_{2+3} p$、$O_2 g$、$O_1 j$	是 DF4 的西延，被平移断层切割。断层下盘发育顺层掩卧褶皱	喜马拉雅中晚期
普弄抗日变质核杂岩基底拆离断层	DF7	105	环变质核向外倾斜，倾角为 32°～35°	$N_1\eta rl$、$P_2 b$、$P_2 k$、$P_1 b$、$P_1 p$、$C_{1-2} s$、$AnZk$、$T_{1+2} l$	断层下盘有数十米厚的糜棱岩带，发育旋转碎斑系、剪切脉、S-C 组构、剪切流变褶皱等。靠近断层面出现碎裂岩。导致地层大量缺失和减薄	喜马拉雅中晚期
普弄抗日变质核杂岩盖层拆离断层	DF8	122	向变质核外倾斜，倾角 18°～42°	$N_1\eta r$、$P_2 b$、$P_2 k$、$T_{1+2} l$	顺层拆离，导致地层缺失，控制花岗岩体侵位，出现较宽的糜棱岩带	喜马拉雅中晚期
总布容变质核杂岩基底拆离断层	DF9	50	向变质核外倾斜，倾角 27°～37°	$N_1\eta r$、$AnZL$、$T_{1+2} l$	导致地层大量缺失和构造减薄。断层下盘发育由长英质糜棱岩组成正断式韧性剪切带	喜马拉雅中晚期
阿马变质核杂岩基底拆离断层	DF10	88	环变质核向外倾斜，倾角 25°～45°	$AnZk$、$AnZL$、$P_1 b$、$P_2 k$、$P_2 b$、$C_{1-2} s$	断层面与下盘糜棱面理及上盘地层层理基本一致。糜棱岩具旋转碎斑系和 S-C 组构，导致地层不同程度缺失	喜马拉雅中晚期
阿马变质核杂岩盖层拆离断层	DF11	102	向变质核外倾斜，倾角 27°～41°	$T_{1+2} l$、$P_2 k$、$P_2 b$、$P_1 b$、$C_{1-2} s$	近环形展布，拆离程度不同造成不同地区断层上下两盘地层不同	喜马拉雅中晚期
郭家拆离断层	DF12	11	向 NE 倾斜，倾角约 32°	$Z\in R$、$O_1 j$	拆离断层具有顺层发育特征，断层带韧脆性转换明显	喜马拉雅中晚期
切龙拆离断层	DF13	6.8	向 NE 倾斜，倾角 25°～36°	$Z\in R$、$AnZz^2$	拆离断层带下盘糜棱岩具旋转碎斑系，断面上有断层泥	喜马拉雅中晚期
打那绒拆离断层	DF14	16.5	向 NE 倾斜，倾角 22°～31°	$Z\in R$、$O_1 j$	由下向上拆离断层带由糜棱岩变为碎裂岩，地层减薄	喜马拉雅中晚期

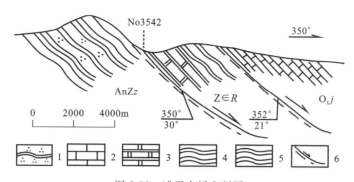

图 5-52 浦弄南拆离断层
1.石英岩；2.灰岩；3.大理岩；4.板岩；5.片岩；6.拆离断层

除基底与盖层之间大规模的主拆离断层外，盖层中最重要的拆离断层沿着肉切村群大理岩、板岩与下奥陶统甲村组灰岩之间发育（图 5-52），总体上断层面向北缓倾，呈铲式，向下有收敛于主干基底拆离断层之势。此外，在下奥陶统甲村组与志留系石器坡组或普鲁组之间、中二叠统白定浦组与中、下三叠统吕村组之间的重要岩性界面也顺层发育拆离断层，导致地层显著减薄，强烈的拆离作用导致局部地区出现沟陇日组和红山头组，以及破林浦组、比聋组、康马组等的构造缺失。在拆离断层带普遍出现韧脆性转换，由糜棱岩、糜棱岩化岩石向上变成碎裂岩系列。

3. 平移断层

平移断层在测区北部地区比较集中，有 NNE-SSW 向和 NNW-SSE 向两组（表 5-8），呈高角度产出，长度一般为几十千米，位移量一般为数千米。

表 5-8 测区平移断层基本特征一览表

断层名称	编号	长度(km)	产状	相关地层	变形特征	形成时代
普松-扣乌平移断层	SF1	42	向 NW 倾斜，倾角 75°～87°	$T_{1+2}l$、T_3n	断层破碎带发育碎裂岩、断层角砾岩，控制扣乌温泉。左行平移	喜马拉雅晚期
扎弄-如挖平移断层	SF2	18.5	向 SE 倾斜，倾角约 80°	$T_{1+2}l$、$AnZL$、T_3n	断层面发育擦痕和阶步，造成水系成直角转折，左行平移	喜马拉雅晚期
错果-勇左平移断层	SF3	27.4	向 NW 倾斜，倾角 65°～80°	$AnZz^2$、$Z\in R$、O_1j、$S_1s+S_{2+3}p$、D_1l、$D_{2-3}b$、D_3Cy、C_2n、P_2q、$T_{1-2}T$	断层带发育碎裂岩、劈理和岩脉，导致一系列地层错动，指示左行平移	喜马拉雅晚期
塔木子-驮那龙平移断层	SF4	26.5	倾向 SE，倾角为 70°	$AnZMgg$	断层切割早期片麻理和糜棱面理，显示左行平移	喜马拉雅晚期
达曲平移断层	SF5	10	NW236°∠79°	$T_{1+2}l$、$ANZL$、T_3n	呈负地貌，断层面发育擦痕和阶步，指示右行平移	喜马拉雅晚期
羊姆丁错姆-古荣平移断层	SF6	30	近 SN 走向，倾角约 80°	$T_{1+2}l$、P_2b、P_2k、P_1b、$AnZL$、T_3n、$C_{1-2}s$、$AnZk$	地貌特征明显，控制湖盆，发育碎裂岩和断层角砾岩。左行平移兼正断层性质	喜马拉雅晚期
确得纳-许隆平移断层	SF7	12.6	倾向 NW，近于直立	$AnZL$、P_1b、P_2b、$T_{1+2}l$、T_3n	发育断层角砾岩，断层面上有擦痕，为左行平移断层	喜马拉雅晚期

NNE-SSW 向平移断层具有左行平移性质，走向靠近南北的平移断层兼有正断裂性质（如羊姆丁错姆-古荣平移断层）。该组平移断层以普松-扣乌断层为代表，在测区内长约 40km，断裂破碎带宽数百米，错动普弄抗日变质核杂岩约 3km。该断层向西陡倾，断层面上擦痕的侧伏角小于 10°。在扣乌一带

出现三个温泉群,沿着平移断层呈线形分布。

在测区 NNW-SSE 向平移断层远没有 NNE-SSW 向平移断层发育,测区规模较大的 NNW-SSE 向平移断层只有达曲断层,此外还有窘捏断层和彭作浦曲断层,长度一般小于 10km,位移量小于 1km,具有右行平移性质。

第五节 构造演化史

测区现今复杂构造格局和多种构造形迹是在复杂的构造演化过程中形成的,经历了基底形成阶段、古大陆边缘及特提斯演化阶段和喜马拉雅隆升阶段(图 5-53),产生一系列与沉积作用、岩浆活动有关的构造事件,组成伸缩动态转换的构造变形序列(表 5-9)。

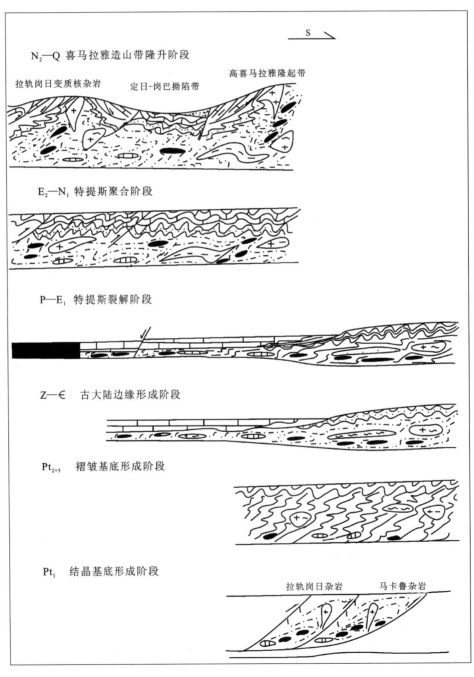

图 5-53 测区构造演化模式图

表 5-9　测区构造演化序列

阶段	世代	构造事件 变形	变质事件	岩浆事件	沉积事件
喜马拉雅隆升阶段	D_{16}	活动断层系			陆相沉积
	D_{15}	高角度正断层和平移断层			陆相沉积
	D_{14}	日玛那穹隆构造	热变质		
	D_{13}	藏南拆离系、拉轨岗日变质核杂岩	动力变质、热变质、麻粒岩退变质	淡色花岗岩 超镁铁质岩	陆相沉积
	D_{12}	正断式韧性剪切带	动力变质		
古大陆边缘及特提斯演化阶段	D_{11}	定日-致克逆冲推覆构造、萨迦逆冲推覆构造			
	D_{10}	盖层中压扁褶皱	低级区域变质		
	D_{9}	构造混杂带			滑塌堆积
	D_{8}	特提斯裂解		基性岩脉、岩墙	海相沉积
	D_{7}	冈瓦纳古陆北部大陆边缘形成			海相沉积
基底形成阶段	D_{6}	结晶基底与褶皱基底之间韧性滑脱拆离	动力变质		
	D_{5}	陆内裂谷收缩及褶皱作用	中级区域变质		
	D_{4}	陆内裂谷形成与扩张			海相沉积
	D_{3}	变质杂岩中透镜网络系统			
	D_{2}	深层次韧性剪切带	动力变质	地幔超镁铁质岩	基性火山岩
	D_{1}	黏塑性流变褶皱-顶厚褶皱、肠状褶皱、无根钩状褶皱	高级区域变质	早期花岗岩 片麻理化	

一、基底形成阶段

根据我们进行的野外地质调查研究,初步认为测区具有由结晶基底和褶皱基底构成的双重基底,代表了测区早期构造演化过程。

(一) 结晶基底形成时期

测区南部的马卡鲁杂岩和测区北部的拉轨岗日杂岩由正片麻岩、表壳岩系和镁铁质—超镁铁质变质岩组成。目前,前人在原聂拉木群中获得最老的年龄为 2250Ma 的锆石 U-Pb 年龄(许荣华,1986),而在此之前拉轨岗日变质岩系没有年龄数据。我们对马卡鲁杂岩这两套变质杂岩进行了锆石离子探针(SHRIMP)分析。

1. 马卡鲁杂岩的年龄测定

通过详细的野外地质调查研究,在日玛那片麻岩穹隆西侧麦日阿附近采集到新鲜的花岗闪长质片麻岩同位素年龄样品(2548-1),样品重约 15kg。花岗闪长质片麻岩样品靠近日玛那片麻状花岗岩的接触带,片麻岩中片麻理发育,片麻理发生褶皱变形,但是没有糜棱岩化。主要矿物为钾长石、斜长石和石英,其次是黑云母,次要矿物有绿帘石和绿泥石,副矿物主要为褐帘石、锆石、磷灰石和磁铁矿。

在中国地质大学(武汉)重砂分离实验室进行锆石分离。岩石样品粉碎后通过摇床分选、电磁选、人工精淘,然后在双目显微镜下从重矿物中挑选锆石。花岗质片麻岩中锆石丰富,从中分选出了250mg的锆石。对花岗闪长质片麻岩中的锆石进行光学显微镜观察、阴极荧光(CL)显微结构分析和离子探针(SHRIMP)定年,为分析测区基底变质杂岩的峰期变质事件、变质过程和构造演化提供了较为可靠的年代学依据。

锆石在光学显微镜下呈浅黄色、浅红色和无色透明状,锆石形态类型可分为两种:一种为柱状晶体,以短柱状为主,少数呈长柱状,自形程度好,大多数锆石的长宽比大约为2∶1~3∶1,熔蚀现象不明显,晶面主要为(100)、(110)和(111),表面平坦,光泽强,透明度高,这类锆石约占60%;另一种锆石为浑圆状、椭球状,他形,由于遭受较强烈的熔蚀使得锆石原有的晶面已基本消失,个别锆石颗粒的原有晶体形轮廓已完全改变,颗粒内部常含有深色包裹体(图5-54)。

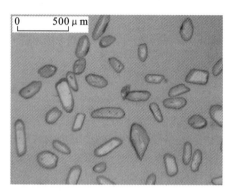

图5-54 花岗质片麻岩中锆石的形态

锆石的阴极发光图像更清楚地显示出锆石的形貌特征和内部结构。长柱状锆石(图5-55a)和短柱状锆石(图5-55b)都呈自形晶,颗粒粒度较粗大,粒径通常大于200μm。各晶面平直,边界清晰,晶棱突出。

柱状锆石显示两个显著的特征:①少量的柱状锆石内部结构均匀,但是大多数柱状锆石具有明显的韵律环带结构,环带排列规则,呈同心状;②大约有1/3的锆石是由增生边和晶核组成的复合锆石。晶核可能是原岩继承性的锆石残余内核,与增生边之间极不协调,有些晶核呈椭圆形,晶核长轴方向与复合柱状锆石晶体长轴方向不一致(图5-55c),一些组成晶核的锆石为碎块,被后期增生的锆石包裹(图5-55d)。这些特征表明柱状锆石可能为岩浆成因或深熔成因,与测区马卡鲁杂岩中广泛分布的半原地花岗岩密切相关。

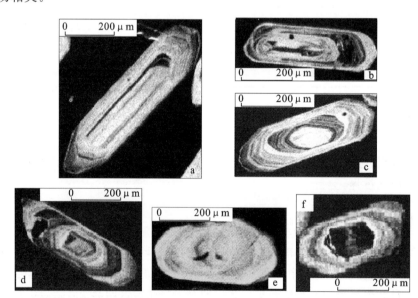

图5-55 卡鲁杂岩花岗质片麻岩中锆石的阴极发光图像
a.长柱状锆石;b.短柱状锆石;c.长柱状复合锆石;d.由残块状锆石晶核和增生边构成的复合锆石;
e.熔蚀的浑圆状锆石;f.具有晶核和增生边的复合锆石

浑圆状或弱浑圆状锆石颗粒较小,内部结构相对较均匀,没有明显的韵律环带结构,边缘显示强烈的熔蚀现象(图5-55e),少数弱浑圆状锆石也出现增生边和晶核(图5-55f)。

浑圆状、次浑圆状和不规则状锆石成因比较复杂,主要是原岩的残留锆石,可能是继承的、深熔的,也可能是后期变质改造的结果。

花岗质片麻岩样品 2548-1 中锆石含量很高,在双目显微镜下共挑选出 137 颗锆石。用于离子探针质谱分析的锆石用环氧树脂与标样镶在一起,然后抛光、清洗和浸泡。然后在中国地质科学院地质研究所同位素实验室的 SHRIMP Ⅱ 上进行测试,仪器测试强度为 -8nA 左右,一次粒子束斑约 30μm。每分析一次标样接着做 3 个锆石测点。一个年龄数据用 5 组扫描结果的平均值求得。使用 SQUID 和 ISOPLOT 程序进行数据处理。

进行离子探针质谱分析的锆石主要是那些颜色较浅、颗粒较大、纯净透明、自形较好、没有明显裂纹或包裹体的颗粒,对于由增生边和晶核组成的复合锆石,选取大颗粒的 3 颗锆石分别在增生边和晶核中测定 2 个微区。测量结果见表 5-10。

表 5-10　花岗质片麻岩锆石同位素分析结果

测定点	^{206}Pb (%)	U ($\times 10^{-6}$)	Th ($\times 10^{-6}$)	Th/U	^{206}Pb/^{238}U (Ma)		^{207}Pb/^{206}Pb (Ma)		^{238}U/^{206}Pb	±(%)	^{207}Pb/^{206}Pb	±(%)	不一致程度(%)
1.1	0.02	1445	81	0.06	1831	±24	1815.3	±4.1	3.044	1.5	0.111	0.22	-1
2.1	0.06	877	98	0.12	1791	±24	1844.5	±5.7	3.123	1.5	0.112	0.30	3
3.1	0.03	1176	61	0.05	1846	±25	1804.3	±5.6	3.016	1.6	0.110	0.30	-2
4.1	—	1803	90	0.05	1845	±24	1814.3	±3.7	3.018	1.5	0.110	0.20	-2
5.1	—	1084	71	0.07	1863	±24	1806.0	±4.8	2.983	1.5	0.110	0.25	-3
6.1	0.52	504	124	0.25	2233	±29	2493.9	±7.0	2.411	1.5	0.165	0.38	10
6.2	0.00	870	51	0.06	1814	±25	1806.0	±10	3.076	1.6	0.110	0.56	0
7.1	0.16	392	102	0.27	1779	±24	1841.3	±8.5	3.144	1.5	0.112	0.44	3
8.1	0.18	591	100	0.17	1826	±26	1839.7	±6.1	3.054	1.6	0.112	0.34	1
9.1	0.01	1364	76	0.06	1766	±23	1805.3	±6.6	3.171	1.5	0.110	0.35	2
10.1	0.13	881	365	0.43	1813	±25	1816.8	±7.7	3.078	1.6	0.111	0.42	0
10.2	0.12	4733	78	0.02	2318	±30	1807.1	±6.4	2.309	1.6	0.111	0.32	-28
11.1	0.80	978	569	0.60	2128	±28	2095.8	±8.8	2.557	1.5	0.129	0.50	-2
11.2	0.02	1136	85	0.07	1807	±25	1806.5	±4.8	3.091	1.6	0.110	0.26	0
12.1	1.06	1907	1321	0.72	1796	±24	1818.7	±4.9	3.111	1.5	0.111	0.26	1
13.1	0.01	3094	123	0.04	1883	±25	1812.9	±2.8	2.948	1.5	0.111	0.15	-4

13 个锆石样品 16 个分析测试点得到 2 组数据:一种是从柱状锆石和复合型锆石增生边测得的 13 个点,普通铅含量都较低,仅数据点 12.1 略高,占总铅比例的 1.06%,其他数据点都小于 0.80%。U、Th 含量分别为 $392\times10^{-6} \sim 3094\times10^{-6}$、$51\times10^{-6} \sim 1321\times10^{-6}$,Th/U 比值总体不高,但变化较大,为 0.04~0.72。锆石类型可能以深熔锆石为主。这组数据较好地集中分布在谐和线上(图 5-56),据这些测点的年龄数据求得 ^{206}Pb/^{238}U 年龄平均值为 1827±25Ma,^{207}Pb/^{206}Pb 年龄平均值为 1816±7Ma,代表了深熔作用及其变质作用的年龄,反映了马卡鲁杂岩区域性峰期热活动。

另一组数据主要来源于具有核幔结构的增生锆石中的晶核,为残余锆石,晶核与增生边之间的边界截然清晰,晶核形态变化多样,多为浑圆状(图 5-55e)、椭球状(图 5-55c),有的呈多边形(图 5-55d、图 5-55f),棱角分明,保存不完整,在整个复合锆石中所占比例不足一半。所测的 3 个锆石晶核的 Th/U 比值都很低,小于 0.05,具有变质锆石的特征,它们是变质岩中早期继承性锆石。3 个测点 ^{206}Pb/^{238}U 年龄平均值为 2226±29Ma。数据点 11.1 和 6.1 的 ^{207}Pb/^{206}Pb 年龄分别为 2.1Ga 和 2.5Ga,代表了残余的继承锆石的年龄,表明有古元古代和新太古代物质作为物源区,反映了马卡鲁杂岩原岩的形成时代。

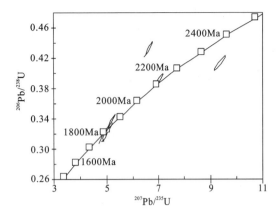 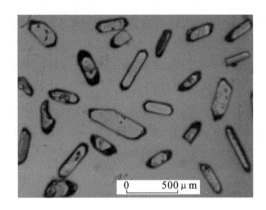

图 5-56　马卡鲁杂岩花岗质片麻岩中锆石同位素年龄　　图 5-57　拉轨岗日黑云斜长片麻岩中锆石的形态

对呈透镜状产于片麻岩中的基性麻粒岩锆石谐和 $^{206}Pb/^{238}U$ 年龄平均值为 $17.6\pm0.3Ma$。组成复合锆石晶核的一颗残余锆石具有高 $U(6800\times10^{-6})$ 的特征，Th/U 比值为 0.03，具变质锆石的元素组成特征，$^{207}Pb/^{206}Pb$ 年龄为 1.82Ga，与马卡鲁杂岩中正片麻岩深熔变质作用的年龄接近，代表了麻粒岩原岩的年龄。

至于麻粒岩具代表性的 $17.6\pm0.3Ma$ 的年龄数据，可能与高喜马拉雅的构造隆升有关的麻粒岩降压退变质作用有关，在其后详细描述。

2. 拉轨岗日杂岩的年龄测定

拉轨岗日杂岩分布在拉轨岗日变质核杂岩的核部，是一套结晶岩系，以花岗质片麻岩、眼球状片麻岩、条带状片麻岩为主，夹有少量的斜长角闪岩和榴闪岩。

进行锆石定年的黑云斜长片麻岩样品 2612-1 取自阿马变质核杂岩核部偏南扎日阿，岩石结晶好，片麻理发育。主要矿物为钾长石（约占30%）、斜长石（约占40%）、石英（约占20%）和黑云母（约占10%），次要矿物有石榴石、绿帘石和绿泥石，副矿物主要为褐帘石、锆石、磷灰石和磁铁矿。用于年龄测定的黑云斜长片麻岩样品重约12kg，岩石中含有丰富的锆石。对重砂样经粉碎、分选后在双目显微镜下挑选出 132 颗锆石。

锆石在光学显微镜下呈浅黄色和无色透明状，锆石类型较为单一，以长柱状晶体为主，有的呈短柱状，大多数锆石的长宽比为 2:1 至 4:1，为自形或基本自形，溶蚀作用较轻，晶面主要为(110)和(111)，表面平坦，光泽强，透明度高，有的颗粒内部出现放射性损伤裂纹而致使透明度有所下降，部分颗粒含有黑色包裹体（图 5-57）。少数锆石为浑圆状、椭球状，为他形，由于遭受较强烈的溶蚀造成锆石原有的晶面几乎消失，不具备锆石的外形轮廓，其中有些锆石含有黑色包裹体。它们中的大部分锆石可能为深熔成因。

通过阴极发光成像观察锆石的形态和结构。最多的长柱状锆石（图 5-58a）晶形完整，晶面平直，边界清晰，颗粒粗大，长宽比为 4:1 至 5:1，长轴长度通常大于 300μm，具有清楚的韵律环带结构，环带呈同心状排列，没有熔蚀现象。短柱状锆石（图 5-58b）与长柱状锆石的基本特征相同，只是长宽比有差异，多为 2:1，长轴方向的长度在 200μm 左右，韵律环带结构更明显。这种锆石是典型的岩浆锆石或深熔锆石。浑圆状或弱浑圆状锆石（图 5-58c），呈他形，晶面已消失，熔蚀强烈，没有明显的韵律环带结构。这类锆石可能与变质作用有关。

上述三种形态的锆石都可以出现由增生边和晶核组成的复杂结构（图 5-58c～图 5-58f），但是这种复合锆石并不多，约占所有锆石的 1/10，似乎在浑圆状锆石中所占比例要高一些。晶核可能是原岩的继承锆石，在后期的岩浆活动和变质过程中发展成残余内核，晶核与增生边之间结构多呈不协调关系，两者的长轴方向不同，形态也有变化。晶核形态有椭圆形（图 5-58c、图 5-58e）、新月形（图 5-58d）、三角形（图 5-58f）等。

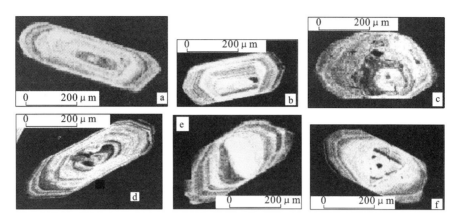

图 5-58 拉轨岗日杂岩内黑云斜长片麻岩中锆石的阴极荧光图像
a.长柱状锆石；b.短柱状锆石；c.浑圆状复合锆石；d.长柱状复合锆石
e.熔蚀的浑圆状复合锆石；f.由三角形残块状锆石晶核和增生边构成的复合锆石

选出15颗比较纯净的锆石进行离子探针测年分析，测试结果见表5-11。所有测定的锆石普通铅含量都较低，占总铅比例都小于0.45%。Th/U比值总体都不很高，但变化较大，为0.07～0.69，反映锆石类型较复杂。

表 5-11 拉轨岗日杂岩黑云斜长片麻岩中锆石的同位素分析结果

测定点	^{206}Pb (%)	U ($\times 10^{-6}$)	Th ($\times 10^{-6}$)	Th/U	^{206}Pb/^{238}U (Ma)		^{207}Pb/^{206}Pb (Ma)		^{208}Pb/^{232}Th (Ma)		^{238}U/^{206}Pb	±(%)	^{207}Pb/^{206}Pb	±(%)	不一致程度(%)
1.1	0.07	532	96	0.19	1880	±28	1874.4	±9.2	1920	±37	2.953	1.7	0.114	0.51	0
2.1	0.09	360	241	0.69	1873	±25	1867.8	±8.4	1888	±37	2.966	1.5	0.114	0.46	0
3.1	0.17	1881	178	0.10	1532	±24	1847.1	±4.5	1668	±53	3.727	1.8	0.113	0.23	17
4.1	0.45	653	204	0.32	1774	±24	1823.1	±6.2	1952	±34	3.158	1.6	0.111	0.34	3
5.1	0.24	2546	918	0.37	1951	±25	1859.8	±3.0	2044	±69	2.830	1.5	0.113	0.16	−5
6.1	0.20	1193	304	0.26	1824	±24	1804.3	±4.9	1923	±30	3.057	1.5	0.110	0.27	−1
7.1	0.02	1086	89	0.08	1783	±24	1813.7	±5.5	1771	±35	3.138	1.5	0.111	0.30	2
8.1	—	605	256	0.44	1821	±25	1794.1	±9.4	1780	±29	3.062	1.5	0.110	0.50	−1
9.1	0.39	1319	230	0.18	1783	±24	1909.4	±4.8	2032	±34	3.137	1.5	0.117	0.25	7
10.1	0.02	1477	96	0.07	1889	±25	1820.0	±6.3	1895	±34	2.936	1.5	0.111	0.34	−4
11.1	0.02	1123	89	0.08	1828	±24	1804.3	±4.9	1835	±36	3.051	1.5	0.110	0.27	−1
12.1	0.07	2894	1769	0.63	1883	±25	1815.6	±5.4	1898	±29	2.947	1.5	0.111	0.30	−4
13.1	0.02	579	64	0.11	1761	±24	1820.9	±10	1779	±39	3.183	1.5	0.111	0.55	3
14.1	—	981	80	0.08	1674	±22	1786.5	±5.6	1594	±34	3.373	1.5	0.109	0.30	6
15.1	0.24	1240	254	0.21	1808	±26	1895.0	±20	1916	±37	3.087	1.6	0.116	1.1	5

15个锆石样品测试点中3.1和14.1两个测点年龄偏小，可能与部分一次离子流打在变质增生边上有关。其余13个测点存在两组锆石年龄。与后期变质及深熔有关并位于谐和线附近的8个数据点，U、Th含量和Th/U比值分别为579×10^{-6}～2894×10^{-6}、64×10^{-6}～1769×10^{-6}和0.07～0.63，具变质深熔的组成特征。它们的^{207}Pb/^{206}Pb年龄平均值1812 ± 7Ma代表了变质及其相应的深熔作用的时代。另一组锆石5个数据点，^{207}Pb/^{206}Pb年龄变化于1.86～1.91Ga之间，Th/U比值为0.18～0.69，具岩浆锆石组成特征，代表早期花岗岩岩体形成的时代。而1.8Ga的年龄是花岗岩变质改造的年龄

(图5-59)。

这套正片麻岩中锆石1.9Ga左右的年龄可能为变质沉积岩系的形成时代,在1.81~1.82Ga时发生强烈构造作用,造成变质沉积岩系的变质变形和岩浆混合,该期构造热事件具全球意义,大致与吕梁运动相当。

(二)褶皱基底形成时期

测区扎西惹嘎岩组和抗青大岩组为一套石英岩-大理岩-片岩组合,在少数地区(如扎西惹嘎东部)可见石英岩底部出现"石英砾岩",局部可见杂岩中片麻理与石英岩的变形面($S_1=S_0$)呈小角度相关,但是在其他大多数地区扎西惹嘎岩组和抗青大岩组与马卡鲁杂岩和拉轨岗日杂岩之间为韧性剪切带接触。

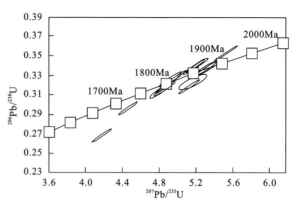

图5-59 拉轨岗日杂岩中花岗片麻岩中锆石U-Pb谐和年龄图

测区这两套变质岩不仅在物质组成上差异显著,在构造样式和变形期次上也存在明显的差别,高级片麻岩中发育顶厚褶皱、肠状褶皱和无根钩状褶皱,局部保留共轴叠加褶皱;而石英岩-大理岩-片岩组合以相似褶皱为特征。

我们没有获得晋宁期的年龄数据,但是在区域上有大量反映该期年龄的资料,如Mehte(1975)测得高喜马拉雅花岗片麻岩的Rb-Sr全岩等时年龄581±9Ma。卫管一(1986)认为聂拉木群有两组变质年龄,一组集中在664~644Ma,另一组为94.92~8.59Ma。李光岑(1988)在亚东的石榴石黑云母片麻岩中用单矿物锆石U-Pb法,测得其年龄值为718±158Ma;在北喜马拉雅玛纳理-查里帕地区的云母片岩中获年龄值730±20Ma;在印度锡金邦的查尔群中获年龄819±80Ma。

尽管高喜马拉雅和拉轨岗日基底变质岩系与上覆盖层之间均为拆离断层接触,但是两套地层在岩性组合、变质程度、构造样式、构造序列、变形期次等方面存在显著差异,其原始接触关系应该是角度不整合,只是晚新生代喜马拉雅造山带的伸展构造作用十分强烈,大规模的拆离断层彻底改造了角度不整合界面。

我们初步的认识是:测区褶皱基底可能于晋宁期结束。与前一个阶段相比,这个阶段的岩浆活动较弱,但褶皱作用十分强烈。此后进入稳定的沉积环境,沉积了一套海相碎屑岩-碳酸盐岩建造。

二、古大陆边缘及特提斯演化阶段

(一)古大陆边缘形成时期

测区从震旦纪至古生代(特别是早古生代)总体处于较稳定的构造环境,形成一套稳定的海相沉积地层,基本上为大陆架和斜坡部位,当时测区的构造古地理格局可能是处于冈瓦纳古陆的北缘,虽然存在小幅度的差异升降运动,但是海平面升降变化不大,并没有改变古大陆边缘海盆的构造环境。

(二)特提斯裂解与聚合时期

测区位于青藏特提斯构造域的南缘,大约从早二叠世开始,近东西向的海盆由稳定转向活动,表现为水平方向强烈扩张,出现海底火山岩喷发。测区北侧中贝一带早二叠世灰岩中出现基性火山岩,最近在邻区图幅中也发现海相火山岩。到晚三叠世新特提斯已有相当大的规模,广泛发育复理石沉积。在东边邻幅的江孜与康马之间的侏罗系中发现相当于拉斑系列的中基性火山岩,向西可能延伸至测区,在测区涅如组和日当组中出现大量的辉长-辉绿岩墙,反映了特提斯的扩张作用。白垩纪特提斯持续大规模扩张,在测区北侧形成蛇绿岩带,出现有限小洋盆,并于晚白垩世—第三纪早期因其向北俯冲而逐渐消亡。在测区西部定日县城西侧仍保留特提斯海相第三系灰岩。在洋陆转换过程中,特提斯沉积岩系发生强烈的压扁褶皱作用,伴生逆断层和逆冲断层,并出现一系列中压变质矿物组合。

三、喜马拉雅隆升阶段

(一)喜马拉雅造山带隆升时间

1. 有关喜马拉雅造山带隆升的认识

年轻的喜马拉雅造山带的隆升过程、隆升速率和隆升机制是当代地学界十分关注的科学问题(李廷栋,1995),国内外地质学家已在喜马拉雅造山带及邻区开展热年代学研究,运用热年代学方法来限定山体的隆升速率(钟大赉,丁林,1996;Coleman et al,1998;肖序常,王军,1998;王成善,丁学林,1998;江万等,1998;王军,1998;王彦斌等,1998)。

喜马拉雅造山带作为青藏高原的一个组成部分,在青藏高原整体差异隆升过程中于晚新生代快速抬升。丁林、钟大赉等(1995)通过测定东喜马拉雅不同海拔高度花岗岩中磷灰石的裂变径迹年龄,给出东喜马拉雅构造结上新世以来快速隆升的证据,得出25~18Ma,13~7Ma和3Ma至今3个隆升期,而且抬升速率越来越快。

Zeitler(1988)对喜马拉雅西北部及南迦帕尔巴特峰地区的研究表明,喜马拉雅西北部近60Ma以来的抬升速率为0.05~0.83mm/a,约40~17Ma期间,抬升速率为0.14~0.33mm/a,同时在这一地区获得的锆石和磷灰石的裂变径迹年龄低达1.3Ma和0.4Ma。如果这一结果正确的话,更新世晚期这一地区的抬升速率可达1cm/a,也就是说在1Ma的时间里将上升10km。刘顺生等(1987)对西藏的拉萨、康马和告乌3个岩体利用磷灰石年龄-地形高差法进行了隆升速率的计算,获得了高喜马拉雅的告乌岩体9.18~8.06Ma前的平均抬升速率为0.49mm/a。江万等(1998)通过对冈底斯花岗岩带中段花岗闪长岩不同矿物裂变径迹年龄研究,得到该区约30Ma为缓慢隆升阶段、30~7Ma隆升速度加快、7Ma以来快速隆升的认识。

青藏高原南部喜马拉雅和冈底斯的隆升经历了始新世板块碰撞、中新世板内造山和3.6Ma以来的均衡隆升三个发展阶段(李德威,2004,2008;Li,2010)。在喜马拉雅造山带内部,基本上没有与其最靠近的板块碰撞带(雅江带)同期的断裂活动、变质作用、成矿作用的记录,而喜马拉雅造山带同步的逆冲构造和伸展构造及其与伸展构造相关的岩浆活动、变质作用、成矿作用等集中出现在中新世。更重要的是,喜马拉雅前陆盆地的形成与演化与喜马拉雅造山带具有十分密切的时空联系和成因联系。喜马拉雅造山带同期发育变质核杂岩及其热隆伸展构造系统(李德威,1992)和近东西走向的拆离断层系(Burchfiel et al,1992;李德威,1992)。盆山系构造-岩浆-沉积组合说明印度大陆北部及喜马拉雅地块与冈底斯地块在65~30Ma发生陆陆碰撞和洋陆转换后,经过渐新世稳定期(沉积间断、剥蚀作用),于早—中中新世发生地壳尺度的板内伸展作用及其盆山耦合,形成喜马拉雅造山带和印度-恒河盆地。晚中新世沉积环境发生巨大变化,Siwalik群粗碎屑岩不整合在早中新世细粒碎屑岩之上,MBT同期活动,说明盆山差异升降作用加强,早—中中新世高喜马拉雅变质核杂岩南部的伸展构造可能被晚中新世以后形成的逆冲断层所改造。

喜马拉雅-冈底斯伸展构造是青藏高原南部板内主导构造型式,并与岩浆活动、成矿作用密切相关。喜马拉雅-冈底斯伸展构造具有多样性,早期为近东西走向的伸展构造形迹发生近南北向伸展,从高喜马拉雅—特提斯喜马拉雅—冈底斯—南羌塘有规律地出现变质核杂岩(高喜马拉雅变质核杂岩)-拆离断层(藏南拆离系)-火山岩断陷盆地(邬郁盆地、林周盆地等)-断陷湖盆(中新世超级古南湖)的组合,在几何学上,从低角度正断层系统(如变质核杂岩和拆离断层)到高角度正断层系统(如断陷盆地、断陷湖盆、地堑);构造层次上从地壳深层次韧性伸展到地壳浅层次脆性伸展。晚期为近南北走向的伸展构造形迹以近等间距分布的地堑为主,发育在地壳较厚的冈底斯和北喜马拉雅地区,切割和改造了近东西向伸展构造,出现有规律的组合,一系列的地堑收敛于喜马拉雅弧顶、向青藏高原腹部发散,东部的曲松-错那、谷露-羊八井-亚东地堑呈 NNE-SSW 向展布、中部的申扎-定结地堑和穹错-当惹雍错-许如错地堑近南北向分布,西部的扎布耶茶卡-塔若错-杰萨错-佩枯错地堑、仓木错-森里错地堑、阿果错-当却藏布地堑呈 NNW-SSE 向展布,与地震的分布格局一致。中新世厚壳伸展构造不能用板块碰撞来解释,也不是碰撞造山后拆沉作用、重力垮塌的结果,而是板内同造山过程中从恒河盆地流入的下地壳热软化物质在青藏高原南部和中部大量汇聚,层流加厚的下地壳部分熔融的低密度岩浆上升转化成垂向作用力,下地壳的热垫作用导致相对脆性的上地壳发生热隆伸展(李德威,1995、2003a),当青藏高原下地壳物质聚集到一定程度,由于北边和东部已有冷却硬化的塔里木盆地和四川盆地的阻挡,青藏高原大部分剩余物质通过三大盆地之间的 3 个构造结向外流散,东昆仑-西秦岭构造结形成于中生代的盆山耦合,中新世从南部流至此构造结的热流物质在质量和能量上减弱,帕米尔构造结和横断山构造结则强烈活动,转移了青藏高原大量的地壳剩余物质;另一部分通过盆山过渡带的逆冲断层和褶皱吸收,隆升的地壳主要向东部地势低的四川盆地方向扩张,在后缘发生伸展,加上东、西构造结地壳物质流散的共同作用,形成青藏高原近南北走向的、呈发散状分布的地堑组合。

经板块碰撞后洋壳与陆壳拼合混杂造成壳幔物质的不均一性,板块碰撞之后,主动边界变成被动边界,含蛇绿岩的增生楔深部受新生流动的下地壳置换和改造,地壳成熟度增强,壳幔物质横向混熔导致下地壳流过蛇绿岩的一侧形成陆壳与洋壳混源的埃达克质岩,有利于形成大型、超大型斑岩铜矿。在中新世板内喜马拉雅-恒河盆地盆山耦合过程中,由南向北流动的下地壳流层叠加改造雅鲁藏布江蛇绿岩带,早期的地幔物质和新生的下地壳物质进一步熔融,混合的壳幔物质在下地壳显著加厚高温条件下发生部分熔融,生成埃达克质花岗岩浆,并上升到具有伸展环境的上地壳,在冈底斯南缘形成大规模的斑岩铜矿带。所以冈底斯构造带埃达克质岩及其斑岩铜矿群在构造背景上处于(下)地壳加厚、构造隆升和热隆伸展环境,在空间上带状平行展布于雅江蛇绿岩带的北侧,在时间上晚于蛇绿岩和板块碰撞,在成分上显示地壳熔融并富含洋壳地幔成分,其特征与蛇绿岩带南侧同期的喜马拉雅淡色花岗岩截然不同。

青藏高原各构造单元普遍出现喜暖的三趾马动物群,青藏高原北部三趾马动物群分布广泛,例如,临夏盆地丰富的晚中新世三趾马动物群化石产于红色、紫红色泥岩中;青藏高原中部那曲的布龙盆地、夏曲卡盆地、措勤-比如盆地也发现三趾马动物群化石;青藏高原南部的吉隆沃马和扎达一带的晚中新世河湖相沉积中也含有三趾马动物群化石(郭铁鹰等,1991)。经过 23~7Ma 的构造隆升和同步的剥蚀及其后 7~3.6Ma 板内构造转折期的夷平作用,大幅度消除了前期构造隆升的地理效应,形成具有红色风化壳特征的低位夷平面,创造了三趾马动物群生活的温湿气候,出现海拔大多为数百米的低山森林草原环境,青藏高原周缘局部可能有 3000m 以上的高山。

此后青藏高原板内构造演化进入一个新的发展阶段,从以地质作用为主的板内造山、构造隆升阶段转变成以地理作用为主的均衡成山、快速隆升阶段。与自北而南的迁移式构造隆升不同,青藏高原均衡隆升以整体性垂直运动和脉动式隆升为特征,可划分出 3.6Ma、2.5Ma、1.8~1.2Ma、0.8Ma、0.15Ma 等一系列成山事件。正是这些整体性、脉动式成山作用形成了青藏高原,并引起相关的地质灾害、水系变迁、气候变化、环境演变。

2. 测区喜马拉雅隆升时间

至今测区有关隆升速率的研究尚属空白,特别是对拉轨岗日的隆升历史缺乏研究,这对于搞清拉轨岗日与高喜马拉雅在结构和演化之间的关系十分重要。

通过淡色花岗岩磷灰石裂变径迹分析方法,结合在喜马拉雅隆升过程中退变质的麻粒岩和同期侵入的超镁铁质岩的年代学资料,约束测区喜马拉雅山体的隆升时间。

(1)淡色花岗岩磷灰石裂变径迹年龄

由于磷灰石的裂变径迹具有低的封闭温度(70~120℃),因而被广泛地用于挽近地质时期山脉的冷却隆升和剥露历史。

我们在高喜马拉雅和拉轨岗日系统采集了裂变径迹年龄样品,样品基本上都是为过铝质的淡色花岗岩(表 5-12)。经挑选出磷灰石和锆石后,样品送中国地震局地质研究所裂变径迹实验室分析测定,磷灰石裂变径迹年龄用外部探测器、以 Zeta 标准化计算的方法获得。校准化年龄校准是 Durango 磷灰石(31.4Ma)。国家校准局校准微量元素玻璃 SRM_{612} 用来作为放射量测定器测定在照射期间的中子流量。磷灰石中自发裂变径迹在 20℃ 的条件下用 7% 的硝酸蚀刻 35s。在照射期间,低 U 白云母外部探测器盖住磷灰石样品和玻璃放射量测定器,因而诱发裂变径迹后来在 20℃ 和条件下用 40% 的硝酸蚀刻 20min。裂变径迹和径迹长度测量在放大 1000 倍、油浸和条件下用 OLYMPUS 显微镜下进行。样品基本特征和分析结果见表 5-12 和表 5-13。

表 5-12 锆石和磷灰石裂变径迹年龄

样品号	岩性	位置	高程(m)	矿物类型	年龄(Ma)
AP3536-1	黑云母淡色花岗岩	拉穷抗日岩体	5180	磷灰石	9.2±1.1
Zr3536-1	黑云母淡色花岗岩	拉穷抗日岩体	5180	锆石	16.2±1.5
Zr3519-2	黑云母淡色花岗岩	5680.2 高地	5390	锆石	16.7±2.0
Ap2580-1	白云母淡色花岗岩	定结岩体	5040	磷灰石	8.2±2.1
Ap2607	黑云母淡色花岗岩	抗青大岩体	5515	磷灰石	10.5±1.6
Ap2608-2	白云母淡色花岗岩	抗青大岩体	5595	磷灰石	7.9±1.2
Ap4549-1	黑云母淡色花岗岩	抗青大岩体	5407	磷灰石	17.0±1.8
Ap4653-1	白云母淡色花岗岩	麻布加岩体	4389	磷灰石	5.7±2.0

表 5-13 裂变径迹数据

样品号	颗粒数	$\rho_d(N_d)$ ($\times10^6 cm^{-2}$)	$\rho_s(N_s)$ ($\times10^5 cm^{-2}$)	$\rho_i(N_i)$ ($\times10^6 cm^{-2}$)	$P(x^2)$ (%)	r	平均径迹长度 ($\mu m\pm1\sigma$)(Nj)
Ap3536-1	21	0.658(1644)	1.481(7.199)	1.902(3994)	0.787	0.460	13.06±0.27(55)
Zr3536-1	18	0.641(1592)	7.199(1015)	50.26(7087)	48.8	0.966	
Zr3519-2	18	0.781(1953)	14.00(798)	12.71(7243)	0.000	0.774	
Ap2580-1	18	1.279(3789)	0.419(18)	1.156(497)	71.5	0.906	
Ap2607	21	1.273(3182)	0.286(60)	0.608(1277)	97.7	0.855	13.54±0.25(29)
Ap2608-2	21	1.282(3198)	0.295(62)	0.842(1768)	100.0	0.897	14.31±0.27(28)
Ap4549-1	21	1.286(3207)	1.286(270)	1.709(3588)	90.9	0.900	13.49±0.20(60)
Ap4653-1	8	1.290(3216)	0.136(9)	0.539(356)	55.8	0.670	11.64±0.21(29)

所有样品的径迹年龄位于 17.0~5.7Ma 之间(刘德民等,2005),磷灰石裂变径迹年龄是对构造抬升的响应,表明测区喜马拉雅山脉的隆升开始于中新世,一直延续到上新世。除 Ap2608-2 异常外,总体上看,海拔高的样品具有较大的年龄值,反映了各样品随隆升先后通过退火带而产生裂变径迹。

(2) 基性麻粒岩的锆石 U-Pb 年龄

锆石 U-Pb 定年是高压—超高压变质地体中首选的定年方法。由于锆石 U-Pb 体系的封闭温度较高,因而在区域变质作用、部分熔融和高压—超高压作用下可以较好地保存下来。我们采用先进的锆石离子探针质谱分析方法确定基性麻粒岩的年龄。

通过详细的野外地质调查研究,在日玛那片麻岩穹隆西侧扎乡采集到麻粒岩同位素测年龄样品(0312-5-3),岩石样品新鲜。麻粒岩呈透镜状产出,围岩是花岗质片麻岩,有一定程度的糜棱岩化。

基性麻粒岩后成合晶结构和冠状反应边结构十分发育,镜下明显可以分辨出三期变质矿物组合:早期的石榴石和相对富铝的单斜辉石具高压变质特征,十分常见的现象是石榴石核部几乎完全被后成合晶(Pl+Opx+Cpx)所取代,斜长石及少量的角闪石和普通辉石组成冠状反应边;中期的麻粒岩相矿物组合为Opx+Cpx+Pl±Sp,取代早期石榴石形成后成合晶,后成合晶为蠕状矿物集合体,在早期单斜辉石边缘形成新的单斜辉石反应边。晚期变质矿物为普通角闪石,常在先成的单斜辉石边缘形成反应边,是角闪岩相退变质的产物。这组从不同深度的麻粒岩到角闪岩相的退变质组合具有绝热降压特征。

用于同位素测试的锆石是由重约10kg的麻粒岩从人工重砂样中经粉碎、摇床分选、电磁选,选取无磁性或弱磁性锆石单颗粒。与花岗质片麻岩相比,锆石含量较低,最终在双目显微镜下选出76颗较纯净的锆石。

锆石在光学显微镜下呈浅黄色、浅紫色,有的呈无色透明状,锆石颗粒细小,形态类型较为单一,主要为等粒状、浑圆状、椭球状,他形,熔蚀作用强烈,锆石初始晶形已完全改变,有的锆石颗粒内部可见细小的包裹体。

在阴极发光下锆石形态特征更明显,呈等粒状、浑圆状(图5-60a)、椭球状(图5-60b),极少见柱状锆石,长宽比接近,锆石颗粒细小,粒径通常为80~100μm。大多数锆石内部结构不明显,没有明显的韵律环带结构,锆石表面发育凹坑和斑状麻点。在少数锆石边缘存在颜色很暗的边,但宽度很窄,小于20μm,宽窄变化较大,形态不规则(图5-60c),另外有的锆石出现晶核与增生结构,晶核锆石和增生锆石都呈浑圆状或短轴状,对称轴方向以较小的角度相交,增长锆石熔蚀作用相对较弱,隐约可见韵律环带(图5-60d)。这些锆石具有变质锆石的形态特征。

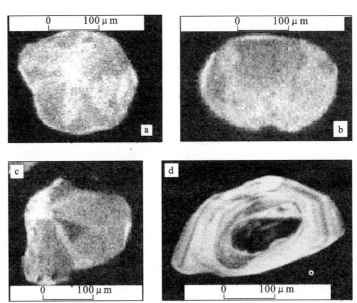

图5-60 日玛那麻粒岩锆石阴极发光图像
a.内部结构均匀的浑圆状锆石;b.内部结构均匀的椭球状锆石;
c.锆石暗色边;d.锆石晶核与增生结构

由于麻粒岩中锆石年轻,颗粒细小,测试难度较大,为了获得高质量的年龄数据,在测试过程中,^{206}Pb和^{207}Pb积分时间比通常的测试时间增加一倍,分别为20s和40s。

选择麻粒岩样品0312-5-3中颗粒较大的14颗锆石,对其15个样品测定点进行离子探针测试分析,有一颗锆石分别在增生边(14.1)和晶核(14.2)中测定两个微区。分析数据见表5-14。

表 5-14 基性麻粒岩中锆石同位素分析结果

测定点	^{206}Pb (%)	U (×10^{-6})	Th (×10^{-6})	^{232}Th/^{238}U	^{206}Pb/^{238}U (Ma)	^{238}U/^{206}Pb	± (%)	^{207}Pb/^{206}Pb	± (%)	不一致程度 (%)
1.1	0.65	961	2	0.00	18.30±0.37	350.0	1.9	0.0514	4.3	69
2.1	0.88	899	4	0.00	16.88±0.32	380.0	1.7	0.0542	3.1	94
3.1	1.90	1081	3	0.00	17.78±0.36	354.8	1.7	0.0615	2.5	207
4.1	0.61	1122	2	0.00	18.19±0.32	353.6	1.7	0.0510	2.8	91
5.1	1.37	923	3	0.00	17.29±0.32	365.7	1.7	0.0565	2.9	109
6.1	0.69	1111	6	0.01	29.34±0.49	219.4	1.7	0.0555	2.3	94
7.1	0.96	852	2	0.00	17.84±0.32	359.5	1.8	0.0547	3.1	94
8.1	0.65	1161	3	0.00	16.77±0.33	376.8	1.7	0.0540	2.7	104
9.1	0.89	927	2	0.00	18.05±0.35	352.3	1.8	0.0522	3.2	110
10.1	0.78	995	2	0.00	17.15±0.31	373.2	1.7	0.0507	3.0	−28
11.1	0.40	1088	2	0.00	17.59±0.31	364.6	1.7	0.0498	2.9	49
12.1	1.98	1008	3	0.00	18.11±0.35	350.0	1.8	0.0633	2.6	93
13.1	0.48	890	1	0.00	17.22±0.31	371.8	1.8	0.0509	3.3	36
14.1	1.61	934	4	0.00	16.15±0.40	383.1	1.9	0.0670	2.9	102
14.2	—	6800	216	0.03	1991±26	2.763	1.5	0.111 126	0.076	−10

15 个测点数据中 13 个点集中分布于谐和线上(图 5-61)。所测锆石 U 含量很高,且普通铅含量低,从而保证样品年轻变质年龄差异在测试误差范围内。U 和 Th 含量分别为 $852×10^{-6}$ ~ $1161×10^{-6}$ 和 $1×10^{-6}$ ~ $4×10^{-6}$,Th/U 比值小于 0.005。锆石放射性成因铅积累很低,为 $2.04×10^{-6}$ ~ $2.74×10^{-6}$。除数据点 14.1 普通铅含量较高,占总铅比例为 3.93%,其数据误差较大外,其余 12 个数据点普通铅占总铅比例为 0.07% ~ 1.99%,由此年龄求得 ^{206}Pb/^{238}U 年龄平均值为 17.6±0.3Ma。数据点 6.1 的 Th/U 比值为 0.01,^{206}Pb/^{238}U 年龄为 29.5±0.4Ma,远离谐和线,显然为残余锆石影响所致。晶核的锆石(14.2)

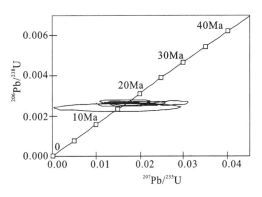

图 5-61 麻粒岩中锆石 U-Pb 谐和年龄图

高 U($6800×10^{-6}$)、Th($216×10^{-6}$),Th/U 比值为 0.03,仍具变质锆石的元素组成特征,但结果表现数据点反向,^{207}Pb/^{206}Pb 年龄为 1.82Ga,这可能为残余锆石所反映的早期变质年龄,与马卡鲁杂岩的变质年龄接近,代表麻粒岩原岩的年龄。

麻粒岩中大多数锆石在形态、CL 图像和元素组成方面都显示典型变质锆石特征。17.6±0.3Ma 的年龄数据与高喜马拉雅的构造隆升及其相关的淡色花岗岩侵位、伸展构造作用同时,而在此隆升降压过程中,麻粒岩明显地发生退变质作用,形成石榴石的后成合晶,初步认为这个年龄代表麻粒岩最近一次退变质作用的时代(Li et al,2003)。

能够获得如此年轻和高精度的锆石年龄数据,取决于所测的锆石 U 含量很高,且普通铅含量低,从而保证样品变质年龄差异在测试误差范围内,并与仪器状态稳定有关。

测区麻粒岩 17.6±0.3Ma 年龄比西构造结帕米尔地区榴辉岩的峰期变质时间(40~55Ma)要晚(Tonarino S et al,1993;Spencer D A,Gebauer D,1993;De Sigoyer J et al,2000;Kaneko Y et al,

2001；Treloar P J，2001），也晚于 Ladakh 麻粒岩相泥质变质岩的峰期变质时间（30～20Ma）（Rolland Y et al，2001），一般将两个构造结的高压—超高压变质岩作为印度板块和欧亚板块碰撞的产物。

测区基性高压麻粒岩是在印度板块与欧亚板块碰撞后形成的，与喜马拉雅造山带隆升作用同期，并与喜马拉雅造山带南侧的大规模逆冲断层作用、喜马拉雅造山带核部的热隆伸展作用及相关的淡色花岗岩的形成、喜马拉雅造山带北部以藏南拆离系为代表的伸展构造活动时间一致，是晚新生代喜马拉雅造山带快速构造隆升导致麻粒岩发生退变质作用的反映。

（3）超镁铁质岩的锆石 U-Pb 年龄

在曲当—扎乡—带出露少量的超镁铁质岩，呈小透镜体状、脉状产于马卡鲁杂岩中，与围岩的接触界线清楚，野外露头形态与麻粒岩很相似，但与片麻理不协调。

用于定年的超镁铁质岩样品（0314-2）采自日玛那片麻岩穹隆西侧洛穷南的山崖上。岩石样品较为新鲜，用于同位素测年样品重约 8kg，但是超镁铁质岩中锆石含量很低，经粉碎、分选、磁选后在双目显微镜仅选出 11 颗相对较好的锆石。

锆石多呈无色透明状，有的锆石呈浅红色、浅棕色。锆石颗粒细小，形态变化较大，为短柱状、等粒状、菱形和不规则状。有的锆石晶形较好，晶棱清楚（图 5-62），反映熔蚀作用较弱。个别锆石颗粒内部可见微裂纹和包裹体。上述特征表明这些锆石是在岩浆结晶时形成的。

锆石的阴极荧光图像显示其形态特征和精细结构，大致可分出两种锆石：一种锆石的晶形较好，呈椭圆状（图 5-63a）、短柱状（图 5-63b），长宽比大约为 2:1，边缘熔蚀较弱，不同程度地显示韵律环带结构，个别锆石内部出现晶核或包裹体（图 5-63b）；另一种锆石呈粒状，锆石表面发育斑点，边缘熔蚀作用强烈，局部出现港湾状边界，

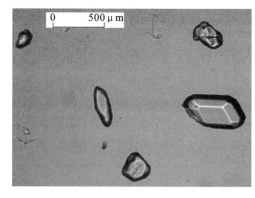

图 5-62 超镁铁质岩中锆石的形态

晶体形态基本消失（图 5-63c），长宽比接近，大多数锆石内部结构较简单，总体较均匀，有的锆石颗粒的核部有不规则状小斑点，没有明显的韵律环带（图 5-63d）。所有的锆石颗粒都很细小，粒径通常为 30～50μm。

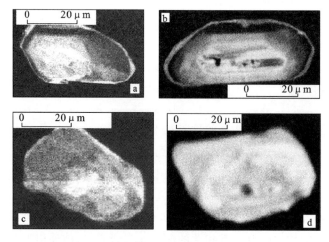

图 5-63 超镁铁质岩中锆石阴极荧光图像

a.椭圆形锆石；b.短柱状锆石；c.熔蚀的锆石；d.内部结构均匀的锆石

选出 8 颗较好的锆石进行离子探针测年分析，测试结果见表 5-15。从表中数据可以看出，除测点 8.1 外，所测定的锆石 U 含量较高，Th/U 比值较低，小于 0.02，可能与样品较年轻有关。与前面的花岗质片麻岩和基性麻粒岩锆石样品相比，超镁铁质岩中锆石测样的普通铅含量较高，占总铅比例的 1.35%～8.19%。

表 5-15 超镁铁质岩中锆石的同位素分析结果

测定点	^{206}Pb (%)	U (×10^{-6})	Th (×10^{-6})	$^{232}Th/^{238}U$	$^{206}Pb/^{238}U$ (Ma)±(%)	$^{238}U/^{206}Pb$	±(%)	$^{207}Pb/^{206}Pb$	±(%)	不一致程度 (%)
1.1	4.30	370	3	0.01	16.97±0.42	376.6	2.4	0.0801	5.7	98
2.1	6.39	130	2	0.02	15.56±0.79	393	3.7	0.0844	11	116
3.1	3.84	1265	5	0.00	17.48±0.39	351.4	1.8	0.0807	3.1	120
4.1	6.30	779	3	0.00	16.99±0.41	358.9	1.8	0.0935	3.7	94
5.1	1.53	514	2	0.00	16.57±0.43	383.2	2.3	0.0546	4.6	114
6.1	2.35	666	2	0.00	16.54±0.37	383.0	1.8	0.0658	3.4	95
7.1	8.19	302	7	0.02	16.85±0.96	346.8	2.1	0.1094	4.0	92
8.1	7.76	226	119	0.54	295.3±5.90	20.08	1.7	0.103	12	31

除锆石测定点 8.1 外,其他锆石给出一致的谐和年龄(图 5-64)。至于锆石测定点 8.1 所获得的 295.3±0.90Ma $^{206}Pb/^{238}U$ 年龄值,有待作进一步的研究。由 7 个测定样品求得 $^{206}Pb/^{238}U$ 年龄平均值为 16.71±0.54Ma。这个年龄结果表明超镁铁质岩岩体的形成时代与喜马拉雅造山带的隆升同时,表明喜马拉雅造山带的隆升与壳幔反应和圈层作用密切相关。

(二)测区喜马拉雅隆升速率

采自高喜马拉雅的淡色花岗岩样品(3536-1)的磷灰石与锆石分析结果如图 5-65,明显可见岩体的上升路径,由于当时岩体已经不具备上侵的能力,因而这个曲线代表了高喜马拉雅山脉隆升和剥蚀的综合路径。

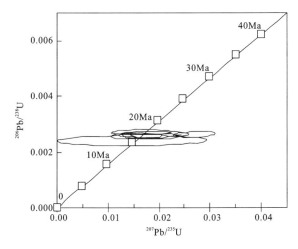

图 5-64 超镁铁质岩中锆石 U-Pb 谐和年龄图

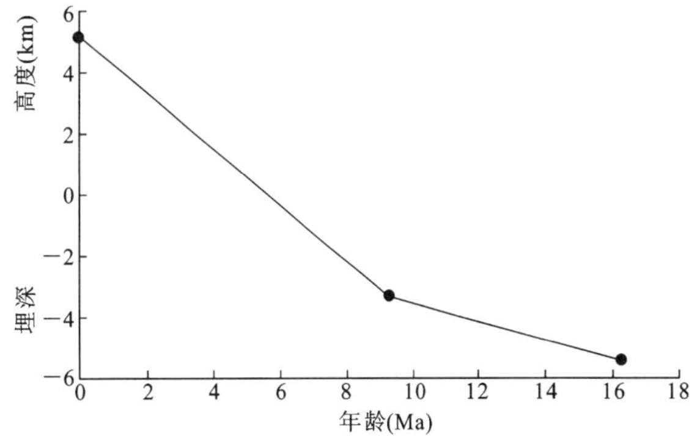

图 5-65 测区喜马拉雅隆升与剥蚀速率

高喜马拉雅山体的隆升是不均匀的,从 16.2Ma 到 9.2Ma 的一段时间里,隆升与剥蚀路径斜率(0.31mm/a)要比 9.2Ma 到现在这段时间隆升与剥蚀路径的斜率(0.92mm/a)低,说明喜马拉雅从 16.2Ma 到现在隆升和剥蚀的速率是处于加快的状态。

利用 35℃/km 的地热梯度和径迹裂变年龄数据及高程数据,根据上述方法,计算得出测区喜马拉雅隆升与剥蚀速率,计算结果列于下表 5-16 中。

表 5-16　磷灰石和锆石裂变径迹隆升与剥蚀速率计算结果

样品号	岩性	产地		矿物类型	隆升与剥蚀速率
3519-2	黑云母淡色花岗岩	高喜马拉雅	5680.2 高地	锆石	0.65mm/a
2580-1	白云母淡色花岗岩		定结岩体	磷灰石	1.02mm/a
2607	黑云母淡色花岗岩	拉轨岗日	抗青大岩体	磷灰石	0.84mm/a
2608-2	白云母淡色花岗岩		抗青大岩体	磷灰石	1.12mm/a
4549-1	黑云母淡色花岗岩		抗青大岩体	磷灰石	0.51mm/a
4653-1	白云母淡色花岗岩		麻布加岩体	磷灰石	1.35mm/a
3536-1	黑云母淡色花岗岩		拉穷抗日岩体	磷灰石	0.92mm/a
3536-1	黑云母淡色花岗岩		拉穷抗日岩体	锆石	0.65mm/a

从表 5-16 中可以发现：不管是高喜马拉雅还是拉轨岗日，黑云母淡色花岗岩所代表的隆升与剥蚀速率(0.51~0.92mm/a)比白云母淡色花岗岩所代表的隆升与剥蚀速率(1.02~1.35mm/a)要低。而且白云母淡色花岗岩比黑云母淡色花岗岩年轻，这就更充分证明了前面所说的结论，即喜马拉雅山脉的隆升与剥蚀进程是先慢后快的，通过裂变径迹年龄数据的分析，初步认为隆升速率转折时间应该是在 8Ma 左右。

（三）测区喜马拉雅隆升阶段

将白云母淡色花岗岩的样品与黑云母淡色花岗岩的样品分开，再利用裂变径迹特征性的退火带性质，对测试的数据选择主要的年龄段进行研究，从淡色花岗岩裂变径迹年龄几率分布图（图 5-66）上反映喜马拉雅和拉轨岗日具有分阶段隆升的特点。

(1) 淡色花岗岩样品中锆石和磷灰石的裂变径迹年龄基本上在 30Ma 以内，说明高喜马拉雅和拉轨岗日的隆升与剥蚀主要发生在这个时间段，两者基本上同步隆升。每个样品都有一个主峰值或多个次峰值，其中高喜马拉雅采集的样品 3536-1（锆石）与拉轨岗日采集的样品 3519-2、4549-1 的年龄几率图上峰值都为 22Ma，代表较早的隆升时间。

(2) 在 17Ma 左右的时间里，从高喜马拉雅采集的样品 3536-1（锆石、磷灰石）和拉轨岗日采集样品 4549-1 的年龄几率图上都有一个明显的峰值，也应该代表这个时间段里喜马拉雅发生了隆升与剥蚀作用。

(3) 从高喜马拉雅采集的样品 2580-1、3536-1（磷灰石）和拉轨岗日采集的样品 3519-2、2607 所得到的年龄几率图中，9~13Ma 时间范围内都有明显的峰值，说明这个时间段高喜马拉雅和拉轨岗日具有一次明显的隆升和剥蚀作用。

(4) 高喜马拉雅淡色花岗岩中样品 3536-1（磷灰石）、2580-1 和拉轨岗日花岗岩样品 2607、2608-1、4653-1 裂变径迹结果表明，在 5~7Ma 之间的一段时间里其年龄几率图上出现显著的峰值，代表喜马拉雅造山带一次重要的隆升与剥蚀事件。

(5) 在拉轨岗日淡色花岗岩样品 (4653-1) 的年龄几率图上，在 1Ma 左右的时间里明显有一个峰值，拉轨岗日最近一次抬升和剥蚀事件，而高喜马拉雅山体隆升在此时不显著，显示出一定的差异。

综上所述，除最近 1Ma 年以来的隆升和剥蚀作用只在拉轨岗日有记录外，其他四个阶段的隆升和剥蚀作用同时出现在高喜马拉雅与拉轨岗日，而且二者在基底物质组成、伸展构造样式、晚新生代花岗岩活动等方面都具有可比性，说明晚新生代拉轨岗日与高喜马拉雅是作为一个整体抬升的，先期形成的定日-岗巴逆冲断层在晚新生代受到改造，活动性不明显，在此时期边界断层的作用不明显，不能制约拉轨岗日与高喜马拉雅的构造活动，隆升作用与藏南拆离系的形成及淡色花岗岩的侵位关系密切。

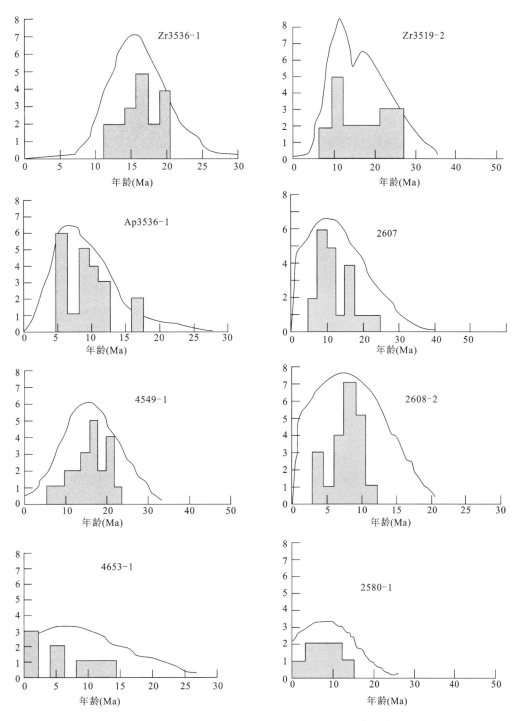

图 5-66　测区花岗岩中锆石、磷灰石裂变径迹几率分布图

（四）喜马拉雅隆升的响应

喜马拉雅造山带晚新生代大规模的构造隆升在测区有明显的响应，在地貌、地质和地球物理等方面都有响应，其表现主要如下。

（1）形成高大、陡峭的巨型山系，在构造地貌上形成巨大反差。测区高喜马拉雅和拉轨岗日晚新生代隆升十分显著，分别在测区两山系中形成海拔高度为 8463m 的马卡鲁山和海拔 6457m 的拉轨岗日主峰。两个隆起带之间为北喜马拉雅拗陷带，发育众多的第四纪盆地，盆地内部出现大小不等的湖泊，构成盆山结构体系。在测区中南部属于高喜马拉雅的日玛那穹隆处于北喜马拉雅的定结盆地之间，形成巨大的地势差，盆山之间以山前高角度正断层转换。

测区存在两级夷平面，Ⅰ级夷平面主要分布在高喜马拉雅高山区，保存面积较小，海拔高度在5500m以上。主夷平面出现在高喜马拉雅北侧盆山过渡带及拉轨岗日南北两侧河流之间的分水岭，海拔高度大多为4500~5000m。

测区发育有现代冰川和古代冰川。在喜马拉雅山脉北坡及拉轨岗日山脉四周，出现晚更新世晚期冰碛物，堆积地貌以终碛为主，少量侧碛，分布在"U"形谷底较低的部位，常被流水破坏而残存成小丘状，分布高度在海拔4500~5000m，与终碛相对立的是"U"形槽谷、悬槽谷。其分布与现代冰川的距离较近，冰碛物外围形态较完整。

现代冰川是晚更新世晚期即末次冰川的继承，分布在现代雪线之上，主要是在喜马拉雅山脉中段和拉岗轨日地区。属大陆山谷冰川，主要为悬冰川、冰斗冰川、冰斗山谷冰川、复式山谷冰川、山谷冰川、冰帽和平顶冰川。高喜马拉雅高山区常见现代冰蚀地貌，冰斗和角峰成群出现，巨大的冰川"U"形谷传送大量的冰碛物，主要是近源的片麻岩、花岗岩砾石。

测区水系分布受喜马拉雅隆起带和拉轨岗日隆起带的影响，形成了雅鲁藏布江和彭曲两大水系系统。水系演化大致可分为4个阶段，①第三纪喜马拉雅隆升和夷平与水系不明阶段。测区有两级夷平面，山顶面是较高的Ⅰ级夷平面，海拔在5500m左右，保存面积较小，大部分成为现代平顶冰川和冰帽，形成于渐新世末期。保持面积较大的Ⅱ级夷平面，构成高原山地的主体，海拔在4800~5000m左右，出现在彭曲水系和雅鲁藏布水系的水源头及分水岭地带，因其切割了古近纪地层，可能形成于中新世末。这一阶段水系不清楚。②上新世末至早更新世初，水系无序阶段。这一阶段喜马拉雅强烈隆升，夷平面被解体，基本奠定了喜马拉雅整体地貌轮廓，在夷平面解体基础上形成昌龙、致克古湖盆，区内水系是以古湖盆为中心的短程河流，并无统一主河道，为水系无序阶段。③早更新世末水系有序阶段。早更新世末喜马拉雅剧烈隆升，相应形成以中更新世湖盆为主的彭曲谷地，湖相沉积广泛分布于彭曲干流和支流谷地内。④中更新世晚期快速隆升与水系定型阶段。中更新世晚期，喜马拉雅再次强烈隆升，彭曲水系成为线形谷地，晚新世初期接受了河湖相沉积，雅鲁藏峡谷受到强烈切割，此时湖水外汇，结束了湖相沉积历史，水系基本定型。随着持续强烈抬升和河流深切，在河流两侧形成了三级河流阶地。

(2) 在喜马拉雅隆升过程中形成多体制、多层次、多类型的断裂系统，特别是与隆升有关的高角度正断层、低角度拆离断层和平移断层十分发育。

高角度正断层走向近南北向或近东西向。近东西向正断层平行于喜马拉雅造山带走向，与拆离断层走向基本一致，断层面大多向北倾斜，倾角在65°以上。这组正断层主要发育在盖层中，有的断层活动新，控制了第四纪断陷盆地，如岗日阿-亚拉木断层控制了错母折林湖盆及致克第四系盆地的分布。

近南北向正断层与区域性挤压力一致，往往分布在基底隆起带的边缘，如宗格错-定结县正断层和康工-活里拉正断层位于日玛那穹隆的东西两侧，在地貌上常形成断崖，造成巨大的地势反差。它们呈高角度产出，断层面倾角一般大于70°，断层面清楚，发育擦痕、磨光镜面和阶步，在很大程度上控制了第四系盆地(如定结盆地)、河流(如陆布者曲)、湖泊(如羊姆丁错姆、丁木错)、温泉(如鲁鲁温泉)的分布。

低角度拆离断层在测区广泛发育，主要分布在北喜马拉雅拗陷带南部和拉轨岗日变质核杂岩区，除基底拆离断层外，主要的拆离断层沿着肉切村群大理岩、板岩、片岩与下奥陶统甲村组灰岩之间、下奥陶统甲村组与志留统石器坡组或普鲁组之间、中二叠统白定浦组与中、下三叠统吕村组之间的重要岩性界面顺层发育，导致地层显著减薄，强烈的拆离作用导致局部地区出现沟陇日组和红山头组，以及破林浦组、比聋组、康马组等的构造缺失。在拆离断层带普遍出现韧脆性转换，由糜棱岩、糜棱岩化岩石向上变成碎裂岩系列。拆离断层系是基底上升、盖层下滑所表现的隆升构造动态调整的产物。

测区平移断层有NNE-SSW向和NNW-SSE向两组，呈共轭状产出，前者比后者更发育，其中NNE-SSW向平移断层具有左行平移性质，有的兼有正断裂性质(如萨迦县-嘎阿断层)，而NNE-SSW向平移断层具有右行平移性质。

(3) 高喜马拉雅晚新生代强烈隆升并遭受剥蚀，一部分剥蚀物搬运到北喜马拉雅拗陷带分散的盆地中,接受沉积。主要是位于喜马拉雅隆起带与拉轨岗日隆起带之间的定日-定结坳陷带中的一些近东西向分布的第四系盆地和湖盆。

大约在上新世末开始形成昌龙古湖盆、致克古湖盆,沉积了一套早更新世冰水砾石层。砾石层成分均为沉积岩,说明喜马拉雅隆升处在盖层剥蚀阶段,基底变质岩的揭顶作用尚未完成。到中更新世又发生一次强烈的构造隆升,隆起高度达700m左右,使早更新世地层抬升,形成测区最高一级湖积阶地。由于气候曾一度转暖,导致湖泊扩展,使定日-定结、昌龙、致克等古湖盆连成一片,在测区及邻区形成古大湖,广泛沉积了中更新世早期冰水沉积物。在冰水沉积物中未见到深变质岩,说明隆起带还没有剥蚀到基底。由于地壳持续的抬升,中更新世湖泊沉积物组成了Ⅱ级湖积阶地。至中更新世晚期,湖岸线缩小,但冰水沉积作用仍较强,可见少量浅变质岩,说明喜马拉雅隆起带至少在局部地区完成了揭顶作用。到中更新世末,测区发生了第三次强烈隆升,使湖岸线进一步缩小,形成了测区广泛分布的一级阶地,在定日-定结古湖泊、昌龙古湖盆、致克古湖盆中都发现了这一级阶地。在萎缩的古湖盆中沉积了晚更新世湖相地层,砾石层中偶见片麻岩,说明剥蚀作用已达到基底结晶岩系。晚更新世以来,湖水面总的趋势是处于急剧退缩之中,古湖盆向北迁移。至全新世早期,气候转为干旱,晚更新世的古湖泊消亡,仅残留了规模较小的一些盐湖。

(4) 测区广泛分布的淡色花岗岩与喜马拉雅隆升密切相关。测区花岗岩主要分布在高喜马拉雅和拉轨岗日的基底变质岩系内部及基底与盖层之间的滑脱拆离带,为壳源花岗岩,主要是淡色二云母花岗岩,前人获得的同位素年龄大都在15~20Ma,与喜马拉雅造山带的隆升同期。

测区花岗岩与伸展构造的关系极为密切。在高喜马拉雅和拉轨岗日变质岩系内部,出现许多近等轴状分布的花岗岩体,花岗岩体主动侵位对变质核杂岩的形成起着决定作用,由此产生的热隆伸展作用带动基底变质岩系进一步上升和盖层沉积岩系向下滑脱,对马卡鲁杂岩的剥蚀起着一定的作用;在滑脱拆离带,区域性水平拉伸及伸展减压作用为伸展构造及岩浆作用提供了条件,出现同构造岩浆活动,形成沿着大型拆离断层被动侵位的花岗岩体(如定结花岗岩岩体、勇左爬勒花岗岩岩体等)。

(5) 测区马卡鲁杂岩中基性麻粒岩形成于喜马拉雅造山带根部下地壳构造环境,产于深层次韧性剪切带中,在喜马拉雅山体快速隆升过程中发生退变质。麻粒岩中后成合晶结构和冠状反应边结构十分发育,反映在从麻粒岩中测到的 17.6 ± 0.3 Ma 锆石 ^{206}Pb/^{238}U 年龄平均值上。这种多期退变质现象表明曾位于喜马拉雅造山带根部处于高温剪切流变环境下的麻粒岩经历了由高压到低压的绝热快速抬升过程,指示晚新生代喜马拉雅造山带的隆升作用。

(6) 地球物理资料表明,喜马拉雅造山带具有地壳增厚、壳内分层、结构异常等特征,尽管测区地球物理资料很少,只有小比例尺的航空航天重磁测量数据,而在同一个喜马拉雅构造带上,测区邻区积累了较多的地球物理资料。地球物理场较好地记录了构造区带上活动构造形迹和现有物质状态,所以,年轻的喜马拉雅造山带的隆升在地球物理上反映明显。

由区域重力场的变化反映的莫霍面形态表明喜马拉雅造山带处于莫霍面向北倾斜的重力梯度带,重力值变化大,说明地壳厚度变化较大,由南向北地壳增厚。地壳厚度从锡瓦利克拗陷带的35~40km急剧上升到高喜马拉雅的55km,再增加到北喜马拉雅和拉轨岗日带的70km左右。这与由爆炸地震的结果勾画的莫霍面形态基本相同。晚新生代喜马拉雅地壳显著增厚说明有巨大的增量物质的参与,而地表的剥蚀和基底的揭顶反映增量物质是从深部添加的。

近年来进行的1:100万航磁调查覆盖测区中部和北部。结果表明,喜马拉雅以平静的负磁异常为特征,局部磁异常较少,梯度变化为5~10nT/km。高喜马拉雅基底变质岩系及侵入其中的淡色花岗岩为弱磁性或无磁性岩石,异常强度一般在 $-70\sim-30$ nT。航磁化极分别上延5km、10km、20km后显示为磁性降低的负磁异常区。说明喜马拉雅造山带地壳温度较高,造成居里面抬升,地壳下部物质受热消磁,导致磁性地壳的厚度减薄,出现强负磁异常。这与沈显杰等(1992)所做的地表大地热流测量结果一致,热流值在 $90\sim146$ MW/m^2 之间。

天然地震研究表明,青藏高原地震的断层面解译所得主应力轴的方向为NS和NE,主应力轴与水平面的夹角一般均小于40°,说明青藏高原是在水平挤压的构造背景下形成的。喜马拉雅地震带的断层面解释结果也具有压性特征。

INDEPTH 研究表明,喜马拉雅地壳内部存在 2～3 个强反射带,并与广角地震速度结构分析显示的低速层一致。高喜马拉雅一般出现两个低速层,上部低速层深度为 15～30km,一般厚 3～7km,P 波速度主要在 5.8～5.9km/s,可能与 MBT、MCT 和 MFT 的汇集和延伸形成 MHT,并发生脆韧性转换有关;下部低速层分布在下地壳,深度在 50km 左右,厚度较大,P 波速度主要在 7.2～7.4km/s。在北喜马拉雅拗陷带,上地壳还出现向北倾的反射带,深度为 6～18km,也可能与基底拆离断层有关。壳内反射带(层)和低速层特别是喜马拉雅造山带存在壳内软层,具有不同程度的高温部分熔融、塑性流变和韧性剪切作用。这与变质杂岩的形成密切相关。

亚东-格尔木地学断面(吴功建,1989,1991;郭新峰等,1990)所做的大地电磁测深反映喜马拉雅造山带具有如下电性特征:①壳内高导低阻层与壳内反射带(层)和低速层的分布范围基本一致;②岩石圈具有纵向分层现象。由上向下分 5 层:第一电性层以电性和厚度变化剧烈为特征,是相对低的电阻率;第二电性层具有明显的横向不均匀性,常表现为电阻率大小的相间突变;第一、第二电性层相当于上地壳,第三电性层相当于下地壳,为壳内低阻层;第四电性层为地幔高阻层,横向变化相对较小,层厚度巨大;第五电性层为幔内低阻层,推测为岩石圈的底界,深度 120～150km。

(7)喜马拉雅造山带的隆升在盆山作用上表现明显。在区域尺度上,喜马拉雅隆升与其南侧的锡瓦利克前陆盆地的沉降密切相关。例如,锡瓦利克盆地北缘拗陷带自 7Ma 以来接受大约 7km 厚的磨拉石沉积,同期相邻的喜马拉雅造山带则至少上升了 7km,形成高大的山链,还伴生大量沉积盖层的剥蚀和基底变质岩系的剥露。

喜马拉雅造山带内部还具有次级盆山系统,在测区由拉轨岗日隆起带、定日-岗巴拗陷带和高喜马拉雅隆起带构成二级盆山系统。在定日-岗巴拗陷带,一些第四纪盆地及正在萎缩的现代湖盆和山前洪积扇反映了不同时期来自周边隆起带的风化剥蚀物。通过这些沉积物的研究,可以反演喜马拉雅造山带的隆升过程。

(8)喜马拉雅造山带晚新生代强烈隆升,造成巨大地貌反差,引起环境变化和生态、气候、资源、灾害效应。

第六节 新构造运动

不同的学者对青藏高原的形成演化过程提出了不同的地球动力学模式,黄汲清(1987)等对青藏高原的新构造运动的阶段进行了划分,本次 1:25 万区域地质调查,仅通过晚新生代地层、构造、地貌、冰川作用、古夷平面、河流阶地等侧面讨论晚新生代新构造运动的表现形式。

一、新生代新构造运动的分期

青藏高原喜马拉雅山中段晚新生代新构造运动有显著的阶段性,我们认为由快速抬升和持续缓慢运动相间。其急剧的上升时期有 3 次,分别是上新世末期、早更新世末期、中更新世中期,相继为缓慢抬升。

(一)上新世末期

上新世末期,喜马拉雅山北坡中段主要表现为张裂运动,形成第四纪早更新世断陷盆地,如昌龙断陷盆地,早更新世巨厚的中粗粒砾石层的出现是新构造运动开始强烈活动的一个重要证据,据昌龙盆地南缘的冰水堆积砾石层,含砾砂土层,厚度大、磨圆差、粒度粗,显然是山麓或山间盆地磨拉石沉积,其主要原因是新构造运动造成巨大地势差异,相继出现第四纪冰川引起快速的剥蚀侵蚀、快速堆积,厚度达

100余米,分布在海拔5000~5300m以上,与巨大的喜马拉雅山脉相依存。冰水沉积物中砾石成分几乎全为沉积岩而无深变质岩的事实,证明高原上升速度大而河流下切深度不大,下切速度慢,还在沉积盖层内流动。这一时期的地理景观表现在Ⅰ级夷平面解体、形成山岳冰川。相继缓慢抬升,最后早更新世湖堰塞,形成铁质钙质风化壳,沉积间断,这一阶段宣告结束。

(二) 早更新世末期

早更新世昌龙古湖盆冰水沉积物之上铁质钙质风化壳的存在,与中更新世冰水沉积砾石层之间有一个平行不整合面存在,这表明早更新世末期有一个构造幕出现。同时早更新世地层遭受断裂作用的现象也十分普遍,位于昌龙古湖盆南缘的冰水沉积物内,岩层产状微倾斜,断层发育。断层走向近东西,倾向北、倾角达70°,并有阶梯状降落的现象,它的性质属于张裂性质。

这一期新构造运动还表现在中更新世早期地层的空间分布和地貌的巨大变化上,中更新世早期地层内叠于早更新世地层之中,即早更新世冰水沉积之后,测区遭到强烈抬升使早更新世地层被切割,使中更新世早期地层比早更新世地层低一个台阶。中更新世早期地层大部分仅限制在较窄的谷地之中,海拔在4300~5000m之间。早更新世末这次地形切割,显然与同一时期新构造运动抬升互为因果关系,喜马拉雅山脉更进一步隆升,使早更新世湖泊萎缩,产生中更新世早期湖泊,接受了冰川扩大气候变冷的冰水沉积物。相继持续抬升,直至中更新世早期湖泊堰塞。

(三) 中更新世中期

这一构造幕仍有地层平行不整合关系的证据,中更新世早期地层上部有伊利石风化壳,中更新世晚期地层底部出现河流冲积相砂砾层,新构造运动的表现是中更新世早期地层中出现断裂构造,断裂构造规模更大,如定日-定结古湖盆机脚桥,断层走向近东西,倾向南、倾角达70°,断裂带宽0.5m,上盘有明显牵引褶皱。昌龙古湖盆萨尔至牧,发现规模更大的断层,长达15km,走向近东西,倾向北,倾角达65°,明显为正断层,该断层切割了中更新世早期地层,控制了中更新世晚期湖盆的边界使昌龙古湖盆进一步萎缩,使昌龙古湖盆更狭窄,呈线状古湖盆。使中更新世晚期地层进一步内叠于中更新世早期地层之中。使测区又经历了一次较强烈的构造抬升。

这一时期河流向源侵蚀加强,流水均汇入定日-定结古湖盆、致克古湖盆、昌龙古湖盆。

晚更新世至全新世,基本继承了该期新构造运动的特点,进一步持续缓慢抬升,最后大型湖泊均基本消失,地表水系从无序变为有序,河流冲蚀中、晚更新世古湖盆湖相沉积物,甚至下切至基岩,并与向源侵蚀河流相连形成了彭曲水系及众多支流,构成了现代水系的基本格局。

总之,测区古湖盆位于喜马拉雅山脉中段和拉轨岗日山脉之间,新构造运动的表现是三次快速抬升相继出现三个阶段的持续抬升,造成了目前山盆格局。

二、主要活动断层

测区内主要活动断层可分为两组:一组为近东西正断层,另一组为北东向展布平移正断层。

(一) 近东西向正断层

该组断层主要分布在昌龙古湖盆与致克古湖盆南缘,分别控制长25km、15km,活断层最直观的表现是使第四系的变形、变位,即早更新世地层及中更新世地层形成低角度倾斜变形和断裂变位,地貌上是山地与第四纪盆地的线形界线。特别明显的是洪积扇变形变位,洪积扇被切割,洪积扇顶向盆地方向位移,同时第四系形成断层陡坎,反映了山地上升和盆地相对不断下降。

（二）北东向平移正断层

该组断层主要分布在北北东向亚莫如山脉两侧，及鲁鲁、扣乌等地，该组断层规模较大，测区内控制最长80km，短者也有34km。均延伸出图外。

该组断层也是分布在山地和谷地之间，最直观的标志是晚更新世冰碛砾石层与变质核杂岩呈断层接触，使冰碛砾石层上游冰蚀谷成为悬谷。沿断裂还有泉水和温泉分布，又如沿东西向线状发育的彭曲，由于亚莫如山西侧北东向断层的复活切割，形成峡谷，使彭曲河向南呈大角度的转折汇入印度洋水系。

第七节　高原隆升与地貌变迁

一、现代地貌格架

测区平均海拔在4200m以上，有巍然屹立、气势磅礴的马卡鲁山，海拔为8463m。拉轨岗日山，海拔6457m，以这两座山为中心，形成近东西向喜马拉雅山脉和拉轨岗日山脉，这是地球上最雄伟的山脉，以两个巨大山脉为中心，古冰川作用遗迹广泛分布，在两山脉之间镶嵌着众多的盆地，盆地中点缀着湖泊，见图5-67。在喜马拉雅山脉中段北麓与拉轨岗日山脉南坡以南形成彭曲外流水系，它属于恒河水系阿龙河上游，于陈塘附近进入尼泊尔境内，境内分为东西向河段、南北向河段两大部分。而拉轨岗日山脉北坡少部分为雅鲁藏布江水系。这就是测区现代地貌格架。

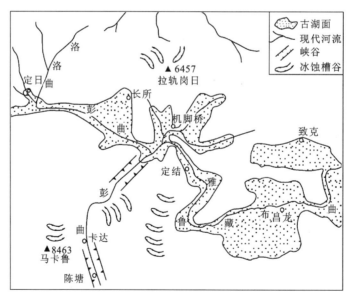

图5-67　定结地区更新世分布湖泊图

二、隆升与盆地变迁

青藏高原盆地（湖泊）的发育和整个高原隆起历史紧密相关。测区第四纪以来新构造运动，造成喜马拉雅的强烈隆起，对测区盆地的发育造成深刻影响，这种影响表现在盆地形成、沉积、演变及消亡等许多方面。通过湖区地貌特征和湖相沉积物的分析比较，测区湖泊的演变过程，可以粗略的划分为以下几个时期（图5-68）。

(一) 湖泊形成时期

上新世末至第四纪初，晚新生代新构造运动强烈，喜马拉雅山脉、拉轨岗日山脉强烈隆起，其间相对下陷，形成昌龙古湖盆，在山麓地带和山间湖盆边缘组成冰水扇，形成冰水沉积物，冰水沉积物磨圆度差，有一定分选，以砾石层为主，夹砂土层。颜色浅，不含有机物。砾石成分均为沉积岩，说明隆升还在盖层中。

(二) 湖泊发展时期

中更新世早期，又发生了一次强烈隆升，使早更新世地层抬升高度达700m，形成了最高一组平台，为测区Ⅲ级湖积阶地，湖泊扩展，并向北位移，形成了昌龙古湖盆、致克古湖盆，广泛沉积了中更新世早期冰水沉积物，冰水沉积物特征仍以砾石层为主，夹纹层砂土层，为冰水扇组成。砾石成分仍以沉积岩为主，未见深变质岩，抬升仍在盖层之中。

(三) 湖泊的鼎盛时期

中更新世早期以来，发生了第二次强烈隆升，中更新世早期冰水沉积抬升了近300m，形成又一级倾斜台地，形成Ⅱ级湖积阶地，湖泊进一步向北扩展，同时气候曾一度转暖，为湖盆发育创造了较好条件，使定日-定结古湖盆、昌龙古湖盆、致克古湖盆连成一片，沉积了广泛的湖积物，湖积物由洪水期砾石层、砂土层和静水期粘土层组成，形成沉积旋回。湖积层沉积从中更新世晚期一直延伸到晚更新世。砾石层中偶见深变质岩，说明隆升进入基底岩系。

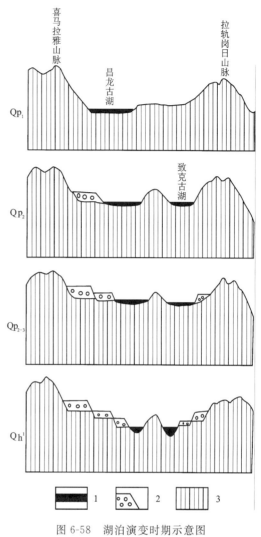

图6-58 湖泊演变时期示意图
1.湖泊；2.阶地；3.基岩

(四) 湖泊的干缩时期

晚更新世末，高原持续抬升，喜马拉雅巨大山系高耸于盆地南缘，阻挡了湿润的西南季风伸入高原，气候变干变冷直接影响湖泊的发育，降水量急剧减少，湖水面总趋势处于强烈干缩之中，使中晚更新世湖泊消亡，仅残留了规模极小的盐湖，主要靠冰川融水补给湖泊，如丁木错、错母折林。

中晚更新世湖泊消亡后，由于河流下切，古湖岸普遍发育Ⅰ级阶地，高原抬升至基底深变质岩系，出现了大量片麻岩。

古湖盆的湖相阶地应有明显的阶面和明显阶坎，我们认为第四纪以来湖泊较为平整广阔的湖滨相阶地一般三级左右。在相邻图幅出现30级、甚至50多级阶地是不可想象的，他们所划分的阶地，我们认为可能是高原隆升湖岸线的变迁造成的，湖盆发育的总趋势是随高原隆起，湖水面逐渐退缩，他们所划阶地为古湖岸线留下的痕迹。

三、隆升与水系的演化

测区地貌是构造隆升和水系切割等内外动力地质作用共同作用的结果，构造隆升制约水系发育的同时又为水系的发展奠定了基础，提供了动力源。测区地貌格架的形成就是喜马拉雅山脉和拉轨岗日山脉隆升形成了雅鲁藏布江和彭曲两大水系系统响应的结果。雅鲁藏布江水系系统在测区仅占极少面积,均为雅鲁藏布江支流上游水系,而彭曲是喜马拉雅山中段北麓与拉轨岗日之间的一条大河,属于垣河水系阿龙河的上游,源于喜马拉雅山中段北坡冰川。于测区陈塘附近进入尼泊尔境内。其发展演化过程大致可分为以下阶段。

（一）水系无序阶段

测区内可以观察到两级夷平面,山顶面是较高一级夷平面,一般分布在喜马拉雅山脉和拉轨岗日山脉的顶部,保存面积较小,大部分成为平顶冰川和冰帽的中心,测区亚莫如山脉一带保存面积较大,海拔在5500m左右,前人认为形成于渐新世末期。保存面积较大的二级夷平面,构成了高原山地的主体,出现在彭曲水系和雅鲁藏布江水系的源头及分水岭地带,海拔在4500～5000m。测区保存了较多较好的微弱切割的二级夷平面。因其切割了古近纪地层,综合前人各种资料,形成时代为中新世末。夷平面是外营力长期侵蚀的结果,不是一朝一夕所能完成的,需要长时间的构造相对稳定。地形无明显反差,分水岭支离破碎,水系处于无序阶段。

（二）水系的有序阶段

上新世末至早更新世初,大量的山麓砾石层堆积和山间盆地的形成,记录了高原地面的强烈抬升,夷平面被解体。正是这一期山地抬升形成了我们现在看到的青藏高原整体轮廓。自然地理景观为在夷平面解体的基础上形成了昌龙古湖盆和沿东西向断裂发育的谷地,此时水系已进入有序阶段,其证据是在早更新世地层底部见到了冲积成因的粗大砾石层。

（三）水系的发展阶段

中更新世晚期,发生了一次强烈隆升,喜马拉雅山脉和拉轨岗日山脉之间谷地加深,形成了定日-定结古湖盆、昌龙古湖盆、致克古湖盆,湖盆格局大致相同,均呈东西向展布。继承了东西向断裂发育的河流,在中晚更新世湖相沉积物底部可见冲积成因的砾石层,粘土粉砂层二元结构就是最好的证据。这是顺南北向断裂或顺坡发育了支流,规模较大的有洛洛曲、机脚浦等。这时水系发展为支流与主流呈树枝状网络水系。

（四）水系定型阶段

晚更新世晚期,由于新构造运动,一方面造成亚莫如两侧南北向断裂活化,形成陈塘至尤里峡谷,造成湖水外泄,另一方面,由于气候逐渐变干变冷,降水量减少,湖泊面积逐渐变小到消亡。支流水汇集湖盆后冲刷湖积物,开始不断下切,普遍发育了三级河流阶地(图5-69)。东西向湖泊中发育了东西向的河流,并被近南北向峡谷贯穿,在峡谷内也发育了三级阶地(图5-70)。总之,雅鲁藏布曲、机脚浦、洛洛曲等支流汇入彭曲,彭曲经峡谷外泄,构成了今天的水系格局。

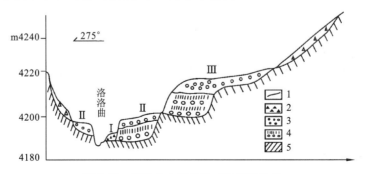

图5-69 洛洛曲入彭曲处三级河流阶地

1.铁质风化壳;2.坡残积砾岩;3.冲积砾石层;4.湖积砾层、粘土层;5.基岩

图 5-70　卡达附近彭曲三级河流阶地

四、隆升与冰川、冰川地貌

晚新生代以来,随高原急剧隆升和全球气候冷暖变异,以高原上的山岭为中心,经历了多次冰期和间冷期。冰川作为特殊营力,塑造出一种完全不同的侵蚀与堆积形态,冰雪融水是彭曲水系的补给源泉,直接影响到水力作用和水文特性。测区发育有现代冰川和古代冰川,但都是以高耸的喜马拉雅山脉和拉轨岗日山脉为中心而发育的。它的侵蚀和堆积的遗迹均以这些山脉为中心而向外围有规律的分布,并分布相当广泛。

(一) 古冰川及地貌

据前人资料,古冰期有四期,测区仅见晚更新世晚期冰碛产物。但前三次测区仅见冰水沉积物。测区晚更新世晚期冰川分布在喜马拉雅山脉北坡及拉轨岗日山脉四周,距现代冰川距离近,冰碛外围形态较完整,与现代冰川相似,仅规模大得多。堆积地貌以终碛为主,少量侧碛,分布在"U"形谷底较低的部位,常被流水破坏而残存成小丘状,分布高度在海拔 4500～5000m,与终碛相对立的是"U"形槽谷、悬槽谷。冰蚀谷上方出现的冰斗均以冰川湖泊形式出现,在冰斗上方出现刃脊和角峰,为什么将测区这套冰蚀地貌冰碛物定为晚更新世晚期?原因有两点,一是冰川遗迹保存完整未遭严重破坏。冰蚀地貌与冰碛物紧密相连,分布在现代冰川外围,二是冰积物中漂砾、砾石以花岗岩、片麻岩、斜长石角岩、榴闪岩为主,在早更新世、中更新世冰水沉积物中以沉积岩为主,说明当时隆升还在盖层之中,而该期冰碛物完全是基底岩系。说明晚期隆升已进入基底剥蚀程度。

(二) 现代冰川分布及其特征

现代冰川是晚更新世晚期即末次冰川的继承。分布在现代雪线附近,测区主要分布在喜马拉雅山脉中段和拉岗轨日两地区,为大陆性山谷冰川。主要为悬冰川、冰斗冰川、冰斗山谷冰川、复式山谷冰川、山谷冰川、冰帽和平顶冰川,规模一般不大,它们的发育却存在于山体内部或龟缩于山岭上部或河谷源头。少数冰川的末端有新的终碛与侧碛,其中埋藏冰,岩块松动、没有生物,为石冰川。在喜马拉雅山脉南坡伸入森林地带。而新的终侧碛之上许多地方有堰塞冰水湖泊发育。

现代冰川的冰缘地貌比较丰富多彩,一是在寒冻风化和重力作用下,在亚莫如山脉西坡,拉轨岗日山四周形成一系列岩屑锥、岩屑裙、岩屑坡。主要是基底杂岩,岩石质地较均匀坚硬、坡度大于 40°,大量寒冻风化的岩屑落于山坡下形成锥状堆积体,岩屑锥下部相连形成岩屑裙,当岩屑锥和岩屑裙物质逐渐运移到山体下部和坡麓形成。在马卡鲁山附近的高山几乎每天都可以看见岩屑锥的形成,巨大石块沿山坡滚落发出轰鸣的声音。在马卡鲁山区及拉轨岗日山还有主要由粗碎屑(一般 30～50cm,大者 2～3m)组成的石海、石河,即细粒物质极少,又没有植物生长。二是融冻、冻胀作用在冰缘冻土区普遍形成石多边形、斑状土、冻胀丘。石多边形似一种龟裂状,由夹细砾砂土组成。呈椭圆或不规则状,其规模小者密度大时称为斑状土,地下水富集而冻结膨胀,形成鼓丘状、蛋丘状小丘,表面有草皮或土层所覆时称为冻胀丘。

第六章 经济地质与资源

第一节 矿产资源

测区固体、液体、非金属矿产均有发育,矿种比较齐全,包括有多种矿床成因类型,矿化地点遍布全区,但东北区域相对零散(图6-1)。

前人在测区范围开展矿产调查的时间可追溯到20世纪50年代,参与工作的单位主要涉及西藏地质局区域地质调查队,其次为中国科学院西藏综合考察队、西藏煤田地质勘察队以及中国科技情报社等。

上述单位在测区实施的矿产调查工作主体为踏勘性质,极个别者,属初查研究程度。在本次1:25万区调工作中,我们强调路线地质填图环节对矿化现象的观察、描述,开展了少量矿产地质专题研究工作,同时,对前人厘定的矿点、矿化点部分进行了检查与评价。

前人资料与本次工作的结果表明:测区金属矿产贫乏,矿化规模较小,前景不甚理想;非金属矿产中,建筑、装饰材料品种丰富,部分可达、甚至超过小型工业矿床规模;水资源极度富有,开发利用前景比较令人乐观。

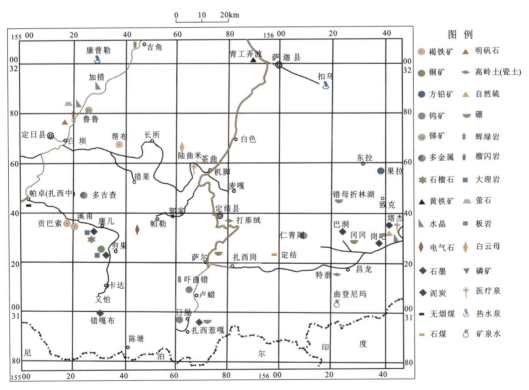

图6-1 1:25万定结县幅、陈塘区幅矿产资源分布图

一、固体矿产

(一)金属矿产

本区见有Fe、Cu、W、Pb、Sb五个矿种,主体为热液与矽卡岩两种矿床成因类型,共发现夏雄、多吉

查、宁鲁、申布、仁青则、卢蜡、纳垅、帮布、贡巴索、溪甫、果拉、青工弄波、白坝等14个矿点(矿化点)。其中,前列8个为前人资料提供(有关情况见表6-1);后列6个为本次工作所见,具体特征如下述。

1. 溪甫褐铁矿

填图路线过程发现,4514观察点控制。位于定日县帕卓乡溪甫村南800m一带的大沟中。矿体沿NNE向溪甫-格木韧性剪切带呈透镜状产出,断续延伸长度300m左右。围岩由前震旦系扎西惹嘎岩组下段($AnZz^1$)的石英岩、片岩、混合片麻岩等组成。最大矿体的长度大于1.5m,矿石为铁锰黑色、蜂巢状、皮壳状构造,光片中仅见强烈氧化蚀变作用形成的褐铁矿(粉晶分析亦如此)。原矿面貌不清,具体矿量不详,推断为热液矿床类型,可视为矿化点。

2. 贡巴索褐铁矿

填图路线过程发现,4513观测点控制。位于定日县帕卓乡贡巴索大沟中。赋存在NNE向贡巴索-卡拉韧性剪切带内,呈不连续透镜状产出,断续出露长度大于250m。围岩由震旦系扎西惹嘎岩组上段($AnZz^2$)的黑云母片岩、二云母片岩、黑云斜长片麻岩及薄层石英岩等构成。最大矿体的长度为1.2~2.0m,矿石为铁锈红色、蜂巢状构造。光片下主体为褐铁矿,但偶可见蚀变残留的黄铁矿,推断为热液型硫铁矿,具体含矿量不详,可视为矿化点。

3. 帮布褐铁矿

填图路线过程发现,4537观测点控制。位于定日县措阿乡政府驻地北6km,沿NNE向小规模断裂以不连续透镜状产出,断续出露长度200m左右。围岩为中侏罗统拉弄拉组—中上侏罗统门卡墩组(J_2l—$J_{2-3}m$)的黑色页岩,薄—中厚层灰岩组成。最大矿体的长轴为1.5m±,矿石为铁锈红色,多呈蜂巢状,光片下主体为褐铁,但偶可见黄铁矿,原矿可能为硫铁矿,具体矿量不详,表征热液矿床类型,可视为矿化点。

4. 青工弄波硫铁矿

矿产专题调查发现,5621观测点控制。位于萨迦县萨迦乡政府驻地EN方位,大约350m处的大公路边。矿体沿EW向大断裂(正断层)呈透镜状产出,赋存在断裂带中的次生石英岩中(图6-2),远矿围岩为维美组(J_3w)的厚层石英砂岩夹页岩,以及陆热组(J_2lu)的薄层状泥质、含泥质灰岩。共见3个矿体,矿体长轴2~5m,室内薄片、光片鉴定,见由中—细粒立方体晶形的黄铁矿组成。野外工作过程中怀疑可能含Au,但单金拣项分析不见含Au特点,因此,仅可以热液型硫铁矿类型论,且仅可以视为矿化点规模。

5. 果拉方铅矿

路线填图至岗巴县致克乡7.5km的果拉一带,当地村民提供较纯方铅矿矿石标本一块(重约3kg;图6-3),路线调查进行至村民指证场所时,未见原生露头,仅见较多褐铁矿转石。矿化特征不明,矿量不详,推断为热液矿床,可视为转石矿化点。

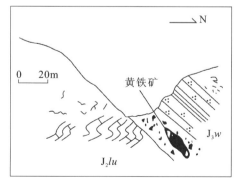

图6-2 青工弄波硫铁矿产出特征

图6-3 乡民提供的方铅矿标本

6. 白坝金矿床

剖面测制过程发现，0035点间记录控制，位于定日县白坝乡，初西村NW300°方位，大约2600m的次级公路的北边。见民采老硐一个，硐壁为次生石英岩，当地村民指证，该老硐为采取金矿而开挖。但单金分析结果却见含 $Au<0.1×10^{-6}$，薄片、光片中仅见微量黄铁矿及磁铁矿。推断为构造破碎热液型金矿，为此，仅可视为矿化点。

（二）工业、农业、化工原料

本区见有白云母、萤石、明矾、水晶、磷、硼、瓷土（高岭土）、石墨、无烟煤、泥炭、电气石、自然硫、黄铁矿、石榴石14种矿产，涉及到热液、变质、泉华、伟晶岩、海相沉积、第四纪（湖泊、湖沼相、沼泽相、大河湾沼泽相、山间洼地沼泽相）沉积六大矿床成因类型。其中包括泥炭8个，水晶4个，硼4个，磷4个，石墨3个，自然硫2个，瓷土2个，云母1个，明矾石1个，无烟煤1个等，总计31个矿点、（矿化点）或小型矿床。

在上列31个矿点、矿化点或小型矿床中，最发育的为泥炭矿床，其矿化情况较好，矿床规模可观。为此，西藏区调队在20世纪80年代进行了初查工作。结果确定，在8个矿床中塔吉、巴洞、工巴楼、昌龙4个矿床均达到工业开采要求的小型矿床（详见表6-1）。

本次工作实际涉足了上列矿点中3个矿点的详细调研。其将有关情况描述如下。

1. 特翁瓷土（高岭土）矿

填图过程复查，1572、1579等观测点控制。位于岗巴县昌龙乡特翁林西南，前人（藏南地质队）资料（表6-1）认为，该矿属第四纪冲积成因类型、瓷土呈灰白色、黏性极大，但含石英砂较重，最终评定为踏勘矿化点。

本次工作发现，该矿分布范围较广，共发育2~3层，单层厚1~5m。粉晶分析结果：伊利石35%、石英15%、方解石30%、绿泥石15%、长石3%，白度评价分析见样品的白度仅24.8%。

基于上述我们认为：特翁高岭土不构成工业矿床，亦不能视为瓷土。

2. 穷果石墨矿

剖面测制过程发现，专题工作复查，0314、5625观测点控制。位于定日县卡达乡穷果村SW方位约2250m处公路边。矿体呈似层状，沿石英岩、大理岩层间界面产出（图6-4），延长200~250m厚度变化较大（受褶皱作用控制与褶皱部位相关），最大厚度2.5m（褶皱转折端），最小厚度0.2m（褶皱翼部），矿石的具体岩性为石墨片岩，薄片鉴定估计石墨35%~40%（图6-5），白云母5%~10%，矽线石10%，长石＋石英35%。手标本见微量孔雀石（怀疑可能含Cu，但单Cu化学分析见含量甚微），光片中见石墨呈纤维状、片状，定向排列，含量25%~30%；粉晶分析石英25%、长石20%、云母45%、石墨10%。初拟为变质热液成因，粗略估计矿石总量200m（长）×50m（延深）×1.3m（厚）＝13 000m³×2.45t/m³＝31 850t；按光片、薄片所见石墨含量估计，其固定炭的含量将不会低于最小工业品位（2.5%~3.5%），可达小型矿床规模。

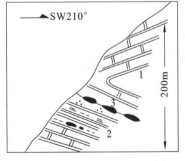

图6-4 穷果石墨矿产出特征
1.片岩；2.长角闪岩；3.石榴石集合体

图6-5 石墨片岩的手标本特征（光面）

第六章 经济地质与资源

表6-1 本次工作发现及检查矿（化）点的基本情况

矿（化）点名称	矿种	类型	产地	矿化特征及规模	开采情况	工作情况
康儿大理石	大理石	变质型	定日县帕卓乡康儿村南西1000余米公路边	白色中细粒厚层状，质地较纯，厚100～150m	未开采	矿产专题调查确认石榴石、矿化点
	石榴石	热液型		沿大理岩、石英岩界面产出，矿体为长8m，宽0.3m似层状		石理石、矿化点
	石墨	热液型		沿大理岩、石英岩界面产出，矿体为长7m，宽2m的透镜状		大理石，小型矿床
穷果大理石、含铜石墨矿	大理石	变质型	定日县卡达乡穷果村SW方位，于2250m公路边	白色，中细粒厚层状，质地较纯，厚100～150m	未开采	矿产专题调查确认大理石，小型矿床
	含铜石墨	热液型		似层状、透镜状沿石英岩、大理岩界面产出，厚0.2～2.5m，具体岩性为石墨片岩，含小于1%的孔雀石		石墨，小型矿床
溪甫褐铁矿	褐铁矿	热液型	定日县帕卓乡溪甫村南800m	沿NNE向断裂带呈不连续透镜或团块出现，矿化带最大宽度为35m	未开采	路线填图过程发现（矿化点）
贡巴索褐铁矿	褐铁矿	热液型	定日县帕卓乡溪甫村西的贡巴索大沟	沿NNE向断裂带呈不连续透镜或团块出现，矿化带最大宽度为10m	未开采	路线填图过程发现（矿化点）
帮布褐铁矿	褐铁矿	热液型	定日县措阿乡北6km	沿EW向断裂带呈不连续透镜或团块出现，矿化带最大宽度为15m	未开采	路线填图过程发现（矿化点）
青工弄波黄铁矿	黄铁矿	热液型	萨迦县萨迦乡政府驻地北500m青工弄波公路边	沿EW向破碎带呈透镜状产出，长度5～20m，共见3个矿体	未开采	矿产专题调查确认（矿化点）
果拉方铅矿	方铅矿	热液型	岗巴县致克乡北7.5km的果拉一带	纯方铅矿转石矿化点，路线调查时未见原生露头，仅见褐铁矿转石	未开采	路线填图过程发现（转石矿化点）
芒普板岩	板岩	变质	拉孜县南芒普乡一带	发育在$J_{1-2}r$与T_3n变质地层中，见有泥质、砂质两种板岩，成材厚度2～4cm，成材面积0.5～1.5m²	未开采	路线填图过程获知（大－中型矿床）

续表 6-1

矿(化)点名称	矿种	类型	产地	矿化特征及规模	开采情况	工作情况
吓曲错榴闪岩	榴闪岩	岩浆	定结县萨尔乡南西240°15km处吓曲错湖西岸边	脉状、透镜状，宽4~10m，长30~40m，3~4条，围岩为混合花岗岩	未开采	路线填图过程发现（矿点）
吉角辉绿岩	辉绿岩	岩浆	拉孜县吉角乡尖沙村一带	矿体呈岩墙产出，走向NNE，厚10~20m，长度大于300m，色绿，质纯	未开采	路线填图过程发现（小型矿床）
康普朝（温泉）	温泉	断裂泉	定日县昂仁县交界处的康普勒雪山东南	水温70℃，流量大于5L/s，含硫，受NNE向断裂控制，见一系列出水口	未开发	路线填图过程发现（矿点）
曲登尼玛矿泉水	矿泉水	断裂泉	岗巴县昌龙乡南西250°的曲登尼玛大沟内	日流量820t，含Zn、Se、Li、Ca、I等对人体有益的微量元素，受NNE向断裂构造控制	已开发	路线填图过程获知（矿点）
陆曲米医疗泉	医疗泉	断裂泉	定结县机脚桥西的陆曲米	水温80℃左右，见有2个出水口，富含S、Zn等矿质元素，受NNE向断裂控制	已开发	路线填图过程获知（矿点）
鲁鲁医疗泉	医疗泉	断裂泉	定结县鲁鲁乡鲁鲁村内	水温80℃左右，见有3个出水口，富含S、Zn等矿质元素，受NNE、EW两组断裂控制	已开发	矿产专题调查确认（矿点）
塔吉医疗泉	医疗泉	断裂泉	岗巴县岗巴乡塔吉村	水温60~70℃，见有若干出水口，受EW向断裂控制，富含S、Zn等矿质元素	已开发	路线填图过程获知（矿点）
扣乌热水泉	热水泉	断裂泉	萨迦县南东135°17.5km	水温高于80℃，见有3个出水口，富含S、Zn等矿质元素，受SN向断裂控制	未开发	路线填图过程发现（矿点）
错母折林硼	硼	现代盐湖	定结县错母乡特翁折林湖	前人已经做过详细工作，本次工作认为其规模较为可观	未开采	填图过程复查（小型矿床）
特翁瓷土	高岭土	第四纪冲积型	岗巴县昌龙乡特翁南	前人已做过详细工作认为，其白度差，杂质含量较多，不符合工业开采要求	未开采	填图过程复查（矿化点）

3. 康几石墨矿

剖面测制发现,矿产专题调查复核,5624、0312 观测点控制,位于定日县卡达乡康几村 SW220°方位,大约 1650m 山坡上。

仅见一个矿体,呈长 10m、厚 0.25m、延深 2.5m(估计)的透镜体,发育在大理岩与二云母片岩夹薄—厚层状石英岩层的层间、与斜长角斜岩透镜及透镜状石榴石集合体一起产出,表征变质热液矿床成因。矿石结构、构造、品位与穷果石墨片岩相同。

粗估矿石总量 $10m \times 0.25m \times 2.5m \times 2.45t/m^3 = 6t$,仅可视为矿化点。

(三) 建筑与装饰材料

本区见有大理岩、榴闪岩、辉绿岩、瓦板岩 4 个矿种,分别为康几、穷果、加拉山口、宗山大理石矿床,以及吓曲错榴闪岩、吉角辉绿岩、芒嘎普板岩 7 种矿床。

其中,宗山、加拉山口大理石矿床为前人资料提供,并被厘定为矿点级别的矿床(表 6-1);康几、穷果大理岩、吓曲错榴闪岩、吉角辉绿岩、芒嘎普板岩 5 个矿床为本次工作发现,其主要特征如下述。

1. 康几与穷果大理岩

该矿床分别属于定日县帕桌乡、穷果乡,相距约 17km,均在同一条公路的同一侧,且为同一时代地层($AnZz$),原岩为沉积成因的灰岩。矿石为纯白色,经重结晶作用形成的方解石晶体为中—细粒(0.5~3mm),矿层的单层厚度为中厚层状(15~50cm),总厚度为 100~150m。

两矿床矿体彼此连通,矿石总量极大。按 $100m \times 300m \times 100m$ 采场规模概算,可采方量为 $3 \times 10^6 m^3$,可达小型矿床规模。可做建筑块石料,以及装饰材料中的墙面、地板砖。

2. 吓曲错榴闪岩

该矿床出露在定结县萨尔乡 SW240°方位 15km 处吓曲错湖的西岸边及山坡上。呈脉状、透镜状循混合花岗岩、片岩+片麻岩的接触界面和混合花岗岩内部的构造裂隙产出,见 3~4 条长 30~40m,宽 4~10m 的矿体。岩石为含石榴石的角闪岩,矿石的市场工艺名称为"夜玫瑰",色调为黑底红斑色(图 6-6)。大商场地板、墙面上多有采用。

按矿石品质、矿量规模论,可达矿点—小型矿床级别。

测区变质岩发育地域普遍可见,规模以此点所见相对较大,但此点的交通状况却甚为不便,为此,建议后人着重在其他地段寻找本矿种矿石。

3. 吉角辉绿岩

该矿床出露在拉孜县吉角乡尖沙村公路边,交通甚方便。由基性岩浆沿 NNE 构造裂隙贯入成岩。岩体呈岩墙形式产出,厚 10~30m,长度大于 300m,可见 3~4 条。矿石呈块状,细晶,浅—墨绿色,节理、裂隙少见,工艺名称可考虑"吉角绿"(图 6-7),现今市场多售此材。矿化规模可观,可采方量 $60m \times 300m \times 200m = 3.6 \times 10^6 m^3$,可达小型矿床规模。

4. 芒嘎普板岩

该矿床出露在拉孜县南芒普乡的普恐—芒嘎普村一带,发育在 $J_{1-2}r$ 与 T_3n(图 6-8)变质地层中,见有泥质、砂质板岩表征的两种板材,主要为浅灰—黑灰色,成材厚度 2~4cm,成材面积 0.5~1.5m^2。当地乡民已大量开采,用途多为盖房、贴墙、铺地。矿床规模为大中型。

二、液体矿产

本区除温泉、矿泉水之外,未见其他矿种。

 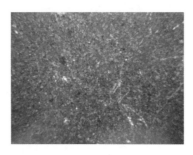 

图 6-6　"夜玫瑰"手标本特征(光面)　　图 6-7　"吉角绿"手标本特征(光面)　　图 6-8　T_3n 板岩成材情况

1. 塔杰(亦称达杰)温泉

该温泉位于岗巴县龙中乡塔杰村北 0.7km,那曲藏布河流北侧的河漫滩上,海拔 4450m,经度 88°29′30″,纬度 28°20′10″。泉口水温 48～55℃,总流量 10～15L/s。

泉区面积 120m×50m,见有 4～5 个出水口,呈 EW 向串珠状展布。泉区范围硫醇味显著、钙华多见、"盐碱地"范围极广。该泉无显著疗疾效果。

该泉走向 EW,延伸长度达 20 余千米的查那宁日正断层可能为该泉的控矿构造,中—上侏罗统门卡墩组的黑色含钙泥质页岩为该泉的围岩。

1975 年佟伟、瘳志杰采集水样分析的结果为 T_s 54℃,pH_F 8.7,pH_L 8,TDS 1.34;Na+K 504.9,Ca 2.01,Mg 1.86,NH_4 3.60,Fe 0.02,Al 0.03;CO_3 163,HCO_3 716,SO_4 154.7,Cl 69.3,F 3.00,Br 1.50,SiO_2 7,HBO_2 70.12,H_3PO_4 0.08,As 0.15。

2. 茶曲(亦称擦曲、尼夏)温泉

该温泉位于定结县尼夏乡 SE 方向,吉布弄河流东侧的沼泽地边上,海拔 4178m,经度 87°45′25″,纬度 38°32′20″,泉口水温 50℃ 左右,出水量不详。

主出水口仅见一个,在沼泽地中可见若干规模甚小的涌水泉眼。控泉构造不明,围岩为二叠系白定铺组(P_2b)的大理岩及钙质板岩。

疗疾效果不显著,沼泽地水域中鱼群结伴游戏,估计 As、Cr、Mn 等微量及常量元素 SO_4 的含量均不会偏高。

3. 鲁鲁(亦称洛洛)温泉

该温泉位于定日县白坝乡东北的鲁鲁(洛洛)村西,朋曲河北侧支流洛洛曲的两岸。海拔 4300m;经度 87°12′35″,纬度 28°45′25″。泉口水温 30～86℃不等,总流量 6L/s。

总计有 6～7 个出水口,均属涌泉类型,就水温变化而论,整体显示南低北高趋势,泉水区硫华、碱华、钙华普遍可见。

走向近 SN,延长达 30 余千米,形成时代为喜马拉雅晚期—第四纪的加错拉-古荣正断层为鲁鲁温泉的控泉构造,围岩为中—下侏罗统日当组($J_{1-2}r$)的黑色板岩及泥质灰岩。

20 世纪 70—80 年代期间,是该温泉营运的鼎盛时期,彼时,前来此地沐浴、疗病的造访者每日以数十至数百计,据悉,对关节炎、瘫痪病、皮肤病、胸膜炎有显著疗效;但是,由于 As、Cr、Mn 等微量元素偏高(表 6-1)对高血压和眼疾病患者却有不良影响,该类病人至此沐浴后,常有"血往上冲或头疼"的感觉。

佟伟、瘳志杰 1975 年采样分析结果:T 79℃,PH 7.40,TDS 1.57;Na 265,K 34,Ca 44.3,Mg 2.30,Li 8.25,Rb 0.70,Cs 7.55,NH_4 6.64;$NaHCO_3$ 656,SO_4 69.8,Cl 192,F 8.75;SiO_2 126,HBO_2 515,As 0.424。

本科研队 2001 年采集样品进行微量元素分析的结果(ng/ml):Ag 0.0365,Al 198.4,As 1330,Ba 72.84,Cd<0.0000,Co 0.4065,Cr 27.46,Cu 8.787,Mg 5722,Mn 42.96,Mo 0.8926,Ni 6.64,Pb 1.168,Sb 14.79,Se 20.02,Sr 399.8,Ti 0.0157,V 9.263,Zn 15.65。

4. 扣乌（亦称卡乌）温泉

该温泉位于萨迦县扣乌镇的内外，见有众多出水口，具泉水群发育特征。海拔 4620～4700m；经度 88°10′00″—88°10′45″，纬度 28°49′35″。泉口水温 62～88℃，总流量 20L/s。

一系列沸泉、沸泥泉及喷气孔散布在萨迦冲曲河床左岸的河漫滩上，右岸边滩地带可见较多古泉华。泉区硫醇味浓烈，泉爆现象时有可见。

走向 NNE，延伸长度达 35km，形成时代为喜马拉雅晚期—第四纪的普极-扣乌左旋平移断层属该泉的控泉构造、泉区两岸谷坡露出的炭质板岩（$T_{1+2}l$）为该泉的围岩。各个泉口周围地面均沉淀有硫华和盐霜，此外，还见有类似辰砂的红色沉积物。

该泉的疗疾效果甚佳，可治胃病、关节炎、胸膜炎，以及外伤。

佟伟、瘳志杰等曾先后两次对该泉进行了采样分析（括号外为 1975 年样品，括号内为 1989 年样品），其分析结果：T_s 82℃（86℃），PH_F 8（9），PH_L 8.55（8.9），TDS 2.32（2.496）；Na 560（642），K 78（95.1），Ca 5.15（0.20），Mg 2.08（0.15），Li 19.8（21.4），Rb 1.70（3.62），Cs 0.55（27.2），NH_4 7.24（5.12）；CO_3 103（165），HCO_3 505（403），SO_4 32.1（19.7），Cl 602（660），F 7.9（11.6）；SiO_2 152（205），HBO_2 500（435），As 0.072（0.221），H_2S na（2.96）。

5. 康普勒温泉

该温泉位于图区西北角昂仁县，定日县交界处康普勒雪山的南坡地带，行政区划属加错拉乡（在 1971 年版 1∶10 万地形图中未曾标注，《西藏自治区温泉志》中亦未予报导，系本次填图路线过程中的新发现）。

有十余个规模较大的泉水出水口，呈近 SN 向沿着康普拉小河以串珠状形式产出，水温 70℃ 左右，总流量 5L/s。泉区长 100 余米，有硫醇味，见钙华。行人至此，可见热气上升，雾气蒸腾景象。

控泉构造不明，围岩为中—下三叠统吕村组（$T_{1+2}l$）的黑色板岩。交通不畅，开发利用有困难。

6. 曲登尼玛（曲典尼马）矿泉水

岗巴县曲登尼玛矿泉水位于喜马拉雅山北麓，距岗巴县城约 55km（改道后约 35km），泉口海拔 5128m，周围均是冰川雪地，无污染因素。经 1999 年 10 月西藏自治区曲登尼玛矿泉水评审委员会评定和 1992 年 8 月中华人民共和国地质矿产部、卫生部、地质环境管理司鉴定，曲登尼玛水为低钠低矿化度锶矿泉水，各项元素均达到并超过国家天然饮料具备的界定指标，日流量 820t，补给良好，动态稳定。

曲登尼玛矿泉水中含有锌、硒、锂、钙、碘、偏硅酸等多种有益于人体健康的宏、微量元素。具有增强食欲，改善心血管功能，促进骨骼发育，防止甲状腺肥大，防癌等特殊功效。据藏文经书记载：此水能治 420 种传染病和 360 种急、慢性病，是莲花生大师赐给他的信徒和信教群众医疗百病的"甘露"，被人们誉为"神水"。

1993 年 4 月组建了岗巴喜马拉雅矿泉水公司，同时购买设备，在同年 6 月中旬厂房正式破土动工。1993 年 9 月，岗巴矿泉水公司建成投产，属全民所有制集体企业，有职工 141 人。公司由塑料厂和饮料厂两部分组成，塑料厂现有 4 台吹瓶机，饮料厂现有 2 条罐装生产线。曲登尼玛矿泉水是目前我国以至于全世界泉口最高的纯天然无任何污染的优质矿泉水，目前该产品已远销欧、美、日本、韩国、香港及东南亚地区。

1998 年 11 月，曲登尼玛牌矿泉水被西藏自治区人民政府评为"西藏自治区首批名优产品"。

1999 年，申办了"绿色食品证书"，"曲登尼玛"牌西藏神水成为我国第一个荣获饮品行业"绿色食品证书"的单位。

矿泉水围岩为奥陶系下统甲村组（O_1j）的片理化灰岩，第四纪掩覆控泉构造的类型及性质不明。

第二节 旅游资源

被誉为西藏江南的测区地处喜马拉雅造山带，雪山耸立，河谷深邃，冰湖密布，森林茂密，旅游资源十分丰富，加上藏族同胞的宗教信仰，且又是去珠峰（珠穆朗玛峰）的必经之地，来这里旅游的游客很多。其中，外国人占有相当的比例。不过，他们多是奔珠峰、萨迦寺而来。这说明测区的其他景点开发少，在测区寻找和开发旅游资源是一件非常迫切的工作。中国地质大学西藏区调队针对以上情况，对测区的旅游资源做了全面的调查，其成果见图6-9。

旅游资源根据其资源的性质、特点及资源的产生，从宏观角度出发可划分为自然景观旅游资源和人文景观旅游资源两大类。自然景观旅游资源是具有观赏价值的各种自然山水，又可分为地质景观、地貌景观、水体景观、生物景观、气象、气候等旅游资源。而人文景观旅游资源是人类历史和文化的结晶，是民族风貌与特色的集中反映，它给人们以教育、知识、启迪、乐趣和享受。它可分为历史遗址及遗迹、寺庙、塔、古建筑、现代工程、革命遗址及烈士陵园、风味佳肴、旅游商品等。

测区的旅游资源按以上分类描述如下。

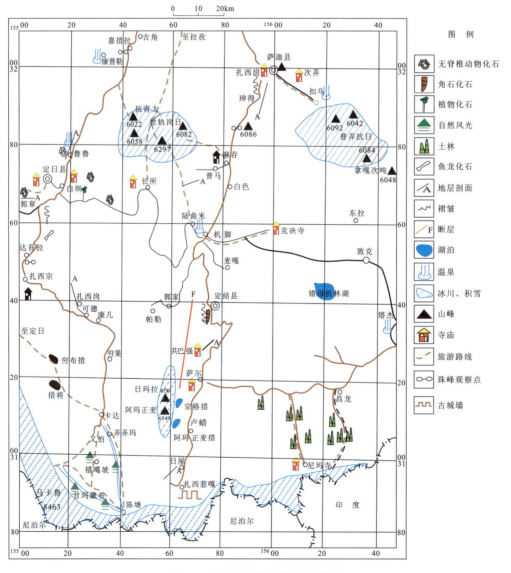

图6-9 定结县幅旅游资源示意图

一、自然景观旅游资源

测区的自然景观旅游资源相当丰富，几乎遍及整个测区。本次区调发现的自然景观旅游资源有：错嘎波自然风光、甘玛藏布-陈塘-弄弄玛自然风光、昌龙土林景点、鱼龙化石点、菊石化石点、箭石化石点、角石化石点、褶皱构造景观、断层景观等，特别是错嘎波自然风光、甘玛藏布-陈塘-弄弄玛自然风光、昌龙土林景点。错嘎波的水可与九寨沟媲美；弄弄玛自然风光有着黄山般的风景；甘玛藏布被来过这里的外国人誉为世界奇景；昌龙土林景点更可谓国内少有。它们都是那样神奇、那样让人赞叹不已，大自然这个能工巧匠给西藏这个神奇的地方雕刻出如此美丽的景色，是藏族群众取之不竭、用之不尽的财富。

（一）地质景观旅游资源

测区的地质景观旅游资源可分为地层类景观、构造类景观、化石类景观等旅游资源。它们都是由地质作用形成的，这类景观遍及整个测区。

1. 地层类景观旅游资源

测区的地层出露较齐全，从前震旦系到第四系均有出露，并且有北喜马拉雅、拉轨岗日和雅鲁藏布3个地层分区。从地质科学研究的角度来看，这里是观察地层、进行岩相古地理、古气候研究的理想地区；而对于一般游客来说，通过一定的介绍，可以了解地质地层的含义，并可实地观察不同时代地层及岩性特征，从中了解到"沧海变桑田"的客观规律及"将今论古"的原则。本测区有以下几个重要路线及观察剖面，除了普鲁层型剖面是前人所测外，其余均为本次所测。

（1）层型剖面

志留系普鲁组：建组于测区定结县萨尔乡普鲁村，是一套灰色、灰黄色网纹状泥质条带灰岩，含大量角石和海百合茎化石。前人已做过十分详细的工作，本队也进行了重测。作为旅游资源开发可与附近的人文景观共巴强寺庙、萨尔寺庙及附近的大断层温泉景观连起来一起开发，该路线交通方便。

（2）北喜马拉雅地层剖面

a. 前寒武系剖面：测制于定结县日屋乡扎西惹嘎，是一套低—中级变质岩，保留了原始沉积构造岩性。作为旅游资源开发，可与附近的古城墙发电站及边界一起开发。交通较方便。

b. 奥陶系—三叠系曲龙贡巴组：测制于定日县扎西宗乡可德—扎西岗。几个组出露较好，该点地处珠峰旅游要道，交通十分便利。

c. 第三系宗浦组和基堵拉组：测制于定日县郭章。基堵拉组是一套以石英砂岩、砂岩为主的岩性；宗浦组是一套以灰岩为主的岩性，富含生物化石。该剖面交通方便。

（3）拉轨岗日地层剖面

a. 三叠系吕村组—涅如组剖面：测制于萨迦县普马乡，为一套浅变质岩。该剖面交通便利。

b. 侏罗系日当组剖面：测制于萨迦县库坤德，由一套页岩、砂岩和灰岩组成。该剖面就在公路旁。

c. 白垩系加不拉组剖面：测制于定日县附近，为一套页岩，该剖面交通便利。

作为地学观赏内容，测区地层类景观旅游资源只要有计划地开发便可，在开发的同时，可与附近的自然风光、人文景观联合开发，以自然景观和人文景观为依托，这样才能满足不同游客的不同需求。

2. 构造类景观旅游资源

地处喜马拉雅造山带的定结县幅地区，由地壳运动产生的断层和褶皱景观旅游资源随处可见，它们形成了一道道靓丽的风景线。

（1）断层景观旅游资源

测区内断层以萨尔断层，拆离断层和韧性断层为最好的断层类景观。

a. 萨尔断层：位于图幅中部，几乎沿北北东向横穿整个图幅，以定结县萨尔乡一带最为壮观，在地貌上它是由一连串千丈绝壁的悬崖——断层三角面组成，悬崖的背后是雪山美景，由雪山流出的雪水又形成了一个个天蓝色的、像镜子一样的冰湖；悬崖的前面是大片的冰积物。这里交通便利。

b. 拆离断层：是喜马拉雅隆升过程形成的一种断层，遍及整个测区，主要出露两套拆离断层，即喜马拉雅拆离断层和拉轨岗日拆离断层。喜马拉雅拆离断层分布在测区南部的定结县萨尔乡，日屋乡至定日县扎西宗乡一带；拉轨岗日拆离断层主要分布在拉轨岗日至弄希岗日一带。在拆离断层附近由两套变质程度不同的地层组成，而且还有脆韧两种不同的变形特征。

c. 韧性剪切带：主要发育于测区南部，以定日县卡达乡附近最为发育。由于韧性剪切带交叉发育，形成了一个个巨大的透镜体网络系统，韧性剪切带标志随处可见。

除了以上断层景观外，测区断层只要你留意，它们是无处不在的。

（2）褶皱景观旅游资源

褶皱景观是很容易被普通游客认识的一种景观，从美学角度讲，它会给人一种流动的感觉和韵律的美。测区的主要褶皱景观如下。

a. 达吾拉北褶皱：位于定日达吾拉山北，该褶皱发育于三叠系中。远处看，它像一匹匹战马披上了一件件灰色的铠甲；近处看，它又像一个个穿山甲在这里爬行。这里又是珠峰的必经之地，这一景点的开发是非常方便而且是很有前途的。

b. 定结倒转褶皱：位于定结县城至萨尔乡的公路旁（图6-10），该褶皱发育于奥陶系中，是典型的平卧-倒转褶皱，其规模不大，但它与其上的古城堡及地层中的化石一起形成了一个较好的旅游资源。

c. 坤德褶皱：位于萨迦县扎西岗乡公路旁，发育于侏罗系中，是由一系列同斜褶皱组成。

图6-10　定结平卧褶皱及其上的古城堡

其他褶皱景观还有定日扎西宗厢状褶皱、定日卡达的流变褶皱等，特别是后者，如同一幅幅山水画，让人叹为观止、流连忘返。

3. 化石类景观旅游资源

测区不同地层中有大量的古生物化石，这些化石有的具有科研价值，有的具有观赏和收藏价值。它们能够让人们认识地球上生命进化的轨迹。同时，它们作为划分地质年代、推断古地理、古气候环境的主要依据，使人们更加感受到它们的珍贵，作为景点开发，它又可作为工艺品和纪念品的原料。测区主要化石景点如下。

（1）白坝—长所菊石化石景点：分布于定日县白坝至长所一带侏罗系门卡墩组中，化石单体保存完好，直径大者约20cm。这些化石有的被制作成烟灰缸工艺品；有的被附近的老乡采来卖给游客作纪念品。

（2）定日箭石化石点：分布于定日县白垩系中，以加不拉组较多，产于页岩及粉砂质泥岩中，单体像子弹头大小，具有科学研究价值。

（3）定结角石化石景点：分布于定结县南附近的奥陶系甲村组灰岩地层中，角石单体最大约80cm。该景点不仅是化石景点，而且还是褶皱景点、古庙景点。

（4）定日郭章生物礁景点：产于定日县西郭章天葬台附近，第三系宗浦组中，产大量六射珊瑚，有孔虫及钙藻化石，其中有孔虫单体较大，形似古钱币，具有科学研究价值。

（5）达吾拉鱼龙化石景点：产于定日县达吾拉北坡三叠系曲龙贡巴组中，化石不易被发现，具有科研价值。

此外，还有白坝植物化石景点和白坝—长所间侏罗系生物化石礁景点。这些化石景点的交通都比较好，适合与附近的其他自然或人文景点一起开发。

（二）地貌景观旅游资源

地貌景观是地球表面起伏形态的反映，它的形成是地球内外地质作用的结果。喜马拉雅运动形成了西藏地区诸多的奇山峻岭，测区也不例外，这次发现的地貌景观旅游资源如下。

(1) 土林景观（图 6-11～图 6-15）：位于岗巴县昌龙乡，土林主要分布在昌龙乡南的两条冲沟中，在第四系冰水沉积物中一系列天然形成的土柱和洞穴组成了昌龙土林景观，其规模之大、景色之美，可称得上国内少有。这里交通方便，加上附近的尼玛寺和西藏唯一的矿泉水厂等人文景观，这里是极好的旅游开发资源。

图 6-11　昌龙土林景点（一）

图 6-12　昌龙土林景点（二）

图 6-13　昌龙土林景点（三）

图 6-14　昌龙土林景点（四）

图 6-15　昌龙土林景点（五）

图 6-16　陈塘风景（一）

(2) 甘玛藏布—陈塘—弄弄玛奇峰峻岭景观（图 6-16～图 6-21）：位于定日县卡达乡和陈塘乡，它主要由卡达至陈塘和马卡鲁至陈塘两条河流组成。河域内山峦起伏，高低悬殊。这里海拔低，植被生长茂密，动物种类繁多。拔地而起的山峰，不仅以其雄伟的气势激人奋发，还给人以探胜、寻幽、攀登之利。这里的生态及山峰可让游客真正体会到山川的峻险、秀丽、雄伟、深沉。美丽的甘玛藏布曾被来过这里的外国人称为"世界奇景"。美中不足的是这里的交通不太方便，公路只修到错嘎波西。

(3) 错嘎波自然景点：它位于定日县卡达乡南，是本次一大发现。从卡达乡出发经过约三小时的跋涉，登上桑穷拉，只见近处云雾弥漫，峡谷幽深；远处重峦叠嶂，若隐若现，小路旁生长有低矮的灌木丛。当浓雾稍稍退去，可见到对面山银布飞流。此时此刻，任何游客都会暗暗问自己是否进入仙境。当浓雾完全退去，峡谷底原来是一块很大很平的绿草地和许多蓝色的冰湖组成，好像一块绿地毯上嵌上了一颗颗蓝色的珍珠。九寨沟美的是水,而错嘎波的水与九寨沟的水相比是有过之而无不及。

图 6-17　陈塘风景(二)

图 6-18　陈塘风景(三)

图 6-19　弄弄玛风景

图 6-21　美丽的甘玛藏布(二)

图 6-20　美丽的甘玛藏布(一)

图 6-22　错嘎波南-曲拉山南冰湖

(4) 冰川和登山景点：主要分布在测区北部和南部，由于测区有拉轨岗日和喜马拉雅两大隆起带，除 8463m 的马卡鲁峰外，6000m 以上的高峰极多，其上终年积雪形成了许多冰川奇景，是理想的冰川旅游资源，不少外国人来卡达乡观看冰川。除了观看冰川外，区内 6000m 以上的山峰是理想的登山资源，其中大多数是处女峰。

（三）其他自然旅游资源

(1) 珠峰观察点：去过珠峰的人都知道珠峰的全景越近越看不全。测区内有 3 个理想的珠峰观察点，它们都在公路旁：一个是定日县嘉错拉；一个是定日县达吾拉；还有一个是萨迦县坤德南山坡。这几个观察点以达吾拉点最好，观察时间一般在当年的 9 月至第二年的 4 月，因为这段时间云少、雨少。

(2) 冰湖景点：都说湖北是千湖之省，湖北如果与西藏相比那就算不了什么，西藏的湖与内地的湖相比更有其特色，那就是它们未受任何污染，大多数是天蓝色的冰湖，清澈见底。每一位到这里的游客看到此景都会心旷神怡、流连忘返。测区内最大冰湖是错母折林，其他冰湖还有阿玛正麦错、宗格错、措将、穷布拉……在每个冰川的附近都有冰湖相伴，图 6-22 就是错嘎波南坡冰湖。这些冰湖可与附近其他自然景观一起开发。

(3) 温泉景点：测区内有 5 个温泉景点，其分布见图 6-9，它们都被藏族同胞用作治病、疗养之用。其中岗巴县尼玛棍巴泉被老乡传为莲花大师所赐圣水，喝了它百病皆除。西藏"雪山圣水"矿泉水厂就在此地，该产品在内地有销售。

(4) 生态旅游景点：测区内南部局部地区海拔低（如：陈塘区），气候温暖，生长有茂密的森林，其中不少珍奇植物，还有许多珍贵的药材，如天麻、三七、灵芝、黄连等。森林中还有不少国家保护动物，如马鸡、猕猴、狗熊、豹子等。在海拔较高的地区生长有名贵药材，如雪莲、冬虫夏草、红景天等，其中冬虫夏草价格高达每千克两万元人民币。此外，测区较高地区普遍见有野生动物出没，主要是野羊，据说还有雪豹。这些都是极好的生态旅游资源。

二、人文景观旅游资源

人文景观是人类历史和文化的结晶，是民族风貌与特色的集中反映。测区藏族群众的生活习惯、人物风情构成了测区许多的人文景观旅游资源。

(1) 寺庙景观旅游资源：西藏人民信仰喇嘛教，古寺庙是测区的一大人文景观。测区寺庙分布见图 6-9。这些寺庙当中以萨迦寺最为宏伟壮观，它也是整个西藏的一座名寺。它位于萨迦县城内，建于 1073 年，全寺建筑面积 14 700m^2，主寺 5700m^2，是由 40 根红漆巨柱直托殿顶，其内藏有最珍贵的《布德甲马龙》大藏经有如小床大小。此外还有很珍贵的贝叶经等。

除萨迦寺外，定日县的定日寺，定结县的克决寺，萨迦县次弄寺，岗巴县的尼玛寺都是建在山崖上，气势雄伟，具有较高的观赏价值。

(2) 边贸旅游资源：定结县陈塘乡不仅以其秀色吸引人，更主要的是地处与尼泊尔交界处，有着得天独厚的边贸条件，边界外的尼泊尔有许多中国商品，我们队曾有人过境买中国香烟。不少尼泊尔商人背着药材等，过境交换中国商品。另外，这里是测区所有县城的木材产地，这些木材都是通过牦牛一根一根地拉出来的。要开发这里的边贸资源必须修公路，可从定结和定日各修一条，一旦公路修通，这里的边界贸易和旅游业将会有一个飞速发展，那时的陈塘可能不亚于樟木口岸。

此外，定结县日屋乡古城墙、定结县机脚桥古庙宇等，每一个景点都是一个故事。它们与其他旅游景点一样，期待我们去开发。

第三节 灾害地质

一、地震

测区是世界著名的地中海-喜马拉雅地震带的一个组成部分,相继发生过世界罕见的大地震,以及无数小震,世界上90%的地震与断层有关,测区内虽然未收集到已知地震资料。但其活动断层可以预报地震可能发生的地点。测区内的白坝-鲁鲁活动断层、卡达东-彭曲急转弯处活动断层、萨尔西-定结县活动断层;萨迦县扣乌活动断层,在地应力或应变能积累后都有突然释放发生地震的可能。

二、荒漠化

荒漠化是指地表植被稀少、动物缺乏的寒冻和干旱的不毛之地,包括了冻漠、岩漠、砾漠和沙漠。

(1)冻漠:测区在海拔5500m以上高山、极高山区域内,包括拉轨岗日山脉和喜马拉雅山脉,气候普遍严寒,在现代冰川及现代冰川外围地区有大片多年冻土分布,形成一片特殊的荒漠区,当然,这个荒漠没有人烟,其范围变化也不大,对人类损害不大。

(2)岩漠:测区冻漠外围,均为质地比较坚硬的基底岩系,坡度大于40°、海拔大于4500m以上山坡上,岩漠极发育,如卡达北东彭曲进入峡谷地段,基岩裸露面积大,岩漠之下岩屑极发育,这是高山地区的不良地质现象,如道路和水渠等工程通过时就会被堵塞,同时也不利植被的发育。

(3)砾漠:主要发育在冰川谷内,如拉轨岗日、马卡鲁山等地,实际上就是石海,它与冰川的区别是砾漠本身不运动,其危害是细粒物质极少,很少植物生长,为不毛之地,其次是泥石流分布区,由于风蚀作用,细粒物质被吹扬,留下的主要是砾石,也很少植物生长,为不毛之地,实际上就是戈壁滩,如萨尔—定结县一带这种戈壁滩极发育。

(4)沙漠化:沙漠化是测区内一个重要生态环境问题,测区沙漠及沙漠化土地面积逐年增长。主要是在定日-定结古湖盆、昌龙古湖盆、致克古湖盆内,古湖盆应该是一片肥沃的土地,宜农林牧业发展,但目前一刮起西北风、西南风,天空一片黄色,黄沙飞扬,几乎覆盖了三个古湖盆,古湖盆中沙丘极发育,所有土地均有沙漠化的危险,同时威胁着道路和村庄。目前沙漠化最严重的是机脚桥一带和定结县东,对沙漠化的防止措施是在风口地带广种植被,建立防护林体系,防止风的吹蚀。

三、山崩、滑坡、泥石流

测区为高原山区,切割强烈的地形和恶劣气候,造成山崩、滑坡、泥石流等山地灾害频繁发生,如测区萨加县城、定日县城、定结县城就建立在泥石流的堆积扇、冲沟和河沟沟口上。同时测区的主干公路均沿沟谷修建,受山崩、滑坡和泥石流的威胁,受危害的还有水利工程。

(1)岩崩:测区陡峻山崖或山坡主要分布在几个峡谷区及马卡鲁山附近,前者物理风化强烈。后者冰劈现象普遍,是山崩的常发区。

(2)滑坡:主要分布在陈塘地区,发育在夹砾石的土质斜坡地带,滑坡面沿夹砾石的土质体与基岩的分界面上,该地区是雨林地带,降雨是滑坡产生的触发因素,雨水渗入滑坡面,使其抗剪强度降低,当地形坡度大于20°时,滑坡面与山坡倾向一致,极易产生滑坡。

(3)泥石流:测区泥石流形成的条件十分有利,首先是山高沟深、地势陡峻,其次冰川发育,冰碛物堆积,为泥石流提供了大量碎屑物,暴雨和冰雪融水是诱发泥石流的重要条件。在萨尔—定结县一带,泥石流上方有大量晚更新世冰川终碛物分布在斜坡上,再上方有现代冰川冰雪融水,将大量冰碛碎屑带至山前盆缘,发育了广泛的泥石流,经风蚀现为戈壁滩,大小不等的砾石混杂堆积,成为难通行的不毛之地。

第四节 高原隆升与环境演化

测区第四纪以来经历了三次快速隆升。与隆升山地相伴生的沉积盆地的沉积地层,具有时间的连续性和环境演化的丰富信息,我们主要根据地貌学和沉积学的方法建立高原隆升与环境演化规律。

一、早更新世环境

上新世末至早更新世(大约 3.4Ma BP 前后)第一次强烈的构造隆升,致使夷平面发生解体,差异构造运动,在喜马拉雅山北坡形成昌龙湖盆,从湖积物的分布看,现代海拔 5000~5300m,明显为冰水沉积物,可能为喜马拉雅山脉第一期冰期产物。根据植硅石化石,当时气候由温湿型向冷干型转变,根据孢粉组合(图 6-23),木本植物以喜温的阔叶林到喜温寒的陆生蕨类植物木贼繁盛,植被类型也由森林草原型向草原型演化,冰水沉积物顶部出现褐铁矿碳酸盐型风化壳,说明早更新世冰水堆积的湖盆堰塞,冰期结束进入间冰期,为温带半干旱气候,说明高原已整体抬升,引起东南亚季风的高原湿热气候逐渐为干冷气候所取代。

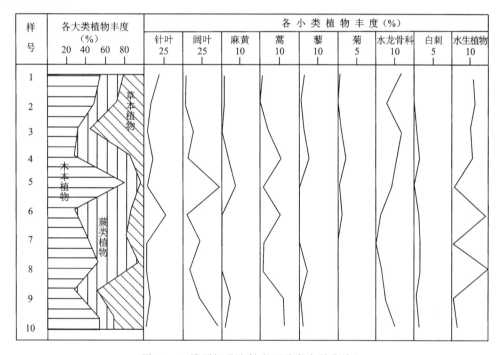

图 6-23 早更新世孢粉主要种类含量曲线图

二、中更新世早期环境

中更新世早期,新构造运动将喜马拉雅山抬起到新的高度,随高度增加,气候转冷,出现了大规模的冰川活动,冰川范围达到了山麓盆地,从岗巴县昌龙至定结县萨尔一带接受了这次冰川活动的冰水沉积物。孢粉比较贫乏,高山深处生长云杉、冷杉逐渐减少,出现藜科、麻黄,明显从前阶段云杉树向稀疏森林草原甚至冻荒漠过渡。据植硅石分析,有指示冰期的扇形阴地蕨。冰水沉积物之上出现厚 4~5m 的高岭石风化壳。孢粉组合特征是草本植物由多到少转化,木本植物由少到多转化。其植被为转化植被景观,出现不明显的垂直分带。高处为云杉、冷杉,其下生长铁杉、雪松、油松;低处为阔叶植物,山麓及河边生长草本植物,湖盆生长丰润植物,指示进入了间冰期,气候相对转暖。

三、中更新世晚期到晚更新世环境

中更新世晚期到晚更新世环境是波动的。随着中更新世晚期抬升,测区进入了湖进时期。虽然在晚更新世早期,出现了一次冰期,但测区无地层记录。中更新世晚期至晚更新世主要沉积了一套河湖相砾石层、粘土层组合,孢粉组合中出现了木本植物中针叶树种超过了阔叶树种的现象。草本植物除了陆生藜科、蒿外,出现了大量水生草本植物香蒲。其植被为温带区系植被。在喜马拉雅山南坡陈塘—扎西惹嘎一带保留了亚热带常绿季雨林。随着进一步持续抬升,喜马拉雅山脉高度已升到足以阻挡印度洋季风和西风气旋进入高原内部,大部分水气受到高原山地阻挡,因而在喜马拉雅山北坡变为干燥、温带山地针叶树或灌丛草甸逐渐变为冷期干草原或荒漠草原。在晚更新世晚期又发生了大规模冰川活动。发育了广泛的冰碛物。冰碛物上没有古土壤,没有黄土状堆积。这一面貌一直延伸至全新世。

四、全新世环境

大约距今 1.1 万年的全新世,继承了晚更新世末期的环境。进入了全新世冰后期,虽然没有大规模冰川活动,但本区仍处于干冷环境。在极高山形成了广泛分布的冰地貌和寒冷风化物;在一般山地,木本植物明显减少至消亡,为灌木,如蔷薇、杜鹃、桦、栎等,草本植物占绝对优势,主要为莎草甸,冰雪融水侵入,局部草甸沼泽化。谷地有湖积物、冲积物、洪积物、风积物堆积,湖泊范围不断缩小、盐化。湖缘沼泽发育,河流发育三级阶地,洪积物一般形成洪积扇。风成砂范围不断扩大,主要是高原隆升到相当高度,一般在 5000m 以上,地形对气候的屏障作用明显。

总之,第四纪测区存在两个主要事件,一是高原强烈隆升,二是气候普遍性冷暖变化。

第五节 现代生态环境

一、生态环境分区

根据土壤和植被的垂直分带。将测区现代生态环境分为 4 个大区,即宜农林牧湿土区、宜林的棕壤区、宜牧的草甸土草原土区和不宜农林牧的现代冰川及寒冻土、荒漠、半荒漠区,在大区内又根据现代生态现状分为 3 个级别,即Ⅰ级、Ⅱ级、Ⅲ级分区。

二、生物环境特征

（一）不宜农林牧的现代冰川及寒冻土、荒漠、半荒漠区

现代冰川及寒冻土区主要分布在喜马拉雅山脉及拉轨岗日山脉,海拔一般在 5500m 以上,以现代冰川活动和寒冻风化作用为主,为冰雪和岩石碎屑覆盖区,无植被,无人烟分布区。

基岩裸露区主要分布在尤里至陈塘峡谷地区,基岩裸露与岩屑堆积形成不毛之地。

砾漠为冰川谷地冰碛堆积和泥石流堆积区。砾石层细粒物质风蚀后形成的戈壁滩,为难通行的不毛之地。

沙漠:主要分布在机脚桥和定结一带的盆地之中,地表主要为风成砂覆盖,为沙丘,新月形沙丘分布区,沙棘、蒿草、茅草稀少,为半荒漠带。

（二）亚高山、高山宜牧草场、草原区

首先根据地势分为高山区 P_2、亚高山区 P_1，高山区一般海拔大于 5000m，亚高山区海拔在 4200～5000m，再根据土壤类型分为草甸土和草原土两类，草甸土一般分布在现代常年积雪区及极高山寒冻土区四周，即拉轨岗日山脉四周及喜马拉雅山脉北坡，草原土一般与以上二者没有关系，再根据植被类型分为蒿草草地、针茅草草地、沙棘灌丛草地。这些植被具有垂直分带的特征，最后根据草地优劣分为三级，即 $1P_1$、$2P_1$、$3P_1$、$2P_2$、$3P_2$。这样分出 18 个草地单元。在分级的基础上加上顺序号，如 $1P_1^1$，$1P_1^2$，…，$3P_2^{16}$，这种划分本身指明了测区草地的生态环境特征，为牧区放牧指明了方向。

（三）宜林棕壤土地区

宜林棕壤土地区主要分布在喜马拉雅山脉南坡及北坡谷地内。因输入了印度洋温润气流，水汽源向喜马拉雅山脉南坡输送，形成了多雨地带。沿南北山沟也有少量输入。因此，在陈塘及其周围形成了一个棕壤宜林区。根据树林疏密划分为三级，一级为山地棕壤针叶林区，松树柏树茂密，几乎成为原始森林；二级为棕壤杜鹃灌木林区，指围绕一级棕壤针叶林区分布，杜鹃极茂密和高大，为极难通行区；三级棕壤杜鹃低矮灌木林区，主要指印度洋洋面暖水汽沿近南北向山沟输入喜马拉雅山北坡，在山沟内出现比较稀疏、短小的杜鹃灌木树，而且常不能连成片。

（四）宜农林牧湿土区

宜农林牧湿土区主要分布在河谷及湖泊四周，地下水、地表水丰富，地面平坦。为宜种青稞、小麦、油菜、豌豆的耕地。耕地间为肥沃草地，也可以成为高原杨林地。根据土质和植被分为两级三类，一类为一级平地稳定灌溉水浇温地，二类为二级滨湖滩地河滩地蒿草草甸沼泽草地和高原杨林地，也可开垦为农业耕地和种植高原杨林地，三类为二级滩地砂质草甸土及沙棘灌丛草地，可以开垦为农业耕地和种植高原杨林地。

三、动物资源

测区野生动物比较丰富，在路线填图过程中发现野生动物分布有一定规律。在喜马拉雅南山脉南坡陈塘、扎西惹嘎亚热带温带丛林中见有熊、长尾叶猴、野猪等。在喜马拉雅山以北地区，靠近雪域附近有雪豹、藏雪鸡，草原上有岩羊、野狼、旱獭、野兔等。在河流湖泊中见有鱼鸥、野鸭、鱼等，温泉附近见无毒蛇。以上仅为已观察到的野生动物，实际上比这要多得多。

第七章 结 论

在全球重要构造带——喜马拉雅造山带开展空白区1∶25万区域地质调查,对于深化基础地质研究、建立大陆动力学理论、进行资源环境评估等都具有重要的科学意义。测区位于喜马拉雅造山带中段,地貌反差巨大,地层出露齐全,岩石类型丰富,构造极为复杂,地壳活动性强,是开展区域地质调查和研究的理想场所。在中国地质调查局西南项目办、中国地质大学(武汉)等各级领导的关怀和支持下,在专家组、综合组多位专家的指导和帮助下,项目组全体成员克服重重困难,圆满完成了任务,取得了一些重要的认识。

第一节 主要地质成果及结论

一、地层方面

1. 岩石地层及层序地层

运用现代沉积学和地层学的理论,建立了测区的岩石地层系统,划分出47个正式的岩石地层单位(不含第四系),其中以奥陶系、侏罗系划分最为详细。识别出泥盆系凉泉组和波曲组之间存在一个重要的侵蚀面,可能为平行不整合。在沉积界面、沉积相及相对海平面变化的研究基础上对测区古生界—中生界层序地层进行了系统研究,划分出40个三级层序。

2. 古生物及生物地层

在古生代—新生代地层中采获大量实体和遗迹化石,许多具主要的时代和沉积相意义。

(1) 如在雅鲁藏布江地层分区上三叠统朗杰学群(T_3L)采获时代属早白垩世的箭石化石 *Hibolites parahastatus* Yang et Wu, *H. subfusiformis* (Raspail), *H.* cf. *xizangensis* Yang et Wu, *H.* sp., *Belemnopsis* cf. *sinensis* Yang et Wu。其生物群面貌与吴顺宝(1982)所定的 *Hibolites parahastatus-H. jiabulensis* 组合极为相似,这一发现对朗杰学群时代及成因的确定有重要的意义。

(2) 北喜马拉雅地层分区侏罗系拉弄拉组下部首次发现大量小型硅化木(*Dadoxylon*)及植物化石 *Ptilophyllum*,说明这一地区在侏罗纪时曾经为陆地。

(3) 在测区古生代—中生代地层中首次采获大量遗迹化石,共有28个遗迹属,尤以曲龙共巴组和日当组采获最多。通过对遗迹化石的研究,划分出多个遗迹化石组合和遗迹相,确定曲龙共巴组为高能的滨浅海环境,而日当组则为较深水的陆架环境。

(4) 北喜马拉雅地层分区亚里组下部发现早石炭世四射珊瑚 *Weiningophyllum* cf. *sinense* H. D. Wang 及早石炭世的牙形石 *Siphonodella sulcata* (Huddle), *Spathognathodus* sp., *Euprioniodina alternata* (Ulrich et Bassler), *Falcodus* sp.,确定测区亚里组为下石炭统,不包含晚泥盆世的沉积,在区域上为一穿时的地层单位。

(5) 在古近系宗浦组中发现大量六射珊瑚(8属),其中部分为造礁型,为目前国内古近系六射珊瑚发现属种最多的层位,具重要的古生物和古气候研究价值。

第七章 结 论

此外,还在测区曲龙共巴组中首次发现喜马拉雅鱼龙化石及在拉轨岗日地层分区白垩系加不拉组中发现大量腹足类化石,对研究该地层的时代及沉积相均具有一定的意义。

3. 沉积相

对测区古生代—新生代地层进行了系统的沉积相研究,发现一些区域上未发现的沉积相类型,并取得一些与前人观点不一致的看法。

(1) 侏罗系聂聂雄拉组中首次发现小型生物礁,造礁生物主要为复体六射珊瑚和钙藻。

(2) 石炭系纳兴组发现有属重力流沉积类型的碎屑流、浊流及崩塌沉积,通过对物源及古地理分布规律的研究,确定其为稳定陆棚上的小型断陷盆地或"台间海槽"沉积。

(3) 通过砂岩粒度分析、沉积构造的研究,确定拉轨岗日地层分区三叠系为稳定的陆架沉积,与前人认为属大陆斜坡的观点有较大的区别。

二、第四系

(1) 通过1:25万地质填图和实测剖面的研究,对测区第四系进行了详细的成因类型划分,共划分出22个非正式填图单位。此外,在更新世地层中发现了4个古风化壳。

(2) 更新世和中更新世地层中发现具纹层状粘土层或砂土层及冰川扰动构造的冰水沉积物。并划分出冰水三角洲相和冰湖湖心相。在晚更新世地层中发现了晚更新世晚期分布极广且很有规律的冰碛砾石层。

(3) 对更新世地层进行了孢粉、植硅石及磁化率分析,了解了该地层的古生态环境、古植被及古气候特征。

(4) 采用古地磁方法,对测区更新世地层进行系统的磁性地层划分。

(5) 通过对第四纪地层、新构造、地貌、冰川作用、河流阶地等的研究,初步研究了喜马拉雅造山带隆升与测区湖盆演化、水系变迁、生态环境演变的关系,分析测区新构造运动的阶段性、水系及湖盆的变迁史。特别是对现代生态环境进行了详细划分,为农林、牧业的发展提供了重要的科学依据。

三、变质岩及岩浆岩

(1) 对测区的高喜马拉雅结晶岩系的物质组成和结构进行了详细的研究,通过构造-岩石分析方法,首次发现其中可能存在重要的角度不整合界面,将其分解为与前人的聂拉木群意义完全不同的新太古代—古元古代马卡鲁杂岩和角度不整合在其上的中—新元古代扎西惹嘎岩组。并进一步将马卡鲁杂岩分解为表壳岩、镁铁质-超镁铁质火成岩和花岗质片麻岩3个岩石组合。

(2) 首次在马卡鲁杂岩中发现了超镁铁质岩-橄榄辉石岩组合,通过薄片分析和物质成分研究确定其为超镁铁质堆晶岩,并与镁铁质变质岩具有成因联系,证明它们原岩是拉张环境下形成的拉斑玄武岩系列的超基性-基性火成岩,具有大洋板内的构造属性,这对于认识马卡鲁杂岩原岩建造的形成环境具有重要的意义。

(3) 初步确定马卡鲁杂岩中的花岗质片麻岩的原岩为花岗闪长岩(含英云闪长岩)-奥长花岗岩-二长花岗岩组合,通过物质成分的对比,认为它们不同于典型的太古宙TTG,而与典型地区(如英格兰)新太古代—古元古代的富钾钙碱性花岗质片麻岩组合相似,结合已有的年代学资料,将马卡鲁杂岩的形成时代限制在新太古代—古元古代期间。并通过物质成分的研究提出了花岗质片麻岩是在挤压(造山)构造背景下由表壳岩重熔的产物;在马卡鲁杂岩中还分解出晋宁期的花岗岩体,并初步证明其为表壳岩重熔的S型花岗岩,亦具有造山花岗岩的构造属性,这对于认识早期的结晶基底的形成和地壳演化过程具有重要意义。

(4) 通过细致的野外调查发现,拉轨岗日穹隆周边存在宽达2~6km的热接触变质带,原定义的拉轨岗日群包括了部分接触变质岩,因此重新对拉轨岗日群的岩石组合进行了厘定,通过岩石组合和物质成分的对比认为拉轨岗日群与高喜马拉雅结晶岩系完全可以对比,同属一个结晶基底。并参照高喜马拉雅结晶岩系的构造岩石单位的划分将其分解为下部的拉轨岗日杂岩和上部的抗青大岩组。

(5) 在高喜马拉雅结晶岩系中首次发现了从高压到中低压的基性—中性麻粒岩,并发现了一系列的降压反应结构,为研究喜马拉雅碰撞造山到伸展抬升的动力学过程获得了极好的岩石样品,并取得了初期研究成果。

(6) 对测区喜马拉雅期的花岗岩进行了详细的野外调查和室内研究,对其岩石类型和侵入期次进行了划分,初步认为喜马拉雅期花岗岩具有主动(早期的黑云母花岗岩)和被动(晚期的淡色花岗岩)两种侵位机制,分别代表碰撞造山和伸展隆升阶段的产物。通过野外证据和室内物质成分的研究表明,喜马拉雅期花岗岩是基底变质沉积岩部分熔融的产物,其中淡色花岗岩的形成与基底绝热隆升的降压效应有关,而非剪切深熔的结果。

四、构造方面

(1) 以主期构造变形所产生的构造格局为基础,根据边界构造的性质、规模和形成时代,合理地划分了测区的构造单元,分为2个一级构造单元、3个二级构造单元,阐明了各构造单元的基本特征。

(2) 厘定了拉轨岗日变质核杂岩,初步研究了拉轨岗日变质核杂岩的精细结构、构造特征、地层系列、变形变质和形成机制及其多层次拆离断层的几何学和运动学,分析了伸展构造与岩浆活动、造山作用的关系。

(3) 基本搞清了测区基底及盖层的构造样式。基底变质岩系以流变褶皱系统、韧性剪切系统、透镜网络系统、热隆伸展系统为特征,并被后期脆性断裂系统所改造。盖层以不同位态的压扁褶皱及其相关的逆断层为特征;受后期伸展构造影响,拉轨岗日变质核杂岩及藏南拆离系发育多层次顺层拆离断层。

(4) 在马卡鲁杂岩和拉轨岗日杂岩中发现多层次、多类型的韧性剪切带,包括由橄榄岩糜棱岩为特征的幔型韧性剪切带、卷入麻粒岩的下地壳韧性剪切带、角闪岩相(退变质)中地壳韧性剪切带和上地壳脆-韧性剪切带。初步研究了多层次韧性剪切带的变形特征、剪切标志、构造性质和形成环境。初步查明分布在高喜马拉雅和拉轨岗日的韧性剪切带以正断式运动为主,与喜马拉雅隆升相关。

(5) 基本查明测区喜马拉雅地层分区与拉轨岗日地层分区之间的定日-岗巴逆冲推覆构造和拉轨岗日地层分区与雅鲁藏布江地层分区之间的棍打吓-帕这狼-尼日啊逆冲断层的分布、结构、变形和性质。作为测区构造单元边界的定日-岗巴逆冲断层与次级逆冲断层构成叠瓦状冲断系,出现飞来峰。

(6) 厘定了日玛那花岗-片麻岩穹隆,总结了日玛那花岗-片麻岩穹隆的地质特征,初步研究了日玛那花岗-片麻岩穹隆的范围、组成、结构、构造和性质。

(7) 初步认识了测区构造演化规律,理顺了测区构造演化序列。初步将测区构造演化分为结晶基底形成阶段、褶皱基底形成阶段、古大陆边缘形成阶段、特提斯裂解阶段、特提斯聚合阶段和喜马拉雅造山带隆升阶段,进一步划分出多个构造世代,由多个构造变形系列组成,分析了测区构造演化与岩浆活动、变质过程、沉积作用的关系。

五、年代学方面

(1) 采用先进的离子探针质谱(SHRIMP)分析方法,获得马卡鲁杂岩花岗闪长质片麻岩的两组年龄,一组数据主要来源于残余锆石,2颗代表性测点的 $^{207}Pb/^{206}Pb$ 年龄分别为2.1Ga和2.5Ga,代表了残余的继承锆石的年龄,反映马卡鲁杂岩原岩的形成时代为古太古代—古元古代;另一组数据 $^{206}Pb/^{238}U$ 年龄平均值为1827±25Ma,代表了先期表壳岩系深熔作用的年龄。

(2) 呈透镜体状产于马卡鲁杂岩中的基性麻粒岩的SHRIMP锆石 $^{206}Pb/^{238}U$ 年龄平均值为17.6±0.3Ma,代表麻粒岩退变质作用的发生时间,残余的变质锆石 $^{207}Pb/^{206}Pb$ 年龄为1.82Ga,可能为麻粒岩原岩的年龄。初步认为麻粒岩 17.6 ± 0.3 Ma 的年龄值代表了板块碰撞后的退变质事件,与喜马拉雅造山带隆升同期。

(3) 马卡鲁杂岩中超镁铁质岩锆石 ^{206}Pb/^{238}U 年龄平均值为 16.71 ± 0.54 Ma,说明喜马拉雅隆升过程中存在壳幔作用。

(4) 首次获得拉轨岗日变质岩的年龄,拉轨岗日杂岩正片麻岩中得到两组锆石年龄,一组锆石 ^{207}Pb/^{206}Pb 年龄在 $1.86\sim1.91$ Ga 之间,具岩浆锆石组成特征,代表早期花岗岩岩体形成的时代;另一组为深熔锆石,^{207}Pb/^{206}Pb 年龄平均值为 1812 ± 7 Ma,可能是花岗岩变质改造的年龄。

(5) 根据磷灰石和锆石裂变径迹测定拉轨岗日和高喜马拉雅多个花岗岩体的年龄,特别是年代空白的拉轨岗日花岗岩,如麻布加岩体、抗青大岩体、拉穷抗日岩体的年龄分别是 5.7 ± 2.0 Ma、$7.9\sim17$ Ma、$9.2\sim16.2$ Ma,它们都形成于晚新生代,与喜马拉雅造山带隆升有关。并根据磷灰石和锆石裂变径迹初步估算了高喜马拉雅和拉轨岗日的隆升速率,划分了四个隆升阶段的特点,认为晚新生代拉轨岗日与高喜马拉雅基本上是作为一个整体抬升的。

采用古地磁、电子自旋共振(ESR)、光释光(SR)及 ^{14}C 测年等方法,对测区分布的第四系进行系统地精确定年。

六、其他方面

(1) 新发现矿(化)点 10 处,特别是沿着断裂带大面积分布的褐铁矿应作进一步深入研究;此外发现温泉 1 处。

(2) 考察与评价了具有开发意义的旅游点 3 处。

(3) 以 TM 遥感图像数字处理及数理统计方法为主要手段,运用遥感技术研究测区构造格架,对比高喜马拉雅与拉轨岗日的地质特征,确定南北向构造的展布,研究拉轨岗日变质核杂岩的结构。

第二节 存在的主要问题

虽然测区地质路线长度已大大超过了设计要求,但部分地区的路线控制仍显不够,高喜马拉雅和拉轨岗日海拔高于 5600m 的高山峻岭及永久冻土区,多为冰雪覆盖,穿越极为困难,仅有少量布线,以遥感解译为主。

除志留系普鲁组的层型剖面在测区外,其他岩石地层单位的层型剖面均不在测区,部分离测区较远。因此,测区的部分岩石地层单位,如奥陶系的红山头组、三叠系的土隆群、白垩系的加不拉组、宗山组及古近系的基堵拉组与层型剖面相比岩性、岩性组合及序列差别很大。是按岩石地层的命名原则重新命名新的地层单位,还是或作为相变产物修订含义,都是值得商榷的问题。此外,拉轨岗日地层分区现划为二叠系的破林浦组、比聋组、康马组与层型剖面变质程度有很大的差别,已达到片岩相,同时也没有化石依据。是通过原岩恢复与康马层型剖面对比,定为上述的二叠系各组,还是根据变质程度将其归为基底地层,也一直是一个争论的问题。

测区二叠系海相沉积地层中未能发现火山岩,有待今后进一步详细研究。

由于种种原因,有的样品同位素年龄结果还未得到,对部分地质单位缺乏年龄依据,部分花岗岩岩体和地层单位的时代不能最终确定。

主要参考文献

陈挺恩.西藏南部奥陶纪头足类动物群特征及奥陶系再划分[J].古生物学报,1984,23(4):452-471+537-538.
崔之久,高全洲,刘耕年,等.夷平面、古岩溶与青藏高原隆升[J].中国科学(D辑),1996,26(4):378-386.
丁林,钟大赉,潘裕生,等.东喜马拉雅构造结上新世以来快速抬升的裂变径迹证据[J].科学通报,1995,40(16):1497-1500.
董文杰,汤懋苍.青藏高原隆升和夷平过程的数值模型研究[J].中国科学(D辑),1997,27:65-69.
范影年.中国西藏石炭纪—二叠纪皱纹珊瑚的地理区系[M]//地质矿产部青藏高原地质文集编委会.青藏高原地质文集(16).北京:地质出版社,1985.
苟宗海.西藏冈巴地区白垩纪双壳类动物群[M]//地质矿产部青藏高原地质文集编委会.青藏高原地质文集(18).北京:地质出版社,1987.
苟宗海.西藏江孜地区加不拉早白垩世的双壳类化石[M]//地质矿产部青藏高原地质文集编委会.青藏高原地质文集(9).北京:地质出版社,1985.
郭铁鹰,梁定益,张宜智,等.西藏阿里地质[M].武汉:中国地质大学出版社,1991.
黄汲清,陈炳蔚.中国及邻区特提斯海的演化[M].北京:地质出版社,1987.
季建清,钟大赉,丁林.中缅边界那邦变质基性岩的发现及其变质作用研究[J].岩石学报,1998,14(2):163-175.
李德威,廖群安,袁晏明,等.喜马拉雅造山带中段日玛那麻粒岩锆石U-Pb年代学[J].科学通报,2003,48(20):2176-2179.
李德威,廖群安,袁晏明,等.喜马拉雅造山带中段核部杂岩中基性麻粒岩的发现及其构造意义[J].地球科学,2002,27(1):80-96.
李德威,廖群安,张雄华,等.喜马拉雅造山带中段深成相和超浅成相超镁铁岩的发现及意义[J].地球科学,2003,28(6):652-694.
李德威,刘德民,廖群安,等.藏南萨迦拉轨岗日变质核杂岩的厘定及其成因[J].地质通报,2003,22(5):303-307.
李德威,夏义平,徐礼贵.大陆板内盆山耦合及盆山成因——以青藏高原及周边盆地为例[J].地学前缘,2009,16(3):110-119.
李德威,张雄华,廖群安,等.定结县幅、陈塘区幅地质调查新成果及主要进展[J].地质通报,2004,23(5-6):438-443.
李德威.青藏高原及邻区三阶段构造演化与成矿演化[J].地球科学,2008,33(6):723-742.
李德威.大陆构造样式及大陆动力学模式初探[J].地球科学进展,1993,8(5):88-93.
李德威.青藏高原大陆动力学的科学问题[J].地质科技情报,2006,25(2):1-10.
李德威.青藏高原及邻区大地构造单元划分新方案[J].地学前缘,2003b,10(2):291-292.
李德威.青藏高原南部晚新生代板内造山与动力成矿[J].地学前缘,2004,11(4):361-369.
李德威.喜马拉雅造山带的构造不对称演化[J].地球科学,1992,17(5):539-545.
李德威.青藏高原隆升机制新模式[J].地球科学,2003a,28(6):593-600.
李德威.青藏高原南部晚新生代板内造山与动力成矿[J].地学前缘,2004,11(4):361-370.
李德威.再论大陆构造与动力学[J].地球科学,1995,20(1):19-26.
李吉均,文世宣,张表松,等.青藏高原隆升时代、幅度和形式的探讨[J].中国科学,1979(6):608-616.
李廷栋.青藏高原隆升的过程机制[J].地球学报,1995(1):1-9.
李星学.对藏南曲布组舌羊齿植物群三种新植物归属的质疑兼论曲布组时代问题[J].古生物学报,1983,22(2):130-138.
梁定益,王为平.西藏康马和拉孜曲虾两地的石炭系、二叠系及其生物群的初步讨论[M]//地质矿产部青藏高原地质文集编委会.青藏高原地质文集(2).北京:地质出版社,1983.
廖群安,李德威,易顺华.西藏定结幅前寒武系结晶基底中发现基性麻粒岩[J].地质科技情报,2001(2):40-41.
廖群安,李德威,易顺华.西藏定结高喜马拉雅石榴辉石岩-镁铁质麻粒岩的岩石特征及其地质意义[J].地球科学,2003,28(6):627-633.
廖群安,李德威,袁晏明,等.西藏高喜马拉雅定结和北喜马拉雅拉轨岗日古元古花岗质片麻岩的年代学及其意义[J].中国科学(D辑),2007,37(12):1579-1587.

林宝玉,邱洪荣.西藏喜马拉雅地区古生代地层的新认识[M]//地质矿产部青藏高原地质文集编委会.青藏高原地质文集(7).北京:地质出版社,1982.

林宝玉.西藏地层[M].北京:地质出版社,1989.

刘宝珺,余光明,王成善,等.珠穆朗玛峰地区侏罗纪沉积环境[J].沉积学报,1983,1(2):1-16.

刘德民,谢德凡,李德威.以定结地区为窗口研究喜马拉雅造山带的隆升[J].地球科学,2003,28(3):356.

刘德民,李德威,杨巍然.定结地区韧性剪切带变形特征与糜棱岩研究[J].地学前缘,2003,10(2):479-486.

刘德民,李德威,范旭光,等.喜马拉雅造山带中段麻粒岩构造侵位过程中变质变形演化[J].吉林大学学报(地球科学版),2009,39(4):699-705.

刘德民,李德威,谢德凡,等.喜马拉雅造山带中段北坡构造地貌初步研究[J].地球科学,2003,28(6):593-600.

刘德民,李德威,杨巍然,等.喜马拉雅造山带晚新生代构造隆升的裂变径迹证据[J].地球科学,2005,30(2):147-152.

刘德民,李德威,杨巍然.定结地区韧性剪切带变形特征与糜棱岩研究[J].地学前缘,2003,10(2):479-486.

刘德民,李德威.喜马拉雅造山带中段定结地区拆离断层[J].大地构造与成矿学,2003,27(1):37-42.

刘德民.西藏定结地区变质核杂岩研究[J].地质找矿论丛,2003,18(1):1-5.

刘顺生,章峰.西藏南部地区的裂变径迹和上升速度的研究[J].中国科学(B辑),1987(9):1000-1010.

刘焰,钟大赉.东喜马拉雅高压麻粒岩岩石学研究[J].地质科学,1998(3):267-281.

刘增乾,徐宪,潘桂棠,等.青藏高原大地构造与形成演化[M].北京:地质出版社,1990.

刘增乾,等.青藏高原及邻区地质图(1:1500 000)及说明书[M].北京:地质出版社,1988.

马冠卿.西藏区域地质基本特征[J].中国区域地质,1998(1):16-24.

茅燕石,卫管一,张伯南,等.西藏喜马拉雅前寒武系基底岩系的变质作用特征[M]//地质矿产部青藏高原地质文集编委会.青藏高原地质文集17.北京:地质出版社,1985.

穆恩之,陈挺恩.西藏南部志留纪地层的新材料[J].地层学杂志,1984,8(1):49-55.

穆恩之,尹集祥,文世宣,等.中国西藏南部珠穆朗玛峰地区的地层[J].地质科学,1973(1):13-6.

潘桂棠,等.青藏高原新生代构造演化[M].北京:地质出版社,1990.

盛环斌,刘世坤.西藏萨迦县加加地区的早二叠世菊石动物群[M]//地质矿产部青藏高原地质文集编委会.青藏高原地质文集(2).北京:地质出版社,1983.

隋志龙,杨巍然,李德威,等.藏南拉轨岗日变质核杂岩带三层结构的影像证据及意义[J].地学前缘,2006,13(4):188-195.

隋志龙,杨巍然,张利华.西藏定结幅区调工作中的断裂构造遥感研究方法探讨[J].大地构造与成矿学,2002,26(4):452-458.

隋志龙,李德威,杨巍然,等.藏南拉轨岗日变质核杂岩带的TM影像特征[J].地球科学,2003,28(6):680-684.

孙鸿烈,等.青藏高原的形成演化[M].上海:上海科学技术出版社,1996.

佟伟.西藏温泉志[M].北京:科学出版社,2000.

万晓樵.西藏岗巴地区白垩纪地层有孔虫动物群[M]//地质矿产部青藏高原地质文集编委会.青藏高原地质文集(16).北京:地质出版社,1985.

王成善,丁学林.青藏高原隆升研究新进展综述[J].地球科学进展,1998,13(6):526-529.

王成善,夏代祥,周详,等.雅鲁藏布江缝合带—喜马拉雅山地质[M].北京:地质出版社,1999.

王根厚,周详,曾庆高,等.西藏康马伸展变质核杂岩构造研究[J].成都理工学院学报,1997,24(2):62-68.

王国灿,杨巍然.地质挽近时期山脉地区隆升剥露作用研究方法新进展[J].地学前沿,1998,5(1-2):151-156.

王军.利用磷灰石裂变径迹计算隆升速率的一些问题[J].地质科技情报,1997,16(1):97-102.

王义刚,孙立东,何国雄.喜马拉雅地区(我国境内)地层研究的新认识[J].地层学杂志,1980,4(1):55-59.

王义刚,张明亮.珠穆朗玛地区的地层—侏罗系[M]// 中国科学院西藏科学考察队.珠穆朗玛峰地区科学考察报告(1966—1968).北京:科学出版社,1974.

王义刚.珠穆朗玛峰地区的地层——奥陶系和志留系、泥盆系[M]//中国科学院西藏科学考察队.珠穆朗玛峰地区科学考察报告(1966—1968).北京:科学出版社,1974.

王义刚.珠穆朗玛峰地区侏罗系的重新划分[J].地层学杂志,1987,11(4):290-297.

王玉净,穆西南.对西藏喜马拉雅区二叠系一些认识[J].地层学杂志,1980,4(2):145-151.

卫管一,石绍清,茅燕石,等.喜马拉雅地区前寒武系地质构造与变质作用[M].成都:成都科技大学出版社,1989.

闻传芬,尹集祥.西藏南部聂拉木县亚来地区石炭系剖面岩石地层学研究[J].岩石学报,1985,1(3):70-81.
吴功建,肖序常,李廷栋.青藏高原亚东-格尔木地学断面[J].地质学报,1989,63(4):285-296.
吴顺宝.西藏南部早侏罗世至早白垩世箭石的组合特征[M]//地质矿产部青藏高原地质文集编委会.青藏高原地质文集(9).北京:地质出版社,1982.
吴秀玲,于梅花,李德威,等.西藏喜马拉雅糜棱岩和麻粒岩中的纳米级流体包裹体和熔融包裹体[J].电子显微学报,2003,22(1):40-45.
西藏自治区地质矿产局.西藏自治区区域地质志[M].北京:地质出版社,1993.
西藏自治区地质矿产局.西藏自治区岩石地层[M].武汉:中国地质大学出版社,1997.
肖序常,李廷栋,李光岑,等.喜马拉雅岩石圈构造演化总论[M].北京:地质出版社,1998.
肖序常,李廷栋.青藏高原构造演化与隆升机制[M].广州:广东科学出版社,2000.
肖序常,王军.青藏高原构造演化及隆升的简要评述[J].地质论评,1998,44(4):372-381.
谢德凡,刘德民,李德威.喜马拉雅造山带中段北坡第四系研究的新进展[J].地球科学,2003,28(6):685-689.
熊盛青,周伏洪,等.青藏高原中西部航磁调查[M].北京:地质出版社,2001.
熊盛青,周伏洪,姚正煦,等.青藏高原中西部航磁概查[J].物探与化探,2007,31(5):404-407.
徐仁.藏南舌羊齿植物群的发现和其在地质学及古地理学上的意义[J].地质科学,1976(4):323-331+379-382.
徐钰林,万晓樵,苟宗海,等.西藏侏罗、白垩、第三纪生物地层[M].武汉:中国地质大学出版社,1989.
许荣华,成忠礼,等.西藏聂拉木群主变质时代的讨论[J].岩石学报,1986,2(13):13-22.
许志琴,姜枚,杨经绥.青藏高原北部隆升的深部构造物理作用[J].地质学报,1996,70(3):195-206.
杨曾荣.西藏南部的志留系[M]//地质矿产部青藏高原地质文集编委会.青藏高原地质文集(13).北京:地质出版社,1985.
杨巍然,王国灿,李长安.造山带中、新生代隆升作用构造年代学研究新进展[J].地质科技情报,1999,18(14):9-22.
杨遵仪.西藏定日苏热山晚三叠世诺利期海相化石[M].北京:科学出版社,1982.
尹集祥.青藏高原及邻区冈瓦纳地层地质学[M].北京:地质出版社,1997.
余光明,王成善.西藏特提斯沉积地质[M].北京:地质出版社,1990.
余光明,徐玉林,等.西藏聂拉木地区的侏罗系地层的划分和对比[M]//地质矿产部青藏高原地质文集编委会.青藏高原地质文集(11).北京:地质出版社,1983.
喻洪津,戴进业.藏南晚二叠世和早三叠世的牙形石动物群及其地层意义[M]//地质矿产部青藏高原地质文集编委会.青藏高原地质文集(16).北京:地质出版社,1985.
袁晏明,李德威,张雄华,等.西藏拉轨岗日核杂岩盖层变质分带特征及其地质意义[J].地球科学,2003,28(6):690-694.
张赤军.均衡异常与喜马拉雅隆起[J].地壳形变与地震,1997(3):16-19.
张金阳,廖群安,李德威,等.藏南萨迦拉轨岗日淡色花岗岩特征及与变质核杂岩的关系[J].地球科学,2003,28(6):695-700.
张金阳,廖群安,李德威.西藏定结地区高喜马拉雅淡色花岗岩的地球化学特征与岩浆源区研究[J].地质科技情报,2003,22(3):9-14.
张金阳,廖群安.藏南定结淡色花岗岩——基底隆升降压熔融成因的地质证据[J].西北地质,2004,37(1):7-12.
张进江,丁林,钟大赉,等.喜马拉雅平行于造山带伸展——是垮塌的标志还是挤压隆升过程的产物?[J].科学通报,1999,44(19):2031-2036.
张旗,李绍华.西藏的变质带和变质作用[M].北京:科学出版社,1981.
张启华.西藏岗巴地区晚白垩世坎潘期(Campanian)菊石[M]//地质矿产部青藏高原地质文集编委会.青藏高原地质文集(9).北京:地质出版社,1982.
张儒瑗,从柏林.矿物温度计和矿物压力计[M].北京:地质出版社,1983.
张雄华,李德威,袁晏明,等.西藏定结、定日一带上石炭统纳兴组重力流沉积及其地质意义[J].地球科学,2003,28(6):634-638.
张雄华,李德威.西藏定日一带侏罗系硅化木的发现及其地质意义[J].地球科学,2003,28(1):479-486.
赵文津,INDEPTH项目组.喜马拉雅山及雅鲁藏布江缝合带深部结构与构造研究[M].北京:地质出版社,2001.
中国科学院西藏科学考察队.珠穆朗玛地区科学考察报告(1966—1968)古生物(第二分册)[M].北京:科学出版社,1976.
中国科学院西藏科学考察队.珠穆朗玛地区科学考察报告(1966—1968)古生物(第三分册)[M].北京:科学出版

社,1976.

中国科学院西藏科学考察队. 珠穆朗玛地区科学考察报告(1966—1968)古生物(第一分册)[M]. 北京:科学出版社,1976.

中英青藏高原综合地质考察队. 青藏高原地质演化[M]. 北京:科学出版社,1990.

钟大赉,丁林. 青藏高原的隆起过程及其机制探讨[J]. 中国科学(D辑),1996(26):289-295.

钟大赉,丁林. 西藏南迦巴瓦峰地区发现高压麻粒岩[J]. 科学通报,1995(14):1343.

曾融生,丁志峰,吴庆举,等. 喜马拉雅及南藏的地壳俯冲带——地震学证据[J]. 地球物理学报,2000,42(6):780-797.

Amano K, Taira A. Two-stage uplift of higher Himalayas since 17Ma[J]. Geology,1992,20:391-394.

Bird P. Initiation of intracontinental subduction in the Himalaya [J]. Geophys. Res. ,1978,83:4975-4987.

Bohlen S R, Mezger K. Origin of granulite terranes and the formation of the lowermost continental crust[J]. Science,1988, 244:326-329.

Burchfiel B C, Chen Zhiliang, Hodges, et al. The South Tibetan Detachment System. Himalayan orogen: extension contemporaneous with and parallel to shortening in a collisional mountain belt[J]. Geological Society of America, Special paper,1992,269:1-51.

BurgJPChenGM. Tectonics and structural zonation of southern Tibet[J]. Nature,1984,311:219-223.

Chen Zhiliang, Liu Yuping, Hodges, et al. The Kangmar dome: A metamorphic core complex in southern Xizang(Tibet) [J]Science,1990,250:1552-1556.

Coleman M E, Hodges K V. Contrasting Oligocene and Miocene thermal histories from the hanging wall and footwall of the South Tibetan detachment in the central Himalaya from $^{40}Ar/^{39}Ar$ thermochronology, Marsyandi Valley, Central Nepal[J]. Tectonics, 1998,17(5):726-740.

Constantin M. Gabbroic intrusions and Magmatic metasomatism in harzburgites from the Garrett transform fault: implications for the nature of theMantle-crust transition at fast-spreading ridges[J]. Contrib Mineral Petrol,1999, 136:111-130.

De Sigoyer J, Chavagnac V, Toft J, et al. Dating the Indian continental subduction and collisional thickening in the northwest Himalaya: Multichronology of the Tso Morari eclogites[J]. Geology, 2000,28: 487-490.

Downes H. The nature of the lower continental crust of Europe: petrological and geochemical evidence from xenoliths[J]. Phys. Earth Planet. Inter,1993,79:195-218.

Dummond B J, Collins C D N. Seismic evidence for underplating of the lower continental crust of Australia[J]. Earth Planet. Sci. Lett. 1986,79:361-372.

Edwards M A, Pecher A, Kidd W S F, et al. Southern Tibet detachment system at Khula Kangrieastern Himalaya: A large-area, shallow detachment stretching into Bhutan [J]. Geology,1999,107:623-631.

Fountain D M, Arculus R, Kay R. Continental lower crust[M]. Amsterdam:Elsevier,1992.

Fountain D M, Salisbury M H. Exposed cross-sections of the continental crust[M]. Dordrecht:Kluwer,1990.

Galan G, Marco A. The metamorphic evolution of the high pressure mafic granulites of the Bacariza Formation(Cabo Ortegal Complex, Hercynian belt, NW Spain)[J]. Lithos,2000,54:139-171.

Gao S, Zhang B R, Luo T C, et al. Chemical Composition of the continental crust in the Qinling Orogenic Belt and its adjacent North China and Yangtze cratons [J]. Geochim. Cosmochim. Acta. ,1992,56:3933-3950.

Guillot S J, Sigoyer J M, Lardeaux, et al. Eclogitic metasediments from the Tso Morari area (Ladakh, Himalaya): Evidence for continental subduction during India-Asia convergence[C]. Contributions to Mineralogy and Petrology. 1997,128:197-212.

Inger S, Harris N B W. Tectonthermal evolution of the High Himalayan crystalline Sequence, Langtang Valley, Northern NepalJ [J]. Metamorphic Geol,1992,10:439-452.

Inger S. Magmagenesis associated with extension in orogenic belts: examples from the Himalaya and Tibet [J]. Tectonphysics,1994,238:183-197.

Jamiseon R A, Beaumont C et al. Interaction of metamorphism, deformation and exhumation in large convergent orogens [J]. Metamorphic Geol. 2002,20:9-24.

Khamrabaey I K, Seiduzova S S. On the nature of the lower crust and low velocity zones(LVZ) in the earth crust of central Asia[J]. Abstracts of International Geological Congress,1999,1(3):107.

Kley J, Eisbacher G H. How Alpine or Himalayan are the Central Andes[J]. Journ. EarthSciences, 1999, 88: 175-189.

Konstantin D L, Stephen F F, Yury D L. Magmatic modification and metasomatism of the subcontinentalMantle beneath the Vitim volcanic field (East Siberia): evidence from trace element data on pyroxenite and peridotite xenoliths from Miocene Picrobasalt[J]. Lithos, 2000, 54: 83-114.

Le Fort P, Gullot S, Pecher A. HP metamorphic belt along the indus suture zone of NW Himalaya: New discoveries and significance, C. R. Acad. Paris[J]. Sci., 1997, 325: 773-778.

Li Dewei, Yin An. Orogen-parallel, active left-slip faults in the eastern Himalaya: Implications for the growth mechanism of the Himalayan arc[J]. Earth and Planetary Science Letters, 2008, 274: 258-267.

Li Dewei, Liao Qunan, Yuan Yanming, et al. SHRIMP U-Pb geochronology of granulited at Rimana (Southern Tibet) in the central segment of Himalayan Orogen[J]. Chinese Science Bulletin, 2003, 48(23): 2647-2650.

Li Dewei, Xia Yiping, Xu Ligui. Coupling and formation mechanism of continental intraplate basin and orogen-Examples from the Qinghai-Tibet Plateau and adjacent basins[J]. Earth Science Frontiers, 2009, 16(3): 110-119.

Li Dewei. Continental lower crustal flow: channel flow and laminar flow[J]. Earth Science Frontiers, 2008, 15(3): 130-139.

Li Dewei. Temporal-Spatial Structure of Intraplate Uplift in the Qinghai-Tibet Plateau[J]. Acta Geologica Sinica, 2010, 84(1): 105-134.

Li Tingdong, Xiao Xuchang, Li Guangcen, et al. The crustal evolution and uplift mechanism of the Qinghai-Tibet plateau[J]. Tectonophysics, 1986, 127: 279-289.

Liao Qunan, Li Dewei, Lu Lian, et al. Paleoproterozoic granitic gneisses of the Dinggye and LhagoiKangri areas from the higher and northern Himalaya, Tibet: Geochronology and implications[J]. Science in China Series D Earth Sciences, 2008, 51(2): 240-248..

Lin Ding, Dalai Zhong, An Yin, et al. Cenozoic structural and metamorphic evolution of the eastern Himalayan syntaxis (Namche Barwa)[J]. Earth and Planetary Science Letters, 2001, 192: 423-438.

Liu Y, Zhong D. Petrology of high-pressure granulite from the eastern Himalayaa Syntaxis[J], J. Metamorphic Geol., 1997, 15: 451-466.

Lombard B, Rolfo F. Two contrasting eclogite types in the Himalayas: implications for the Himalayan orogeny[J]. Geodyn., 2000, 30: 37-60.

Meigs A J, Burbank D W, Beck R A. Middle-late Miocene (>10Ma) formation of the Main Boundar thrust in the western Himalaya[J]. Geology, 1995, 23: 423-426.

Murphy M A, Harrison T M. Relationship between leucogranites and the Qomolangma detachment in the Rongbuk Valley, south Tibet[J]. Geology, 1999, 27: 831-834.

O'Brien P J, Zotov N, Law R, et al. Coesite in Himalayan eclogite and implications for models of India-Asia collision[J]. Geology, 2001, 29: 435-438.

Patriat P, Achache. India-Eurasia collision Chronology has implications for crustal shortening and driving mechanism of plates[J]. Nature, 1984, 331(5987): 615-621.

Peacock S M, Goodge J W. Eclogite-facies metamorphism preserved in teconic blocks from a lower crust shear zone, centraltransantaric Mountains[J]. Antarctia Lithos., 1995, 36: 1-13.

Pognante U, Spencer D A. First record of ecologites from the Himalaya belt, Kaghan valley, Northern Pakistan[J], Eur. J. Mineral., 1991, 3: 613-618.

Rolland Y, Maheo G, Villa I M, et al. NW Himalayan belt granulites, mantle heat advection in a transpressive regime[J]. Asian Earth Sci., 2001, 19(3A): 55.

Searle M P. Extensional and compressional faults in the Everest-Lhotse massif, Khumbu Himalaya, Nepal[J]. Geol. Soc., 1999, 156: 227-240.

Spencer D A, Gebauer D. SHRIMP evidence for a Permian protolith age and a 44Ma age for the Himalayan eclogites (Upper Kaghan, Pakistan): Implications for the subduction of Tethys and the subdivision terminology of the NW Himalaya[C]. Himalaya-Karakoram-Tibet Workshop, 11th, (Flagstaff, Arizona, USA). Abstract volume, 1996: 147-150.

Tonarino S, Villa I, Oberli M, et al. Eocene age of eclogite metamorphism in Pakistan Himalaya: Implications for India-

Eurasia collision[J]. Terra Nova,1993,5:13-20.

Treloar P J,O'Brien P J,Khan M A. Exhumation of early Tertiary coesite-bearing eclogites from the Kaghan valley, Pakistan Himalaya[J]. Asian Earth Sci.,2001,19(3A):68-69.

Zhong D,Din L. Discovered high-pressure granulite from Namjagabarwa area,Tibet[J]. Chinese Science Bulletin,1995,14:1343-1345.